Allgemeinbildung Mathematik

Roland Voggenauer · Claudia Weiss

Allgemeinbildung Mathematik

Was man über Mathematik wissen kann, ohne es können zu müssen

Roland Voggenauer
Pfäffikon ZH, Schweiz

Claudia Weiss
Zürich, Schweiz

ISBN 978-3-658-48996-0   ISBN 978-3-658-48997-7   (eBook)
https://doi.org/10.1007/978-3-658-48997-7

Die Deutsche Nationalbibliothek verzeichnet diese Publikation in der Deutschen Nationalbibliografie; detaillierte bibliografische Daten sind im Internet über https://portal.dnb.de abrufbar.

Planung/Lektorat: Eric Blaschke
Springer ist ein Imprint der eingetragenen Gesellschaft Springer Fachmedien Wiesbaden GmbH und ist ein Teil von Springer Nature.
Die Anschrift der Gesellschaft ist: Abraham-Lincoln-Str. 46, 65189 Wiesbaden, Germany

Mach dir keine Sorgen

wegen deiner Schwierigkeiten

mit der Mathematik.

Ich kann dir versichern,

dass meine noch größer sind.

Albert Einstein

(1879–1955)

in einem Brief an ein Mädchen, das ihm

über ihre Schulprobleme berichtet hatte.

Hinweis

Wir bemühen uns um genderneutrale Formulierungen. Wo das nicht der Fall ist, benutzen wir aus Gründen der einfacheren Lesbarkeit den generischen Maskulin, der alle Geschlechter gleichermaßen ansprechen soll.

Vorwort

> *Die Mathematik ist nur das Mittel*
> *der allgemeinen und letzten Menschenkenntnis*
> *Friedrich Nietzsche (1844–1900)*

Wer kennt das nicht? Im Smalltalk gibt jemand zu, in „Matte" immer schlecht gewesen zu sein, ja, er brüstet sich sogar förmlich damit, in diesem Fach immer eine „5"[1] gehabt zu haben, und dass er nie verstehen konnte, wozu das ganze „Ge-Ickse" überhaupt gut sein soll.

Solche Aussagen lösen bei vielen Gesprächspartnern oft ein bestätigendes Schmunzeln aus, manchmal sogar ein innerliches Frohlocken, weil man aus eigener Erfahrung nachvollziehen kann, in welcher Lage sich sein Gegenüber befunden haben muss. In Mathematik nicht sattelfest zu sein, gilt keinesfalls als Makel, und selbst „mathematische Analphabeten" werden zivilisatorisch immer noch akzeptiert.

Man stelle sich vor, der gleiche Mensch würde erzählen, er sei in England gewesen und habe vergeblich nach diesem sagenhaften „Shakes-Bier" gesucht, von dem sein Englischlehrer immer geschwärmt hatte. Vielleicht würde der ein oder andere das witzig finden, aber die meisten würden den Menschen doch eher für einen bemitleidenswerten Einfaltspinsel halten.

Der überwiegende Teil der Bevölkerung schmückt sich durchaus mit einem einigermaßen ausgebildeten Wissen in verschiedensten Bereichen, aber das gilt explizit nicht für die Mathematik: Wer Archimedes für eine griechische Sagengestalt hält und Gauß nur als den „Alten" auf dem 10-Mark-Schein kennt, sinkt keineswegs in unserer Achtung; im Gegenteil: Die meisten solidarisieren sich sogar mit dem Unwissenden. In anderen Gebieten wird mangelnde Allgemeinbildung schnell mit Dummheit gleichgesetzt – was natürlich falsch ist – aber sobald es um mathematische Themen geht, wird darüber oft mit Erleichterung hinweggesehen.

---

[1] Damit meinen wir die „Fünf" im deutschen Notensystem, also ein „Mangelhaft".

Abb. 1 Shakespeare

In Dietrich Schwanitz´ viel beachtetem Werk „*Bildung*"[2] kommt dann auch die Mathematik praktisch nicht vor – genauso wenig wie die Naturwissenschaften. Da das Buch den Untertitel „*Alles, was man wissen muss*" trägt, bedeutet das im Umkehrschluss, dass man über Mathematik nichts wissen muss. Diese Meinung ist anscheinend weit verbreitet, denn in fast allen Sammlungen über Dinge, die „man wissen sollte", spielt sie in der Tat praktisch keine Rolle, d. h., **Mathematik gehört nicht zum erwarteten Kanon einer „Allgemein-Bildung".**

Unter Allgemeinbildung verstehen wir einen ganzheitlich ausgeformten Wissens- und Erfahrungsschatz, der uns die Kompetenz verleiht, etwas weitläufig überblicken zu können, Zusammenhänge zu kennen und zu verstehen. Das geht deutlich über „Allgemein-Wissen", also den bloßen Besitz von Informationen, hinaus. Man kann durchaus viel wissen und trotzdem als ungebildet gelten, z. B. wenn das Wissen singulär und irrelevant ist. Die Redensart „Bildung ist das, was übrigbleibt, wenn man die Details vergessen hat" drückt genau das etwas überspitzt aus. Bildung ohne Wissen ist aber schwerlich vorstellbar, und Allgemeinbildung sollte dementsprechend auf relevantem Wissen fußen und die Fähigkeit umfassen, die Dinge in einem übergeordneten Sinne und in deren Zusammenspiel zu verstehen. Über die Bedeutung von Bildung im Allgemeinen müssen wir uns nicht weiter auslassen, und dass eine Unterentwicklung in diesem Bereich für eine demokratische Gesellschaftsstruktur auch handfeste politische Konsequenzen haben kann, liegt auf der Hand. Ob speziell mathematische Bildung hier einen positiven Beitrag leisten könnte, lassen wir offen, aber dass die Mathematik in der Allgemeinbildung nach obiger Definition keinen Platz findet, halten wir für höchst bedauerlich.

Der Grund dafür kann fast nur darin liegen, dass man mit der Mathematik eben kein allgemeines Wissen assoziiert, mit dem man Zusammenhänge überblickt, sondern reines Detailwissen ohne übergeordnete Relevanz. Falls dem so ist, dann muss man sagen, dass das nicht immer so war: Im antiken Griechenland genoss die Mathematik im

---

[2] S. Literaturverzeichnis.

Abb. 2 Goethe

Allgemeinen und die Geometrie im Besonderen eine hohe Stellung im Bildungsgut und rangierte zusammen mit der Philosophie klar vor allen anderen Wissenschaften. Einzig Sokrates[3], ausgerechnet Sokrates, teilte diese Meinung leider nicht in ihrer Gänze und auch heute noch führt man gern große Namen an, wenn es darum geht, die Mathematik freundlich abzuwerten:

Goethe (Abb. 2) habe sich doch sehr abfällig über die Mathematik geäußert, hört man, und dass selbst **Einstein** eine „5 in Mathe" hatte, ist oft das Einzige, was man über ihn weiß. Beides stimmt sogar, aber einerseits war Goethes Meinung über die Mathematik nicht eindeutig, und andererseits war Einsteins Note im damaligen Schweizer Schulsystem gar nicht schlecht[4]; seine „Schwierigkeiten" in Mathematik – wie eingangs zitiert – waren gänzlich anderer Natur als man glaubt.

Zur Ehrenrettung derer, die ihre Abneigung gegen die Mathematik genüsslich pflegen, wollen wir aber nicht ausschließen, dass auch manch ein Mathematiker zu diesem Missstand beigetragen haben könnte, denn in deren Zunft gibt es sicher den ein oder anderen, der nur für seinesgleichen schreibt und gegenüber Nicht-Mathematikern eine – wie Enzensberger[5] es sinngemäß sagte – „Arroganz gepaart mit Gleichgültigkeit" an den Tag legt, die ihn in die Nähe ehemaliger Kleriker rückt. Auch die Kirchenvertreter haben jahrhundertelang offiziell nur auf Lateinisch kommuniziert und Messen gelesen, die sich zwar an „Schafe" richteten, aber diese konnten davon leider nicht das Mindeste verstehen, weder inhaltlich noch sprachlich. In der Mathematik mag es zuweilen ähnlich gewesen sein, und vielleicht ist dieser Elitarismus einiger weniger ja gerade der Grund, weswegen viele Zeitgenossen stereotype Bilder kultivieren und Mathematiker als unfrisierte Sonderlinge sehen, die ausgebeulte Anzüge tragen und in stillen Kammern mit abgekauten Bleistiften irgendwas auf Briefumschläge kritzeln, was der Laie für verschlüsselte

---

[3] Ca. 400 v. Chr.

[4] Dort war und ist die „Sechs" die beste Note.

[5] H.M. Enzensberger: „Zugbrücke außer Betrieb" (s. Literaturverzeichnis).

Abb. 3 Pythagoras

Geheimbotschaften von Alchemisten hält. Außerhalb der Fachwelt erschließt sich den allerwenigsten, was „Mathematik" ist: Die meisten setzen es einfach mit profanem „Rechnen" gleich, andere ahnen zumindest, dass es etwas mit Strukturen und Logik zu tun hat, aber was das „Wesen der Mathematik" ist, bleibt dem Normal-Sterblichen oft verborgen, und erstaunlicherweise ist die Bedeutung und Herkunft des Begriffs „Mathematik" selbst mathematisch Interessierten meist nicht geläufig[6].

Das alles halten wir für eine höchst bedauerliche Misere, deren Grund wir nicht zuletzt im **Mathematikunterricht** sehen, den wir alle genossen haben. Der ist ja seit je her Gegenstand intensiver Diskussionen, vor allem im Zusammenhang mit den sogenannten PISA-Studien, die seit Jahrzehnten abnehmende Leistungen der Schüler in diesem Fach dokumentieren. Können Sie sich vorstellen, welche Ergebnisse solche Studien ergäben, würde man sie nicht an Schülern, sondern an einer repräsentativen Stichprobe der Bevölkerung durchführen, insbesondere an Erwachsenen mittleren Alters? Wir sind fast sicher, dass das Bild in diesem Segment sehr düster aussähe, denn trotz 10 Jahren Unterrichts sind die meisten von uns schon kurz nach dem Schulabschluss nicht mehr in der Lage, einfachste mathematische „Probleme" zu lösen, besser gesagt: Rechenaufgaben zu bewältigen. Und da reden wir nicht von der Anwendung komplexer Regeln, sondern z. B. über Dreisatzaufgaben. Der durchschnittliche Erwachsene beherrscht kaum die allgemeine Prozentrechnung[7] und kommt über das kleine 1×1 nicht sehr weit hinaus. Was man erstaunlich oft noch parat hat, ist der **„Pythagoras"** (Abb. 3): Die meisten Deutschen können den Satz „A Quadrat Plus B Quadrat ..." im Schlaf vervollständigen[8], aber wir denken, das liegt eher an der reimartigen Struktur des Satzes, als an seiner Aussage. Damit verhält es sich ähnlich dem berühmten "Minus mal Minus gibt Plus": Manche Inhalte des

---

[6] Es ist das Adjektiv zum griechischen Wort für *Lernen*, frei übersetzt „Kunst des Lernens".

[7] Dass der US-amerikanische Präsident Trump im Juni 2025 behauptet, die Preise für Eier seien um 400 % gefallen, unterstreicht das deutlich (https://finance.yahoo.com/news/trump-says-everybody-eggs-now-154300576.html).

[8] Das Pendant dazu aus dem Geschichtsunterricht ist wahrscheinlich: „3–3–3: Bei Issos Keilerei".

Unterrichts werden irgendwann eher akzeptiert als verstanden, und außerhalb dieses angenommenen „Wissens" herrscht im erwachsenen Gedächtnis meist gähnende Leere.

Man stelle sich vor, jemand bringt nach 10 Jahren Englischunterricht gerade mal ein „How do you do?" zustande. Da würde sich unweigerlich die Frage nach Sinn und Zweck eines solchen Sprachunterrichts aufdrängen. Genauso sollte man aber auch den Mathematikunterricht beurteilen, nämlich ohne Verweis auf externe Studien, sondern rein vom Ergebnis her, d. h. nach dem, was am Ende „hängen" bleibt. Danach kann man eigentlich nur zu dem Schluss kommen, dass hier von Kompetenzentwicklung keine Rede sein kann; und zusätzlich darf man ohne Häme festhalten, dass Mathematik regelmäßig das unbeliebteste Fach an Deutschlands Schulen ist und dass Mathematiklehrer oft zu den meistgehassten Lehrern der Schule gehören.

Zusammengefasst heißt das, wir schleusen die Mehrheit der Heranwachsenden jahrelang durch einen Unterricht, von dem im Endeffekt inhaltlich kaum etwas übrigbleibt, der jedoch jede Menge frustrierende Erfahrungen und in der Folge – gelinde gesagt – Antipathien gegenüber der Materie und dem Lehrpersonal produziert. Vielleicht um genau das zu kompensieren, präsentieren viele ihre „5 in Mathe" später nicht wie eine tote Last, sondern wie die Trophäe eines Großwildjägers, und machen damit aus der Not eine Tugend: Sie haben zur Mehrheit gehört. Psychologisch ist dieser Reflex leicht erklärbar, der Grund dafür ist jedoch schlichtweg nicht zu akzeptieren; und der liegt – nota bene – nicht bei der Lehrerschaft; jedenfalls nicht nur. Natürlich gibt es fantastische und engagierte „Mathelehrer", aber erstens sind sie eine seltene Spezies, und zweitens sind sie wirklich nicht die „Schuldigen". Die wahrlich Schuldige ist eine Bildungspolitik, die ihrem Wesen nach an einem Konzept festhält, das aus der nach-napoleonischen oder vorindustriellen Zeit stammt, wo es darum ging, Kindern „Schreiben, Lesen, Rechnen" beizubringen, um sie in möglichst kurzer Zeit auf eine Arbeitswelt vorzubereiten, in der nur eines gefragt war: Gestellte Aufgaben schnell und sicher nach vorgegebenen Mustern und Regeln zu bearbeiten und zu lösen.

In anderen Fächern ist das oft ähnlich: In Deutsch und Englisch beispielsweise hält sich beständig ein Bildungsideal, das auch aus dem 19. Jahrhundert stammt und darauf angelegt ist, Kindern aus allen Schichten Aufklärung in Form von „klassischer" Bildung zukommen zu lassen. Das meinte man lange damit zu erreichen, dass man Schülern Schillers „Glocke" und andere Balladen einbläute, und heute erwartet man von einem durchschnittlichen pubertierenden Jugendlichen, über Versformen ein tieferes Verständnis für Shakespeares (s. Abb. 1) Sonette zu entwickeln. Beides illustriert, dass hier kein inhaltliches Verständnis vermittelt wird, sondern die Fähigkeit der Mustererkennung und der mechanischen Wiedergabe von Daten[9], oder – schlimmer noch – die Fähigkeit, viele

---

[9] Und selbst das wird den Schülern heute in manchen Fächern durch KI-gestützte Anwendungen abgenommen.

Details in kurzer Zeit aufzusaugen wie ein Schwamm, der dann in Prüfungen wieder auszuwringen ist[10]. Das ist mehr als nur eine Vergeudung von Lernpotenzial, sondern eine Form „intellektueller Bulimie", wenn der Ausdruck erlaubt ist, und im Fach Mathematik ist dies aus unerklärlichen Gründen am stärksten ausgeprägt. In den meisten Schulfächern wird Wissen vermittelt und dann abgeprüft; in Mathematik aber geht man tatsächlich noch einen Schritt weiter: Hier wird zwar auch zunächst Wissen angelegt, aber in der Überprüfung desselben geht es immer sehr schnell und zentral um Fertigkeiten, nämlich um das eigenständige Rechnen. Das ist im Prinzip auch nicht falsch, aber das **Schaffen von Verständnis** sollte gegenüber der **Prüfung von Können** immer im Vordergrund stehen. Schön wäre es natürlich, beides zu erreichen, Verstehen und Anwenden, und wir bestreiten nicht, dass die Schule genau diesen Anspruch hat, aber die Realität des Faches Mathematik zeigt, dass weder das eine noch das andere gelingt.

Als Analogie denke man an den Lateinunterricht: Dort wird Wissen über eine Sprache vermittelt, nicht aber das Können, wie ein „alter Römer" zu sprechen, und es ist keine Seltenheit, dass Schüler alle Vokabeln eines lateinischen Satzes kennen, ohne dass sich ihnen der Sinn im Zusammenhang erschließt. Oder man nehme den Musikunterricht: Wenn dort gelehrt wird, was eine Sonate ist, dann wird kaum verlangt, eine zu spielen, geschweige denn, selber eine zu komponieren. Der Mathematikunterricht aber läuft genau darauf hinaus: Man lernt Regeln, seien es Formeln oder Algorithmen, und geprüft wird nicht, ob man ihre Bedeutung kennt, sondern ob und wie man sie anwenden kann. Das Selberrechnen bleibt am Ende der Lackmustest.

Man bezeichnet diese instruktive Herangehensweise gern als „Kompetenzorientierung", denn tatsächlich geht es natürlich um das aktive Lösen von Problemen, seien es Rechen- oder Textaufgaben, Umformungen von Gleichungen oder gar das Beweisen irgendwelcher Behauptungen. Aber diese beziehen sich häufig auf Objekte, die den meisten Schülern inhaltlich wenig bis gar nichts sagen, oder sie verlangen mechanisches Anwenden von Regeln, deren Sinn sich den meisten Schülern in den seltensten Fällen erschließt. Das schafft Kompetenzen im luftleeren Raum, und diesen Notstand haben die Mathematikdidaktiker ja auch längst erkannt. Unbestritten gab und gibt es innerhalb der Zunft diverse Ansätze, dem abzuhelfen; exemplarisch würden wir hier Hans Werner Heymanns „Allgemeinbildung und Mathematik"[11] nennen, das noch einigermaßen wohlwollend aufgenommen wurde, aber letztendlich auch nicht viel bewirkt hat. Ob zu Recht oder nicht, wollen wir gar nicht erörtern, und nichts liegt uns ferner, als irgendwelche konkreten didaktischen Gegenkonzepte zu entwickeln. Stattdessen bleiben wir im Allgemeinen und plädieren mit diesem Buch dafür, **Wissen und Können anders zu gewichten,** als es traditionell getan wird. Wir sind der Meinung, man sollte mathematisches Wissen vermitteln, indem man wesentliche Inhalte von Details befreit, und

---

[10] In Bayern stellt sich eine Initiative zur Abschaffung sogenannter „unangemeldeter Exen" gegen diese Praxis.

[11] Beltzverlag, 1996.

mathematisches Können auf weniger Bereiche beschränkt, diese aber intensiver behandelt. Ziel des Unterrichts sollte es sein, praktisch relevante Fertigkeiten sicher zu beherrschen und Kernelemente in ihrer Bedeutung einordnen und würdigen zu können. Unter „Bildung" verstehen wir im Allgemeinen die Fähigkeit, sich ein Bild zu machen, aber nicht unbedingt, eines malen zu können; und übertragen auf das, was wir konkret unter Allgemeinbildung verstehen, geht es z. B. darum, Beethovens „Neunte" herauszuhören und Schillers „Glocke" zu verstehen, aber nicht darum, etwas annähernd ähnliches komponieren oder vollständig rezitieren zu können. Das einzusehen, fällt uns scheinbar schwer; und immer, wenn jemand vor einem modernen Kunstwerk steht und meint: „Also das hätte ich auch gekonnt", wird uns klar, wir sind auf Können geeicht, nicht auf Verstehen.

„Verstehen des Verstehbaren" aber hat der Didaktiker Martin Wagenschein (1896–1988) als ein Menschenrecht angesehen, und einer der bedeutendsten Mathematiker der Geschichte, Leonhard Euler, hat in seinen „Briefen an eine deutsche Prinzessin" versucht, Wissenschaftliches in allgemein verständlicher Form zu vermitteln. In diesem Sinne werben wir für das Prinzip „Mehr Verständnis, weniger Rechnen". Das wird zwar auch nicht den „Königsweg zur Mathematik" aufzeigen, aber eine grundsätzliche Trennung des Mathematikunterrichts in eine Basisvariante und eine tiefergehende Ausgestaltung – je nach Leistungsvermögen und Interesse von Schülern und Schülerinnen – könnte diesem Prinzip Rechnung tragen: Ersteres wäre sozusagen ein sportlicher Mehrkampf oder vielleicht auch nur Breitensport, das andere eher Leistungssport in mehreren Disziplinen. Das klingt nach der Forderung, „höher" Begabte separat zu fördern, und dagegen ist aus unserer Sicht auch überhaupt nichts einzuwenden, aber zunächst hieße es, eine **Basis-** und eine **Ausbauvariante** des Unterrichts anzubieten. Erstere sollte auf jeden Fall klassisches, relevantes Rechnen umfassen und nachhaltig trainieren, aber zusätzlich – und das ist neu – sollte sie die Mathematik in einem **soliden Allgemeinwissen** verankern, indem sie ihre kulturgeschichtliche Bedeutung geschlossen und überschaubar darstellt. Das würde vielleicht auch den oft verkannten Umstand vermitteln, dass Mathematik und Rechnen eben nicht das Gleiche ist, und dieser Basisunterricht könnte dann die Brücke zu einem weiter gehenden Mathematikunterricht bauen, der sich durchaus an den etablierten Stoffen und didaktischen Konzepten orientieren kann[12]. Genau diese Überleitung existiert in den gängigen Pädagogik-Konzepten nicht, und deswegen verkommt die Mathematik oft zu einem reinen Instrumentarium ohne Bezug zu ihren kulturellen Wurzeln.

Wo die Trennlinie zwischen beiden Bereichen verlaufen könnte, dazu macht unser Buch implizit Vorschläge, aber das müsste selbstverständlich an anderer Stelle und mittels einer modernen Taxonomie diskutiert werden. Wir denken jedoch, dass relevante Rechenfertigkeiten im Wesentlichen abgedeckt werden durch ein **solides**

---

[12] Im Nebeneffekt könnte eine zwei-gleisige Herangehensweise auch den Lehrermangel lindern, denn der Basis-Unterricht würde sicher andere Anforderungen stellen als das heute der Fall ist.

Zahlenverständnis und die Beherrschung von Techniken, die auf den **Dreisatz** zurückzuführen sind; mit anderen Worten: **„Potenz und Prozent, alles andere ist Kür!"**

Dieses Buch soll dafür eine Orientierungshilfe sein, eine Landkarte, versehen mit einer guten Legende, die dem Leser oder Betrachter Mut machen soll, sich selber ins Gelände, d. h. in die Wildnis der Mathematik, zu wagen. Auf dieser Karte haben wir sieben Gegenden verzeichnet, die wir aus der Vogelperspektive darstellen wollen. Sie entsprechen aus unserer Sicht den **Grundpfeilern der Mathematik,** und daraus wollen wir die grundlegenden Zusammenhänge so darstellen, dass sie überschaubar bleiben. Unsere inhaltliche Auswahl ist selbstverständlich subjektiv, und daran werden sich die Geister scheiden: Es wird gebildete Menschen geben, die das Ganze für zuviel und für irrelevant halten, und es wird Mathematiker geben, die das alles als banal abtun und sich fragen werden, wie man denn bitteschön ohne Kenntnis der „L^2-Norm"[13] durchs Leben kommen will.

Irgendwo dazwischen wollen wir uns platzieren und uns an einem roten Faden orientieren, der sich aus der logischen – und auch der chrono-logischen – Abfolge der Themen ergibt, d. h., die Gebiete, die wir auf dieser Reise behandeln, fangen in der Frühzeit der menschlichen Entwicklung an, nämlich bei den Zahlen, und erstrecken sich über die griechische Antike und die Renaissance bis in den Anfang des 20. Jahrhunderts, als die Mengenlehre die Mathematik mittelbar in eine Krise stürzte.

Wer uns dabei begleitet, wird danach sicher keine Differentialgleichungen lösen können, aber man wird eine Vorstellung davon bekommen, dass Mathematik aus mehr besteht als dem Pflichtprogramm, das wir „Rechnen" nennen, und dass es darüber hinaus eine Kür gibt, die eine kulturelle Dimension hat; ginge es um Eiskunstlauf, würden wir sagen, man muss nicht jeden dreifachen Rittberger selber stehen, aber man sollte ihn zumindest von Lutz und Axel unterscheiden können.

Das alles hoffen wir zu erreichen, indem wir Mathematik „erzählen". Dabei würde es der Lesbarkeit des Buches sicher zu Gute kommen, wenn wir auf Formeln weitestgehend verzichten könnten[14], aber diesen Anspruch haben wir nicht, sondern wir werden – wann immer nötig – die „Geschichten" auch in einer mathematischen Sprache formulieren.

Worauf wir allerdings gänzlich **verzichten, sind Übungen und Aufgaben.** Nicht, weil wir sie nicht für nötig halten – ganz im Gegenteil – aber diese sind an anderen Stellen in Hülle und Fülle vorhanden, und selbstverständlich sollte man sich damit intensiv befassen, soweit es für einen persönlich Sinn ergibt. Unser Buch jedoch soll kein pädagogisch gestaltetes Lehr- und Übungsbuch sein, und wir sehen uns auch nicht in Konkurrenz zu den vielen Büchern, die allerhand Wissenswertes und mitunter Kurioses aus der

---

[13] Ein für uns irrelevanter Begriff aus einem Spezialgebiet der Mathematik, der Funktionalanalysis.

[14] In früheren Zeiten hat es auch durchaus ernsthafte Mathematikbücher ohne eine einzige Formel gegeben, und nach Stephen Hawking (1942–2018) halbiert jede Formel in einem Buch dessen Verkaufserfolg.

Zahlenwelt zusammentragen. Von diesen unterscheiden wir uns dadurch, dass wir einen systematischen Überblick über die mathematischen Hauptgebiete darstellen wollen, dies allerdings ohne den klassischen Aufbau einzuhalten, den man von herkömmlichen Mathematikbüchern in der Regel erwarten kann, d. h., hier und da werden wir das ein oder andere voraussetzen, ohne es vorher behandelt zu haben. Wenn dadurch bisweilen ein paar „Sprünge" vor und zurück nötig werden, halten wir das gar nicht für verkehrt, denn die Mathematik an sich ist nicht so klassisch hierarchisch aufgebaut wie man oft glaubt; und wenn man die Dinge dann unter Umständen zweimal liest, kann das durchaus zum Verständnis beitragen.

Genauso werden wir auch auf die übliche mathematische Strenge und Präzision verzichten, sondern versuchen, Einsicht in das Wesentliche zu schaffen, ohne alle Details vollständig abzudecken. Da wir darüber hinaus auch die ansonsten verpflichtenden Beweise weitestgehend ausklammern werden, versteht es sich von selbst, dass wir keinerlei wissenschaftlichen Anspruch erheben. Trotzdem glauben wir, dass das Buch „Wissen schafft", allerdings eher außerhalb der Gruppe der Mathematiker, und auch nicht für diejenigen, die deren Spezies für eben jene beschriebenen Spinner halten, die man „nicht einmal ignorieren" sollte. Aber alle dazwischen, also diejenigen, die hinreichendes Interesse haben und die notwendige Neugier mitbringen, werden hier sicher einen weitreichenden Überblick über das Gebirge „Mathematik" finden, ohne gleich jeden Gipfel darin erklettern zu müssen.

Zürich   Die Verfasser
im Mai 2025

Interessenkonflikt Die Autor*innen haben keine für den Inhalt dieses Manuskripts relevanten Interessenkonflikte.

Inhaltsverzeichnis

Zahlen

Der Anfang von allem

1

Die Zahl ist das

Wesen aller Dinge

Pythagoras (ca. 570–510 v. Chr.)

> **Übersicht**
>
> Die sogenannten **„natürlichen Zahlen"** stehen am Anfang jeder Beschäftigung mit der Mathematik. Für manche sind sie vielleicht deswegen sogar göttlichen Ursprungs, aber tatsächlich war deren Erfindung eine kulturhistorische Meisterleistung der frühen Menschheit. Danach haben unsere Vorfahren sich über Jahrtausende (!) damit befasst, wie Zahlen geschrieben und dokumentiert werden können: Anfangs geschah das durch simple Ritzen oder Kerben in Holz und Knochen, und es entwickelte sich weiter über den Gebrauch von allerlei unsystematisch angeordneten Symbolen, bis es schließlich in eine regelbasierte Verwendung von **Ziffern** mündete, wie wir sie heute kennen.
>
> Wir werden hier sehen, dass die frühen Hochkulturen in der Gegend um **Babylonien** in ihren Zahlendarstellungen der späteren **griechisch-römischen** Kultur nicht unterlegen waren, und dass unsere moderne Schreibweise von Zahlen auf den Einfluss der **Araber** in Europa zurück geht.

© Der/die Autor(en), exklusiv lizenziert an Springer Fachmedien Wiesbaden GmbH, ein Teil von Springer Nature 2025
R. Voggenauer und C. Weiss, *Allgemeinbildung Mathematik,*
https://doi.org/10.1007/978-3-658-48997-7_1

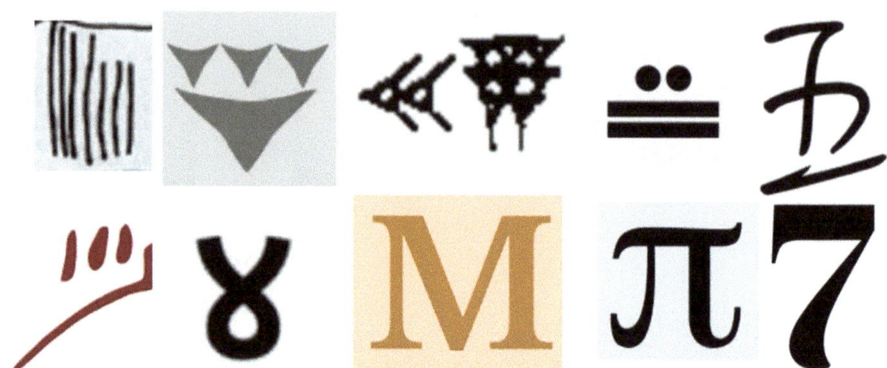

Zahlen gehören für uns zu den natürlichsten Dingen der Welt, denn damit kommen wir sehr früh in der kindlichen Entwicklung in Kontakt: Kinder können oft mit zwei Jahren schon unter Zuhilfenahme der Finger die Zahlen 1, 2, 3, usw. mechanisch aufsagen, und erste Ziffern hinzukritzeln, lernen wir meist, bevor wir Buchstaben schreiben können. Auch wenn man deswegen noch kein Zahlenverständnis unterstellen kann, so ist es doch der Anfang dessen, was wir später „Zählen und Rechnen" nennen. Die ersten Zahlen in unserem Leben bezeichnen wir vielleicht deswegen als „natürliche" Zahlen, was aber nicht heißt, dass sie in der Natur vorkommen, sondern dass wir sie in gewissem Sinne als „ursprünglich" empfinden. Über die ersten und ursprünglichsten Dinge machen wir uns in der Regel wenig Gedanken, sondern nehmen sie als selbstverständlich, manchmal auch als „Gott-gegeben" hin, aber das sind sie ganz und gar nicht: Was Zahlen sind, ist alles andere als einfach zu beantworten: Nach dem Eingangszitat meinten die alten Griechen rund um Pythagoras, sie – die Zahlen – seien das Wesen aller Dinge bzw. „Alles ist Zahl". Unser moderner Zahlbegriff hat sich erst Ende des 19. Jahrhunderts herausgebildet, und aus dieser Zeit stammt ein berühmtes Zitat des Mathematikers Leopold Kronecker[1] (s. Abb. 1.1), der sinngemäß meinte, dass die natürlichen Zahlen vom lieben Gott gemacht wurden, und alles andere sei Menschenwerk.[2] Was der liebe Gott angeblich alles gemacht hat, das wollen wir getrost den einzelnen Religionen überlassen, aber selbst die Bibel reklamiert ja tatsächlich nur das „Wort" für sich; das sei der Anfang gewesen, und das habe das Licht in die finstere Welt gebracht. Hätte es „Zahl" statt „Wort" geheißen, man wäre eher geneigt, Herrn Kronecker Recht zu geben, aber so ist es doch sehr wahrscheinlich, dass er irrte. Immerhin aber sagt er ja auch, dass es außerhalb der natürlichen Zahlen noch „andere" Zahlen gibt, die von Menschen gemacht sind. Von

---

[1] 1823–1891.

[2] Das soll er 1886 in einem Vortrag vor der „Berliner Naturforscher Versammlung" so formuliert haben.

Abb. 1.1 Kronecker

daher wollen wir im Sinne eines Kompromisses festhalten, dass die Erfindung der natürlichen Zahlen eine „göttliche" Kreation des Menschen war, ein „Urknall" in der kulturellen Entwicklung der Menschheit, der vieles in Gang gesetzt hat.

Man kann sich am ehesten ein Bild von der „Erfindung" der Zahlen durch den Menschen machen, wenn wir sie mit der individuellen, also der kindlichen Ausbildung des
Zahlenverständnisses vergleichen. Unser natürlicher Zahlbegriff basiert – wenig überraschend – auf dem Zählen, und entwicklungspsychologische Forschungen zeigen, dass
Kinder sich Zahlen aus zwei Richtungen nähern: nämlich zunächst aus der sogenannten
„ordinalen" und dann aus der „kardinalen" Richtung.[3]

Ordinal bedeutet hier, dass Kinder mithilfe von Zahlen Dinge oder Ereignisse in
eine Reihenfolge bringen, z. B. in eine zeitliche, aber natürlich auch in eine räumliche
Ordnung, d. h., in der kindlichen Entwicklung betrifft die erste Berührung mit Zahlen deren ordnende, besser anordnende, Funktion. Zunächst kommt dies, dann das, zuerst der Hund, dann die Katze, hier ist der Teller, dort die Tasse. Erst später realisie-
ren Kinder die weiter reichende Bedeutung von Zahlen in der Messung von Anzahlen,
und das nennen wir die kardinale Dimension der Zahlbegriffs. Das Erfassen der Größe
einer gewissen Menge durch eine Zahl geschieht in unserer Entwicklung nachdem wir
die ordnende Funktion der Zahl erkannt haben, und genau dies, die Entdeckung der

---

[3] Peter Gallin: Vom Zahlbegriff zum Längenmaß, 2010.

kardinalen Funktion, entspricht der frühgeschichtlichen Entdeckung der Zahlen.[4] Schon primitive Lebewesen können unterscheiden zwischen einer Sache und zwei, vielleicht auch dreien, und dann „vielen",[5] aber der Ur-Mensch muss irgendwann über diese Stufe hinausgewachsen sein. Weil er mehr Dinge in seiner Umgebung einzeln wahrnehmen und unterscheiden konnte, muss er irgendwann das Bedürfnis verspürt haben, größere Mengen von Objekten zu vermessen, zu quantifizieren, zu zählen, z. B. die Kinder in seiner Familie oder die Nüsse in seiner Hand, und dies zu vergleichen mit der Menge der Kinder in einer anderen Sippe oder der Menge von Beeren, die ein anderer besaß. Bei kleinen Mengen, wie in diesen Beispielen, wird er das zunächst mit Fingern, vielleicht zusätzlich den Zehen, bewerkstelligt haben, das heißt die Finger an seinen Händen waren mit Sicherheit eine Art Bezugs- oder Vergleichsgröße für eine Handvoll Früchte oder einen Haufen Kinder, und diese natürlichste aller Zählhilfen benutzen wir auch heute noch ganz intuitiv.[6] Folglich wurde dann später die Zahl 10 zur Rechenbasis der meisten Zahlensysteme, aber darauf kommen wir später zurück. Zunächst sehen wir daran, dass sich das Verständnis einer begrenzten Kardinalität, nämlich im Zahlenraum bis etwa 10, in der Evolution früh entwickelt hat, aber es hat dann noch Jahrtausende gedauert, bis der Mensch erkannt hat, dass „ein paar Fasane sowie zwei Tage Beispiele für die Zahl 2 sind".[7] Dieser Schritt ist eine **Abstraktion der Realität** und war ein kultur-historischer Meilenstein, der in der Erkenntnis bestand, dass Mengen von Dingen, die bezüglich ihres qualitativen Inhalts vollkommen verschieden waren, Fasane und Tage, sich trotzdem eine Eigenschaft teilen können, nämlich ihre Größe, genauer: die Anzahl ihrer Elemente. Dieses Attribut realer Mengen wurde als das abstrakte Konstrukt erkannt, das wir heute Zahl nennen. Das ist keinesfalls selbstverständlich, und es ist einer der Schritte, mit dem der Homo Sapiens sich von anderen Lebewesen abhob. Wann genau sich dieses Bewusstsein in den letzten 300.000 Jahren unserer Geschichte ausgebildet hat, ist schwer zu sagen, aber spätestens ab diesem Zeitpunkt konnten für den Menschen auch Dinge außerhalb der Realität existieren. In der physischen Welt, damals wie heute, gibt es keine Zahl, Zahlen sind nicht „natürlich", sondern – ähnlich Wörtern oder religiösen Konstrukten – Schöpfungen unseres Geistes aus empirischen Quellen. Aber die „Menge" – ein Begriff, der uns noch beschäftigen wird – dieser ursprünglichen Zahlen 1, 2, 3 usw., ohne irgendein Ende, nennen wir die „natürlichen Zahlen" und bezeichnen sie kollektiv mit dem Symbol $\mathbb{N}$.

---

[5]In allen Sprachen haben nur die ersten Zahlen freie Namen; ab etwa 10 benutzt man in der Regel zusammengesetzte Wortkonstruktionen.

[6]Außerdem bestanden in vielen alten Sprachen Ähnlichkeiten zwischen den Wörtern für die Zahl 5 und denen für „Hand", und das Zahlwort für „10" ist oft aus dem für „zwei Hände" entstanden.

[7]Bertrand Russell, zitiert nach Wehrmann, 2003.

[4]Dass die beiden Aspekte zu trennen sind, zeigt sich häufig auch in den sprachlichen Unterschieden zwischen ordinalen und kardinalen Zahlen; z. B. one / first, two / second usw.

Natur- oder Geisteswissenschaft

Die häufig gestellte Frage, ob Mathematik eine Natur- oder eine Geisteswissenschaft ist, ist klar zu beantworten: **Mathematik ist eine Geisteswissenschaft,** die eher der Philosophie verwandt ist als den Naturwissenschaften. Zwar hat sie enorm viele Anwendungen in Letzterer – die Physik z. B. wäre ohne Mathematik gar nicht vorstellbar – aber die eigentlichen mathematischen Objekte stehen gewissermaßen über der Natur. Sie sind als Abstraktionen entstanden und sie existieren nur als Vorstellung, oder, wie Georg Cantor (s. Anhang) es formuliert hat, sie sind „Objekte unserer Anschauung oder unseres Denkens". Darunter darf man sich natürlich zu aller erst Zahlen vorstellen, denn die sind das erste und vielleicht auch das beste Beispiel dafür, aber tatsächlich ist sehr viel mehr gemeint.

Erstaunlich ist aber – und das ist Gegenstand philosophischer Diskussionen – dass wir mittels Entdeckungen in rein geistigen Konstruktionen Erkenntnisse über die reale Welt gewinnen können, also tatsächliches Wissen schaffen können, z. B. in der Physik. Das macht die Mathematik zu einer Disziplin, die geistige Objekte aus realen Erfahrungen kreiert und Wissen schafft (!), das wiederum in der natürlichen Welt anwendbar ist. Nichts anderes ist eine Geisteswissenschaft.

Nach diesem ersten Schritt müssen die menschlichen Hände als Referenzmengen über lange Zeiten ausgereicht haben, weil die zu vergleichenden Mengen klein genug und größere irrelevant waren. Irgendwann aber wird es auch darum gegangen sein, größere Mengen zu zählen, und dann musste man die körpereigenen Zählhilfen ergänzen oder gar ersetzen durch äußere Hilfsmittel wie Kieselsteine, Muscheln, Perlen, Stöckchen usw.

Der christliche Rosenkranz oder die im Islam üblichen Gebetsketten (Abb. 1.2) können Überbleibsel solch prähistorischer Zählhilfen sein. Das waren im Prinzip Werkzeuge zur Darstellung einer 1:1-Abbildung von einer Referenzmenge – seien es Finger, Zehen oder die Perlen auf einer Schnur – auf das, was gezählt werden soll, z. B. Kinder oder Gebete. Beide Mengen haben die gleiche abstrakte Eigenschaft, dass sie die gleiche Anzahl Elemente besitzen.

Das reine Zählen ist aber im Prinzip nur ein flüchtiges Springen von einem einzelnen Objekt zum nächsten. Hat man fertig gezählt, existiert das Ergebnis des Zählvorgangs lediglich für einen selbst. Der nächste Schritt muss das Bedürfnis gewesen sein, dieses Ergebnis auch festzuhalten, um es an andere weitergeben zu können; mit anderen Worten: Man wollte das Ergebnis eines Zählvorgangs dokumentieren. Genau diese Stelle markiert den Übergang von der gedachten Zahl zu ihrer physischen Darstellung, und diese beiden Dinge sollten wir strikt auseinanderhalten. Während die Zahl an sich eine universelle Idee ist, ein gedankliches Konstrukt, ist ihre Darstellung ein konkretes Abbild dieser Idee, und der Prozess von der Vorstellung zum Bild hat sich in der Geschichte

Abb. 1.2 Gebetskette

der Menschheit auf sehr verschiedenen Wegen realisiert, ganz analog zu den diversen Schriftarten, die sich in den menschlichen Kulturen herausgebildet haben.

Das Bild unter der Einleitung zu diesem Kapitel zeigt eine kleine Collage von Zahlendarstellungen einiger weniger Kulturen der Geschichte. Unschwer erkennt man zunächst die Verschiedenheit der Darstellungen, aber auf den zweiten Blick vielleicht auch Gemeinsamkeiten, und die ein oder andere Darstellung sollte einem sogar vertraut erscheinen. Dazu gehört vermutlich die erste in der Reihe: Eine Strichliste, als sicher älteste Form der Zahlenschreibung, denn bevor irgendeine Schrift „erfunden" wurde, haben Menschen Zahlen erfasst und abgebildet, indem sie Kerben in Holzstücke oder Knochen ritzten; und dabei haben sie von Anfang an den „Strich" für eine Einheit, die Eins, verwendet. Das früheste Zeugnis dafür ist aktuell der sogenannte „Ishango-Knochen" (Abb. 1.3), den Archäologen an einem See im heutigen Uganda gefunden haben, in Zentralafrika, mutmaßlich die Wiege der Menschheit. Das Alter des Fundstücks wird auf mindestens 10.000 Jahre geschätzt; manchmal auch deutlich mehr. Der Knochen weist klar strukturierte Ritzen und Kerben auf, deren Bedeutungen zwar nicht 100-%-ig erschlossen sind, aber er gilt Forschern als Beweis einer Dokumentation von Zahlen oder Mengenangaben, manchmal sogar auch als Hinweis auf eine frühe Rechenhilfe.

Kerbholz

Es ist erstaunlich genug, dass wir bis in unsere Zeit etwas ähnliches tun wie unsere frühesten Vorfahren: Geritzte Hölzer wurden von englischen Banken noch im 19. Jahrhundert als Nachweis für Einlagen verwendet, Kerben im Holz erinnern als „Kerbholz" an Dinge, die man über bestimmte Personen festhalten möchte,

Abb. 1.3 Ishango-Knochen

und schließlich ist ein Lineal nichts anderes als ein Stück Holz, auf dem Zahlen als Referenzskala abgetragen sind, die man auf andere Bereiche übertragen kann.

In späteren Kulturen benutzte man nicht nur geritzte Kerben, sondern z. B. Knoten in Schnüren, was für überschaubare Mengen durchaus praktikabel war. Bei größeren Mengen von – sagen wir – Hunderten von Strichen oder Knoten stieß man aber schnell an Grenzen und diese Art der Aufzeichnung verlor jede Aussagekraft. Daher bestand der nächste Schritt der Entwicklung darin, Sequenzen von irgendwelchen Markern kompakter und übersichtlicher zu gestalten. Wenn wir heute eine Strichliste anfertigen und darin vier Striche mit einem Querstrich versehen, um so einen „5er Pack" zu dokumentieren, dann ist das nichts anderes als das, was Menschen der ersten Kulturen schon getan haben: Ab etwa 3000 v. Chr. zeichneten unsere Vorfahren Zahlen in einer Art und Weise auf, die unserer heutigen im Prinzip schon ähnelt, und deren Erfindung war ein weiterer Meilenstein in der Entwicklung der Menschheit. Die erste Zivilisation, in der wir eine Zahlschrift aus dieser Zeit nachweisen können, waren die Sumerer, ein Volk, das im 3. Jahrtausend v. Chr. an der Nordküste des Persischen Golfs (Abb. 1.4) siedelte und als die erste Hochkultur angesehen werden kann. Von dort jedenfalls stammen die frühesten Zeugnisse einer Schrift im Allgemeinen, nämlich die sogenannte Keilschrift, und eben auch einer "Schrift" für Zahlen; und die Grundidee der Sumerer ist bis heute das Grundprinzip der Darstellung von Zahlen:[8]

---

[8] Für das Folgende dürfen wir die elementaren Prozesse des Addierens und des Malnehmens voraussetzen.

Abb. 1.4 Mesopotamien

Man nehme ein Symbol für die kleinste praktisch relevante Einheit, also z. B. einen Strich für die Eins. Das ist sozusagen das Atom der Zahlenwelt, und es ist sehr plausibel, dieses durch einen ausgestreckten Finger darzustellen. Dann nimmt man ein anderes Symbol für eine bestimmte Anzahl von atomaren Einheiten, also z. B. einen Bogen für 10 Striche, d. h., wenn ein Symbol für ein Atom steht, dann steht ein anderes für eine bestimmte Anzahl solcher „Atome", also praktisch für ein Molekül. In dieser Logik stehen dann z. B. drei Striche für die Zahl 3 und zwei Bögen für die Zahl 20; zusammengenommen bezeichnen also 2 Bögen und drei Striche die Zahl 23. Auf diesem Weg kann offenbar jede Zahl „additiv" geschrieben werden, d. h., die Symbole werden entsprechend oft geschrieben und die Zahlen, die sie bedeuten, werden addiert, besser gesagt: zusammengezählt. Damit wird die Darstellung mit zunehmender Größe der Zahl natürlich umständlich. Für die Zahl 144 beispielsweise mussten die Sumerer schon 14 Bögen und 4 Striche in eine Tontafel ritzen.

Fingerzeig

Der Strich für die Eins wurde in fast allen Zivilisationen benutzt. Die Römer verwendeten ihn, und wir tun es heute auch noch, wenn wir Strichlisten wie z. B. auf Bierdeckeln anfertigen. Diese Übereinstimmung über die verschiedenen Kulturen hinweg sehen wir nicht bei der Wahl der weiteren Symbole, den Ziffern, aber einen „Strich" für die Zahl 1 zu verwenden, kann man unschwer als universellen Fingerzeig erkennen.

Das gleiche Prinzip wurde auch in der frühesten Zeitmessung angewandt: In der Natur sehen wir als atomare Zeiteinheit den Tag, inklusive der Nacht, d. h., die Zeit von einem Sonnenaufgang zum nächsten war für die Urmenschen eine natürliche Einheit. Dass das die Zeit ist, in der die Erde sich einmal um sich selbst dreht, war unseren Vorfahren natürlich nicht bekannt, und es war auch irrelevant für sie. Es war einfach die kürzeste natürlich beobachtbare Zeiteinheit. Diese fassten sie dann zu größeren Gruppen zusammen, wieder orientiert an Grenzen, die ihnen die Natur vorgab, nämlich in etwa den Monatszyklus, also knapp 30 Tage, die zwischen einem Neumond und dem nächsten liegen.[9] Und schließlich konnten sie etwa 12 solcher Mond-Intervalle zu einem Jahr zusammenfassen, jedenfalls wenn sie Jahreszeiten ausgesetzt waren oder die Orte der Sonnenauf- und -untergänge am Horizont hinreichend genau beobachteten. Von daher hatten sie eine atomare Einheit, den Tag, wovon etwa 30 einen Monat ergaben, und 12 davon wiederum ein Jahr. In diesem System lassen sich z. B. 400 Einheiten, also Tage, annähernd ausdrücken als ein Jahr „plus" einen Monat „plus" 10 Tage.[10] Wegen der Art der Zusammenfassung der Einheiten nennen wir solche Systeme **Additionssysteme.**

Heute brauchen wir diesen Bezug auf natürlich beobachtbare Zeitintervalle nicht mehr, sondern haben als kleinste praktisch relevante Einheit die Sekunde. 60 davon fassen wir zu einer Minute zusammen, und 60 min zu einer Stunde. Davon wiederum ergeben 24 einen Tag, 7 Tage sind eine Woche, 4 Wochen ein Monat und 12 Monate sind ein Jahr. Das heißt, wir bleiben auch heute noch bei der gleichen Systematik der Zusammenfassung von kleineren Einheiten zu Vielfachen davon und geben diesen größeren Einheiten eigene Namen. Interessant ist dabei, welche Vielfache wir benutzen. Wenn diese durch die Natur vorgegeben sind, wie bei 30 Tagen und 12 Monaten, sind sie direkt nachvollziehbar, aber andere Multiplikatoren wie 4, 7, 24 etc. sind menschen-gemacht und oft unplausibel. Das sogenannte „imperiale System", das immer noch in vielen angelsächsischen Ländern verwendet wird, springt – soweit es sich auf Längen- oder Abstandsmessung bezieht – vom inch (Zoll) zum foot (Fuss), zum yard (Gerte) und schließlich zur Meile, und zwar mit den wenig selbsterklärenden Vielfachen 12, 3 und 1760. Solche Systeme sind natürlich unhandlich, aber auch in Kontinentaleuropa ist man erst gegen Ende des 19. Jahrhunderts zum sogenannten „metrischen System" übergegangen, also zu einem dezimalen System, das auch unserem Zahlensystem entspricht. Dazu werden wir abschließend kommen, aber die Problematik leitet an dieser Stelle über zum

---

[9] Die sieben Tage der Woche als Zeiteinheit finden sich nur in der Bibel, nicht aber in der Natur.
[10] Die Kenntnis der Multiplikation unterstellend ist 400 gerade $1230 + 130 + 10$.

nächsten Schritt in der Entwicklung der Zahlendarstellung, nämlich der Einführung so-genannter **Positions- oder Stellenwertsysteme.**

Soweit wir wissen, gehen diese Systeme auf die Babylonier zurück. Die siedelten um 1500 v. Chr. im gleichen Gebiet wie die Sumerer und haben uns gut erhaltene Tontafeln hinterlassen, auf die die Archäologen Mitte des 19. Jahrhunderts gestoßen sind. Seitdem erst kennen wir die Kernelemente des Zahlensystems dieser frühen Kultur, und wir wer-den sehen, dass uns die zentrale Idee dahinter heute sehr vertraut erscheint, aber für die damalige Zeit muss sie revolutionär gewesen sein.

Im sumerischen System wurden Zahlen als Ketten der Zeichen Strich (I) und Bogen (U) geschrieben. Jedes der beiden Zeichen hatte immer denselben Wert, nämlich 1 für Strich und 10 für Bogen, ganz gleich, an welcher Stelle es in einer Zahlendarstellung auftauchte.

Ein Ensemble aus drei Strichen und 2 Bögen, beliebig angeordnet, würde in einem additiven System immer 23 bedeuten, und diese Ansammlungen von Zeichen konnten unter Umständen, d. h. für große Zahlen, sehr umfänglich und unübersichtlich sein.

In einem positionellen System ist das anders, denn wie der Name suggeriert, spielt dort auch die Position des Zeichens eine Rolle: Es bekommt einen eigenen Stellenwert, abhängig von seiner Stelle in der Kette. Während also für die Sumerer die Ketten I I U I U, I I I U U, und jede weitere beliebige Kombination aus drei Strichen und zwei Bögen immer für 23 standen, hatte im babylonischen System jede Permutation einen anderen Wert. Bevor wir erklären, wie sich die verschiedenen Werte dann ergeben, vergleichen wir das Prinzip damit, wie wir unsere „normale" Schrift verwenden:

Wir schreiben Wörter, die man lesen und aussprechen kann und die eine semanti-sche Bedeutung haben. Diese Wörter sind Zeichenketten, die aus einem Vorrat von 26 Buchstaben bestehen. Die Buchstaben entsprechen den Zahlzeichen Strich und Bogen. Ignorieren wir für den Moment die Groß- und Kleinschreibung, dann können wir bei-spielsweise aus den 4 Buchstaben A, B, E und R verschiedenste Wörter bilden, die nicht immer dasselbe bedeuten: Beispielsweise kann man daraus das Wort „ABER" bilden oder „RABE". Auch das Wort „BEAR" wäre möglich, was aber im Deutschen kein zulässiges Wort ist, in einer anderen Sprache – Englisch – aber sehr wohl. Wir inter-pretieren Buchstabenketten also zunächst abhängig davon, in welcher Sprache, d. h. in welchem System, wir sind, und zusätzlich hängt dann der Wert der Zeichenkette, also die Bedeutung des Wortes, davon ab, an welcher Stelle welcher Buchstabe steht. Mit 26 Buchstaben können wir theoretisch unendlich viele Wortketten bilden, wovon die aller-meisten praktisch natürlich nicht verwendbar und bedeutungslos wären. Im Deutschen erkennen wir nur etwa eine halbe Million verschiedener Wörter als „zulässig" an, d. h., nur sie haben eine reelle Bedeutung.

In einem positionellen Zahlensystem ist es ähnlich: Da haben wir auch eine über-schaubare Reihe von Ziffern oder Zahlzeichen, die zu Ketten kombiniert werden, deren Wert zunächst davon abhängt, in welchem System (analog Sprache) wir uns befinden. Das ist in der Regel unser bekanntes Zahlensystem (analog Deutsch), aber es gibt be-liebige andere, so wie es viele andere Sprachen gibt, die alle unser Alphabet benutzen.

Innerhalb eines solchen Systems kommt es dann darauf an, welches Zeichen an welcher Stelle steht. Wie bei den Wörtern können wir sehr, sehr viele Kombinationen daraus bilden, aber anders als bei Wörtern haben alle diese Ketten von Zahlzeichen einen „zulässigen" Wert.

Die Babylonier benutzten zunächst auch nur zwei Symbole: Nennen wir sie Strich (I) und Trichter (V), um sie vom sumerischen System zu unterscheiden. Strich steht wie gehabt für die 1 und Trichter jetzt für 10. Damit kann man – wie gesehen – jede Zahl schreiben, z. B.:

$$V\,I\,I \text{ entspricht} : 12$$

Die Neuerung der Babylonier bestand nun darin, Gruppen von Zeichen von links nach rechts (!) anzuordnen und jeder Gruppe einen Wert zuzuweisen, der von einer sogenannten „Basis" abhängig war. Als Basis verwendeten die Babylonier die Zahl 60, was zunächst seltsam anmutet, aber doch einen praktischen Hintergrund hatte.[11] Ein Beispiel mit nur zwei Gruppen könnte also so aussehen:

Die erste, linke Gruppe sei I I I, was der Zahl 3 entspricht, und V I I die zweite Gruppe, rechts davon, die dann für die Zahl 12 steht. Von diesen beiden Gruppen wurde dann die erste als Vielfaches der Basis $60 = 60^1$ interpretiert, und die zweite als Vielfaches von $1 = 60^0$, d. h., die Kombination der beiden Gruppen I I I und V I I steht für:[12]

$$3 \times 60^1 + 12 \times 60^0 = 192$$

Faustpfand

Die Basis 60 im babylonischen System könnte auch darauf zurückzuführen sein, dass jeder der 4 menschlichen Finger aus 3 Gliedern besteht. Zählt man diese mit dem zugehörigen Daumen ab, so kommen wir an einer Hand auf $3 \times 4 = 12$ Glieder. Multipliziert man die mit 5, entsprechend den 5 Fingern der anderen Hand, so liefert uns das $5 \times 12 = 60$ als maximal darstellbare natürliche Referenzmenge.

Das babylonische System erinnert im Prinzip schon sehr an unser heutiges System. Klar, wir benutzen mehr Ziffern und eine andere Basis, nämlich 10, aber der wesentliche Unterschied ist eigentlich nur das Fehlen der „Null": In babylonischer Schreibweise war ursprünglich nicht unbedingt klar, welche Gruppe von Symbolen mit welcher 60er Potenz gewichtet werden soll. Das ergab sich in der Regel aus dem Zusammenhang, aber

---

[11] Die Zahl 60 hat verhältnismäßig viele Teiler, was bei Divisionen sehr hilfreich ist. Genau aus diesem Grund benutzen wir die Basis 60 heute noch bei der Einteilung von Stunden in Minuten, bzw. Minuten in Sekunden.

[12] Fürs Erste unterstellen wir, dass Potenzen bekannt sind und verwenden für die Multiplikation ein „x".

die Babylonier führten im Laufe der Zeit trotzdem ein Symbol, keine eigene Ziffer, ein, die eine „leere" Stelle kennzeichnete, und aus diesem „Lückenfüller" wurde in späteren Systemen die Ziffer „Null". Deren „Erfindung" – wenn man so will – wird rückblickend gern in eine Reihe gestellt mit der Erfindung des Rades oder der Entdeckung des Feuers. Das ist sicher etwas überzogen, aber für die Mathematik hatte dieser Schritt weitreichende Konsequenzen.

Wie natürlich ist die Null?
Immer wieder wird die Frage diskutiert, welche Zahl die „erste" ist, speziell, ob die Null eine „natürliche" Zahl ist. Im ursprünglichen Sinne war sie es sicher nicht. Intuitiv fangen wir bei 1 an zu zählen, aber bei den Griechen war die 1 „nur" die Einheit der Zahlen und erst die 2 galt als die erste „wirkliche" Zahl.[13]

Diese Fragen sind an sich durchaus berechtigt, aber nicht entscheidend, und wie so oft im Leben lautet die Antwort: Es kommt drauf an.

Bei der Frage der Null kommt es nicht darauf an, ob sie als die „erste" Zahl gelten soll, sondern drauf, welche Funktion sie hat. Als Ziffer hat sie in der Zahlendarstellung eine sehr wichtige Bedeutung, und darüber hinaus fungiert sie als das sogenannte „neutrale Element" in der grundlegenden Operation der Addition und wird mit der Mächtigkeit der leeren Menge identifiziert.

Dazu werden wir später noch kommen, aber es sei hier schon angemerkt, dass sie wegen Letzterem nach moderner Auffassung, d. h. in einem mengentheoretischen Aufbau der natürlichen Zahlen, auch den Status einer „natürlichen" Zahl erhalten hat.

Das babylonische System gilt als das am weitesten entwickelte System der Antike; es war weiter als die zeitlich frühere ägyptische Zahlschrift und auch fortschrittlicher als die um Jahrhunderte späteren Systeme der Griechen, in deren Kulturen man tatsächlich drei Zahlschriften unterscheiden kann. Im griechischen Hauptsystem glichen die Zahlendarstellungen grundsätzlich den etwa zeitgleich entstandenen sogenannten **„römischen Zahlen",**[14] denn beide – Griechen wie Römer – verwendeten Buchstaben als Zahlzeichen, und die unterliegenden Systeme ähnelten sich. Die Buchstaben verwenden wir bekanntlich heute noch, z. B. bei Nummerierungen, aber die Regeln der Darstellung von Zahlen unterscheiden sich doch grundsätzlich von unseren modernen Gewohnheiten. Trotzdem können wir auch heute noch – vielleicht mit ein wenig Übung – römische Zahlen lesen, und wissen deswegen, dass die Römer den Babyloniern, was das betrifft, si-

---

[13] Dies sah auch der „Brockhaus" von 1841 noch so: http://www.zeno.org/Brockhaus-1837/A/Zahl.
[14] Wir sagen „römische Zahlen", meinen aber selbstverständlich nur die Art und Weise wie die Römer Zahlen schrieben.

cher nicht überlegen waren. Das alles ist aber umso erstaunlicher als die Zeitspannen, über die sich diese Dinge entwickelt haben, gigantisch waren: Wie beschrieben stammen erste Funde von Strichen auf Knochen aus Afrika und sind über 10.000 Jahre alt. Die Sumerer und die Babylonier – sie werden es uns verzeihen, wenn wir sie kurz in einen Topf werfen – siedelten vor etwa 4000 Jahren im heutigen Irak. Die Römer sehen wir in Mitteleuropa vor 2000 Jahren, und in diesem gesamten Zeitraum ist die Menschheit aus heutiger Sicht nur winzige Schritte vorangekommen. Auch nach den Römern dauerte es noch einmal über 1000 Jahre, bis wir uns unserem modernen Zahlensystem annäherten. Verglichen mit dem, welche Fortschritte wir heute in – sagen wir – nur 50 Jahren machen, kommt einem das unendlich langsam vor, aber tatsächlich waren diese Schritte riesige Sprünge in der intellektuellen Entwicklung der Menschheit, und das Tempo, in dem sie ablief, entspricht in gewisser Weise unserer evolutionären Entwicklung auf der biologischen Seite.

Aber zurück zu den Römern: Die hatten auch den Strich für die 1, das Symbol V für 5, das X für 10, ein L für 50 und C für 100, D für 500 und schließlich M für 1000, d. h., die Römer hatten gegenüber den Sumerern nicht mehr 2, sondern 7 Symbole für Zahlen, und das waren allesamt Buchstaben ihres Alphabets. Das allein wäre nur ein kleiner Fortschritt. Der größere Fortschritt war der, dass sie die Symbole nicht mehr beliebig aneinander reihten, sondern sie hatten eine einfache Berechnungsvorschrift, nach der ein Symbol abhängig von seiner relativen Position zu einem höherwertigen Zeichen eine Addition oder eine Subtraktion auslöste. Beispielsweise waren ein Strich und ein X nicht absolut und automatisch immer 1 und 10 also 11, sondern, wenn der Strich rechts vom X stand wurde er addiert, links davon subtrahiert, d. h. XI = 11, aber IX = 9.

Von daher lehnt sich das römische System an das sumerische an, soweit es Symbole verwendet, und zusätzlich zur Addition – wie die Sumerer sie erlaubten – auch die Subtraktion als Regel zuließ, je nachdem, an welcher Stelle ein Buchstabe steht. Allerdings benutzten die Römer keine festgelegte Basis, deren Potenzen zu berechnen waren, wie in Babylon, und deswegen bleibt das römische System ein Additionssystem. Es war zwar – wie wir sicher wissen – nicht ganz eindeutig und obendrein auch mühsam, aber es war über Jahrhunderte im Gebrauch, weil es vollkommen ausreichte, um Zahlen zu schreiben. Zum Rechnen allerdings war es fast nicht zu gebrauchen. Die Aufgabe „7 mal 25" hätte sich für den römischen Schüler als „VII mal XXV" dargestellt und dürfte uns heute vor unlösbare Probleme stellen – probieren Sie es ruhig mal aus. Die Römer hatten allerdings trickreiche Lösungen für solche Aufgaben: Sie führten die Multiplikation auf Additionen zurück,[15] und diese wiederum konnten sie mit einem Gerät namens „Abakus" (s. nächstes Kapitel „Arithmetik") bewerkstelligen.

Trotz solcher Schwierigkeiten dauerte es nach dem Ende des römischen Reiches – wie gesagt – noch einmal rund 1000 Jahre, bis sich unser heutiges System langsam herausbildete. Selbiges erscheint uns absolut einleuchtend und alternativlos, weil wir uns

---

[15] https://www.wissenschaft.de/allgemein/roemische-rechenkuenstler/

in diesem System in der Regel unter jeder Zahl – wenn sie nicht allzu groß ist – etwas vorstellen können. Noch viel wichtiger aber ist, dass es uns in die Lage versetzt, beliebige Zahlen direkt hinzuschreiben und auch damit zu rechnen, und zwar mechanisch. Das ist alles andere als selbstverständlich, und am erstaunlichsten ist die Tatsache, dass das zugrunde liegende Konzept unseres Systems Tausende von Jahren alt ist, d. h., auch wenn der Entwicklungsprozess intellektuell kurz ist, so hat er historisch doch sehr lange gedauert. Er ähnelt einer Reise von einer Seite des Berges auf die andere: Luftlinie ist die Strecke kurz, aber wegen des Geländes ist der Weg lang.

Dieser Weg führte aus dem arabischen Raum und Nordafrika auf die iberische Halbinsel und von dort über Italien in das restliche Europa, d. h., die Form, in der wir heute Zahlen schreiben, verdanken wir dem Einfluss der „Araber", die ab dem 8. Jahrhundert große Teile des heutigen Spaniens besetzten und kulturell prägten.[16] Unter anderem hatten sie ein Zahlensystem im Gepäck, dessen Wurzeln nachweislich nach Indien und das 3. Jahrhundert v. Chr. zurückreichen. Es enthielt schon die Vorläufer unserer heutigen 10 Ziffern, nämlich 10 Symbole, die uns bekannt vorkommen würden, die aber nichts anderes sind als willkürlich festgelegte Zeichen, nämlich:

$$0, \ 1, \ 2, \ 3, \ 4, \ 5, \ 6, \ 7, \ 8 \text{ und } 9.$$

Diese – und nur diese – wollen wir Ziffern nennen.[17] Das sind sozusagen die Buchstaben des Zahlen-Alphabets, aus denen wir Zahlen bilden, wie wir Wörter aus den Buchstaben des ABCs formen. Wenn wir für den Moment bei den natürlichen Zahlen bleiben, dann wird eine Zahl damit geschrieben als eine Kette, eine Ansammlung aus genau diesen Ziffern. Und die Zahl, die diese Zeichenkette dann repräsentiert, wird tatsächlich berechnet aus der Anzahl der benutzten Ziffern und daraus, an welcher Stelle in der Kette welches Symbol steht, d. h., die Ziffern an sich sind Symbole, die für sich allein genommen gar keinen Wert haben. Der ergibt sich erst aus ihrer Position innerhalb der Zeichenkette, und die Berechnungsvorschrift ist uns als Teil des Systems so vollständig in Fleisch und Blut übergegangen, dass wir eigentlich nicht mehr rechnen müssen, sondern den Wert der Ziffernkette sofort ablesen können. Wenn wir die Zeichen „1 2 3" sehen, dann müssen wir nicht lange darüber nachdenken oder gar ausrechnen, dass diese Kombination der Ziffern für die Zahl „Einhundert Drei und Zwanzig" steht, aber tatsächlich ist es so, dass sich die Zahl hinter der Zeichenkette aus einer Rechnung ergibt, in diesem Fall:

$$1 \text{ x } 100 + 2 \text{ x } 10 + 3 \text{ x } 1$$

Dasselbe gilt für jede andere Zahl, die wir so schreiben: Jede Ziffer in der Zeichenkette wird mit einer Zehnerpotenz multipliziert, wobei der Exponent der Potenz sich daraus ableitet, an welcher Position die betreffende Ziffer in der Zeichenkette steht, nämlich 1

---

[16] Auf diesem Weg sind die meisten Schriften der antiken griechischen Mathematiker in das abendländische Europa gelangt.

[17] Dazu gibt es auch abweichende Definitionen, aber wir halten diese Sichtweise für geeigneter.

weniger als die Stelle, an der sie steht, das Ganze von rechts nach links gelesen,[18] d. h., die rechte Ziffer ist die erste Stelle und wird mit 10^0, also mit 1, multipliziert. An der zweiten Stelle steht in unserem Beispiel eine 2, und die wird mit 10^1, also 10, multipliziert, und zu guter Letzt haben wir an der dritten Stelle eine 1, die mit $10^2 = 100$ multipliziert wird. Diese drei Ausdrücke: 100, 20 und 3, addieren sich dann zu der Zahl 123, und die ist mit genau dieser Zeichenkette eindeutig chiffriert.[19]

Wir wollen das hier nicht unnötig verkomplizieren, denn wir gehen davon aus, dass wir alle problemlos Zahlen lesen können. Trotzdem sollte man sich an dieser Stelle vergegenwärtigen, dass dem selbstverständlichen Prozess, eine Zahl zu notieren, tatsächlich ein komplexes System zugrunde liegt, eine Berechnungsvorschrift, ein Algorithmus, nämlich die Addition gewisser Vielfacher von Potenzen zur Basis 10. Die festgelegten 10 Ziffern entsprechen dabei den ersten natürlichen Zahlen, nämlich 1, 2, 3, usw. bis 9 inklusive der „Null", d. h., unser Ziffernvorrat ist die Menge

$$Z = \{0, 1, 2, \ldots, 9\}$$

Jede beliebige Aneinanderreihung[20] von Elementen dieser Menge, nennen wir sie z_i, also z. B. die Sequenz aus $n+1$ Ziffern der Form:

$$z_n\, z_{n-1}\, z_{n-2}\, \ldots\, z_0$$

repräsentiert dann die **Zahl:**

$$z = z_n \times 10^n + \ldots + z_0 \times 10^0$$

Eine solche Darstellung nennen wir eine Linearkombination aus 10er-Potenzen mit den Ziffern der Zeichenkette als lineare Koeffizienten.[21]

Das ergibt natürlich nur Sinn, wenn wir die Koeffizienten, also die Elemente der Menge Z, nicht nur als bloße **Symbole,** sondern tatsächlich auch als **Zahlen** interpretieren. Theoretisch könnten wir dafür z. B. auch Buchstaben verwenden, aber dann müssten wir diese „nummerieren", d. h., ihnen konkrete Zahlenwerte beigeben[22].

Weil wir die Zahl 10 als Basis benutzen und mit Potenzen dieser Basis rechnen, brauchen wir auch genau 10 Symbole als Ziffern. Man kann zu jeder anderen Menge Z von Symbolen ein analoges System definieren, wenn wir als Basis die Anzahl der Ziffern wählen.[23] Welche Basis wir verwenden, ist prinzipiell Geschmackssache, aber je kleiner

---

[18] Diese Richtung entspricht ja auch der arabischen Schreibrichtung, die von der babylonischen abwich.

[19] Der Begriff „chiffrieren" leitet sich selbstverständlich aus „Ziffer" ab.

[20] Führende Nullen lassen wir dabei weg, aber das ist eine reine Konvention.

[21] Die Begrifflichkeiten werden wir später noch erläutern, und sie sind an dieser Stelle nicht wirklich relevant.

[22] Dieses Konzept verwendeten beispielsweise die Griechen, wie bereits beschrieben.

[23] Das „duale" oder „Binärsystem", das in der Informatik verwendet wird, benutzt die Basis 2 und die Ziffern 0 und 1.

die Basis, desto länger werden die Zeichenketten – und umgekehrt. Die Basis 10 entspricht der Anschauung, die wir aus dem Zählen mit Fingern gewinnen, so wie die Basis 1 unseren frühesten Vorfahren gefallen hat, denn das primitive „Strich-System", worin jede Zahl einfach die Anzahl Striche ist, die der Zahl entsprechen, ist ein analoges System zur Basis 1.

Ausblick

Wie wir gesehen haben, ist unser Zahlen-System prinzipiell sehr gut dazu geeignet, Zahlen zu schreiben, und wir werden sehen, dass es auch beim Rechnen entscheidende Vorteile mitbringt.

Leider haben wir oft trotzdem Schwierigkeiten beim Verständnis von – oder besser dem Gefühl für – Größenordnungen von Zahlen. Auch dabei könnte unser System uns gut unterstützen, wenn man sich einfach vor Augen hält, dass eine Stelle mehr in einer gegebenen Zeichenkette – grob gesagt – zu einer Verzehnfachung der Ausgangszahl führt, und zwei Stellen mehr nicht etwa zu einer Verzwanzigfachung, sondern einer Verhundertfachung.

Trotz aller Logik haben wir damit aber Probleme, und das liegt wahrscheinlich daran, dass wir eher in linearen Zusammenhängen denken, und dass Potenzen nicht direkt unserer Erfahrungswelt entsprechen. Unser Vorstellungsvermögen hat sich im Laufe der Evolution selbstverständlich aus unserem konkreten Lebensraum heraus entwickelt, und so können wir z. B. auch horizontale Strecken besser einschätzen als vertikale, also Ausdehnungen am Boden leichter verstehen als solche in die Höhe. Das liegt sicher daran, dass wir uns am Boden bewegen und nicht in der Luft, und ähnliche Phänomene kann man auch in kognitiven Prozessen beobachten, wie der Einschätzung von Zahlendimensionen.

Ein Weg, um das zu trainieren, besteht darin, Ungewohntes in gewohnte Welten zu übertragen, z. B. in zeitliche Dimensionen, denn dafür haben wir unter normalen Bedingungen ein gutes Gespür. Sprünge von 1000 auf 10.000 und auf 100.000 kann man sich dadurch veranschaulichen, dass man die unbekannten Quantitäten auf bekannte Zeitintervalle umlegt: Wenn man sich vorstellt, man müsste jeden Tag einen Euro ausgeben, dann dauert das bei 1000 € gut drei Jahre. Bei 10.000 wären es 30 Jahre und bei 100.000 überschreiten wir mit 300 Jahren schon unsere Lebenszeit um ein Vielfaches.

Arithmetik

Rechnen mit natürlichen Zahlen

Die ganze Arithmetik lehrt nichts anderes,

als methodische Abkürzungen des Zählens

Arthur Schopenhauer (1788–1860)

Übersicht

Nachdem wir die natürlichen Zahlen kennen und wissen, wie wir sie schreiben, ist der nächste Schritt, damit etwas zu „machen"; und „Machen" heißt für uns selbstverständlich **„Rechnen"**. Genau das wollen wir unter Arithmetik verstehen, und so werden wir uns hier zunächst mit den sogenannten **Grundrechenarten** befassen, allerdings nur soweit wir die natürlichen Zahlen dabei nicht verlassen. Dabei ist es naheliegend, mit der **Addition** zu beginnen, von der aus man ganz leicht zur **Multiplikation** kommt. Anhand dieser beiden „Operationen" erklären wir dann zwei wichtige Gesetze: Das **Kommutativ-** und das **Distributivgesetz**.

Von der Multiplikation aus finden wir leicht den Weg zum **Potenzieren** von Zahlen, womit wir streng genommen schon über die Grundrechenarten hinaus gehen, allerdings nicht sehr weit. Diese Rechenarten reichen dann schon, um die bekannte **1. Binomische Formel** zu verstehen und eine der bekanntesten Geschichten aus der Mathematik nachvollziehen zu können: Die **Fermat´sche Vermutung**.

Danach kehren wir nochmals zu den Grundrechenarten Addition und Multiplikation zurück und kehren diese um: Dadurch erhalten wir zwei weitere Rechenarten, nämlich die **Subtraktion** und die **Division**, die wir allerdings nur soweit

R. Voggenauer und C. Weiss, *Allgemeinbildung Mathematik*,
https://doi.org/10.1007/978-3-658-48997-7_2

zulassen, als sie in den natürlichen Zahlen möglich sind. Damit versteht man schon ganz leicht, was es mit den **Primzahlen** auf sich hat, und wenn wir die kennen, dann wird uns der **Fundamentalsatz der Arithmetik** schon fast geschenkt.

$$+ - \times \div$$

Arithmetik leitet sich vom Adjektiv des griechischen Worts für „Zahl" ab, d. h., man kann den Ausdruck übersetzen als „zum Zählen gehörig", und damit, also mit Zahlen und Zählen, ist ursprünglich eine Beschränkung auf die natürlichen Zahlen gemeint. Diese wollen wir hier als gegeben[1] annehmen und uns dann fragen, ob wir damit etwas „machen" können, was über das reine Zählen hinausgeht? Das klingt nach einer rhetorischen Frage, und die Antwort liegt auch tatsächlich auf der Hand: Rechnen.

Rechnen „gehört" zur Zahl, d. h., Gegenstand der Arithmetik ist das Rechnen mit den natürlichen Zahlen, aber damit ist leider noch nicht klar, was das sein soll, das Rechnen. Nach dem Eingangszitat[2] von Schopenhauer ist es nichts anderes als eine Methode, das Zählen abzukürzen, was zwar sehr überspitzt ausgedrückt, aber sicher nicht falsch ist. Die Arithmetik hat sich aus dem Zählen entwickelt, und sie ist vermutlich der älteste Bereich der Mathematik. Wir alle sind mit einfachsten „Plus"-Rechnungen sehr früh in Berührung gekommen, und zwar in direktem Zusammenhang mit dem Zählen, d. h., der Philosoph Schopenhauer bezieht sich quasi auf frühkindliche Erfahrungen mit der Grund-Rechenart „Addition". Wie wir sehen werden, ist diese tatsächlich so etwas wie „des Pudels Kern", aber daneben hat die Arithmetik sicher mehr zu bieten. Nur ist uns vieles davon so in Fleisch und Blut übergegangen, dass wir es gern als „trivial" erachten. Es hier aufzugreifen, ist für uns nicht einfach und birgt die Gefahr, die Lesenden zu langweilen. Trotzdem: Wie bei den Zahlen muss man sich auch beim Rechnen immer wieder vor Augen halten, dass das, was uns aus heutiger Sicht selbstverständlich erscheint, kulturgeschichtliche Meisterwerke sein können, die über Tausende von Jahren gereift sind. Die Grundlagen der Arithmetik gehören in diese Kategorie, und deswegen sollten wir uns dafür etwas Zeit nehmen:

Allgemein ausgedrückt geht es in der Mathematik immer einerseits um Objekte und andererseits um Operationen, die man auf diesen Objekten definiert. In unserem Fall haben wir Zahlen als Objekte, und die Operationen auf oder mit diesen Zahlen werden „Vorschriften" sein, was man mit diesen Zahlen anstellen kann, und wie. Und genau das, definierte Operationen auf Zahlen durchzuführen, das nennen wir Rechnen, oder auch kalkulieren, und die entsprechenden mathematischen Operationen werden oft als „Kalküle" bezeichnet, d. h., das, was wir z. B. als „Plus-Rechnen" lernen, ist ein Kalkül auf

---

[1] Die natürlichen Zahlen nimmt man in der Mathematik allerdings nicht als „gottgegeben" hin, sondern „konstruiert" sie mit Hilfe der Mengenlehre.
[2] Frei zitiert nach § 38 „Über die vierfache Wurzel des Satzes vom zureichenden Grunde" (1813)

den natürlichen Zahlen, nämlich die Addition, genau wie die anderen Rechenarten, die im Laufe der Zeit dazu kommen.

Dieses reine Rechnen wird oftmals mit der gesamten Mathematik gleichgesetzt, aber tatsächlich gehört es „nur" zur Arithmetik, und die wiederum ist „nur" ein Teilgebiet der Mathematik, allerdings ein sehr wesentliches. Für einen der bedeutendsten Mathematiker, Carl Friedrich Gauß (s. Anhang), war die Mathematik die „Königin der Wissenschaften" und die Arithmetik sah er als die „Königin der Mathematik" an.[3] Das sagt doch schon einiges über den Stellenwert der Arithmetik in der Mathematik aus, allerdings gibt es dazu auch die abweichende Meinung, dass Rechnen das Wenigste sei und eigentlich überflüssig ist.[4] Tatsächlich sollen selbst einige große Mathematiker keine besonders guten Rechner gewesen sein, aber das ist sicher nicht die Regel, und wir denken, dass eine gewisse Rechenkompetenz im Rahmen einer Allgemeinbildung unbedingt von Nöten ist.

Handwerkskunst

In der Diskussion darüber, ob die Mathematik eine Natur- oder eine Geisteswissenschaft ist, wird oft auch die Ansicht vertreten, sie sei eigentlich eher eine Kunst, und die Arithmetik, also das Rechnen, sei das Handwerk innerhalb dieser Kunst. Demnach wäre der Mathematiker ein Künstler, ähnlich dem Maler, der Handwerker und Künstler zugleich sein kann, sein muss. Das Bild ist durchaus gerechtfertigt, denn Kreativität ist sicher eine wichtige Eigenschaft großer Mathematiker, und viele mathematische Leistungen sind letztendlich nur auf äußerst kreative Einfälle zurückzuführen.

Unter „Rechnen" werden wir zunächst die bekannten vier Grundrechenarten verstehen, die man folgendermaßen charakterisieren kann:

1. Addition heißt, man vermehrt eine Zahl um eine andere, d. h., man zählt, ausgehend von einer Zahl, um die andere Zahl weiter.
2. Subtraktion ist die Umkehrung der Addition: Man zählt, ausgehend von einer Zahl, um die andere Zahl zurück – soweit das möglich ist.
3. Multiplikation ist eine wiederholte Anwendung der Addition, d. h., man addiert zu einer Zahl, so oft wie verlangt, diese zu sich selbst.

---

[3] Trotzdem sagte er auch, dass sich ein Mangel an mathematischer Bildung am ehesten in „maßloser Schärfe im Zahlenrechnen" zeigt – Wasser auf unsere Mühlen ….

[4] … und an anderen Stellen wird oft zitiert, dass Mathematik die Kunst sei, das Rechnen zu vermeiden.

4. Division ist die Umkehrung der Multiplikation, das heißt, man zerlegt eine als Ergebnis einer Multiplikation gedachte Zahl in ihre „Einzelteile" vor der Operation.

Wir haben also vier Operationen auf den natürlichen Zahlen, die eigentlich nur zwei
sind, weil zwei davon jeweils die Umkehrung einer anderen sind, nämlich Addition
und Subtraktion, sowie Multiplikation und Division. Die ersteren – man erinnert sich
– nennen wir „Strichrechnung", die letzteren „Punktrechnung". Darauf werden wir
noch zurückkommen, aber wir können auch jetzt schon festhalten: Wenn wir die Multiplikation als eine Art wiederholter Addition ansehen, dann wird die Addition sozusagen zur „Mutter" der vier Kalküle, weil zwei andere sich direkt aus ihr ableiten und die
vierte, die Division, indirekt über die dritte.

Eine Frage, die sich an dieser Stelle direkt stellt, ist, warum wir diese Operationen
„Grundrechenarten" nennen, denn das legt ja nahe, dass es auch weitergehende, „höhere" Rechenarten gibt. Die Frage ist berechtigt, und die Antwort ist: Jein. Es gibt
„Rechenarten", die über diese vier hinausgehen, und auch das sind Operationen, die
sich jeweils komplementär verhalten, nämlich „Potenzieren" und „Wurzelziehen" sowie
„Logarithmieren" und „Exponieren". Das Potenzieren können wir unter gewissen Einschränkungen, auf die wir noch kommen werden, als wiederholte Multiplikation ansehen, und deswegen leiten sich auch die beiden erstgenannten höheren Rechenarten indirekt aus der Addition ab. Die beiden anderen werden wir erst später behandeln, aber
wir können schon an dieser Stelle festhalten, dass wir auf den natürlichen Zahlen eine
Reihe von Rechenarten haben, die sich jeweils komplementär verhalten und die sich im
Prinzip aus dem ableiten, was wir als Punkt- und Strichrechnung kennen gelernt haben.
Und die Grundlage all dieser Kalküle ist letztendlich die Addition, die erste, sprich älteste, aller Rechenarten. Die anderen Kalküle haben sich sicher auch sehr früh in der
Menschheitsgeschichte entwickelt, zumindest inhaltlich, aber der Form nach, d. h., so
wie wir sie heute benutzen oder betreiben, sind sie eher jung. An die Rechenzeichen,
z. B. das kleine Kreuz (+) für ein „Plus" oder der Bindestrich (–) für ein „Minus", ver-
schwenden wir heute kaum noch einen Gedanken, aber sie wurden als sogenannte
Operatoren für die Addition und die Subtraktion erst Anfang des 17. Jahrhunderts eingeführt. Das sind jedoch, wie gesagt, Formalitäten. In der Substanz fand das Rechnen
mit Zahlen natürlich schon in den frühesten menschlichen Kulturen statt, ganz besonders bei den Ägyptern und Babyloniern, die viele einzelne und praktisch relevante
Muster-Berechnungen dokumentiert haben. Systematisches Rechnen finden wir dann im
antiken Griechenland, aber mit dem Niedergang der griechischen Kultur und dem aufkommenden römisch-katholischen Christentum, das in seiner Frühzeit Mathematik und
Wissenschaft eher behindert hat, geriet die Arithmetik im Abendland erstmal in Vergessenheit, und zwar für deutlich über 1000 Jahre. Erst in der Renaissance, also ab dem
15. Jahrhundert, als die kulturellen Errungenschaften der Antike, hauptsächlich natürlich
aus der Kunst, wiedergeboren wurden, wurde auch die antike Mathematik wiederentdeckt.

Ein Name, den man in diesem Zusammenhang erwähnen muss, ist der des „Adam Riese". Den älteren unter uns wird die Redewendung „nach Adam Riese" geläufig sein für etwas, das wir als rechnerisch korrekt und einleuchtend ansehen. Tatsächlich war Adam Ries, wie er richtig hieß, ein „deutscher Rechenmeister", der Anfang des 16. Jahrhunderts das Rechnen als Disziplin im damaligen Deutschland propagierte. Für die Mathematik an sich hatte er keine überragende Bedeutung, aber er war es, der entscheidend dazu beigetragen hat, dass wir uns von den damals noch üblichen römischen Ziffern wegbewegten, weil sie zum Rechnen eher ungeeignet waren. Stattdessen demonstrierte er in seinen Schriften die Überlegenheit des arabischen Stellenwertsystems für das Rechnen,[5] wie wir es im Kapitel über Zahlen dargestellt haben, und da er überdies in deutscher Sprache schrieb und nicht – wie damals noch üblich – auf lateinisch, erreichte er größere Schichten, sodass sich seine Rechenkunst mit neuen Ziffern letztlich durchsetzte.

Wir schauen uns jetzt die Operationen der Reihe nach an und starten mit der elementarsten, der **Addition,** die wir als die Urform allen Rechnens ansehen.

Der Name Addition entstammt dem lateinischen Wort für „hinzufügen", denn das ist genau das, was diese Operation macht: Man fügt zu einer Zahl eine andere hinzu, oder – übertragen auf natürliche Gegenstände bzw. den ursprünglichen Hintergrund – man legt zu einer Menge von Dingen weitere dazu und zählt dann die neue Menge ab.

Anschaulich wird das anhand der erwähnten Zählhilfen, die unsere Vorfahren benutzten, z. B. einer Perlenschnur, die einen Anfang hat, die wir uns als unendlich lang vorstellen und auf der jeweils im gleichen Abstand Perlen aufgereiht sind, die wir problemlos rauf- und runter-zählen können.

Umgangssprachlich nennen wir die Addition „Und"-rechnen oder auch „zusammen"-zählen, was die Sache sehr gut trifft, denn addieren kann man sehr einfach auf das zwei- oder mehrfache Zählen zurückführen, wie es durch die Wörter „und" bzw. „zusammen" ausgedrückt wird. So machen es schon Kinder, wenn sie zwei Zahlen unter 5 jeweils an einer Hand abzählen und dann alle Finger insgesamt bzw. „zusammen" oder nacheinander zählen.

Allgemein gesprochen: Wenn wir zwei beliebige natürliche Zahlen, sagen wir a und b, addieren, dann schreiben wir diese Operation als:

$$a + b$$

In dieser Darstellung nennen wir a und b **Summanden** und meinen inhaltlich, dass wir die Zahl a vermehren um die Zahl b, was zähltechnisch nichts anderes ist, als dass man die beiden Zählvorgänge bis a und bis b hintereinander ausführt. Dadurch gelangt man zu einer neuen Zahl, sagen wir c, und schreiben dies als[6]:

---

[5] Dabei stützte er sich jedoch wesentlich auf Arbeiten von Leonardo von Pisa (1170–1240), dem wir später als „Fibonacci" wieder begegnen werden.

[6] Das Gleichheitszeichen „=" bestehend aus zwei kleinen Strichen, „die sich absolut gleichen", benutzen wir erst seit dem Ende des 17. Jahrhunderts.

$$a + b = c$$

Damit drücken wir aus, dass uns die beiden Zählungen zu c führen bzw. dass das Zählen bis c identisch ist mit dem aufeinander folgenden Zählen bis a und danach bis b. Addition ist also die Hintereinander-Ausführung von mindestens zwei Zählvorgängen, und deren Resultat heißt **Summe** (der Summanden).

Magische Quadrate

Die Addition als die älteste Operation hat die Menschen immer bewegt und auch in mystische Konstrukte Eingang gefunden, z. B. in die sogenannten „magischen Quadrate". In einer einfachen Form ist das eine Anordnung der Ziffern 1 bis 9 in einem 3×3 Schema, und zwar so, dass jeweils die Zeilen, Spalten und Diagonalen aufsummiert die gleiche Zahl ergeben, wie z. B. hier:

In diesem einfachen Beispiel (Abb. 2.1) sind die Summen jeweils 15, aber davon gibt es viele Verallgemeinerungen und Erweiterungen, die sich auch in den Künsten immer wieder finden, unter anderem in A. Dürers „Melancolia" (Abb. 2.2):

Wenn wir heute zwei Zahlen addieren, dann zählen wir natürlich nicht diese beiden Zahlen separat komplett durch, sondern nutzen die Vorteile unseres Zahlensystems, die z. B. Sumerer und Römer nicht hatten. Die mussten zwar auch nicht mehr mühsam Perlenschnüre abzählen, sondern benutzten den sogenannten *Abakus* (Abb. 2.3), eine Rechenhilfe, die mindestens 3000 Jahre alt ist, und die auch bei uns bis ins 17. Jahrhundert

Abb. 2.1 Magisches Quadrat

2	7	6
9	5	1
4	3	8

Abb. 2.2 Ausschnitt aus
Dürers „Melancolia"

Abb. 2.3 Römischer Abakus

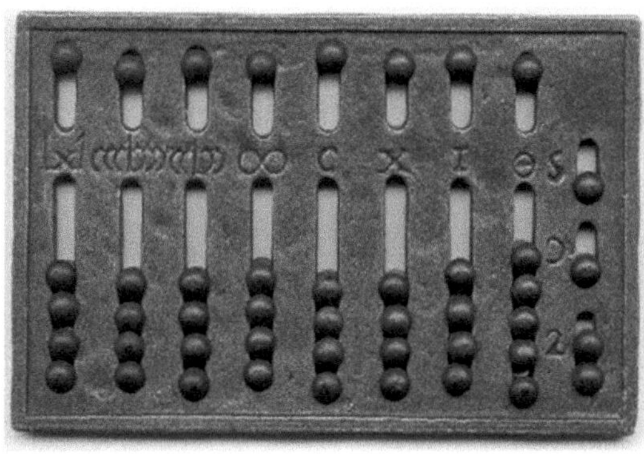

hinein in Verwendung war. Davon entwickelten sich im Laufe der Zeit natürlich verschiedene Varianten, aber die Grundform blieb stets gleich: Nämlich ein Gestell aus Perlen auf Schiebstangen, wie wir es auch heute noch verwenden, um Kindern einen haptischen Zugang zum Zählen zu ermöglichen. Die geniale Grundidee des Abakus besteht jedoch darin, den Schritt vom reinen Zählen zum Rechnen zu unterstützen, denn er erlaubt es uns, anstelle kompletter Zahlen nur Teile der Zahlen zusammen zu zählen.[7] Die Römer nutzten in ihrer *Rechen*-Technik also sehr wohl die Vorteile eines Dezimalsystems, denn das leitet sich ja gerade aus dem „10-Finger-System" ab, aber in der Technik ihrer *Zahlenschrift* – wenn man so will – wichen sie davon ab und blieben bis zum Untergang ihrer Kultur den bekannten „römischen Ziffern" treu. Unser heutiges Zahlen-System geht in diesem Punkt den entscheidenden Schritt weiter und nutzt die Vorteile der Darstellung von Zahlen auch beim Rechnen, denn die Teile der Zahlen, die wir in der Berechnung benutzen, sind gerade die Ziffern, aus denen wir unsere Zahlen komponieren. Besser gesagt: Es sind einzelne Stellenwerte, die wir in getrennten Zählvorgängen erfassen. Das könnte man mittels der Finger zweier Hände bewerkstelligen, aber auch das müssen wir nicht mehr tun, denn die möglichen Summen aus Zahlen unter 10 kennen wir einfach auswendig.

Unsere Methode des Addierens, wenn wir keine elektronischen Hilfsmittel benutzen dürfen, ist das „schriftliche Addieren", wie wir es in der Schule gelernt haben. Es beruht darauf, dass wir nur jeweils sich entsprechende Stellenwerte addieren und mit diesen bequem das Resultat der Addition direkt hinschreiben und verstehen können.

Als Beispiel schauen wir uns die Addition 12+25 an. Beide Zahlen in ihre 10er-Potenzen zerlegt, sehen so aus:

$$(1 \times 10 + 2) + (2 \times 10 + 5)$$

---

[7] Genaueres und mehr findet man z. B. hier: https://heinegym.de/fileadmin/Redaktion/2014/Aktuelles/2018-19/Abakus/18_19c_Rechnen_mit_dem_Abakus.pdf

Darin müssen wir nur die Koeffizienten der einzelnen Potenzen addieren und erhalten 3 x 10 + 7 = 37. In der Praxis schreiben wir dazu die Zahlen stellenweise untereinander und addieren jeweils übereinanderstehende Zahlen, sprich Ziffern, von rechts nach links:

$$
\begin{array}{r}
12 \\
+25 \\
\hline
=37
\end{array}
$$

In diesem Fall geht das glatt, weil die Summen der Stellenwerte unter 9 bleiben. Sollte das an einer Stelle nicht der Fall sein, dann haben wir dort einen „Überlauf" in die Stelle links davon, d. h., der Koeffizient der nächsthöheren Zehnerpotenz wird dann um 1 erhöht, was wir als „1 im Sinn" sicher noch im Kopf haben und hier nicht weiter ausführen müssen.

Fibonacci-Zahlen
Ein altes und wichtiges Beispiel für eine ganze Reihe von Zahlen, die auf Additionen beruht, ist die Folge der sogenannten Fibonacci Zahlen:

$$1, 1, 2, 3, 5, 8, 13, 21, 34, 55, 89, \ldots \text{ usw.}$$

Sie beginnt mit zwei Einsen, und ab dann ist die nächste Zahl immer die Summe der beiden vorhergehenden. Die Folge an sich ist schon sehr früh dokumentiert worden, aber bekannt wurde sie erst durch Fibonacci,[8] der damit um das Jahr 1200 herum das Wachstum einer Kaninchenpopulation beschrieb. Tatsächlich findet man sie auch in vielen anderen Prozessen, und wir werden sie im Kapitel zu Geometrie in einer der faszinierendsten Konstanten der Mathematik wiederfinden, nämlich im „goldenen Schnitt".

Die **Multiplikation** kennen wir umgangssprachlich als „mal-nehmen", und wieder sagt der Ausdruck schon, was dabei zu tun ist: Im Modell „Perlenschnur" können wir uns vorstellen, eine gewisse Anzahl Perlen mehrere *Male* nacheinander zu *nehmen* oder abzuzählen und am Ende die Anzahl der insgesamt abgezählten Perlen zu ermitteln. Das ist allerdings etwas unübersichtlich, sodass wir dafür auf das sogenannte „Urnen-Modell" übergehen wollen. Darunter stellen wir uns einen hinreichend großen Behälter[9] vor, der

---

[8] Dabei handelt es sich um den schon erwähnten Leonardo von Pisa. Er war es, der die Entwicklung der abendländischen Mathematik mit Hilfe des arabischen Einflusses im damaligen Europa maßgeblich vorangetrieben hat. Das gilt insbesondere für seine Propagierung des Stellenwertsystems.

[9] Aus unerklärlichen Gründen verwendet man dafür den Begriff der „Urne". Es ist die etwas modernere Variante der „Zählsteine", die man im antiken Griechenland verwendete.

mit genügend – theoretisch unendlich – vielen Kugeln gefüllt ist, und dem wir nach Belieben Kugeln entnehmen können.

In diesem Modell können wir die Addition a+b so veranschaulichen, dass wir zuerst a Kugeln entnehmen, dann nochmal b Kugeln und schließlich die so entnommene Gesamtmenge abzählen. Multiplikation in diesem Modell hieße, dass wir eine gewisse, aber stets gleiche Anzahl Kugeln mehrmals nacheinander aus der Urne „ziehen", irgendwie zusammenlegen und die Gesamtmenge ermitteln, d. h. abzählen. Die Operation, dreimal hintereinander 5 Kugeln zu entnehmen, beschreiben wir mit dem Ausdruck 3×5 und nennen das Resultat das **Produkt** aus den beiden **Faktoren** 3 und 5.

Für den Moment wollen wir darauf bestehen, dass der erste Faktor die Häufigkeit der Entnahme betrifft, und der zweite die Anzahl der entnommenen Kugeln, denn so entspricht es auch unserem Sprachgebrauch: Bei der Beschreibung mehrfacher Tätigkeiten nennen wir normalerweise zunächst die Häufigkeit und dann das, was gemacht wird, oder das Objekt der Tätigkeit; z. B. gehen wir „dreimal essen" und bestellen „3 Schweinsbraten".[10]

Statt also dreimal hintereinander 5 Kugeln an einer Schnur abzuzählen, ziehen wir dreimal hintereinander je 5 Kugeln aus der Urne. Beide Operationen sind aber offenbar identisch mit der dreimaligen Anwendung der Addition in den jeweiligen Modellen, und von daher können wir die Multiplikation auffassen als eine wiederholte Anwendung der Addition, nämlich einer Addition der immer gleichen Zahl zu sich selbst, so oft wie eben verlangt. Mit anderen Worten, wir vermehren eine Zahl mit einer gewissen Häufigkeit, und „Vermehren" ist gerade das, was das Lateinische „multiplicare" bedeutet.

Man sieht hieran auch, dass die Multiplikation eine Operation „zweiter Ordnung" ist, denn in ihr kommen die beiden eingangs beschriebenen Qualitäten der Zahlen zum Tragen: Die ordinale und die kardinale. Der erste Faktor, der die Häufigkeit der Tätigkeit beschreibt, kann als Ordinale angesehen werden, während die kardinale Komponente durch den zweiten Faktor vertreten ist, denn der gibt an, wie groß die entnommene Menge sein soll. Demgegenüber ist die Addition „nur" eine Verknüpfung erster Ordnung, denn sie verwendet nur die kardinale Qualität der Zahlen.[11]

In der weiteren Anschauung hilft uns das Urnenmodell jetzt auch weiter, wenn wir uns vorstellen, die entnommenen Kugeln nicht nur einfach auf einen Haufen zu legen und abzuzählen, sondern in einem rechteckigen Schema zweidimensional anzuordnen:

Die erste Entnahme von 5 Kugeln legen wir als Reihe aus, die zweite und dritte legen wir als zusätzliche Reihen direkt darüber, sodass wir unsere 15 Kugeln als rechteckiges Schema von 5 (waagerecht) mal 3 (senkrecht) Kugeln auslegen (Abb. 2.4):

---

[10] „Schweinsbraten drei mal" wird sicher auch verstanden, und inhaltlich wie mathematisch läuft es natürlich auf dasselbe hinaus.

[11] Deswegen ist etwas Vorsicht geboten, wenn wir die Multiplikation als wiederholte Anwendung der Addition beschreiben.

Abb. 2.4 5×3-Schema 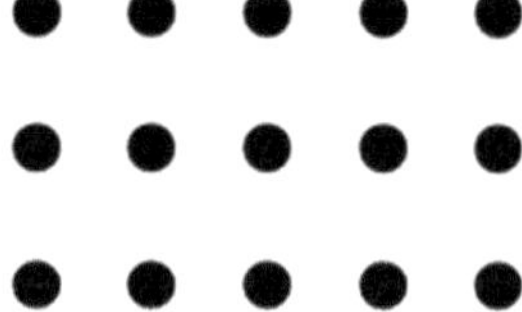

Dieses Bild veranschaulicht die Multiplikation von Faktoren, nämlich 3 und 5, zum Produkt 3×5. Und es sind Schemata wie diese, die wir im Kopf haben, wenn wir zwei beliebige Zahlen kleiner als 10 miteinander malnehmen, pardon: multiplizieren. Die Menge aller solcher Rechtecke mit weniger als 10 Kugeln an den Seiten bzw. Rändern nennen wir „Das kleine 1×1". Selbiges haben wir alle auswendig gelernt und abgespeichert wie seinerzeit Telefonnummern, d. h., wenn wir beispielsweise „7 mal 6" rechnen, dann stellen wir uns nicht das entsprechende Schema vor und zählen ab, sondern wir *wissen*, dass das 42 ist.[12]

Dieses Wissen haben wir aufgebaut, indem wir zunächst die sogenannten „Reihen", die wir oben ausgelegt haben, auswendig gelernt haben, also die ersten 10 Vielfachen einer gegebenen Zahl zwischen 1 und 10. Die „7er Reihe" z. B. ist die Folge der Zahlen, in der immer wieder eine 7 addiert wird, d. h. 7, 14, 21 usw. bis 70. Aus dieser additiven Folge haben wir im nächsten Schritt die einzelnen Folgenglieder der Reihe nach als Vielfache der Zahl identifiziert, d. h. 7+7+7=21, und genau das steht für die Auslegung von 3×7.

> **Kleinstes gemeinsames Vielfaches (kgV)**
> Wenn man die Reihen der Vielfachen von zwei Zahlen vergleicht, dann stellt man natürlich fest, dass sie immer auch gemeinsame Vielfache haben müssen. Die 2er- und die 3er-Reihe beispielsweise teilen sich die 6, die 12, die 18 usw., und allgemein ist immer das Produkt a x b ein gemeinsames Vielfaches von a und b. Später, beim Bruchrechnen, werden wir uns für das Kleinste solcher gemeinsamen Vielfachen interessieren, und das schreiben wir dann als kgV (a, b).

Unser Wissen um das kleine 1×1 ermöglicht uns dann auch die Multiplikation größerer Zahlen, indem wir wieder einzelne Multiplikationen durchführen, die sich alle im Rahmen des „Kleinen 1×1" bewegen. Allerdings multiplizieren wir diesmal nicht nur einzelne und sich entsprechende Stellenwerte, sondern über Kreuz alle möglichen Kombinationen der Ziffern an allen Stellenwerten. Warum das so ist, kann man sich leicht an unserer Rechteck-Auslage klar machen:

---

[12] Während wir die Zahlen bis 10 förmlich „vor Augen" haben, haben wir diejenigen bis 100 im Kopf. Erst danach fangen wir an zu „rechnen".

Abb. 2.5 12×13-Schema

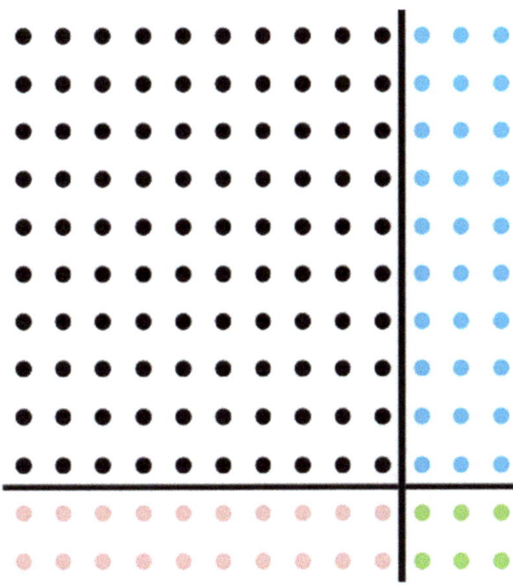

Nehmen wir an, wir haben 12×13 zu berechnen. Dazu legen wir zunächst horizontal 13 und vertikal 12 Kugeln aus und spalten darin gedanklich jeweils die ersten 10 Kugeln ab (Abb. 2.5):

Dadurch erhalten wir also 4 Rechtecke, die wir jeweils separat ausmultiplizieren:

$$1.\,\text{Rechteck (schwarz)}: 10 \times 10 = 100$$

$$2.\,\text{Rechteck (rot)}: 2 \times 10 = 20$$

$$3.\,\text{Rechteck (blau)}: 3 \times 10 = 30$$

$$4.\,\text{Rechteck (grün)}: 3 \times 2 = 6$$

und dann addieren:

$$100 + 20 + 30 + 6 = 156$$

Genau dieses Prinzip liegt der „schriftlichen Multiplikation" zugrunde:

Man multipliziert jeden Stellenwert mit jedem, schreibt die Ergebnisse so untereinander, dass gleiche Stellenwerte übereinanderstehen, und wendet dann die schon bekannte schriftliche Addition an, d. h., auch bei der schriftlichen Operation wird die Multiplikation auf die Addition zurückgeführt. Das müssen wir hier sicher nicht weiter vertiefen, sondern geben nur ein Beispiel an:

$$12 \times 13$$
$$36$$
$$12$$
$$156$$

Fakultät

Ein spezielles Produkt, das man kennen sollte, ist die sogenannte **Fakultät** einer natürlichen Zahl n, geschrieben als n! und definiert als das Produkt aller Zahlen von 1 bis einschließlich n selbst, z. B.: $4! = 1 \times 2 \times 3 \times 4 = 24$, und allgemein:

$$n! = 1 \times 2 \times 3 \times \ldots \times n$$

Damit haben wir jetzt zwei Operationen auf den natürlichen Zahlen definiert und mittels der Modelle „Perlenschnur" und „Urne" veranschaulicht. Als nächstes schauen wir uns an, welche **Rechenregeln** diese Operationen auszeichnen.

Was man direkt sieht, ist, dass es bei beiden Operationen nicht auf die Reihenfolge der Ausführung ankommt, d. h., $5 + 7$ ist dasselbe wie $7 + 5$, nämlich 12, und 3×5 führt genauso zu 15 Perlen oder Kugeln wie 5×3, wenn man eine der beiden Auslagen entsprechend dreht.

Das hört sich trivial an und das ist es eigentlich auch, aber es gilt nicht für jede Operation. Es ist ein Kennzeichen der Addition und Multiplikation, dass man dort die Reihenfolge der Summanden bzw. der Faktoren vertauschen darf, ohne dass das Ergebnis sich ändert. Genau das besagt das **Kommutativgesetz**:[13]

Für alle natürlichen Zahlen a und b gilt:[14]

$$a + b = b + a$$

$$a \times b = b \times a$$

Jetzt liegt es nahe, diese beiden Operationen, Addition und Multiplikation miteinander zu mischen bzw. nacheinander auszuführen. Wir wollen nur den Fall betrachten, in dem wir zunächst zwei Zahlen addieren und das Ergebnis dann mit einer anderen Zahl multiplizieren,[15] d. h., die Summe $a + b$ wird multipliziert mit dem Faktor c. Das schreiben wir als:

$$(a + b) \cdot c$$

---

[13] Lateinisch „commutare" = (ver-)tauschen.

[14] Wenn klar ist, was gemeint ist, können wir den Operator „x" für die Multiplikation weglassen und schreiben „ab" statt „a x b" bzw. wir gehen nach und nach über zu dem vertrauten „Malpunkt": a·b.

[15] Der umgekehrte Fall ist hier irrelevant.

Abb. 2.6 2×5-Schema

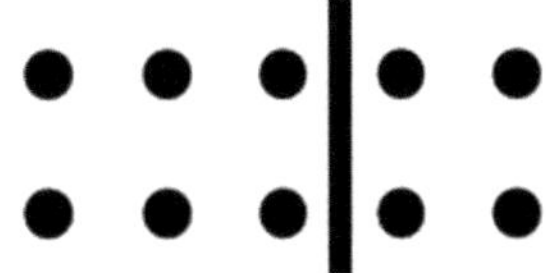

und dabei bedeutet die Klammer um a+b gerade, dass diese Operation, die Addition, zunächst ausgeführt wird, und dass sich die Multiplikation dann anschließt, d. h., der Faktor c wirkt auf die Summe a+b. In dieser Situation allerdings erlaubt das sogenannte **Distributivgesetz,** die Multiplikation auf die zwei Summanden a und b zu verteilen (lat. „distributare"=verteilen), d. h., wir können a und b jeweils mit c multiplizieren und die beiden Produkte addieren; als Formel:

$$(a + b) \cdot c = a \cdot c + b \cdot c$$

für natürliche Zahlen a, b und c; und unter Nutzung des Kommutativgesetzes gilt dann auch:

$$c \cdot (a + b) = c \cdot a + c \cdot b = ac + bc$$

Das Distributivgesetz kann man sich leicht anhand ausgelegter Kugeln klar machen. Der Term 2 x (3+2) führt zu dieser Auslage (Abb. 2.6):

Und das wird durch die Abtrennung zu $(2 \times 3) + (2 \times 2) = 6 + 4 = 10$

An dieser Stelle weisen wir auf eine Konvention hin, die die meisten von uns wahrscheinlich als eherne Regel verinnerlicht haben, nämlich **„Punkt vor Strich".** Die Regel ist in dieser isolierten Form nicht ganz vollständig, aber sie besagt, dass wenn in einem Term, d. h. einem Rechenausdruck, nur Punkt- und Strichrechnungen gemischt vorkommen, dann haben die Punktrechnungen, wie Multiplikationen, grundsätzlich Vorrang vor Strichrechnungen, wie Additionen. Unabhängig davon haben allerdings Klammersetzungen höhere Priorität, d. h., Klammern sind grundsätzlich zuerst auszuwerten.

Der nächste Schritt führt uns aus den Grundrechenarten hinaus zum sogenannten Potenzieren oder der **Potenzrechnung,** und diese ist dem Schritt von der Addition zur Multiplikation ähnlich: Dort war Multiplikation die wiederholte Anwendung der Addition, hier wird jetzt das Potenzieren die wiederholte Anwendung der Multiplikation sein, nämlich die Multiplikation ein und derselben Zahl mit sich selbst in einer angegebenen Häufigkeit. Beispielsweise kann man die Zahl 2 dreimal mit sich selbst multiplizieren und erhält:

$$2 \cdot 2 \cdot 2 = 8$$

Und das schreiben wir als 2^3.

Allgemein definieren wir für beliebige natürliche Zahlen a und n die n-te Potenz von a als:

$$a^n = a \cdot a \cdot a \cdots \cdot a \text{ (mit genau n Faktoren)}$$

In dieser Darstellung nennen wir a die Basis und n den Exponenten des Terms a^n, d. h., die Basis a wird mit sich selbst multipliziert, und der Exponent n gibt an, wie oft.

Für $n=1$ ist das die Zahl selber, d. h. $a^1 = a$, und für $n=2$ sprechen wir vom Quadrat der Zahl.[16]

Daraus können wir 3 wesentliche Rechenregeln[17] für das Potenzieren direkt ablesen und sie uns anhand der Beispiele klar machen:

$$a^n \cdot a^m = a^{(m+n)} \quad \text{z.B.} : a^2 \cdot a^3 = a^5$$
$$a^n \cdot b^n = (ab)^n \quad \text{z.B.} : a^3 \cdot b^3 = (ab)^3$$
$$(a^m)^n = a^{mn} \quad \text{z.B.} : (a^2)^3 = a^6$$

Zahlendimensionen

Unser Zahlensystem baut auf Stellenwerten auf und benutzt dazu implizit Zehnerpotenzen. Diese kann man aber auch explizit nutzen, um große und sehr große Zahlen kurz und knapp in reiner Potenzschreibweise darzustellen. Der Ausdruck 10^{85} beispielsweise steht für die Zahl, die wir standardmäßig als eine 1 mit 85 Nullen schreiben würden, und dergestalt ausgeschrieben würde uns diese Zahl vermutlich mehr Respekt abnötigen als das simple 10^{85}. Diese Schreibweise nennt man oft auch die „wissenschaftliche", aber das sollte niemanden davon abhalten, sie zu benutzen bzw. sein Zahlenverständnis damit zu schulen. Es ist nämlich ein großer Vorteil unseres Systems, dass man darin über das Verständnis von Potenzen auch seine Vorstellungskraft bezüglich der Realität trainieren kann:

Die Anzahl Sandkörner auf der Erde entspricht mit etwa $7 \cdot 10^{22}$ der Anzahl Sterne im sichtbaren All, und 10^{85} liegt in der Nähe der Anzahl Atome im Universum.[18]

Man kann sich hier schon leicht vor Augen führen, wie die bisher besprochenen drei Operationen eine Zahl wachsen lassen: Die Addition nur langsam, die Multiplikation als wiederholte Addition schneller, und das Potenzieren als wiederholte Multiplikation führt natürlich zu schnellstem Wachstum. Dies ist aber noch nicht das ominöse „exponentielle" Wachstum, zu dem wir später kommen werden und das jede Potenz schlägt – wie wir sehen werden.

---

[16] Der Fall $n=0$ ist für uns eigentlich irrelevant, aber a^0 ist grundsätzlich als 1 definiert, wobei das strenggenommen nur für $a \neq 0$ gilt, d. h., 0^0 sehen wir als un-definiert an, obwohl es oft als 1 gesetzt wird.

[17] Hierzu wird es noch andere wichtige Rechenregeln geben, für die wir aber den Bereich der natürlichen Zahlen verlassen und ergänzende Operationen einführen müssen. Sie finden sich in der Formelsammlung im Anhang.

[18] Diese Zahlen sind natürlich geschätzt und die Fehlerquote ist gigantisch.

Abb. 2.7 7×7-Schema

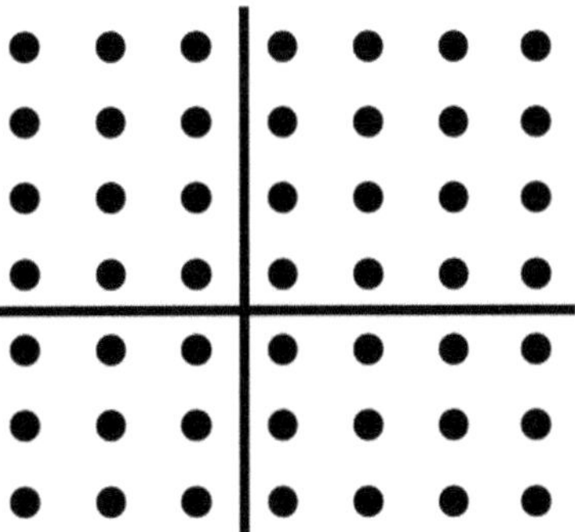

Mit dem Wissen um Addition, Multiplikation und Potenzieren ergibt sich direkt eine der bekanntesten Formeln in jedem Schülerleben, die sogenannte **1. Binomische Formel.** Diese betrifft das Quadrieren einer Summe aus zwei Summanden – deswegen auch bi-nom – und lautet:

$$(a + b)^2 = a^2 + 2ab + b^2$$

mit natürlichen Zahlen a und b.

Auch dies kann man sich leicht an einem Punkteschema klar machen, wenn man das Quadrat der Summe als Produkt darstellt und wie oben ausgeführt über Kreuz alle möglichen Kombinationen ausmultipliziert; hier (Abb. 2.7) für $(3+4)^2 = 3^2 + 2 \cdot 3 \cdot 4 + 4^2$.

Da wir dies die 1. Binomische Formel nennen, sollte klar sein, dass es weitere gibt, aber dafür verweisen wir auf den Anhang.

Was wir aber an dieser Stelle und mit diesen wenigen Regeln schon nachvollziehen können, ist eine der berühmtesten Geschichten der Mathematik, nämlich der **Satz von Fermat** oder – besser gesagt – **die Fermat´sche Vermutung.**

Die dreht sich um Ausdrücke der Form:

$$a^n + b^n = c^n$$

mit natürlichen Zahlen a, b, c und n größer Null.

Die Geschichte dazu ist so bekannt, dass es ganze Bücher darüber gibt.[19] Stellen wir uns aber zunächst die Frage, was die Formel anschaulich bedeutet:

Offenbar geht es darum, Potenzen additiv in gleiche Potenzen zu zerlegen. Genauer: die Potenz c^n soll in zwei Summanden der gleichen Potenz aufgespalten werden, wobei alle Zahlen natürlich sein sollen. Das ist eine deutliche Einschränkung, und deswegen ist die Frage, ob und wann das überhaupt möglich ist, sehr berechtigt.

---

[19] S. Literaturverzeichnis im Anhang.

Für n = 1 geht es also darum, eine Zahl c in zwei Summanden zu zerlegen, was uns in der Regel keine Mühe machen sollte.

Für n = 2 beschreibt die Gleichung die Zerlegung eines Quadrats in zwei Quadrate, und das ist die vielleicht bekannteste Formel der Mathematik: Der Satz des Pythagoras, den wir schon in der Einleitung zitiert haben und den wir im Kapitel über Geometrie noch ausführlich behandeln werden. Aber auch ohne die geometrische Bedeutung kann man leicht sehen, dass die Formel im Fall n = 2 viele Lösungen hat. Tatsächlich gibt es sogar unendliche viele Kombinationen natürlicher Zahlen a, b und c, für die der Ausdruck:

$$a^2 + b^2 = c^2$$

wahr ist, z. B. für 3, 4 und 5, denn $3^2 + 4^2 = 5^2$. Schon die Babylonier haben solche sogenannten „pythagoreischen Tripel" beispielhaft dokumentiert, d. h. in Tontafeln geritzt, und die Pythagoreer selber haben sogar Formeln angegeben, wie sie zu berechnen sind.[20]

Bei n = 3 geht es um einen Würfel und die Frage, ob der in zwei kleinere Würfel zerlegbar ist. Die Antwort ist nein, und auch für jede andere, höhere Potenz – wobei unsere Anschauung leider versagt – existieren solche Zerlegungen nicht. Das erscheint doch einigermaßen erstaunlich, und so hat man über Jahrtausende nach solchen Tripeln für den Fall n = 3, also geometrisch für den Würfel, und auch für grössere n, gesucht. Da man aber nie welche gefunden hat, musste man irgendwann annehmen, dass es eben keine gibt, aber auch das blieb zunächst eine Vermutung. Erst um das Jahr 1640 herum behauptete Pierre Fermat (1607–1665), dass er dies sogar beweisen könne, und zwar elegant in ganz wenigen Zeilen. Das jedenfalls notierte er so auf dem Rand einer Buchseite und schrieb dazu, dass der Platz dort so gerade nicht ausreichen würde, um den Beweis hinzuschreiben.

Diese Randnotiz hat Generationen von Mathematikern beschäftigt und wahrscheinlich schier in den Wahnsinn getrieben, denn so sehr man sich auch mühte, selbst die größten Mathematiker nach Fermat fanden über 300 Jahre lang nicht nur keinen Beweis dafür, sondern erst recht keinen, der so kurz war, wie Fermat es wohl glaubte.

Heute wissen wir, dass die Vermutung, die Fermat glaubte beweisen zu können, tatsächlich wahr ist, d. h., für Werte von n größer als 3 gibt es keine natürlichen Tripel, die die Gleichung erfüllen. Das aber wissen wir erst seit gut 30 Jahren, und der aufwändige Beweis durch Andrew Wiles (*1953) war einer der Meilensteine der Mathematik des ausgehenden 20. Jahrhunderts. Von daher sind wir sicher, dass Fermats Beweis bzw. das, was er dafür hielt, falsch gewesen sein muss. Genauso wenig wissen wir allerdings, was er sich denn ausgedacht hatte; und das wäre sicher auch interessant gewesen.

Aber steigen wir nun wieder in die Niederungen der Grundrechenarten ab und schauen uns die **Subtraktion** an.

---

[20] Für ungerades m setzt man:

$$a = m, \; b = \frac{m^2 - 1}{2}, \; c = \frac{m^2 + 1}{2}$$

Darunter verstehen wir die Umkehrung der Addition, d. h., wenn Addition Hinzu-fügen bedeutet, dann heißt Subtraktion „Wegnahme", d. h., man subtrahiert eine Zahl von einer anderen, indem man von dieser einen Teil „entfernt", im wörtlichen Sinne „von unten (sub) etwas herauszieht (tractare)". Nach der Terminologie ist es also tat-sächlich wesentlich, dass ein Teil von etwas Größerem abgezogen wird bzw. dass von einer gegebenen Anzahl a an Objekten eine andere Anzahl b weggenommen wird, und was übrigbleibt, eine neue Anzahl ist, genannt c. An unserer Perlenschnur orientiert, ist das aber nichts anderes, als dass man von einer gegebenen Zahl a aus um b Einheiten herunterzählt, also nach links bzw. in Richtung Anfang der Schnur, und schließlich bei c landet, der sogenannten **Differenz** von a und b. Dafür schreiben wir dann:

$$a - b = c$$

Dieser Zugang zur Subtraktion wird auch *„Abziehverfahren"* genannt und beschreibt praktisch eine Sicht „von oben nach unten": Von der höheren Zahl a kommend zählt man um einen echt kleineren[21] Teil b nach „unten", und wird so der Bezeichnung „Um-kehrung der Addition" gerecht.

Ein anderer, gleichwertiger Zugang zur Subtraktion wird *„Ergänzungsverfahren"* ge-nannt und führt über die Frage, welche Zahl man zu einer gegebenen Zahl c addieren muss, um die höhere – auch gegebene – Zahl a zu erhalten. Die Antwort auf diese Frage ist nämlich gerade b. Diese Sichtweise „von unten nach oben" – wenn man so will – ma-chen wir uns bei der „Schriftlichen Subtraktion" – so wie wir sie standardmäßig lernen – zunutze.

Dort schreiben wir die beiden Zahlen wie bei der Addition stellenweise unter-einander, zuoberst die größere, und wenden bei jedem Stellenwert die neue Perspektive an, d. h.: Welche Zahl muss man zu der unteren hinzuaddieren, um die obere zu erhalten. Das geht glatt durch, wenn die obere Ziffer größer ist als die untere, und wenn das nicht der Fall ist, dann führt man „im Sinn" eine Zehnerüberschreitung durch und vermerkt dies bei der nächsten Stelle, wo man entsprechend die untere Ziffer um eins vermehrt. Auch diese Art Rechnungen haben wir in der Schule zur Genüge durchgeführt, und das wollen wir hier nicht überstrapazieren. Übungen dazu kann man sich beliebig selber überlegen und durchrechnen, was wir den Lesern auch gern ans Herz legen möchten.

Rechenzeichen
Weil wir das Addieren mit + notieren und die Subtraktion mit –, also jeweils mit kleinen „Strichen", nennen wir diese beiden Operationen „Strichrechnungen".

---

[21] Dass b echt kleiner als a sein soll, ist erstmal der Anschauung geschuldet, denn man kann schlecht mehr wegnehmen als da ist. Allerdings ist der Fall a = b durchaus mit unserer Anschauung verträglich, aber das wollen wir für den Moment zurückstellen.

Im Gegensatz dazu benutzen wir nach Schulpraxis für die „Punktrechnungen" Multiplikation und – wie wir später sehen werden – Division den Punkt („·") bzw. den Doppelpunkt („:"). Für Letztere allerdings verwenden wir alternativ auch andere Symbole, nämlich häufiger einen Schrägstrich oder meistens einen Bruchstrich.

All diese Zeichen wurden erst um das Jahr 1500 herum bei uns eingeführt.

Bis hierher setzen wir bei der Subtraktion a – b voraus, dass b echt kleiner als a ist. Das hängt natürlich direkt damit zusammen, dass wir uns bislang nur in den natürlichen Zahlen bewegen und dass wir diese als abstrakte Eigenschaften von Mengen realer Objekte ansehen. Für die Subtraktion a – a werden unsere Vorfahren durchaus noch eine reale Entsprechung in ihrer Erfahrungswelt gehabt haben, aber eine rechnerische Übersetzung der Situation, dass man „nichts" hat, fehlte lange in allen mathematischen Überlegungen. Und wenn wir jetzt gedanklich schon etwas vorgreifen dürfen, dann kann man sich vorstellen, dass negative Zahlen in der menschlichen Anschauung auf Widerstände gestoßen sein müssen. In unserem Kulturkreis jedenfalls waren sie lange nicht akzeptiert, während die Chinesen schon 200 Jahre v. Chr. das Konzept negativer Zahlen verwendet hatten. Das erklärte man gern mit philosophisch-kulturellen Gründen, denn das Denken in Gegensätzen ist in der fernöstlichen Kultur beheimatet. In der griechisch-römischen Welt aber wurde das Konzept negativer Zahlen als absurd angesehen. Zwar konnte man sich vorstellen, sie formell zu benutzen, aber es fehlte eben der reale Unterbau für solch ein Zahlengebilde. Das änderte sich langsam ab dem 15. Jahrhundert, und erst mit Leibniz (s. Anhang) ab 1700 herum wurden negative Zahlen systematisch verwendet, wenngleich sie auch da noch mit Argwohn beäugt wurden.

Diese Entwicklung markiert tatsächlich einen Scheidepunkt in der Historie der Mathematik, und den Fortgang der Geschichte wollen wir in das Kapitel „Algebra" verschieben. Wir bleiben vorläufig noch bei den natürlichen Zahlen, d. h., wir lassen nur Operationen zu, die uns aus diesen nicht hinausführen.

Die letzte der 4 Grundrechenarten ist das **Teilen, die Division**.

Außerhalb der Mathematik ist Teilen der Prozess, ein gewisses Gut in irgendwelche kleineren Anteile aufzuteilen, die nicht unbedingt alle gleich sein müssen. In der Mathematik jedoch meint Division eine Aufteilung in gleiche Teile, d. h., eine zu teilende Zahl a („**Dividend**") soll nicht einfach irgendwie, sondern in eine a priori festgelegte Anzahl b („**Divisor**") gleicher Teile zerlegt werden. Das bedeutet zwingend, dass am Ende jedes einzelne dieser Teile multipliziert mit der Anzahl der Teile wieder das ursprüngliche Ganze ergeben muss, und genau deswegen ist die Division die Umkehrung der Multiplikation.

Die Teilung „a durch b" schreiben wir als:

$$a : b \text{ oder auch } a/b \text{ meist aber als } \frac{a}{b}$$

und bezeichnen dies auch als das Verhältnis „a zu b" oder den **Bruch** „a durch b", wobei dann a der **Zähler** und b der **Nenner** des Bruchs heißt.

Da wir uns aber nach wie vor nur in den natürlichen Zahlen bewegen, wissen wir, dass solch eine Teilung nicht immer glatt möglich ist, sondern dass meist ein sogenannter „Rest" verbleibt. Darauf kommen wir zurück, aber zunächst machen wir uns das Leben leicht und betrachten Beispiele für Teilungen, die in den natürlichen Zahlen funktionieren:

Die Zahl 12 kann man offenbar aufteilen in 3 gleiche Teile zu je 4 oder in 4 Teile zu je 3 Einheiten, denn dann sind die jeweiligen Summen $4+4+4$ und $3+3+3+3$ wieder 12. Wir erinnern uns, die wiederholte Addition entspricht der Multiplikation und diese beiden Summen entsprechen gerade den Produkten $3 \cdot 4$ bzw. $4 \cdot 3$, d. h., das Rückgängigmachen der Division ist eine Multiplikation. Mit anderen Worten: Das eine ist die Umkehrung des anderen, und die beiden Produkte können wir identifizieren mit einem 3×4-Schema bzw. – gekippt um 90 Grad – ein 4×3-Schema.

Somit ist der Vorgang des Teilens die gedachte Zerlegung einer Zahl in ein rechteckiges Schema. Wer das 1×1 auswendig gelernt hat, wird wissen, welche Zahlen unter 100 man wie zerlegen kann, denn so, wie wir wissen, dass $6 \cdot 7 = 42$ ist, wissen wir, dass man die 42 in ein Rechteck aus 6 bzw. 7 Reihen zerlegen kann.

Bei größeren Zahlen wissen wir das per se nicht mehr, sondern müssten – ohne Kenntnis irgendwelcher Hilfsmittel – ausprobieren, wie man welche Zahlen auf welche Werte aufteilen kann. Genau das haben unsere Vorfahren auch getan und dabei sicher herausgefunden, dass man einige Zahlen „gut" teilen kann und andere praktisch gar nicht. „Gut" teilbar heißt dabei, dass eine Zahl sich auf viele andere Zahlen aufteilen lässt. Dazu gehört beispielsweise – wie schon gesehen – die 60, die deswegen im babylonischen Zahlensystem die Basis bildete. Gute Teilbarkeit ist aus praktischer Sicht eine gewünschte Eigenschaft.

Zur anderen Kategorie Zahlen gehören diejenigen, die sich so gut wie gar nicht teilen lassen, denn sie lassen sich in kein rechteckiges Schema transferieren, außer in das triviale, das aus einer Reihe besteht, sei es vertikal oder horizontal. Dass aber genau diese Zahlen, die sich also nur durch 1 und sich selbst teilen lassen, eine immense Bedeutung haben, liegt nicht unbedingt auf der Hand. Trotzdem haben die Menschen dies früh erkannt und dieser Klasse von Zahlen einen eigenen und hochtrabenden Namen gegeben: Primzahlen, die ersten Zahlen. Weiter unten werden wir diese separat behandeln.

Schauen wir uns zunächst Zahlen an, die sich „gut" teilen lassen, und durch welche Zahlen sie sich teilen lassen. Dafür gibt es eine Reihe von Regeln, von denen wir hier aber nur einige wenige nennen wollen:

Durch 2 lässt sich jede zweite Zahl teilen, d. h. 2, 4, 6, 8, 10 und so weiter. Diese Zahlen nennen wir die geraden Zahlen. Entsprechend sind alle Zahlen, die zwischen zwei geraden Zahlen liegen, ungerade Zahlen, also 3, 5, 7, 9, 11 usw.

Entsprechend ist auch klar, dass jede dritte Zahl durch 3 teilbar sein muss, d. h. 3, 6, 9, 12 usw., und das ist gerade die 3er Reihe.

Dieses Prinzip setzt sich fort: Jede 17te Zahl ist durch 17 teilbar und jede n-te Zahl ist durch n teilbar, aber die immer wieder abzuzählen, ist mühsam. Stattdessen würde man es einer Zahl gern direkt ansehen wollen, durch welche Zahl sie sich teilen lässt, aber da müssen wir den Leser enttäuschen: Eine allgemeine Regel oder ein Rezept, gibt es dafür leider nicht; wohl aber haben wir ein paar spezifische Regeln wie diese:

Eine Zahl ist teilbar durch:

- 5, wenn die letzte Ziffer eine 0 oder eine 5 ist
- 4, wenn die Zahl, die die beiden letzten Stellen ausmachen, durch 4 teilbar ist
- 6, wenn sie durch 2 und 3 teilbar ist.

Es gibt weitere – teils komplexe – solcher Regeln, auf die wir hier aber verzichten.

> **Größter gemeinsamer Teiler (ggT)**
> Jede Zahl hat eine Reihe von Teilern, und vergleicht man die Teiler zweier Zahlen a und b, dann werden sich dort immer auch gemeinsame Teiler finden, nämlich mindestens die 1. Den grössten dieser Werte bezeichnen wir als den „größten gemeinsamen Teiler von a und b", abgekürzt ggT(a, b).
>
> Zwischen dem ggT und dem kleinsten gemeinsamen Vielfachen kgV besteht der Zusammenhang:ggT(a, b)kgV(a, b) = a · b
>
> Zum Beispiel ist kgV(4, 6) = 12 und ggT(4, 6) = 2. Entsprechend ist:
> $$\text{kgV}(4,6)\text{ggT}(4,6) = 2 \cdot 12 = 24 = 4 \cdot 6.$$

Der Fall, dass eine Teilung so glatt möglich ist, ist allerdings nicht der Normalfall. In den meisten Fällen bleibt nach dem Teilungsvorgang – wie oben gesagt – ein sogenannter „Rest", d. h., wir können die meisten natürlichen Zahlen immer nur so weit wie möglich aufteilen. Am Ende wird ein – in diesem Sinne – unteilbarer Rest bleiben, d. h., für beliebige natürliche Zahlen a und b mit a > b gibt es natürliche Zahlen q und r mit 0 < r < b, sodass:

$$a = q \cdot b + r$$

Dann sagen bzw. schreiben wir:

$$a : b = q \, mit \, Rest \, r$$

z. B. ist 16 : 5 = 3 mit Rest 1, denn 16 = 3 · 5 + 1.

Wie man die konkrete Rechnung durchführt, lernt man schon in der Grundschule unter dem Begriff „Schriftliches Dividieren", und auch da nutzt man das Stellenwertsystem, um Zahlen stellen- oder auch abschnittsweise zu dividieren, wobei anfallende Reste an die nächste Stelle weitergegeben oder übertragen werden.

Das sieht man am einfachsten an einem Beispiel, das unsere Erinnerung auffrischen soll:

$$5432 : 4 = 1358$$
$$\underline{4}$$
$$14$$
$$\underline{12}$$
$$23$$
$$\underline{20}$$
$$32$$
$$\underline{32}$$
$$0$$

Man geht von links nach rechts vor, teilt die erste Ziffer durch den Divisor, also hier 5 durch 4, ergibt 1 als die erste Ziffer des Ergebnisses. Die multipliziert mit dem Divisor $(1 \cdot 4 = 4)$ notiert man unter der ersten Ziffer des Dividenden (5) und bildet dort die Differenz, sodass der Schritt insgesamt einer Division mit Rest entspricht: 5 durch 4 gibt 1 mit Rest 1.

An diesen Rest wird dann die nächste Stelle der Zahl angehängt (Schüler lernen „runtergeholt"), hier die 4, was insgesamt zur 14 führt, die dann durch 4 geteilt 3 mit Rest 2 ergibt. Dieser Prozess wiederholt sich bis zum Ende der zu teilenden Zahl. Wenn die Division ohne Rest aufgeht, dann verbleibt im letzten Schritt der Rest 0, und wenn nicht, dann setzt man die Schritte über die Nachkommastellen im Ergebnis beliebig lange fort.

Die schriftliche Division ist also eine sukzessive Teilung einzelner Stellen oder Abschnitte einer Zahl mit Rest, die wir rezeptartig anwenden, und die immer und zuverlässig zur genauen Lösung führt. Leider aber trägt sie sehr wenig zu unserem Verständnis dessen bei, was bei der Rechnung tatsächlich passiert. „Muss ja auch nicht", wird man einwenden können, denn man ist ja nur am richtigen Ergebnis interessiert. Das aber – so würden wir entgegnen – liefert der Taschenrechner viel schneller, und deswegen wäre es naheliegender, eine Methode zu lehren, die etwas mehr Verständnis erzeugt, auch wenn das u. U. auf Kosten der Genauigkeit geht. Solch ein Verfahren ist das sogenannte „halb-schriftliche Dividieren". Dabei zerlegt man den Dividenden in Summen, die man leicht im Kopf durch den Divisor teilen kann, notiert der Reihe nach die Ergebnisse und addiert sie zum Schluss. Das ist eine Anwendung des Distributivgesetzes, und als Beispiel mag dienen:

$$1.234 : 8 = (800 + 400 + 34) : 8$$
$$= 800 : 8 + 400 : 8 + 34 : 8$$
$$= 100 + 50 + \qquad 4 \text{ mit Rest } 2$$
$$= 154, \text{Rest } 2$$

Dieses Vorgehen liefert mehr Verständnis für die Zahlen, weil man sich schon bei der additiven Zerlegung mit der Zahl beschäftigt und so für deren Dimension eher ein Gefühl entwickelt.[22]

Zu guter Letzt wollen wir uns mit wesentlichen Aspekten der **Primzahlen** befassen.

Unter einer Primzahl verstehen wir eine natürliche Zahl, die nur zwei, und genau zwei Teiler hat, nämlich die 1 und sich selbst, und diese nennen wir auch die „trivialen" Teiler. Wenn wir eine Zahl als „prim" bezeichnen, meinen wir, dass sie eine Primzahl ist. Die ersten Primzahlen können wir damit schnell bestimmen:

Die 1 selbst gilt definitionsgemäß nicht als Primzahl, obwohl sie natürlich die Kriterien der Definition erfüllt. Warum das so ist, darauf werden wir später zurückkommen, nämlich beim Fundamentalsatz der Arithmetik.

Die 2 ist eine Primzahl, und sie ist die einzige gerade Primzahl. Alle anderen Primzahlen müssen ungerade sein, denn gerade Zahlen sind ja durch 2 teilbar.

Geht man die weiteren natürlichen Zahlen durch, dann findet man die ersten Primzahlen leicht. Unter den Zahlen bis 100 haben wir genau 25 Primzahlen, nämlich:

$$2, 3, 5, 7, 11, 13, 17, 19, 23, 29, 31, 37, 41,$$

$$43, 47, 53, 59, 61, 67, 71, 73, 79, 83, \ 89 \text{ und } 97$$

Diese Folge kann man theoretisch unendlich weit fortsetzen, d. h., wir wissen, dass es unendlich viele Primzahlen gibt, aber praktisch haben wir zwei Probleme:

- Wir kennen nicht alle Primzahlen
- und wir können einer beliebigen Zahl nicht ohne Weiteres ansehen, ob sie prim ist oder nicht.

Es gibt also leider keine allgemeine Regel, anhand derer man direkt entscheiden könnte, ob die Eigenschaft prim vorliegt. In den Zahlenbereichen, in denen wir uns normalerweise bewegen, ist das alles kein Problem, da kennen wir selbstverständlich alle Primzahlen, aber darüber hinaus gibt es noch viele weiße Flecken auf unserer Landkarte der Primzahlen, und wir arbeiten beständig weiter daran, diese entsprechend einzufärben, d. h., die bekannte Liste der Primzahlen immer weiter zu verlängern. Dass das immer schwieriger wird, liegt wahrscheinlich auf der Hand, denn Primzahlen werden in den hohen und höchsten Zahlenbereichen erwartungsgemäß immer seltener:[23] Unter 10 haben wir 4 Primzahlen, also eine Quote von 40 %, unter 100 sind es – wie gesehen – 25 Stück, also 25 %, bis 1000 finden wir 169 und im Bereich bis eine Million liegen immerhin noch etwa 80.000 Primzahlen, was einer Häufigkeit von 8 % entspricht. Und

---

[22] Im Übrigen ist das „schriftliche Dividieren" ein Spezialfall dieser Übung.

[23] Je grösser eine Zahl, desto mehr potentielle Teiler hat sie.

das geht so weiter. Primzahlen sind eine Spezies, die seltener wird, aber nicht vom Aussterben bedroht ist.[24]

Diese nach oben hin abnehmende Dichte der Primzahlen ist allerdings nicht gleichmäßig, sondern sie wird immer wieder durchbrochen, und zwar durch sogenannte Primzahlzwillinge. Das sind Primzahlen, deren Differenz 2 ist, d. h., zwischen ihnen steht nur eine (gerade) Zahl. Unter 100 haben wir 7 solcher Paare, nämlich (3, 5), (5, 7), (11, 13) usw., und natürlich müssen diese Zwillinge in hohen Zahlenbereichen seltener werden, aber man vermutet, dass es auch davon unendlich viele gibt; der Beweis dafür ist allerdings seit Jahrhunderten ausstehend. Nicht so der Beweis dafür, dass es keine letzte oder größte Primzahl gibt. Würde es sie geben, könnte man aus den dann vorliegenden kleineren Primzahlen nämlich direkt eine neue und noch größere konstruieren. Das war den „alten Griechen" schon bekannt: Bei Euklid, von dem wir später noch viel hören werden, findet sich der Beweis dazu, und aus dem folgern wir, dass in der unendlichen Menge der natürlichen Zahlen auch unendlich viele Primzahlen liegen.[25] Die zu finden, ging und geht bislang nur über simples Ausprobieren, d. h., für eine fragliche Zahl, die sozusagen ein Kandidat für eine neue Primzahl ist, überprüft man, ob sie Teiler hat. Dabei kann man zwar die Menge, in der man nach Teilern sucht, sinnvoll eingrenzen, aber das war früher trotzdem eine mühsame händische Arbeit, die immer seltener von Erfolg gekrönt war. Mit der Entwicklung moderner Rechner hat sich das alles natürlich beschleunigt und man konnte in einen sehr, sehr großen Zahlenbereich vordringen. Seit den 50er Jahren hat man im Schnitt in jedem Jahrzehnt ein halbes Dutzend neuer Primzahlen gefunden, und die aktuell[26] größte hat etwa 40 Mio. Stellen. In diesen Dimensionen rechnen auch heutige Hochleistungs-Computer jahrelang. Dabei ist auffällig, dass fast alle seit dem 16. Jahrhundert gefundenen Primzahlen sich in einem Punkt gleichen: Sie sind eine um 1 verminderte Zweierpotenz, d. h., sie haben die Form $2^n - 1$. Solche Zahlen nennt man Mersenne-Zahlen,[27] und genau diese Klasse von Zahlen bildet so etwas wie die „üblichen Verdächtigen" auf der Suche nach der nächsthöheren Primzahl.

Kehren wir aber nun aus diesen Dimensionen zurück in die profane Welt der für uns relevanten Primzahlen und schauen uns an, wie man alle Primzahlen innerhalb eines gewissen Zahlenbereichs finden kann. Die Griechen hatten dazu ein elementares Verfahren entwickelt, nämlich das sogenannte „Sieb des Eratosthenes",[28] mit dem man Primzahlen durch das „Aussieben" der Nicht-Primzahlen ermitteln kann. Um das anzuwenden,

---

[24] Tatsächlich kann man grob angeben, wie viele Primzahlen man unterhalb einer gegebenen natürlichen Zahl erwarten kann: Wenn die Zahl k Dezimalstellen hat, dann liegen darunter ungefähr 1/k Primzahlen.

[25] Wenn vom „Satz von Euklid" die Rede ist, dann ist genau das gemeint.

[26] Stand Mai 2025.

[27] Benannt nach dem französischen Mathematiker Marin Mersenne, der um 1600 herum lebte.

[28] Benannt nach dem griechischen Gelehrten Eratosthenes, der im 3. Jahrhundert v. Chr. lebte. Man darf aber annehmen, dass das Verfahren schon sehr viel früher bekannt war.

schreibt man zunächst alle (!) Zahlen des betrachteten Bereichs der Reihe nach einzeln auf; am besten angeordnet in einem Schema, z. B. rechteckig. Dann betrachtet man all diese Zahlen als potentielle Kandidaten für Primzahlen und verfolgt das konkrete Ziel, diejenigen zu streichen, die es eben nicht sind.

Das gelingt, indem man zunächst die kleinste Primzahl im Raster als prim markiert. Wenn unser Bereich beispielsweise bei 1 beginnt, dann ist das offenbar die 2. Danach streicht man alle Vielfache der 2, denn diese können nicht prim sein, weil sie durch 2 teilbar sind. Im nächsten Schritt geht man zurück zur 2 und sucht von dort aus im Raster die nächste, noch nicht gestrichene Zahl – offenbar die 3 – und markiert diese als prim. Wie vorhin streicht man dann alle Vielfachen von 3 mit dem gleichen Argument, dass sie durch 3 teilbar sind. Danach springt man wieder zurück, sucht die nächste bislang ungestrichene Zahl, das ist jetzt die 5, die ist prim, und man kann alle ihre Vielfachen streichen. Das macht man so lange, bis es nichts mehr zu streichen gibt, und alle dann noch nicht gestrichenen Zahlen sind Primzahlen innerhalb der gewählten Grenzen. Für den Fall der Bestimmung aller Primzahlen zwischen 1 und 120 könnte das Sieb schließlich so aussehen (Abb. 2.8):

Das Verfahren kann durchaus noch optimiert werden, aber angesichts seiner Einfachheit halten wir das für unwesentlich. Wichtig ist das zugrundeliegende Prinzip: Aus einer Menge von Zahlen streicht man sukzessive diejenigen aus, die ein gewisses Kriterium erfüllen; hier: Vielfaches einer identifizierten Primzahl zu sein. Diese fallen durch das Raster und am Schluss verbleiben im Sieb nur noch diejenigen Zahlen, die prim sind.

Goldbach´sche Vermutung

Die sogenannte „Goldbach´sche Vermutung" besagt, dass man jede gerade Zahl grösser 2 als Summe von zwei Primzahlen schreiben kann.

Zum ersten Mal formuliert wurde die Vermutung schon 1742 in einem Brief von Christian Goldbach (1690–1764) an Leonhard Euler (s. Anhang), und sie gehört zu den Sätzen über Primzahlen, die einfach formulierbar, aber schwer zu beweisen sind. Für Werte bis 10^{18} ist sie tatsächlich bewiesen, aber der allgemeine Beweis dafür ist noch nicht erbracht. David Hilbert (1862–1943) hatte dies im Jahre 1900 auf seine berühmte Liste der wichtigsten mathematischen Probleme gesetzt, und 2023 war die Vermutung sogar Gegenstand des französischen Spielfilms „Die Gleichung ihres Lebens".

Nachdem wir jetzt wissen, was Primzahlen sind und wie man sie erzeugen kann, holen wir die eigentlich wichtigste Frage dazu nach: Warum das Ganze?

Was ist an Primzahlen so faszinierend oder warum sind sie so wichtig, dass man seit der Antike offenbar erheblichen Aufwand betreibt, sie zu erforschen und möglichst viele davon zu kennen? Die Antwort auf diese Frage liegt schon in der Terminologie, dem Namen „Prim"-Zahl. "Prim" heißt, sie sind „das Erste", und zwar in dem Sinne, dass sie

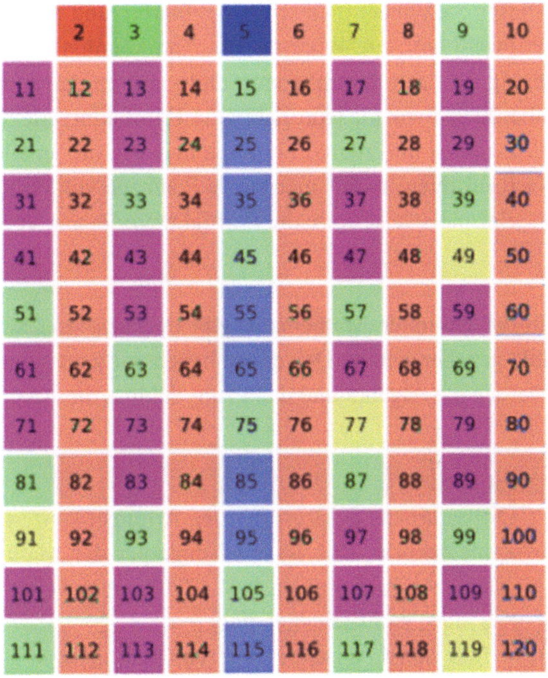

Abb. 2.8 Sieb des Erastosthenes

2	3	4	5	6	7	8	9	10
11	12	13	14	15	16	17	18	19	20
21	22	23	24	25	26	27	28	29	30
31	32	33	34	35	36	37	38	39	40
41	42	43	44	45	46	47	48	49	50
51	52	53	54	55	56	57	58	59	60
61	62	63	64	65	66	67	68	69	70
71	72	73	74	75	76	77	78	79	80
81	82	83	84	85	86	87	88	89	90
91	92	93	94	95	96	97	98	99	100
101	102	103	104	105	106	107	108	109	110
111	112	113	114	115	116	117	118	119	120

so etwas wie die atomaren Einheiten der natürlichen Zahlen sind. Besser jedoch würden wir sie als die chemischen Elemente der Mathematik bezeichnen, denn so wie alle Materie aus den charakteristischen Atomen der Elemente aufgebaut ist, so lassen sich aus den unteilbaren Primzahlen alle natürlichen Zahlen auf genau eine Art und Weise „aufbauen", d. h., einzigartig als Produkt darstellen.

Nehmen wir z. B. die Zahl 60; die kann man als Produkt auf verschiedenste Arten darstellen, nämlich als:

$$4 \cdot 15 \text{ oder } 2 \cdot 30 \text{ oder } 3 \cdot 20 \text{ oder } 5 \cdot 12 \text{ usw.}$$

Es gibt also Zerlegungen der 60, in denen z. B. die 4 vorkommt, in anderen aber nicht. Die obige Aussage besagt jedoch, dass es erstens für jede Zahl eine solche multiplikative Zerlegung in Primzahlen gibt, und zweitens, dass sie eindeutig ist, jedenfalls im Wesentlichen, d. h., es gibt keine zwei solcher Darstellungen, wie wir sie haben, wenn wir keine Primzahlen als Faktoren erlauben. Und „im Wesentlichen" soll heißen, dass die Zerlegung in Primfaktoren eindeutig ist bis auf deren Reihenfolge.

Genau das ist der Inhalt des „**Fundamentalsatzes der Arithmetik**":
Jede natürliche Zahl größer 1 zerfällt eindeutig in (endlich viele) Primfaktoren.
Oder: Für jede natürliche Zahl n gibt es Primzahlen $p_1, \ldots, p_n$ mit

$$n = p_1 \cdot p_2 \cdot \ldots \cdot p_n$$

Diesen Satz findet man schon bei Euklid, und er ist der Grund, warum wir die 1 nicht als Primzahl ansehen. Wäre sie es, dann könnten wir in jedem Produkt die Primzahl 1 beliebig oft dazu multiplizieren und verlören damit die Eindeutigkeit der Darstellung. So aber haben wir für jede Zahl eine Primfaktorzerlegung, aus der klar hervorgeht, welche Primzahlen im Produkt auftreten und wie oft. In aller Regel werden die Faktoren mehrfach auftreten, sodass man sie zu Potenzen von Primzahlen zusammenfassen kann.

Beispielsweise wäre die Primfaktorzerlegung von 900:

$$900 = 2^2 \cdot 3^2 \cdot 5^2$$

In der gesamten Mathematik gibt es ganze drei Sätze, denen das Prädikat „fundamental" gegeben wurde. Den ersten haben wir jetzt gerade kennengelernt, die anderen beiden werden die Algebra und dann zum Schluss die Analysis betreffen.

Ausblick

Die natürliche Fortsetzung der Arithmetik ist sicher die sogenannte (elementare) Zahlentheorie. Das ist ein Teilgebiet der Mathematik, das sich mit den Eigenschaften ganzer Zahlen bzw. Zahlbereichen befasst, und in dem wir sehr häufig Aussagen zu Primzahlen finden.

Wir richten unseren Blick von hier aus aber auf die Algebra, die die Arithmetik nicht nur fortsetzt, sondern in natürlicher Weise erweitert, weil wir hier einerseits den Objektbereich vergrößern, d. h., neue Zahlenbereiche einführen, und andererseits dadurch in die Lage versetzt werden, unsere Operationen deutlich auszudehnen und damit über die Grundrechenarten hinaus zu gehen.

Algebra

Von Variablen und Gleichungen

Algebra ist die

Metaphysik der Arithmetik

John Ray (1627–1705)

Übersicht

Algebra, so wie wir sie hier betrachten, ist die natürliche **Fortsetzung der Arithmetik.** Wir starten damit, dass wir zunächst unseren bislang verwendeten Zahlenbereich, die natürlichen Zahlen, erweitern um die negativen und die rationalen Zahlen, die man umgangssprachlich auch „Minus-Zahlen" und „Brüche" nennt. Sie ergeben sich aus der konsequenten Anwendung der beiden Kalküle Subtraktion und Division, die uns aus der vertrauten natürlichen Zahlenwelt hinausführen, und zwar in Gefilde, die im praktischen Leben allgegenwärtig sind:

Die Kenntnis und Beherrschung des **Bruchrechnens** und dessen prominentester Anwendung, des berühmt-berüchtigten **Dreisatzes** mitsamt seinem Spezialfall, der **Prozentrechnung,** halten wir für unverzichtbare Inhalte eines mathematischen Allgemeinwissens.

Darüber hinaus befasst sich die Algebra aber insbesondere mit **Termen, Ausdrücken** und natürlich (Un-)**Gleichungen,** sogar ganzen Systemen davon. Wir werden hier aber nur **lineare und quadratische Gleichungen** lösen, und das wird uns eine weitere Rechenart bescheren: Das **Wurzelziehen.** Damit können wir zu guter Letzt auch das **Logarithmieren** erklären und mithilfe von dessen Umkehrung **exponentielle** Zusammenhänge beschreiben.

© Der/die Autor(en), exklusiv lizenziert an Springer Fachmedien Wiesbaden GmbH, ein Teil von Springer Nature 2025

R. Voggenauer und C. Weiss, *Allgemeinbildung Mathematik,*

https://doi.org/10.1007/978-3-658-48997-7_3

$$X_{1/2} = \frac{-b \pm \sqrt{b^2 - 4ac}}{2a}$$

3.1   Einleitung

Wenn wir **Algebra** als natürliche Fortsetzung der Arithmetik ansehen, dann stellt sich die Frage, an welcher Stelle das eine das andere fortsetzt. Diese Frage ist tatsächlich nicht ganz einfach zu beantworten, denn der Übergang ist durchaus fließend. Trotzdem werden wir darauf eine für unsere Zwecke ausreichende Antwort geben können.

Oft wird gesagt, dass man in der Arithmetik mit „richtigen" Zahlen rechnet, in der Algebra aber mit Buchstaben, und deswegen würde der Begriff „Rechnen mit Unbekannten" bedeuten. Das ist zwar nicht ganz richtig, denn auch in der Arithmetik werden selbstverständlich „Unbekannte" verwendet, aber Algebra ist durchaus eine Art „Fortsetzung der Arithmetik mit anderen Mitteln", und dabei spielen eben jene zitierten „Unbekannten", die wir aber „Variablen" nennen sollten, eine große Rolle.

Solche benutzen wir auch in der Sprache, und dort heißen sie „Pronomina", genauer vielleicht „Indefinit-Pronomina". Das sind Wörter, die für (pro) etwas (nomen) stehen, was nicht näher spezifiziert ist (indefinit). D. h., immer, wenn wir Ausdrücke verwenden, die eine beliebige Person oder Sache bezeichnen, wie z. B. „jemand", dann ist das nichts anderes als eine sprachliche Variable. In der Algebra ist eine Variable nichts anderes als ein Symbol, bestenfalls ein uns vertrauter Buchstabe[1], der für etwas steht. In der Regel ist das eine Zahl, die zwar nicht näher spezifiziert ist, aber von der man trotzdem irgendwelche Kenntnisse haben wird.

In diesem Sinne ist auch das Eingangszitat von John Ray zu verstehen: Wenn man in der Arithmetik mit „richtigen" – im Sinne von konkreten – Zahlen rechnet, wenn diese sozusagen die physische Wirklichkeit sind, in unserem Fall also die natürlichen Zahlen, und wenn „rechnen" heißt, dass wir die vier bekannten Grundrechenarten zur Verfügung haben, dann ist die Algebra tatsächlich eine Art Metaphysik, weil sie über das Rechnen mit Zahlen hinausgeht und weitere Operationen auch auf anderen Objekten als nur den Zahlen zum Gegenstand hat.

Zumindest in diese Richtung werden wir jetzt auch gehen, wobei wir an den behandelten Rechenoperationen festhalten, aber für deren Objekte, den Zahlen, werden wir neue Bereiche oder Quellen einführen. D. h., wir erweitern die uns vertrauten natürlichen Zahlen, und zwar zunächst um die sogenannten „negativen" und danach um die „rationalen" Zahlen. Diese beiden Erweiterungen werden tatsächlich sogar induziert durch Rechenoperationen, nämlich durch die Subtraktion und die Division, denn anders als mit Addition und Multiplikation waren wir mit diesen beiden Operationen in den natürlichen

---

[1] Allseits beliebt dafür ist das x; und manchmal trägt die Variable auch noch einen Index wie x_i.

Zahlen an Grenzen gestoßen. Um dem abzuhelfen, werden wir die (Zahlen-)Struktur ausdehnen und die bestehenden 4 (Rechen-)Operationen auf eine breitere Basis stellen.

Falls sich das alles noch etwas kryptisch anhört, mag man sich als Analogie einen Bergsteiger vorstellen, der im deutschen Mittelgebirge an Grenzen des Alpinismus stößt. Er kann dann sein Trainingsgebiet erweitern, indem er alpine Bereiche einbezieht. Dort wird er dann zwar das Gleiche tun, nämlich Bergsteigen, aber offenbar ganz andere Möglichkeiten haben.

Zusätzlich zur Vergrößerung der eigentlichen Zahlenbereiche werden wir auch unsere Objektwelt ausdehnen auf mathematische Aussagen, die man – ganz analog zu mündlichen Aussagen – umformulieren bzw. umformen kann, um so evtl. etwas über ihren Wahrheitsgehalt zu erfahren. Solche Aussagen nennen wir Gleichungen, und für uns soll genau dieser Schritt den Übergang von der Arithmetik zur Algebra darstellen. Ob diese Grenzziehung auch historisch gilt, ist schwierig zu sagen, aber rein von der Terminologie her ergibt das Sinn, denn der Begriff „Algebra" leitet sich ab vom arabischen Wort für „Ergänzen", „Einrichten" oder „Zusammenfügen" und wurde Anfang des 9. Jahrhunderts von einem persischen Gelehrten als mathematischer Prozess oder als Technik zur Behandlung und Umformung von Gleichungen beschrieben. Hunderte von Jahren später wurde diese Technik in der Renaissance wiederentdeckt und hatte ab da einen nachhaltigen Einfluss auf die Entwicklung der Mathematik bei uns. Wenn wir heute sagen, „wir lösen nach x auf", was wir sicher alle aus der Schule noch im Ohr haben, dann meinen wir gerade das, was das ursprüngliche Anliegen der Algebra war, nämlich das Umformen von Gleichungen. Das ist sicher eine der wesentlichsten – wenn nicht die(!) – wesentliche mathematische Technik, die Teil des Allgemeinwissens sein sollte, und die man – bis zu einem gewissen Grad – sicher beherrschen sollte. Zumindest die Behandlung linearer Gleichungen – dazu später mehr – sollte uns in Fleisch und Blut übergehen, denn diese betten sich elegant ein in das, was unseres Erachtens nach die „Brot-und-Butter"-Disziplin der angewandten Mathematik ist: Der **Dreisatz** im Allgemeinen und die **Prozentrechnung** im Speziellen.

Darüber hinaus werden wir uns auch klassische quadratische Gleichungen ansehen und lösen. Höher-dimensionale Gleichungen haben für uns keine praktische Relevanz, wohl aber eine theoretische, denn ganz zum Schluss werden wir einen weiteren sogenannten Fundamentalsatz formulieren, nämlich den der Algebra, der sicherstellt, dass beliebig hoch-dimensionale Gleichungen Lösungen besitzen – vorausgesetzt man kann sich auf eine hinreichend breite Zahlenbasis stützen.

Algebra
Die Algebra befasst sich mit mathematischen *Strukturen*. Das sind, allgemein gesprochen, *Mengen* und *Operationen* auf, oder Verknüpfungen in diesen Mengen. Speziell kann man sich eine Zahlenmenge zusammen mit einer Rechenart vorstellen, d. h., die natürlichen Zahlen zusammen mit der Addition sind in diesem Sinne eine mathematische Struktur.

Der bekannteste Teilbereich der Algebra ist die sogenannte *lineare Algebra*, die – wie der Name vermuten lässt – nur lineare Operationen betrachtet. Was das genau ist, können wir für unsere Zwecke ausklammern, aber eine gewisse Vorstellung davon gibt vielleicht der 3-dimensionale Raum zusammen mit Vektoren, die mechanische Kräfte darstellen, wie wir es aus dem Physikunterricht kennen. Dies führt dann leicht zu einem anderen Teilgebiet der Algebra, nämlich der analytischen Geometrie, in der geometrische Objekte mit algebraischen Mitteln behandelt werden können. Darauf werden wir im Kapitel zur Analysis noch kurz zurückkommen.

3.2 Erweiterungen des Zahlenbereichs: Ganze und rationale Zahlen

Schon die Erfindung, oder besser die „Ent-Deckung", der Zahlen war eine Abstraktion von der Realität: Eine natürliche Zahl war und ist die abstrakte Eigenschaft einer Menge reeller Objekte, nämlich die Anzahl ihrer Elemente. Von daher wird es nicht verwundern, wenn jede Erweiterung des Zahlenbereichs diesen Prozess der Abstraktion von der Realität fortschreibt.

Unser Ur-Modell für die natürlichen Zahlen war die Perlenschnur, auf der in immer gleichen Abständen Perlen aufgereiht sind, die wir zur Veranschaulichung der Addition benutzt haben. Dieses reale Gebilde einer Schnur zu abstrahieren, kann z. B. heißen, es sich als geraden Strich mit einem Anfang vorzustellen, und dafür verwenden wir den Begriff des „Strahls". Aus den Perlen auf der Schnur werden in einem abstrakten Modell Markierungen auf einem Strahl, die wir in naheliegender Weise durchnummerieren, sodass aus der konkreten physischen Perlenschnur ein abstrakter „Zahlenstrahl" (Abb. 3.1) wird.

Damit dokumentiert eine solche Darstellung auch die beiden besprochenen Charakteristiken der Zahl, nämlich die „Ordinale", weil wir die Zahlen in ihrer natürlichen Reihenfolge anordnen, und die „Kardinale", denn der Abstand jeder Markierung vom Anfang des Strahls kann als die Größe der jeweiligen Zahl aufgefasst werden, vorausgesetzt natürlich, dass die Abstände zwischen den Markierungen konstant bleiben.

Damit, oder daran, können wir nun Additionen der Form $a+b$ leicht nachvollziehen, indem wir von der Markierung a aus startend um b Schritte, oder auch

Abb. 3.1 Zahlenstrahl 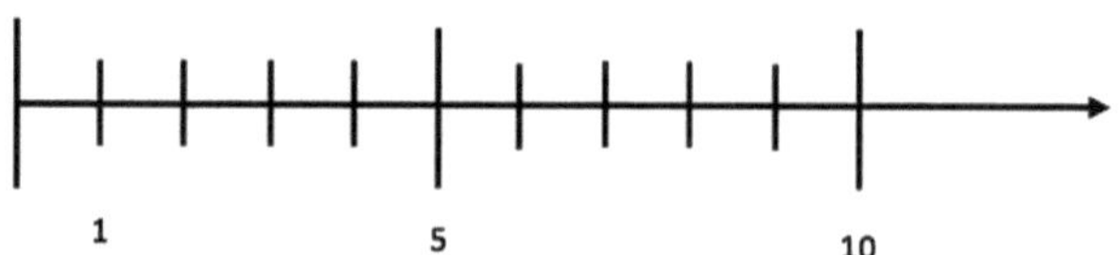

„Einheiten", nach rechts weiter zählen und dann bei c landen. Diese Bewegung am Zahlenstrahl würden wir als a+b=c schreiben.

Bei der Subtraktion machen wir genau diese Operation rück-„gängig", d. h., wir bewegen uns von c aus um b Einheiten nach links und gelangen so zurück zum Ausgangspunkt a. Dafür schreiben wir: c – b = a.

Die gedachte Bewegung am abstrakten Zahlenstrahl, nach rechts oder links, ersetzt also das physische Hinzufügen und Wegnehmen von Objekten. Dieser Operation hatten die Perlen der Kette einen realen Bezug gegeben, um die gedanklichen Prozesse der Addition und der Subtraktion darzustellen. Mit letzterer haben wir uns dann auch schwergetan, wenn es darum ging, mehr wegzunehmen als man hat. D. h., man konnte nicht jede beliebige Subtraktion zulassen, sondern nur solche, in denen der Bezug zur Realität erhalten bleibt. Der Grenzfall dessen, was im Modell Perlenschnur vorstellbar ist, ist, dass man sozusagen „alles" wegnimmt, d. h., die Subtraktion einer Zahl von sich selbst wird nicht als absurd angesehen, aber als praktisch irrelevant, und deswegen bleibt es ohne Entsprechung auf der Perlenschnur.

Genau diesen Fall aber können wir beim Übergang auf den Zahlenstrahl problemlos darstellen, weil der einen Anfang hat, den wir als seinen „Ursprung" festlegen können. Dafür haben wir nur noch kein Symbol, denn er entspricht ja bislang keiner natürlichen Zahl, sondern eher dem Punkt oder dem Haken, an dem die Perlenschnur befestigt war. Kurzerhand könnten wir dafür dort ein „Häkchen" setzen oder ein punktähnliches Symbol wie die Null: „o" (s. Abb. 3.2).

Somit führt uns jede „Total-Subtraktion" a – a, die in der Realität einer „Alles-wegnehmen-Operation" entspricht, zurück zum Ursprung. Das ist realistisch betrachtet ja auch nicht absurd, und von daher ordnen wir dem Ergebnis einer solchen Bewegung am Strahl das Symbol „0" zu. Gleichzeitig kann man sie aber auch als Zahl interpretieren, denn so, wie „3" die Eigenschaft einer Menge mit drei Elementen ist, so wird die Stelle „0" die Eigenschaft einer Menge ohne Elemente, die „leere" Menge.

In der Realität entspricht diese der „Alles wegnehmen"-Aktion bzw. am Zahlenstrahl resultiert die Markierung aus der Bewegung in den Ursprung, ganz gleich von wo aus. Unter dieser Perspektive würde es auch Sinn machen, die 0 als Teil der natürlichen Zahlen zu sehen. Das hatten wir an anderer Stelle schon aufgenommen, und durch die Deutung von Zahlen als abstrakte Eigenschaften von Mengen kann die Null nur die Mächtigkeit der leeren Menge sein, und die ist aus unserer Sicht sehr real und deswegen auch natürlich.

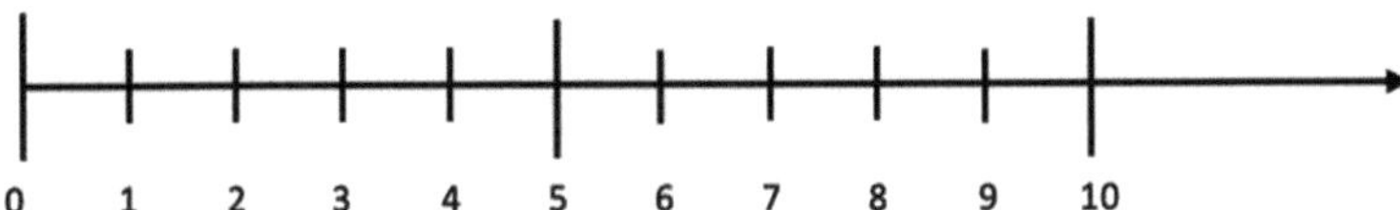

Abb. 3.2 Zahlenstrahl mit 0

Abb. 3.3 Zahlengerade

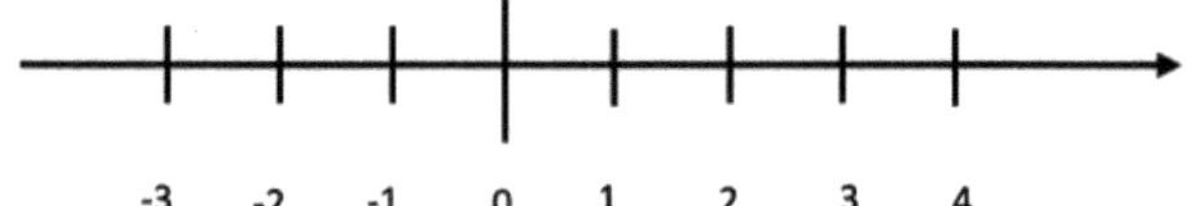

Damit ist die Stelle „0" resp. die Zahl 0 aber immer noch die Grenze, an der jede Subtraktion stoppt, solange wir sie als Repräsentant einer realen Situation ansehen. Falls wir sie aber als abstrakte Bewegung am Zahlenstrahl sehen, spricht nichts dagegen, diese Grenze zu überschreiten, indem wir den Zahlenstrahl nach links verlängern bzw. einfach den bestehenden Strahl am imaginären Ursprung spiegeln. Dadurch entsteht für jede natürliche Zahl n links von der 0 ein „Spiegelbild", genannt −n, das vom Ursprung selbstverständlich den gleichen Abstand hat wie n selber. Diesen Abstand nennen wir auch den „Betrag" der Zahl n und schreiben ihn als: $|n|$.

Die Gesamtheit der so gebildeten Spiegelbilder der natürlichen – positiven – Zahlen nennen wir die „negativen" Zahlen. Diese haben keine eigene Mengenbezeichnung, sondern man fasst die natürlichen Zahlen inklusive der Null und deren Spiegelbilder oder „Gegenzahlen", die negativen Zahlen, zusammen zur Menge der ganzen Zahlen, geschrieben[2] als $\mathbb{Z}$, d. h.:

$$\mathbb{Z} = \{\ldots, -3, -2, -1, 0, 1, 2, 3, \ldots\}$$

Durch diese Erweiterung verliert der Zahlenstrahl natürlich seinen „Anfang", denn vom Ursprung aus laufen die Zahlen nun in zwei Richtungen bis in die Unendlichkeit, d. h., sie kommen aus der Unendlichkeit und gehen in die Unendlichkeit. Von daher ist die entsprechende Darstellung der ganzen Zahlen kein Strahl mehr, sondern eine Gerade, und wir sprechen von einer „Zahlengeraden" (s. Abb. 3.3).

> **Zahlengerade (s. Abb. 3.3)**
> Die Orientierung der Zahlengeraden selber, d. h., dass die positiven Zahlen rechts und die negativen links stehen, ist vollkommen willkürlich. Auch die Tatsache, dass die Gerade horizontal liegt und nicht etwa vertikal steht oder schräg verläuft, ist rein der Konvention geschuldet. Beides folgt einfach der Art und Weise wie wir schreiben, aber jede andere Lage in der gedachten Ebene wäre genauso gut wie die, die wir benutzen.

Dieser Übergang von der Perlenschnur zum Zahlenstrahl, die Einführung des Ursprungs und der „Null", dann die Ergänzung zu einer Geraden, das alles kommt uns heute

---

[2] Dieses und andere Symbole für Zahlenmengen, die einen Doppelstrich verwenden, stammen aus der Zeit Ende des 19. Jahrhunderts.

wahrscheinlich schrecklich selbstverständlich und banal vor. Tatsächlich sind es auf dem Papier ja auch nur ein paar wenige kleine Schritte bzw. Zeilen, aber in der Entwicklung der Mathematik war das zumindest ein kleiner „Hüpfer", um nicht Sprung zu sagen, den wir dem viel zu unbekannten englischen Mathematiker John Wallis (1616–1703) verdanken. Der hatte wesentliche Vorarbeiten zur Entwicklung der Infinitesimalrechnung geliefert, stand aber leider im Schatten seines großen Landsmanns Isaac Newton, und sein „Zahlenstrahl" wurde seinerzeit nicht ernst genommen. Sehr wohl konnte man negative Zahlen theoretisch nachvollziehen, aber wegen ihrer vermeintlich mangelnden praktischen Relevanz wurden sie lange ignoriert, von Würdigung ganz zu schweigen. Bis in die Mitte des 18. Jahrhunderts haderten auch große Mathematiker mit diesem Konstrukt, das als nächste Stufe der Abstraktion einen Schritt weiter weg ist von der Realität als die natürlichen Zahlen. Diese Schwierigkeit haben wir heute sicher überwunden, denn wir sehen auch in den negativen Zahlen einen klaren Bezug zur Realität, z. B. bei der Temperaturmessung, der geographischen Höhenmessung oder der Darstellung von negativen Kontoständen: Es gibt Temperaturen unter 0, es gibt Land, das unter dem Meeresspiegel liegt und manche Menschen haben Schulden. All das war faktisch natürlich schon immer so, aber die Form, wie wir es messen und darstellen, hat sich durch John Wallis geändert.

Dabei ist das Konzept negativer Zahlen – wie erwähnt – schon in der Frühgeschichte der Mathematik nachweisbar, nämlich in chinesischen Werken aus dem 2. Jahrhundert v. Chr. Das hatte vermutlich auch kulturelle Hintergründe, denn in der fernöstlichen Auffassung von Yin und Yang hat jedes Ding im Universum sein Gegenstück, und warum sollten die Zahlen eine Ausnahme sein? In der abendländischen Philosophie fehlte dieser Gedanke, und deswegen sind die negativen Zahlen ein gutes Beispiel dafür, dass kulturelle und philosophische Vorstellungen auch das mathematische Bewusstsein beeinflussen. Wir wissen nicht, ob Wallis die chinesische Mathematik kannte, aber seine Intention bei der Einführung negativer Zahlen war sicher nicht durch philosophische Hintergründe geprägt, sondern durch die Überlegung, die Grundrechenarten einheitlich zu veranschaulichen. Dazu gab er den Zahlen selber eine natürliche Orientierung, ähnlich einem Vektor, wobei die Orientierung durch ein „Vorzeichen" ausgedrückt wird, also ein „+" für nach rechts und ein „–" für nach links ausgerichtet. Die **Zahl** a ist damit nicht nur ein **statischer Platz** oder ein Punkt auf der Geraden, sondern kann als **orientierte Strecke** aufgefasst werden, und die bekannte Addition $a + b$ wird grundsätzlich zu einem Anlegen zweier orientierter Strecken, nämlich der Strecke b an die Strecke a. Für a = 5 und b = 3 sähe das so aus wie in Abb. 3.4.

In analoger Weise kann man die Subtraktion als die Umkehrung der Addition veranschaulichen, denn $a - b$ steht ja zunächst für die Bewegung von a aus um b Einheiten nach links. Unter Benutzung orientierter Strecken ist das aber nichts anderes als das Anlegen der orientierten Strecke –b an a, und damit wird $a - b$ zur Addition von –b zu a oder einfacher: Die Subtraktion von b ist dasselbe wie die Addition seines Gegenstücks, eben –b, sodass:

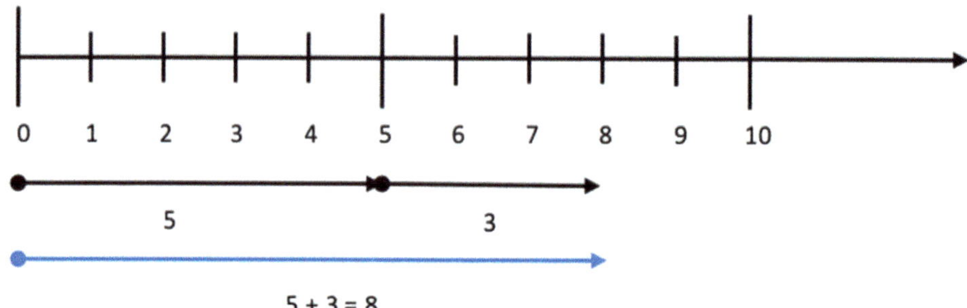

Abb. 3.4: 5+3=8 am Zahlenstrahl

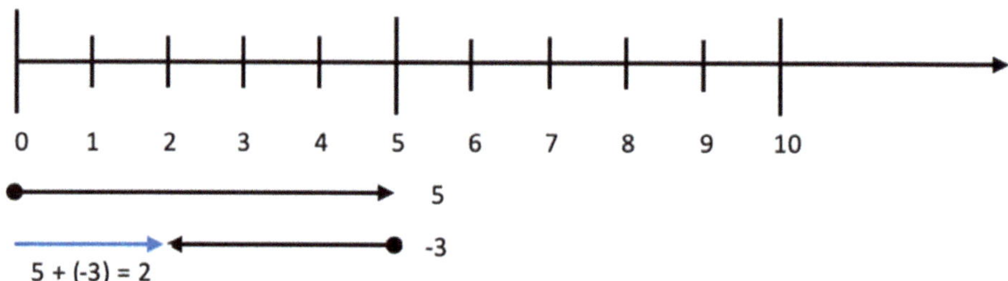

Abb. 3.5: 5+(-3)=2 am Zahlenstrahl

$$a - b = a + (-b) \text{ und } a - (-b) = a + b$$

Und das Beispiel 5–3 stellt sich damit so dar wie in Abb. 3.5.

Das vereinfacht die Dinge wesentlich, weil wir damit die Subtraktion als eigenständige Operation nicht mehr brauchen, sondern allein mit der Addition auskommen. Und das vereinfacht auch die Rechenregeln, denn die Subtraktion an sich war nicht kommutativ, d. h., a − b ist nicht dasselbe wie b − a. Stellen wir sie aber als Addition dar, so können wir die Reihenfolge der Summanden vertauschen; allerdings unter Beachtung der Orientierung bzw. des Vorzeichens, d. h.:

$$a - b = a + (-b) = (-b) + a$$

Somit erlaubt uns die Einführung der negativen Zahlen, die Subtraktion auch als Addition darzustellen, und im Nebeneffekt bekommen wir eine einheitliche Rechenregel.

Als Nächstes befassen wir uns mit der **Multiplikation.** Die haben wir bislang nur für positive Zahlen definiert. Basierend auf der Darstellung als rechteckiges Schema hatten wir das Produkt a · b interpretiert als ein ausgelegtes Raster axb aus a Reihen von b Elementen, z. B. Perlen. Dabei hatten wir festgehalten, dass die Reihenfolge der Faktoren für das Ergebnis der Multiplikation keinen Unterschied macht, denn ein axb-Raster ist ein gedrehtes bxa-Raster. Das alles macht Sinn, solange man über positive Zahlen spricht, aber sobald nur einer der Faktoren negativ ist, ist dieses Modell nicht mehr anwendbar. Wir hatten die Multiplikation allerdings auch als die wiederholte Anwendung der Addition gesehen und a als die Häufigkeit interpretiert, mit der das Objekt b vervielfältigt wird – oder umgekehrt. Genau darauf können wir jetzt zurückgreifen, denn wenn wir die Addition als das Anlegen orientierter Strecken auf der Zahlengeraden veranschaulichen, dann ist die Multiplikation negativer Zahlen einfach die mehrfache Aneinanderreihung nach links ausgerichteter Strecken.

Das Produkt $3 \cdot (-5)$ wird damit zu $(-5)+(-5)+(-5)=-15$, und das wird mittels Pfeilen an der Zahlengeraden in Abb. 3.6 dargestellt.

Für das Produkt $(-3)\cdot 5$ könnten wir uns formal auf das Kommutativgesetz zurückziehen und postulieren, dass $(-3)\cdot 5=5 \cdot(-3)$, was zum gleichen Ergebnis führt und formell auch richtig ist. Alternativ könnten wir eine negative Häufigkeit auch als wiederholte Anwendung der Subtraktion deuten, d. h., $(-3)\cdot 5$ heißt dreimalige Subtraktion der 5. Subtraktion aber entspricht der Addition des „Gegenstücks". Und somit ist in diesem Fall die dreifache Subtraktion von 5 nichts anderes als die dreimalige Addition von (-5), und das liefert natürlich auch dasselbe Ergebnis -15.

Mit dieser Logik bereitet auch die Multiplikation zweier negativer Zahlen keine Probleme. Das führt bei Schülern – und nicht nur denen – immer wieder zu Stirnrunzeln, aber irgendwann akzeptiert man einfach, dass „Minus mal Minus Plus ist", ohne es wirklich nachvollziehen zu können. Mit unserem Modell aber ist das einfach:

Das Produkt $(-3)\cdot(-5)$ verlangt, das Objekt (-5) mit Häufigkeit (-3) zu vermehren, also die 3-fache Subtraktion von (-5). Wie oben gesagt, entspricht das der Addition des „Gegenstücks", eben der 5, und die dreimalige Addition von 5 ergibt 15.

Zum Schluss schauen wir uns noch das Distributivgesetz unter der Subtraktion an und stellen fest, auch das bleibt uns erhalten:

$$(a - b) \cdot c = (a + (-b)) \cdot c = a \cdot c + (-b) \cdot c = a \cdot c - b \cdot c$$

Mittels der Darstellung der Subtraktion durch die Addition bleiben uns also erwartungsgemäß wesentliche Gesetze erhalten. Man muss nur darauf achten, die Vorzeichen richtig zu setzen.

Was schließlich noch bleibt, ist die **Division** ganzer Zahlen. Da die Operation an sich aber die Umkehrung der Multiplikation ist, ist es naheliegend, dass sie – unter Übernahme der Vorzeichenregeln – der Division in den natürlichen Zahlen entspricht. Dabei

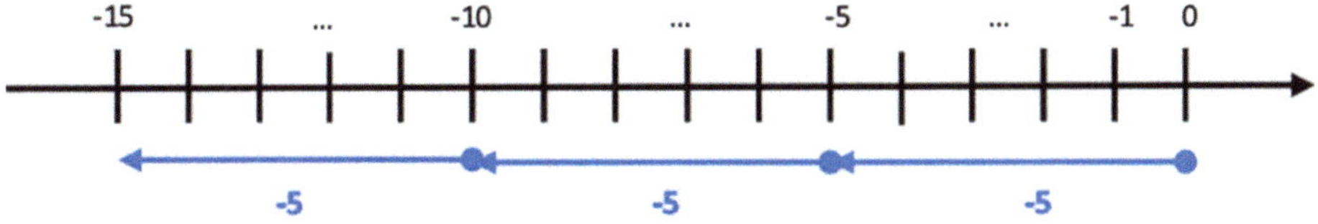

Abb. 3.6 Multiplikation negativer Zahlen an der Zahlengeraden

hatten wir ja die Erfahrung gemacht, dass die meisten Divisionen natürlicher Zahlen kein Ergebnis liefern, das in $\mathbb{N}$ liegt. Nach Konstruktion der ganzen Zahlen wird das dort sicher genauso sein, d. h., auch in $\mathbb{Z}$ werden die meisten Teilungen nicht „aufgehen – wie man auch sagt – sondern es wird ein Rest verbleiben. Dazu hatten wir im Rahmen der Arithmetik einen Satz über die Division natürlicher Zahlen mit Rest formuliert, und den können wir leicht auf negative Zahlen übertragen:

Für jedes $z \in \mathbb{Z}$ und $d \in \mathbb{N}$ gibt es q und $r \in \mathbb{Z}$ mit $z = q \cdot d + r$ und $0 \leq r < d$

Die Teilung von z durch d ergibt also q und einen positiven Rest r.

Division durch 0

Eine weit verbreitete Warnung an Schüler lautet: „Durch 0 darf man nicht teilen!"

Man *darf* das also nicht tun! Das klingt danach, dass es unter Strafe steht, und es ist ein schönes Beispiel für eine Regel, der man religiös gehorchen muss, ohne die Hintergründe zu kennen. Dabei ist auch das ganz einfach, und man sollte besser sagen, dass die Division durch 0 sinnlos ist und zu Widersprüchen führt.

Warum?

Meist argumentiert man, dass der Wert des Ausdrucks a:b für positive a und b gegen unendlich strebt, wenn b sich der Null nähert, d. h., im Grenzfall würde eine Division durch Null als Ergebnis „unendlich" liefern, und das ist keine Zahl, mit der man rechnen kann. Das ist soweit richtig, aber es geht auch einfacher:

Wenn a:b = c, dann ist: b · c = a, d. h., wenn also a:0 irgendeine Zahl sein sollte, nennen wir sie c, dann wäre also c · 0 = a.

Der Ausdruck c · 0 ist aber 0 für alle c, sodass dann auch a = 0 sein müsste, d. h., die Division durch 0 könnte nur für a = 0 zu einem auf den ersten Blick „vernünftigen" Ergebnis führen, für alle anderen Werte von a aber sicher nicht.

Aber auch der Fall a = 0 ist auf den zweiten Blick problematisch, denn dann stellt sich ja die nächste Frage, welches Ergebnis wir dem Term 0:0 vernünftigerweise zuordnen sollen. Vordergründig infrage kämen eigentlich nur 0 und 1, denn a:a = 1 und 0:a = 0 gelten ja für alle $a \neq 0$, d. h., für einen der beiden müsste man sich entscheiden, ohne dass erkennbar wäre, welcher „besser" ist. Aber wie auch immer man sich entscheidet, erzeugt man Widersprüche zu anderen geltenden Regeln, und von daher muss die Division durch 0 für alle Zahlen undefiniert bleiben.

Die Division ganzer Zahlen leitet jetzt direkt hinüber zur nächsten Erweiterung des Zahlenbereichs, nämlich zu den **rationalen Zahlen.**

Dieser Schritt ist tatsächlich ein größerer, aber er ist vorläufig auch der letzte in dieser Richtung. Zwar wird es auch jenseits der rationalen Zahlen noch wichtige Zahlenbereiche geben, und die werden wir auch noch ansprechen, aber deren vollständige

Konstruktion sprengt unseres Erachtens den Rahmen einer Allgemeinbildung in Mathematik.

Bei der Entwicklung des Zahlbegriffs und der Rechenoperationen waren wir gestartet bei den natürlichen Zahlen und der Addition darauf. Daraus haben wir die Subtraktion abgeleitet und festgestellt, dass wir damit in den natürlichen Zahlen an Grenzen stoßen. Diese konnten wir noch durch die Einführung der ganzen Zahlen überwinden, aber gleichzeitig hatten wir aus der Addition auch die Multiplikation abgeleitet, und bei deren Umkehrung, der Division, kamen wir auch mit den ganzen Zahlen nicht sehr weit, sprich: Es tat sich ein neuer Graben auf, der uns bei dieser vierten Grundrechenart behindert. Um diesen zuzuschütten, brauchen wir nun einen weiteren Zahlenbereich, der wie gehabt unseren bisherigen umfasst, und genau das sind die sogenannten *rationalen* Zahlen.

Damit haben wir deren Definition fast schon vorweggenommen, denn wir definieren diese neuen Zahlen als „Verhältnisse" (oder auch „Anteile", „Rationen") von ganzen Zahlen, d. h., jedes Resultat von etwas, das wir als Teilung oder Division von „a durch b" bezeichnen, mit ganzen Zahlen a und b, aber b ungleich 0, wollen wir als sogenannte rationale Zahl ansehen, und dafür schreiben wir wie gehabt „a: b" oder „a/b", besser aber als sogenannten Bruch $\frac{a}{b}$ mit dem „Zähler" a und dem „Nenner" b.

Warum wir diese beiden letzteren Begriffe benutzen, werden wir später sehen, aber der Begriff „Bruch" sagt schon etwas aus über das, was wir hier vor uns haben: Nämlich das Ergebnis eines Prozesses, den wir Teilung oder Division nennen, und in dem wir die obere Zahl auf-„brechen" in gleiche Teile, die der Anzahl nach der Zahl entsprechen, die unter dem (Bruch-)Strich steht. Damit ist auch dieser Schritt eine weitere Abstraktion, denn die so gewonnenen Objekte, die wir auch als „Zahlen" ansehen, sind eigentlich Verhältnisse der bisherigen Zahlen-Objekte untereinander.

Formal definieren wir die Menge der rationalen Zahlen als:

$$\mathbb{Q} := \left\{ \frac{a}{b} \,\middle|\, a, b \in \mathbb{Z} \text{ und } b \neq 0 \right\}$$

Damit umfasst $\mathbb{Q}$ natürlich all unsere bisherigen Zahlenbereiche, denn mit b = 1 definiert das gerade die ganzen Zahlen, und die enthalten die natürlichen Zahlen. Aber darüber hinaus beinhaltet $\mathbb{Q}$ Verhältnisse von ganzen Zahlen, die sich – wie wir sehen werden – an der Zahlengeraden wunderbar als Punkte oder auch Strecken markieren lassen (s. Abb. 3.7) und die wir somit auch als Zahlen interpretieren können.

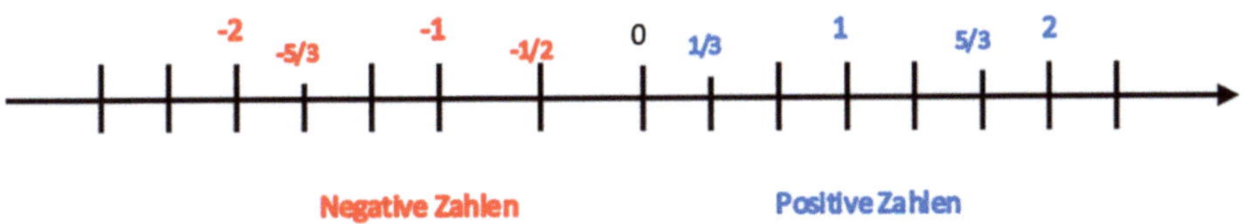

Abb. 3.7 Rationale Zahlen auf der Zahlengeraden

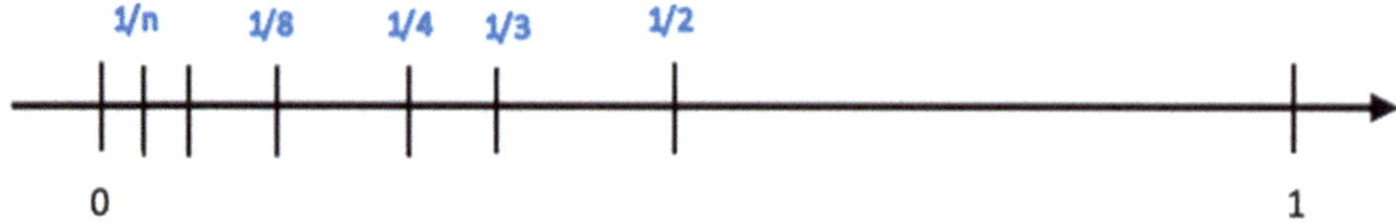

Abb. 3.8 Einheitsbrüche auf der Zahlengeraden

Wir fügen also die rationalen Zahlen in unser bestehendes Zahlenmaterial ein, d. h., unser Zahlenverständnis umfasst auch Verhältnisse (ganzer) Zahlen und geht damit über das der Antike hinaus[3]. Konsequenterweise können und werden wir mit diesen neuen Objekten auch rechnen, weil sich die Rechenoperationen, die wir bislang kennen, problemlos auf Brüche übertragen lassen. Genau das ist Gegenstand des zu Unrecht gefürchteten „Bruchrechnens", das wir in einfachen Formen schon in frühesten Kulturen finden, z. B. in der alt-ägyptischen Mathematik. Dort verwendete man Brüche in einer Form, die wir heute *Stammbrüche* nennen, d. h. „Zahlen" der Form 1:n mit einer natürlichen Zahl n, also als den n-ten Teil eines Ganzen. So jedenfalls tauchen sie in ägyptischen Schriften auf und wurden dort *Einheitsbrüche*[4] genannt, also Brüche oder Fraktionen einer Einheit, was terminologisch sehr sinnvoll ist und uns didaktisch dabei hilft, das Bruchrechnen zu motivieren.

Betrachten wir also zunächst nur Brüche der Form 1/n mit n aus $\mathbb{N}$. Dann ist 1/n immer das Ergebnis der Aufteilung eines Ganzen – man darf sich ruhig einen Kuchen vorstellen – in n gleiche Teile, sprachlich die Hälfte, ein Drittel, ein Viertel usw. bis theoretisch unendlich, wenn wir über die Krümelphase hinausgehen. Übertragen auf die Zahlengerade wäre ein Einheitsbruch ein Teil der Einheitsstrecke von 0 bis 1, die wir auch das „Einheitsintervall" nennen und mit [0, 1] beschreiben, d. h., die Einheitsbrüche in der natürlichen Abfolge würden auf dieser Strecke sukzessive ein immer kleiner werdendes Stück markieren (s. Abb. 3.8).

Mit solchen Streckenteilungen hat man sich in der Antike häufig befasst, und dem werden wir später auch noch an mehreren Stellen begegnen, z. B. in der Analysis. Bei den Griechen waren solche Streckenteilungen ursprünglich geometrisch motiviert, aber durch die Veranschaulichung dieser Teilstrecken auf der Zahlengeraden bekommen die entsprechenden Stammbrüche der Form 1/n auch eine algebraische Interpretation, d. h., wir können die jeweiligen Endpunkte dieser Strecken als die entsprechenden Zahlen 1/n auffassen, und damit kann man sich (wiederholte) Additionen solcher Zahlen als

---

[3] Den Griechen galten nur die natürlichen Zahlen als Zahlen, nicht jedoch deren „Verhältnisse" zueinander.

[4] Darüber hinaus hatte bei den Ägyptern aber auch die Zahl 3/2 einen besonderen Stellenwert, und erstaunlich ist, dass auch wir heute für diese Zahl ein eigenes Wort haben: Anderthalb.

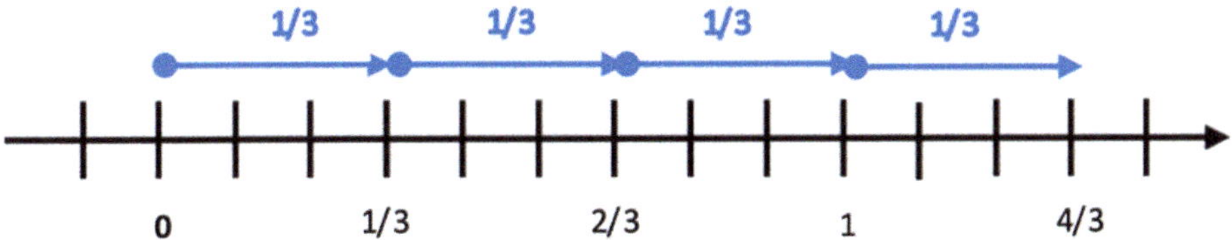

Abb. 3.9 Multiplikation rationaler Zahlen auf der Zahlengeraden

Verknüpfungen orientierter Strecken klar machen. Die Multiplikation $4 \cdot \frac{1}{3} = \frac{4}{3}$ zum Beispiel veranschaulicht sich dann so, wie in Abb. 3.9 zu sehen.

Und allgemein ist die ganzzahlige Multiplikation von Stammbrüchen gegeben durch:

$$m \cdot \frac{1}{n} = \frac{m}{n}$$

Speziell ist natürlich: $n \cdot \frac{1}{n} = 1$

Nicht ganz so einfach ersichtlich ist, was man sich unter der Multiplikation von Stammbrüchen vorstellen soll, aber geometrisch ist das leicht nachvollziehbar, denn die Multiplikation eines Wertes mit 1/n erzeugt von diesem Wert den n-ten Teil. Wenn also dieser Wert selber der m-te Teil von etwas ist, dann muss das Produkt dieser Teile der (m · n)-te Teil des Ganzen sein, d. h.:

$$\frac{1}{n} \cdot \frac{1}{m} = \frac{1}{n \cdot m}$$

Das hört sich komplizierter an, als es ist und wird an einer Skizze (Abb. 3.10) eher klar.

Damit können wir den Bereich der Stammbrüche schon wieder verlassen und die Rechenregeln für allgemeine Brüche ableiten.

Die Multiplikation beliebiger Brüche folgt direkt aus Oberem:

$$\frac{a}{b} \cdot \frac{c}{d} = a \cdot \frac{1}{b} \cdot c \cdot \frac{1}{d} = ac \cdot \frac{1}{b} \cdot \frac{1}{d} = ac \cdot \frac{1}{bd} = \frac{ac}{bd}$$

Für die Addition aber müssen wir uns an etwas aus der Schule erinnern: Das Kürzen und Erweitern eines Bruchs.

Beides heißt nichts anderes als Zähler und Nenner eines Bruchs mit der gleichen Zahl zu multiplizieren. Dadurch ändert sich nämlich das Verhältnis von Zähler und Nenner nicht und der Wert des Bruchs bleibt folglich gleich[5]. Wenn der Faktor grösser 1 ist,

---

[5] Das heißt aber auch, dass wir jeden Bruch auf unendlich viele Arten schreiben können, und von daher wird bei der Definition der rationalen Zahlen – wie oben definiert – oft verlangt, dass jedes Element der Menge maximal gekürzt ist, ausgedrückt als ggT(a, b) = 1, aber das ist formal nicht nötig, denn in Mengen dürfen Elemente mehrfach gelistet werden.

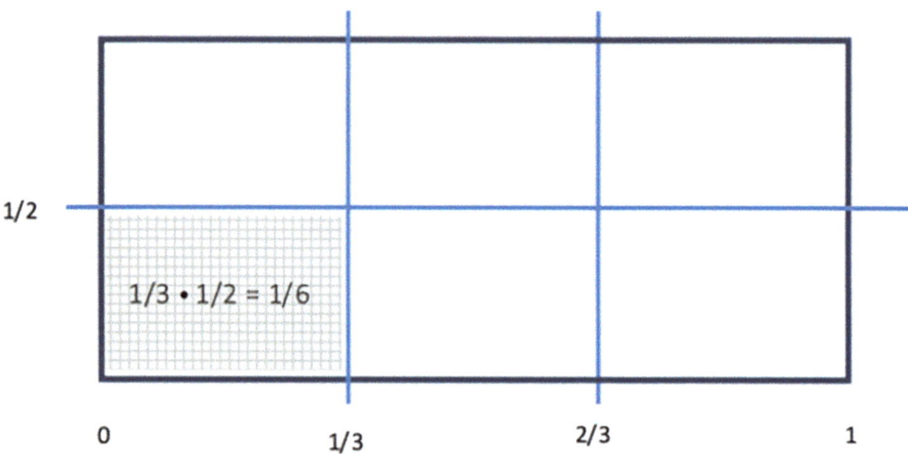

Abb. 3.10 Multiplikation von Stammbrüchen

nennt man die Aktion „erweitern", sonst „kürzen". Letzteres kennen wir als „Zähler und
Nenner durch den gleichen Wert teilen" – und das entspricht einer Multiplikation mit
einem Faktor kleiner 1.

Simples Beispiel ist ein halber Kuchen, der genauso groß ist wie zwei Viertelkuchen,
und wenn man 8 Kuchen auf 16 Leute verteilt, bekommt auch jeder einen halben Kuchen, denn:

$$\frac{1}{2} = \frac{2}{4} = \frac{8}{16}$$

Durch Erweitern oder Kürzen können wir zwei verschiedene Brüche „gleichnamig" machen, was umgangssprachlich soviel heißt wie „auf den gleichen Nenner bringen"[6]. Das
brauchen wir, um zwei Brüche zu vergleichen oder um sie zu addieren, und dazu ist das
schon früher verwendete „kleinste gemeinsame Vielfache" zweier Zahlen a und b, geschrieben als kgV(a, b), sehr hilfreich. Es liefert nämlich den kleinsten gemeinsamen
Nenner zweier Brüche mit den jeweiligen Nennern a und b.

Betrachten wir beispielsweise $\frac{3}{4}$ und $\frac{5}{3}$, dann ist kgV(4, 3) = 12, und beide Brüche
auf den Nenner 12 zu bringen, heißt, den ersten mit 3 und den anderen mit 4 zu multi-
plizieren. Wir erhalten $\frac{3 \cdot 3}{4 \cdot 3} = \frac{9}{12}$ und $\frac{5 \cdot 4}{3 \cdot 4} = \frac{20}{12}$.

Haben nun zwei Brüche den gleichen Nenner, dann können sie direkt miteinander
verglichen werden: Offenbar ist z. B. 3/5 kleiner als 7/5, und in der Gestalt können wir
sie auch leicht addieren, denn genauso offensichtlich ist 3/5 + 7/5 = 10/5 = 2.

---

[6] In der Praxis und für weitere Zwecke wichtig, ist die Erweiterung von Brüchen auf den Nenner
100. Genau das liegt der Prozentrechnung zu Grunde, die wir später behandeln werden.

Allgemein ausgedrückt folgt die Addition (resp. Subtraktion) beliebiger Brüche dem Prinzip „Gleichnamig machen und Zähler addieren" (resp. subtrahieren), d. h.:

$$\frac{a}{b} + \frac{c}{d} = \frac{ad}{bd} + \frac{bc}{db} = \frac{ad + bc}{bd}$$

Überschlagsrechnung

Die eigentliche Rechenkunst ist nicht das exakte Rechnen; das kann der „Rechner" – darum heißt er ja auch so – viel besser. Vernünftig aber ist es, einige Varianten von sogenannten „Überschlagsrechnungen" sicher zu beherrschen, denn erst dadurch bekommt man ein Gefühl für Zahlen und deren Dimensionen. Normalerweise versteht man darunter, grob auf- oder abgerundete Zahlen zu „überschlagen", meist zu addieren, aber tatsächlich kann es mehr sein als das. Die Rechenregeln für Brüche z. B., speziell das Kürzen und Erweitern, liefern eine einfache Hilfe, mit der man alltägliche Rechenaufgaben näherungsweise lösen kann, ohne die antrainierten Rezepte des „schriftlichen" Rechnens anzuwenden.

Ein einfaches Beispiel dazu:

16×25 im Kopf auszurechnen, ist für die meisten sicher ein Problem, aber wenn man diese Faktoren als Brüche auffasst und geeignet so erweitert und kürzt, dass diese Operationen sich gegenseitig neutralisieren, dann kann die Sache deutlich einfacher werden. In diesem Fall nehmen wir den Faktor 4 resp. 1/4, und bekommen dadurch:

$$16 \times 25 = (16 : 4) \times (4 \times 25) = 4 \times 100 = 400.$$

Bei weniger glatten Zahlen muss man nur geschickt auf Näherungen zurückgreifen. Z. B. ist 17×52 in etwa $8{,}5 \times 100 = 850$. Wissend, dass man dabei $2 \times 17 = 34$ unterschlagen hat, bekommt man sogar das korrekte Ergebnis 884, aber das steht gar nicht im Vordergrund. Die erste Näherung sollte hier eigentlich reichen.

Für die Division von Brüchen müssen wir etwas ausholen:

Bei der Einführung der negativen Zahlen hatten wir zu jeder natürlichen Zahl n ihr sogenanntes „Gegenstück" in der größeren Menge $\mathbb{Z}$ identifiziert, nämlich $-n$. Diese beiden Zahlen, n und $-n$, interpretiert als orientierte Strecken, addieren sich zu 0, dem sogenannten „neutralen" Element der Addition; neutral deswegen, weil $n + 0 = n$ für alle n aus $\mathbb{N}$, und wir sagen, n und $-n$ neutralisieren sich gegenseitig unter der Addition. Der technische Ausdruck für solch ein „Gegenstück" unter einer gewissen Operation ist „inverses Element", d. h., unter der Addition ist das inverse Element von n gerade $-n$ und umgekehrt.

Unter der Multiplikation ist das neutrale Element die 1, denn für alle n aus $\mathbb{N}$ ist n $\cdot$ 1 = n. Folglich ist das inverse Element einer natürlichen Zahl n bzgl. der Multiplikation gerade der entsprechende Stammbruch 1/n, denn $n \cdot \frac{1}{n} = 1$.

All das gilt nun selbstverständlich sinngemäß auch für alle ganzen und die rationalen Zahlen: Für jedes $q \in \mathbb{Q}$ ist $-q$ das inverse Element bzgl. der Addition und $\frac{1}{q}$ das inverse Element unter der Multiplikation. Letzteres hat sogar einen eigenen Namen, nämlich „Kehrwert", und der Begriff erklärt sich daraus, dass wenn $q = \frac{m}{n}$ ist, dann ist $\frac{1}{q} = \frac{n}{m}$, d. h., Zähler und Nenner werden „umgekehrt", und dann ist $q \cdot \frac{1}{q} = \frac{m}{n} \cdot \frac{n}{m} = 1$.

Damit können wir abschließend die Division in $\mathbb{Q}$ definieren:

$$\text{Mit } q = \frac{m}{n} \text{ und } r = \frac{s}{t} \text{ ist } \frac{q}{r} = \frac{\frac{m}{n}}{\frac{s}{t}}$$

Dieser „Stapel"-Ausdruck verliert aber sofort seinen Schrecken, weil wir die Division als Umkehrung der Multiplikation auffassen dürfen. D. h., Division ist nichts anderes als Multiplikation mit dem inversen Element, und das haben wir gerade als den Kehrwert bezeichnet. Damit ergibt sich:

$$\frac{q}{r} = \frac{m}{n} \cdot \frac{t}{s} = \frac{m \cdot t}{n \cdot s}$$

Oftmals ist sinnvoll, eine Zahl nicht als Bruch zu schreiben, sondern in eine Dezimalzahl umzuwandeln[7], unter Umständen mit Nachkommastellen. Dazu müssen wir mit einem Bruch lediglich die Division durchführen, für die er steht, d. h., Zähler durch Nenner teilen, und das können wir mit der im Kapitel zu Arithmetik dargestellten schriftlichen Division problemlos bewerkstelligen. In den Beispielen dort hatten wir den Prozess jeweils abgebrochen bzw. angehalten, wenn wir zur letzten Ziffer des Divisors (das ist der Nenner) gekommen waren und haben dann nur noch den sogenannten „Rest" notiert – falls es einen gab. Man kann allerdings an dieser Stelle den Prozess durchaus fortsetzen, nachdem man in der Ergebnis-Zahl das Dezimalkomma setzt und mittels der weiteren Rechnung die nachfolgenden Kommastellen ergänzt[8]. Das führt dann irgendwann zu einem Restwert von 0, d. h., die Dezimalzahlentwicklung stoppt hier, oder wir kommen zu einem sich wiederholenden Muster in der Abfolge der Nachkommastellen.

Für den erstgenannten Fall betrachten wir z. B. 15/4:

---

[7]Die umgekehrte Anforderung gibt es selbstverständlich auch.

[8]Diese Art der Zahlendarstellung, genannt Dezimalbrüche – im Volksmund auch „Kommazahl" – hat sich erst nach der französischen Revolution entwickelt und wurde nur durch Napoleon in Europa durchgesetzt.

$$15 : 4 = 3{,}45$$
$$\underline{12}$$
$$30$$
$$\underline{28}$$
$$20$$
$$\underline{20}$$
$$0$$

Im zweiten Fall nennen wir diese Abfolge die „Periode" der Zahl und den Bruch oder die Zahl entsprechend „periodisch"[9]. Ein Beispiel für dafür ist der simple Bruch 10/3:

$$10 : 3 = 3{,}33$$
$$\underline{9}$$
$$10$$
$$\underline{9}$$
$$10$$

Wir schreiben dann: $\frac{10}{3} = 3{,}\overline{3}$ gelesen als „Drei Komma drei Periode"

Damit sind die Grundrechenarten in $\mathbb{Q}$ erklärt. Die Formeln hierfür und für weitere Rechenarten haben wir im Anhang zusammengestellt.

3.3 Klassische Algebra

Algebra befasst sich allgemein gesprochen mit Strukturen, die aus Mengen und Verknüpfungen auf diesen Mengen bestehen. Für unsere Zwecke wollen wir unter Mengen ausschließlich Zahlenmengen verstehen und als Verknüpfungen nur die bekannten Kalküle, also im Wesentlichen die Grundrechenarten, zulassen. Damit werden wir uns hier im Wesentlichen mit „Gleichungen" befassen; das sind im mathematischen Sinne Aussagen, die sich mit sprachlichen Aussagen durchaus vergleichen lassen.

Die Mathematik an sich wird oft als Sprache beschrieben, und tatsächlich gibt es eine wesentliche Gemeinsamkeit zwischen ihnen: Beide benutzen Zeichen und Symbole, die irgendwie kombiniert werden, um etwas zu „formulieren". In der Sprache sind das Aneinanderreihungen von Buchstaben, wie B A U M, in der Mathematik sind es Zeichenketten[10] wie z. B. diese hier:

$$\int f(x)dx$$

---

[9] Andere als diese Fälle gibt es nicht, d. h., dieser Prozess kann keine unendlich lange oder nichtperiodische Dezimalentwicklung liefern.

[10] Mathematische Zeichen sind in Deutschland sogar durch eine DIN-Norm (1302) festgelegt.

In beiden Welten haben diese Zeichenketten in der Regel eine semantische Bedeutung, die sich nur dem erschließt, der die jeweilige Sprache beherrscht. In natürlichen Sprachen gibt es Ketten von Buchstaben, die keinen Sinn ergeben oder wo der Sinn davon abhängt, welche Sprache man gerade spricht. Wenn das klar ist, dann können Sprecher der Sprache entscheiden, ob eine Zeichenkette aus Buchstaben tatsächlich ein zulässiges Wort ist. In der Mathematik ist das ähnlich, nur, dass es da nur eine Sprache gibt: Der Algebraiker und der Statistiker mögen nicht unbedingt das beste Verständnis füreinander haben, in ihrer mathematischen Sprache aber verstehen sie sich weitestgehend.

Eine mathematische Zeichenkette wie die obige nennen wir – insofern sie Sinn macht – einen „Term", also einen Ausdruck, der aber für sich allein noch nichts aussagt, ganz analog zum Begriff „Wort". In der Sprache werden Wörter unter gewissen Regeln zu Sätzen kombiniert, und genau das passiert auch in der Sprache der Mathematik: Terme werden so kombiniert, dass sie insgesamt etwas aussagen oder einen Sachverhalt beschreiben, und das nennen wir dann eine Aussage oder einen Satz; in der einfachsten Form ist das eine Gleichung. Der damit verbundene Inhalt, also das, was die Gleichung besagt, kann im Prinzip nur wahr oder falsch sein, aber grundsätzlich wissen wir per se nicht, was davon zutrifft. Außerdem kann der Satz so allgemein formuliert sein, dass er nur unter gewissen Voraussetzungen richtig oder falsch ist. All das ist in unserer natürlichen Sprache genauso: Es wird viel geredet, aber was davon stimmt und unter welchen Bedingungen es stimmt, ist nicht immer und unbedingt klar.

In der Mathematik haben solche Aussagen sehr häufig die Form von Gleichungen, und genau darauf wollen wir uns hier fokussieren, d. h., wir werden Terme anschauen, die zu Aussagen kombiniert werden, und von denen wir dann versuchen zu entscheiden, ob und wann und in welchem Umfang etc. sie wahr oder falsch sind. Dazu werden wir Variablen benutzen, die verschiedene Zahlenwerte annehmen können, sodass die betreffenden Aussagen „variabel" sind.

Machen wir uns dazu direkt ein Beispiel: Die Zeichenkette:

$$x + 3$$

ist ein Term, der zwar sinnvoll ist, aber für sich allein genommen nichts aussagt. Genauso ist die Zeichenkette BAUM – im Deutschen – ein zulässiges Wort, aber keine Aussage. Erst, wenn man das Gebilde erweitert, z. B. zu „Der Baum ist eine Eiche", könnte man die so entstandene Aussage bewerten mit: „Stimmt", „Könnte schon sein" oder „Falsch. Ist eine Buche" etc. Das aber setzt u. a. voraus, dass man weiß, welcher Baum gemeint ist. Genauso wird der mathematische Term erst als Gleichung zu einer Aussage; z. B. durch:

$$x + 3 = 5$$

Ob sie stimmt, hängt davon ab, welchen Wert x annimmt, analog zum fraglichen Baum in der sprachlichen Aussage. Hier ist leicht zu sehen, dass die Gleichung für $x = 2$ erfüllt wird, und deswegen sagen wir, die Zahl 2 ist die Lösung der Gleichung. Wenn es aber z. B. die Grundvoraussetzung gäbe, dass x negativ sein soll, dann wäre die Aussage auf jeden Fall falsch und die Gleichung hätte keine Lösung, bzw. die Lösungsmenge ist leer. Ändern wir sie leicht ab und schreiben.

$$x + 3 > 5,$$

Dann wäre diese Gleichung für viele Werte von x wahr, nämlich für alle Zahlen größer 2, d. h., in diesem Fall wäre die Lösungsmenge der Gleichung unendlich groß.

Wir können also festhalten, dass es verschiedene mögliche Lösungsmengen von Aussagen, sprich (Un-)Gleichungen gibt; sie können aus einer Zahl oder aus mehreren Zahlen bestehen, sie können leer sein oder ganze Bereiche abdecken und u. U. unendlich groß sein. Was davon zutrifft, das muss nicht per se klar sein. Bei den bisherigen einfachen Beispielen war es das, bei komplexeren allerdings wird das nicht der Fall sein. Dann wird man versuchen, die Gleichung zu lösen, indem man ihre Lösung(en) auf analytischem Weg herleitet. Dafür allerdings gibt es leider kein allgemeingültiges Rezept. Stattdessen bietet die Algebra eine Reihe von Schritten an, die logisch erlaubt sind, um Gleichungen so zu transformieren, dass man deren Lösung unter Umständen – nicht immer – direkt ablesen kann. In der Schule nennt man genau diesen Prozess der Umformungen, sofern er zielgerichtet ist: „eine Gleichung (nach x) auflösen".

Nehmen wir an, eine Gleichung besteht aus den Termen T_1 und T_2 und hat die Form:

$$T_1 = T_2$$

Die besagten zulässigen Schritte bestehen nun darin, dass man die beiden Seiten der Gleichung gleichwertig („äquivalent") behandelt, und diese „Behandlung" ist im Wesentlichen additiver oder multiplikativer Natur, d. h., man darf links und rechts des Gleichheitszeichens dieselben Terme addieren oder multiplizieren[11] – sofern sie ungleich Null sind. Wenn also T_3 ein weiterer Term ist, dann wird durch die Operationen

$$T_1 + T_3 = T_2 + T_3 \quad \text{und:} \quad T_3 \cdot T_1 = T_3 \cdot T_2$$

die Lösungsmenge der ursprünglichen Gleichung $T_1 = T_2$ nicht verändert. Genau das nennt man eine äquivalente Umformung der Gleichung[12].

Natürlich bleibt es uns unbenommen, auf jeder Seite für sich genommen Änderungen an den Termen vorzunehmen, die keinen inhaltlichen Einfluss auf die Gleichung haben, die also rein optischer Natur sind und lediglich die Darstellung betreffen. Dazu gehört

---

[11] Das deckt auch Subtraktion und Division ab.

[12] Wichtig ist, dass der Term T_3 nicht Null werden kann. Ansonsten kann man allerhand Unsinn beweisen.

z. B. das Ausklammern, das Zusammenfassen oder das Kürzen und Erweitern von Brüchen.

Wir wollen solche Umformungen an einem einfachen Beispiel konkretisieren, und zwar an einer linearen Gleichung der Form:

$$a \cdot x + b = c$$

Darin ist x die Variable, d. h. der variable Wert, und a, b und c sind vorgegebene Konstanten, die wir als bekannt annehmen können. Jetzt und für das Folgende wollen wir für solche Konstanten stets nur rationale Zahlen zulassen. Wählen wir beispielsweise a = 2, b = −3 und c = 5, bekommen wir die Gleichung:

$$2x - 3 = 5$$

und darin machen auch für die Variable x die Voraussetzung, dass sie eine rationale Zahl sein soll.

Raten statt Rechnen

Um eine Gleichung zu lösen, kann der erste Ansatz durchaus darin bestehen, etwas auszuprobieren, d. h., eine Lösung zu „raten". Das führt natürlich in den allerwenigsten Fällen direkt zum Erfolg, aber durch Überprüfen der geratenen „Lösung" bekommt man evtl. die Information, wie „weit" man daneben liegt, und das wiederum kann sehr hilfreich dabei sein, seinen „Startwert" entsprechend anzupassen, das heißt, einen neuen Rate-Wert zu berechnen. Man darf ja nicht nur dreimal raten, sondern kann diesen Vorgang meist beliebig wiederholen und dabei kommt es nicht selten vor, dass sich solch ein iterativer Prozess aus „Raten und Rechnen" der Lösung nähert.

In einer einfachen Form nennt man diese Herangehensweise die „Hau-Methode", die schon im Ägypten der Pharaone dokumentiert ist[13]. In moderneren Formen beschäftigt sich mit solchen Methoden wesentlich die Numerik, ein Teilgebiet der Mathematik, das durch die Entwicklung der Rechnerkapazitäten leider etwas aus der Mode gekommen ist. Für das Verständnis von Rechen-Prozessen sind numerische Verfahren allerdings äußerst hilfreich.

Ziel ist es nun, durch Umformungen die Variable x so weit zu isolieren, dass man den Wert direkt ablesen kann, unter dem die Gleichung eine wahre Aussage wird. Dazu addieren wir zunächst auf beiden Seiten der Gleichung eine 3 und erhalten:

$$2x = 8$$

---

[13] https://sfabel.tripod.com/mathematik/themen_gleichungen.html

Sodann dividieren wir diese Gleichung durch 2, wonach sich

$$x = 4$$

als Lösung der Ausgangsgleichung ergibt, d. h., wenn man dort für x den Wert 4 einsetzt – in der Schule nannten wir das „die Probe machen" – erhält man die wahre Aussage:

$$8 - 3 = 5.$$

Das ist so übersichtlich, dass man diese Schritte sicher auch an der allgemeinen Gleichung:

$$ax + b = c \quad (*)$$

durchführen und deren Lösung angeben kann:

$$x = \frac{c - b}{a} \, f\ddot{u}r \, a \neq 0$$

Nun kann man bei solchen Gleichungen „ohne Beschränkung der Allgemeinheit" (o. B. d. A.) annehmen, dass c = 0 ist, denn formt man die Ausgangsgleichung (*) durch Subtraktion von c auf beiden Seiten um, dann lautet die neue Gleichung:

$$ax + (b - c) = 0$$

D. h., wir suchen im Prinzip eine Lösung für eine Gleichung der Form:

$$px + q = 0$$

In dieser Form können wir die Gleichung mit einer Konstante weniger darstellen und suchen dann nach einer sogenannten „Nullstelle" des Ausdrucks links. Der aber ergibt sich mit den uns bekannten Umformungen sofort als:

$$x = -\frac{q}{p} \, f\ddot{u}r \, p \neq 0$$

Lineare Gleichungssysteme

Mit Term- und Gleichungsumformungen dieser Art kann man im Übrigen nicht nur einzelne lineare Gleichungen lösen, sondern sogar ganze Gruppen von Gleichungen mit mehreren Variablen. Wir sprechen dann von (linearen) Gleichungssystemen.

Im obigen Beispiel haben wir nur eine Gleichung mit nur einer Variablen, und die kann man in dieser Form immer lösen. Hat eine Gleichung zwei Variablen, wie z. B.

$$2x - 3 = y,$$

dann gibt es in aller Regel Paare von Zahlen x und y, mit denen die Gleichung erfüllt ist. Schwieriger wird es erst, wenn eine zweite Gleichung mit den gleichen Variablen hinzukommt und als einschränkende Bedingung oder Ergänzung fungiert. Solche Situationen kommen in der Realität häufig vor, wenn verschiedene Abhängigkeiten bestehen, die wir im Einzelnen kennen, aber in ihrem Zusammenwirken berechnen müssen. Aus dem schulischen Umfeld erinnern wir uns vielleicht an Textaufgaben wie diese:

Peter ist drei Jahre älter als Hans. Vor drei Jahren war Peter doppelt so alt wie Hans. Wie alt sind die beiden heute?

Das führt auf zwei Gleichungen mit zwei Variablen, nämlich:

$$p = h + 3 \quad \text{und} \quad p - 3 = 2(h - 3)$$

Diese können wir leicht simultan lösen und finden heraus, dass Peter heute 9 und Hans 6 Jahre alt ist, d. h., vor drei Jahren waren sie 6 und drei Jahre alt.

Solche Gleichungssysteme können nahezu beliebig groß werden, und sie lassen sich oft – nicht immer – mit ganz ähnlichen Methoden wie den obigen lösen.

Die nächsthöhere Stufe sind Gleichungen zweiter Ordnung, auch quadratische Gleichungen genannt. Darin kommt auch nur eine Variable vor, die wir wieder mit x bezeichnen, aber zusätzlich zum linearen Term $ax + b$ kommt sie auch noch in der 2. Potenz vor, sodass wir Terme dieser Form haben:

$$ax^2 + bx + c$$

Nullstellen solcher Ausdrücke nennt man auch „Wurzeln" der entsprechenden Gleichung, und deswegen wollen wir uns zunächst diesen bekannten mathematischen Begriff etwas näher anschauen. Der ist nämlich leider ein nicht versiegender Quell von Missverständnissen und gehört nicht zuletzt aus diesem Grund unbedingt zur Allgemeinbildung. Wir müssen allerdings betonen, dass das Folgende nur für die Zahlenbereiche gilt, die wir bisher behandelt haben, also die rationalen Zahlen[14].

Wurzeln aus oder von Zahlen zu berechnen kennen wir sicher auch unter dem Begriff „Wurzelziehen". Das ist eine (!) von zwei Umkehrungen der Potenzierung. Und weil Potenzierung die wiederholte Anwendung der Multiplikation ist, könnte man auf die Idee kommen, dass Wurzelziehen eine wiederholte Durchführung der Division ist. Das gibt es zwar auch, aber das ist nicht das, was hier gemeint ist.

Warum „ziehen" wir „Wurzeln"?
Wir haben den Begriff „Wurzel" aus dem Lateinischen übernommen, denn da benutzte man spätestens seit Fibonacci den Begriff „radix" für das, was wir heute „Wurzel" nennen, und das Wurzelzeichen $\sqrt{\ }$, der stilisierte Haken, ähnelt des-

---

[14] Vorgreifend weisen wir auch darauf hin, dass es explizit nur in den „reellen" Zahlen gilt.

wegen einem kleinen r. Nur, warum verwenden wir überhaupt den Begriff einer Wurzel? Aus einer Wurzel wächst normalerweise eine Pflanze, aber warum sollte eine Zahl „Wurzeln" haben. Die 2 ist die Wurzel aus 4. Wächst deswegen die 4 aus der 2?

Die Antwort wäre ja, wenn wir uns die Zahlenwelt multiplikativ denken, was der Begriff „Produkt" als Ergebnis einer Multiplikation auch nahelegt, und was der Bedeutung der Primzahlen entsprechen würde, die die natürlichen Zahlen multiplikativ erzeugen.

Andererseits widerspricht es unserer intuitiven Anschauung der natürlichen Zahlen, die wir Schritt für Schritt additiv aufbauen, eine nach der anderen zählend. Der Ausdruck ist allerdings konsistent zur Verwendung des Begriffs „Potenz" für die (fortgesetzte) Multiplikation einer Zahl mit sich selbst: Eine unter Umständen kleine Basis-Zahl, die nur grösser als 1 sein muss, kann sozusagen aus „eigener Kraft" (Potenz) ins Unermessliche wachsen, wenn man sie nur oft genug mit sich selbst multipliziert. In diesem Bild ist das **Potenzieren** also das Wachsen aus sich selbst heraus, und dann macht es Sinn, dessen **Umkehrung** als **Radizieren** zu bezeichnen, als die Rückkehr zum Ursprung, eben zur Wurzel.

Und auch das Wort „ziehen" spricht für diese Motivation: Wir berechnen zwar auch, aber wir sagen, wir „ziehen" die Wurzel „aus" einer Zahl[15], heißt also, sie ist darin versteckt und erstmal nicht sichtbar, genau wie bei der Wurzel einer Pflanze.

Um zu klären, was gemeint ist, gehen wir schrittweise vor und betrachten zunächst nur die sogenannte Quadratwurzel. Der Begriff klingt zunächst nach der „Wurzel des Quadrats", also nach etwas Geometrischem, und das trifft es auch. Ein Quadrat mit der Seitenlänge x hat die Fläche x^2, die 2. Potenz von x, und das lateinische „Potentia" ist abgeleitet aus einem griechischen Wort, das auch Quadrat heißen könnte. Das geometrische Quadrat wird also allein von einer Seite erzeugt, und könnte mit ein wenig Phantasie als dessen „Wurzel" im bildlichen Sinne angesehen werden[16], d. h., die Berechnung einer Quadratwurzel entspricht der Bestimmung der Seitenlänge eines Quadrats, dessen Fläche bekannt ist. Rechnerisch aber ist das schlichtweg die Umkehrung oder das Rückgängigmachen der Erhebung einer Zahl in die 2. Potenz, d. h., für eine gegebene bekannte Zahl c suchen wir eine Zahl x mit $x^2 = c$.

---

[15] Seltener sagen wir „die Wurzel von einer Zahl".

[16] Das gilt nicht nur für die Quadratwurzel. Auch die dritte Wurzel, die „Kubikwurzel", kann als Wurzel des Kubus, des Würfels, angesehen werden.

Nun ist der Term x^2 in unseren Zahlenbereichen immer positiv, besser gesagt: nicht negativ, d. h., es macht Sinn, die Quadratwurzel nur für positive Werte von c zu suchen. Diesen Wert – sofern es ihn gibt – nennen wir die „Wurzel aus c", und schreiben ihn als $\sqrt{c}$, oder auch $\sqrt[2]{c}$, was dasselbe ist.

Wenn aber damit $\left(\sqrt{c}\right)^2 = c$ ist, dann gilt natürlich auch $\left(-\sqrt{c}\right)^2 = c$, d. h., beide Werte, $\sqrt{c}$ und $-\sqrt{c}$, sind Lösungen der Gleichung $x^2 = c$.

Es wäre jedoch falsch, die negative Zahl $-\sqrt{c}$ „Wurzel aus c" zu nennen.

Beispielsweise ist 3, und nur die positive Zahl 3, die Wurzel aus 9, denn $3 \cdot 3 = 9$, genauso wie $(-3) \cdot (-3) = 9$ ist, aber per definitionem ist eine Quadratwurzel positiv. Man hätte die Konvention vielleicht anders treffen können, aber die gewählte ist sicher die näher liegende, und damit halten wir fest:

Die Quadratwurzel ist nur definiert für positive Zahlen c, sie ist positiv und wir schreiben sie als $\sqrt{c}$, oder:

Für c >= 0 ist $\sqrt{c}$ diejenige nicht-negative Zahl, für die $x^2 = c$ gilt.

Wir machen das hier bewusst etwas überdeutlich, weil das Thema „Wurzeln" immer wieder unnötige Diskussionen auslöst, die einfach dadurch entstehen, dass man nicht zwischen einer Definition und der Lösung einer Gleichung unterscheidet. Dem werden wir später auch nochmal begegnen, aber mit diesem Verständnis der Quadratwurzel gehen wir jetzt zurück zu unserer quadratischen Form:

$$ax^2 + bx + c$$

Um diese auf Nullstellen zu untersuchen, setzen wir den Term gleich 0 und dividieren ihn durch den Koeffizienten der höchsten Potenz, hier also a. Dadurch bringen wir die Gleichung auf die Form:

$$x^2 + px + q = 0$$

Der Vorteil daran ist, dass sich die Lösung dieser quadratischen Gleichung mit jetzt nur noch zwei Konstanten p und q einfacher ausdrücken lässt[17]. Um sie zu finden, versuchen wir die linke Seite als Binom darzustellen, und dazu addieren wir auf beiden Seiten den Wert $\left(\frac{p}{2}\right)^2$. Dadurch erhält man nach einer kleinen Umsortierung:

$$x^2 + px + \left(\frac{p}{2}\right)^2 = \left(\frac{p}{2}\right)^2 - q$$

Darin – und das war der Sinn des Schritts – kann man die linke Seite mit der ersten binomischen Formel als $\left(x + \frac{p}{2}\right)^2$ schreiben, und mit der Substitution $P := -\frac{p}{2}$ erhalten wir dann die äquivalente Darstellung:

$$(x - P)^2 = P^2 - q$$

---

[17] Gegenüber der ursprünglichen Gleichung ist also p = b/a und q = c/a.

Das sieht schon sehr viel übersichtlicher aus und lässt sich durch Wurzelbildung und Subtraktion direkt auflösen zu:

$$x_{1,2} = P \pm \sqrt{P^2 - q}$$

D. h., die Ausgangsgleichung $x^2 + px + q = 0$ hat mit $P = -p/2$ die beiden Lösungen[18]:

$$x_1 = P + \sqrt{P^2 - q}$$

$$x_2 = P - \sqrt{P^2 - q}$$

Und weil die Wurzel nur für positive Werte definiert ist, erkennt man an dieser Darstellung, dass die beiden Lösungen nur existieren, wenn $P^2 > q$ ist, was äquivalent ist zu $p^2 > 4q$. Ist aber $P^2 = q$, dann haben wir nur eine Lösung, nämlich P, und wenn $P^2 < q$, dann ist die Lösungsmenge der Gleichung leer.

In diesem Zusammenhang sollte man auch den Satz von Vieta[19] kennen, der die beiden Ergebnisse der „Mitternachtsformel" in Beziehung setzt zu den Koeffizienten der quadratischen Gleichung. Genauer: Summen und Produkte der Lösungen der Gleichung ergeben im Prinzip ihre Koeffizienten:

$$x_1 + x_2 = -p \text{ und } x_1 \cdot x_2 = q$$

Der nächste und für uns der vorläufig letzte konkrete Schritt in der Wurzelrechnung ist die Umkehrung der dritten Potenz, d. h. von:

$$x \cdot x \cdot x = x^3 = c$$

Darin kann die Variable x auch wieder alle rationalen Werte annehmen, insbesondere auch negative, und in diesem Fall wird die dritte Potenz auch negativ, d. h., hier können wir unser c nicht – wie vorhin – von Haus aus einschränken auf positive Werte. Trotzdem wollen wir das für den Moment tun und negative Werte von c ausschließen. Wir betrachten also die Gleichung $x^3 = c$ nur für $c \geq 0$.

Analog zur Quadratwurzel definieren (!) wir dann die sogenannte „Kubikwurzel", oder „dritte Wurzel", aus c als die positive Lösung dieser Gleichung und schreiben sie als $\sqrt[3]{c}$, wobei hier jetzt die kleine Drei auf dem Wurzelhaken nötig ist. Dieser Wert löst die Gleichung und liefert uns auch die Lösung für den Fall, dass c negativ ist, nämlich $-\sqrt[3]{c}$.

---

[18] Diese Lösungsformel wird in der Schule leider meist in einer sehr umständlichen Form angegeben (s. Abb. unter der Einleitung zu diesem Kapitel) und „Mitternachtsformel" genannt, weil Schüler sie auch dann aufsagen können sollen, wenn sie um Mitternacht geweckt werden. Dass man eine „schlechte" Formel auch unter widrigen Umständen nachplappern können soll, sagt aber viel über den Charakter des klassischen Mathematikunterrichts aus.

[19] Nach Francois Viete (1540–1603).

Trotzdem sprechen (!) wir in letzterem Fall nicht (!) von der dritten Wurzel aus einer negativen Zahl. Dem wird leider von nicht wenigen Zeitgenossen immer noch oft heftig widersprochen, indem sie behaupten, die n-te Wurzel aus einer negativen Zahl sei sehr wohl definiert für ungerade n, denn die Gleichung $x^3 = -8$ z. B. habe ja die eindeutig bestimmte Lösung $x = -2$, und somit (!) wäre -2 die dritte Wurzel aus -8. Davon ist das Erste richtig, das Zweite aber falsch, wenn man die allgemeinen Potenzgesetze nicht aushebeln will[20].

Der Fehler, den besagte Zeitgenossen begehen, ist, dass sie nicht unterscheiden zwischen dem definierten Ausdruck „Wurzel" und „Lösung der Gleichung". Die abweichende Meinung, etwas anderes ist es nicht, könnte man nur gelten lassen, wenn man bei den Potenzgesetzen Einschränkungen und Fallunterscheidung vornehmen würde, und das ist nicht sinnvoll. Darüber hinaus ist es auch überflüssig, weil wir mit unserer Definition nicht nur auf der sicheren Seite sind, sondern weil sie nebenbei auch die Lösung der Gleichung für negatives c liefert.

Es bleibt also dabei: Unter der Voraussetzung, dass wir uns in den rationalen, und vorgreifend sagen wir: den reellen Zahlen befinden, sind Wurzeln aus negativen Zahlen generell nicht definiert, obwohl dort gewisse Potenzen negative Werte annehmen.

Wir denken, dieses Wissen gehört zentral zur Allgemeinbildung in Mathematik, gerade weil dazu abwegige Auffassungen existieren.

Fundamentalsatz der Algebra

In der gleichen Art und Weise wie bei der quadratischen Form gesehen, werden Gleichungen höheren Grades dadurch gebildet, dass immer wieder eine Potenz der Variablen hinzuaddiert wird, sodass sich die allgemeine Gleichung n-ten Grades so darstellt:

$$a_n x^n + a_{n-1} x^{n-1} + \ldots + a_0 = 0 \text{ mit rationalen Koeffizienten } a_0, \ldots, a_n$$

Der Term links heißt „Polynom" n-ten Grades, d. h., ein Polynom zweiten Grades ist ein Binom, ein quadratischer Term, und eines ersten Grades ist ein linearer Ausdruck wie ganz zu Anfang behandelt.

Die obige Gleichung heißt in dieser Form „algebraische" Gleichung, und ihre Lösungen werden – wie schon angedeutet – oft auch „Wurzeln" der Gleichung genannt. Das liegt daran, dass man den ganzen Term über seine Nullstellen faktorisieren kann, d. h., man kann ihn als Produkt von Faktoren der Form $(x-x_i)$ darstellen, wenn x_i die Nullstellen sind. Der Begriff „Wurzel" ist in dem Zusammenhang insoweit verständlich, als das Polynom aus diesen Faktoren aufgebaut

---

[20] Wäre nämlich $-2 = (-8)^{1/3}$, dann schreibt man das als $(-8)^{2/6} = ((-8)^2)^{1/6} = 64^{1/6} = 2$ und folgert $-2 = 2$.

werden kann, aber er ist trotzdem etwas irreführend und sollte unseres Erachtens nach eher vermieden werden.

Ob die Gleichung generell Lösungen hat, sieht man ihr so leicht natürlich nicht an, aber tatsächlich ist es so. Genau das besagt ein weiterer Fundamentalsatz, nämlich der der Algebra:

Ein Polynom vom Grad n> = 1 der Art wie oben hat in den reellen Zahlen mindestens eine und maximal n Lösungen.[21]

Es gibt allerdings kein allgemeines Rezept zur Lösung der Gleichung, wie wir es bei linearen und quadratischen Termen haben. Auch für Gleichungen dritten und vierten Grades gibt es noch Lösungsformeln[22], aber die sind schon einigermaßen kompliziert. Die Nullstellen höhergradiger Polynome, also ab Grad 5, lassen sich nicht mehr direkt berechnen, d. h. deren Lösungen können nicht durch Formeln mit endlichen Wurzelausdrücken („Radikale") dargestellt werden, sondern verlangen nach einem Lösungsalgorithmus, einem „numerischen" Verfahren. Darunter kann man sich einen Prozess vorstellen, der im Prinzip dem oben kurz skizzierten „Raten und Rechnen" ähnelt, und in dessen Verlauf man sich der wahren Lösung immer weiter annähert.

In den bisher behandelten Gleichungen trat die Variable x immer als Summand und/oder Faktor auf, war also Objekt der Grundrechenarten. Natürlich gibt es eine Vielzahl anderer Gleichungen, die wir hier unmöglich alle behandeln können, aber einige davon kann man durch Umformungen auf eine algebraische Form bringen, sodass wir unter Umständen mit dem oben Gesagten Lösungen finden können.

Z.B wird die Gleichung:

$$\frac{1}{x} = x + c \ f\ddot{u}r \ x \neq 0 \ und \ c \in \mathbb{Q}$$

nach Multiplikation mit x zu: $x^2 + cx - 1 = 0$

und das ist eine quadratische Gleichung, die wir mit der „Mitternachtsformel" lösen können, nämlich:

$$x_{1,2} = -\frac{c}{2} \pm \sqrt{\left(\frac{c}{2}\right)^2 + 1}$$

Von dieser Art Gleichung, die man in ein Polynom transferieren kann, gibt es tatsächlich sehr viele, d. h., die „Mitternachtsformel" hat letztendlich vielfältige Einsatzmöglich-

---

[21] Innerhalb der komplexen Zahlen, die für uns allerdings irrelevant sind, hat es genau n Nullstellen.

[22] Das sind die sogenannten „Cardanischen Formeln", benannt nach G. Cardano (1501–1576).

keiten, und von daher plädieren wir nachhaltig für die sichere Beherrschung – mehr aber das tiefe Verständnis – dieser Formel.

Wenn aber die gesuchte Variable Gegenstand höherer Rechenarten ist, z. B. der Potenzierung, dann versagen unsere bisherigen Ansätze. In einer Gleichung der Form:

$$a^x = c \text{ mit } a \text{ und } c > 0$$

suchen wir einen Wert für den Exponenten x bei bekannter Basis a und gegebenem c. Bisher war es gerade umgekehrt, d. h., der gesuchte Wert x war die Basis, und für diese Art Gleichung brauchen wir einen anderen Ansatz, sogar eine neue Rechenart, und zwar offenbar wieder eine, die die Potenzierung umkehrt, wie es beim Wurzelziehen auch der Fall war. Diese zweite Umkehrung des Potenzierens ist das sogenannte **Logarithmieren.**

Bevor wir uns damit befassen, wollen wir uns kurz anschauen, welche Art Term a^x ist. Das ist nämlich ein besonderer und wichtiger Ausdruck, der sogenanntes **exponentielles Verhalten** beschreibt, und das führt immer wieder zu sehr überraschenden Effekten.

Für $a = 1$ ist der Term harmlos, denn 1^x bleibt 1 für alle x.

Wenn a aber nur ein „Jota", also ein winziges bisschen größer als 1 ist, dann wächst dieser Term mit wachsendem x irgendwann rasant schnell[23], schneller als jede (!) Potenz von x, d. h., a^x „schlägt" x^n am Ende des Tages sicher um Längen, und zwar in Ausprägungen, die wir in der Regel intuitiv schlecht fassen können, und die irgendwann besagte Überraschungseffekte zeigen. Letzteres liegt daran, dass das Wachstum am Anfang meist noch sehr moderat verläuft, ab einem gewissen „Kipp-Punkt" jedoch außer Kontrolle zu geraten scheint. Ein berühmtes altes Beispiel dafür ist die Legende von den Reiskörnern auf einem Schachbrett[24].

Für ein etwas moderneres Szenario stelle man sich zwei Männer vor, die jeweils 10 Schritte tun: Beim ersten sei jeder Schritt einen Meter lang, während der zweite mit dem Minischritt von 10 cm beginnt und dann seine Schrittlänge mit jedem Schritt verdoppelt. Dass der erste 10 m weit kommt, dürfte klar sein, und beim zweiten erwartet man wahrscheinlich keinen großen Unterschied, denn der trippelt zunächst nur, wird dann jedoch ein Stück weit aufholen, denkt man. Doch weit gefehlt: Der Zweite kommt tatsächlich 10-mal so weit wie der Erste, nämlich gut 100 Meter, denn seine Schritte betragen: 0,1 m – 0,2 m – 0,4 m – … – 25,6 m – und schließlich 51,2 m, in Summe jedenfalls über 100 Meter, und das merken wir leider erst spät, nämlich beim letzten oder vorletzten Schritt, und genau das kommt dann so überraschend, wie Weihnachten jedes Jahr überraschend kommt.

---

[23] Wenn a zwischen 0 und 1 liegt, dann haben wir den umgekehrten Fall, dass die entsprechende Größe sehr schnell verschwindend klein wird, was z. B. bei radioaktiven Verfallsprozessen der Fall ist.

[24] https://de.wikipedia.org/wiki/sissa_ibn_dahir

Der Effekt liegt vermutlich daran, dass wir evolutionär nur auf lineare Prozesse geeicht sind, obwohl in der Natur nicht-lineare Systeme im Allgemeinen und exponentielle im Besonderen sehr wohl vorkommen, häufig z. B. in Wachstumsverhalten von Populationen. Das Beispiel vom Seerosenteich[25] ist in dem Zusammenhang vielleicht sogar bekannt. Das Thema an sich ist also eher psychologischer Natur und deswegen wollen wir es hier nicht vertiefen, sondern uns zurückbesinnen auf die mathematischen Aspekte. Die sind unseres Erachtens nicht schwer zu erfassen, denn für die allgemeine Form der Gleichung:

$$a^x = b \text{ mit } a \text{ und } b > 0$$

haben wir zwar ad hoc keinen allgemeinen Lösungsansatz, aber wir sehen sicher, dass es dazu – wie beim Wurzelziehen – „nur" einer Art Umkehrung des Potenzierens braucht. Der Unterschied ist ja lediglich, dass die gesuchte Variable x jetzt im Exponenten steht, während sie vorher Multiplikator, also Faktor war.

Für ganz einfache Gleichungen wie z. B. $2^x = 8$ erkennen wir auf einen Blick, dass diese mit x = 3 erfüllt ist. Bei weniger leichten wie $3^x = 20$ sieht man vielleicht nicht direkt die Lösung, kann sich aber sicher vorstellen, dass sie zwischen 2 und 3 liegen wird – wahrscheinlich näher bei 3 – und dass man sie durch „Raten und Rechnen", also durch ein Näherungsverfahren, wird lösen können.

Genau diese Überlegungen führen uns jetzt zu einem immens wichtigen Thema, nämlich dem der **Logarithmen** und damit dem angekündigten Kalkül des Logarithmierens.

Um uns das Leben leicht zu machen, betrachten wir zunächst nur Gleichungen der Art:

$$10^x = b$$

Gegeben unser Zahlensystem zur Basis 10 sind Berechnungen von 10er-Potenzen leicht nachvollziehbar und historisch gesehen hat sich der Kalkül Anfang des 17. Jahrhunderts auch genau daraus entwickelt. Damals entwickelten der Schotte John Napier (1550–1617) und der Schweizer Jost Bürgi (1552–1632)[26] unabhängig voneinander einen Ansatz, der es erlaubte, Berechnungen von Produkten (großer) Zahlen zu ersetzen durch Additionen von wesentlich kleineren Zahlen. Man kann sich wahrscheinlich sofort vorstellen, dass das ein drastischer Vorteil bei vielen Berechnungen sein muss, und die Vereinfachung und Abkürzung der Rechenarbeit war in der vor-computerisierten Zeit von erheblichem Interesse.

Das erreichte man dadurch, dass besagte Berechnungen verlagert wurden von den eigentlichen Zahlen auf diejenigen Exponenten, die die Zahlen im 10er-System darstellen, mit anderen Worten: Zu einer Zahl b sucht man denjenigen Exponenten, der sie als 10er-Potenz darstellt. Das ist also gerade die eindeutige Lösung der Gleichung

---

[25] https://seerosenliebe.de/interessantes/wann-ist-der-see-zugewachsen/

[26] Man sollte allerdings nicht unterschlagen, dass der geniale Astronom Johannes Kepler (1571–1630) daran auch einen erheblichen Anteil hatte.

$$10^x = b$$

und diese nennen wir den **Logarithmus von b,** und wir müssen in diesem Fall hinzusetzen: „zur Basis 10". Dafür schreiben wir:

$$x = log_{10}b$$

und verwenden dafür die abkürzende Schreibweise: $x = lg\ b$

Offenbar ist dann also z. B. lg 10 = 1 und lg 100 = 2, weil $10^1 = 10$ und $10^2 = 100$, und die Logarithmen der Zahlen zwischen 10 und 100 liegen alle zwischen 1 und 2. D. h., beim Übergang auf ihre Logarithmen „schrumpft" man die Zahlen, sodass sie als Rechenobjekte leichter zu handhaben sind und ihre Verhältnisse untereinander überschaubarer werden.

Nichts anderes machen wir beim Kürzen von Brüchen: Der Bruch $\frac{6.170}{4.936}$ beispielsweise macht uns sicher mehr Arbeit als seine gekürzte Variante 5/4. Allerdings ist die Schrumpfung durch Kürzen eine lineare Operation, nämlich eine Division von Zähler und Nenner durch die gleiche Zahl, hier 1.234. Demgegenüber ist das „Schrumpfen" durch Logarithmieren nicht-linear: Je größer die Zahl, desto stärker wird sie verkleinert, d. h., große Zahlen werden überproportional geschrumpft, und genau das kommt uns bei der Rechenarbeit zugute. Wie, das werden wir gleich sehen, denn erstmal kennen wir die genauen Werte, die Logarithmen, ja noch nicht. Diese wurden von den Vätern der Methode in jahrzehntelanger Arbeit in ellenlangen Tabellen zusammengestellt, und als sogenannte Logarithmentafeln (s. Abb. 3.11[27]) waren sie danach über Jahrhunderte die einzige wirkliche Rechenhilfe.

Mit ihnen konnte man komplizierte Multiplikationen auf einfachere Additionen zurückführen, und zwar durch Nutzung des Bindeglieds zwischen diesen beiden Operationen, also der Addition und der Multiplikation, und das ist gerade der Logarithmus. Die Grundlage dafür ist das sogenannte Logarithmengesetz, das sich direkt aus der Definition ergibt[28] und für beliebige Basen gilt:

$$log\ (a \cdot b) = log\ a + log\ b$$

Hatte man z. B. 126 · 252 zu berechnen, so suchte und fand man in der Tafel die 10er-Logarithmen der beiden Faktoren, nämlich lg 126 = 2,1 und lg 252 = 2,4 – alles gerundet. Die Summe dieser Werte, nämlich 4,5 fand man dann in der Tafel als den Logarithmus von etwa 31.750, was ziemlich genau das gesuchte Produkt 126 · 252 ist[29].

---

[27] Die Einträge auf der Tafel sind hier natürlich nicht zu entziffern, aber das tut auch nichts zur Sache.

[28] Setze log a = x und log b = y, dann ist $10^x = a$ und $10^y = b$, d. h. $ab = 10^{x+y}$, und somit log(ab) = x + y.

[29] Grundsätzlich liefern die Tafeln immer nur näherungsweise Lösungen, aber die Fehler sind erstaunlich gering.

Abb. 3.11 Logarithmentafel

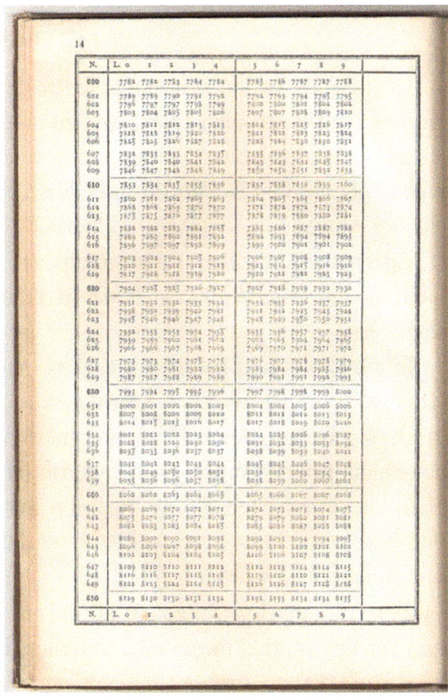

Als Rechenhilfe sind solche Tafeln heute natürlich obsolet, aber grundsätzlich ist das Denken in Logarithmen bzw. die Vorstellung davon, auch heute noch für das Verständnis des Zahlenraums[30] von unschätzbarer Bedeutung. Darüber hinaus scheint es in gewissem Sinne auch sehr natürlich zu sein, denn es gibt Studien, die nahelegen, dass unser angeborener Zahlensinn nicht nur linear ist, sondern auch logarithmische Muster kennt[31].

Aus mathematischer Sicht aber ist wichtig, dass Logarithmen in vielen Anwendungen zentrale Bedeutung haben. Oft kommen sie allerdings mit einer anderen Basis als der 10 zum Einsatz; das Praktische jedoch ist, dass man sie grundsätzlich für jede Basis definieren kann, und dass man nur eine Referenzbasis braucht, um die Logarithmen zu beliebigen Basen abzuleiten, d. h.: „Kennt man eine, kennt man alle"; und selbstverständlich bietet sich die 10 als Basis unseres Zahlensystems dafür an. Die wichtigste Basis in diesem Zusammenhang ist allerdings die sogenannte „eulersche Zahl" e, etwa 2.718, auf die wir später – im Kapitel zur Analysis – noch zurückkommen werden. Der Logarithmus zu dieser Basis heißt – nomen est omen – der **natürliche Logarithmus** und wird als **ln** abgekürzt, also:

---

[30] „Loga-rithmus" kann man tatsächlich mit „Verständnis (oder auch „Wert") der Zahl" übersetzen.
[31] https://www.spiegel.de/wissenschaft/mensch/logarithmus-jeder-mensch-hat-einen-angeborenen-zahlensinn.

$$log_e x = ln\ x \text{ für } x > 0$$

Abschließend wollen wir nun das besprechen, was wir ganz besonders hervorheben wollen, weil es zu dem führt, was aus unserer Sicht die zentrale „Fertigkeit" ist, die im Rahmen einer Allgemeinbildung in Mathematik ausgeprägt sein sollte, und das ist nichts anders als ein klares **Verständnis für Größenverhältnisse** von Zahlen und die absolut sichere Anwendung des berühmt berüchtigten **Dreisatzes.**

Ersteres ergibt sich aus dem intensiven Umgang mit jeder Form der **Potenzrechnung,** letzteres führt uns direkt zur **Prozentrechnung,** die letztendlich ein Spezialfall des Dreisatzes ist.

In der Einleitung haben wir erklärt, oder eher postuliert, dass **„Prozent und Potenz"** alles ist, was man wirklich **können** muss, also **Pflicht** ist, und dass wir alles andere als die **Kür** ansehen, deren Elemente man im Rahmen der Allgemeinbildung kennen sollte, aber nicht können muss. Somit würde letztendlich das Rechnen mit Potenzen und Brüchen zur praktischen Königsdisziplin der mathematischen Grund-Ausbildung im Sinne von handwerklichen Fertigkeiten. Und davor muss man sich beileibe nicht fürchten, wie wir gleich sehen werden.

Der Umgang mit Potenzen ergibt ein sicheres Gefühl für Dimensionen von Zahlen und für ihre Verhältnisse untereinander. Das halten wir für eine der wichtigsten Fertigkeiten überhaupt, und die hat mit wirklicher Mathematik eigentlich nicht viel zu tun, aber die Beschäftigung mit Mathematik kann uns helfen, diese Fähigkeit zu trainieren, denn dazu eignet sich die Vorstellung von Potenzen und das Denken von Zahlen als Zehnerpotenzen hervorragend.

Wir lernen das zwar, aber wir verlernen es auch wieder. Die meisten Menschen werden den Unterschied zwischen 10^8 und 10^{10} vielleicht kennen und trotzdem vermutlich unterschätzen. Ein schönes und altes Beispiel dafür ist Archimedes' „Berechnung", wie viele Sandkörner ins „Universum" passen[32], also in das, das man sich damals, d. h. im dritten Jahrhundert v. Chr., vorstellte. Er kam auf 10^{63}. Wenn wir nun heute wissen, dass es im für uns sichtbaren Universum etwa 10^{85} Atome geben muss[33], dann werden sich nicht wenige von uns vielleicht wundern, wieso der alte Archimedes an dieser Zahl so nah dran war. Das war er natürlich nicht, denn selbst wenn man „Atom" mit „Sandkorn" gleichsetzt, dann hat er sich tatsächlich immer noch um einen Faktor verrechnet, der im Bereich von einer Trillion liegt; und wenn wir uns vor Augen halten, aus wie vielen Atomen ein Sandkorn besteht, dann kommen wir schnell in sogenannte „astronomische" Bereiche, um die er daneben lag. Aber all das wollen wir nicht dem alten Griechen anlasten, sondern eher unserem Zahlenverständnis. Das zu trainieren mit genau solchen

---

[32] https://www.wissenschaftsjahr.de/2008/coremedia/generator/wj2008/de/02__Mathematik__alles__was__z_C3_A4hlt/05__Sandk_C3_B6rner.html

[33] Vgl. Kapitel „Arithmetik".

Überschlagsrechnungen, das empfehlen wir wärmstens und überlassen es dem Leser, das Übungsmaterial dafür zu suchen.

Der anderen Disziplin wollen wir etwas mehr Aufmerksamkeit widmen, nämlich dem **Dreisatz.** Bei seiner Anwendung dreht sich im Prinzip auch alles um Größenverhältnisse von Zahlen, und zwar von Zahlen untereinander. Das kennen wir eigentlich gut, denn wir sind intuitiv vertraut mit sogenannten **proportionalen Verhältnissen,** genauer: mit sogenannten direkten Proportionen. Die sind nämlich genau dann gegeben, wenn zwei veränderliche Größen, sagen wir x und y, immer im gleichen Verhältnis zueinander stehen, d. h., dass sie sich nur durch einen konstanten Faktor, nennen wir ihn c, unterscheiden. Sprachlich formuliert man das oft als eine „Je-desto"-Beziehung; genauer: je mehr – oder weniger – von dem einen, desto mehr – oder weniger – wird das andere im gleichen Maß, also relativ bemessen, betragen. Mathematisch drückt sich das so aus, dass der Quotient der beiden Größen konstant bleibt:

$$\frac{x}{y} = c, \ d.h. : \ x = c \cdot y$$

Dabei machen alle Faktoren c außer Null Sinn, also auch negative, aber der Einfachheit halber wollen wir uns das c als positiv denken, und dann wäre ein einfaches Beispiel der zu zahlende Betrag auf unserer Gas- oder Ölrechnung: Der ist normalerweise ein Vielfaches unseres Verbrauchs[34], und die Konstante c ist gerade der Preis je Einheit, d. h., die beiden variablen Größen Menge und (Rechnungs-)Betrag stehen in dem direkten linearen Zusammenhang:

$$\text{Betrag } = \text{ Menge } \times \text{ Preis je Einheit, z. B. Liter.}$$

Als Verhältnisse ausgedrückt heißt das, dass mögliche Werte für die beiden Größen Betrag (b) und Menge (m) als Brüche geschrieben konstant bleiben, nämlich gerade der Preis je Liter (p), d. h., es sollte immer gelten[35]:

$$p = \frac{b}{m}$$

Wenn wir also den Preis p nicht kennen würden, dann wüssten wir trotzdem, dass das Verhältnis zwischen zwei möglichen Beträgen b_1 und b_2 und Mengen m_1 und m_2 gleich sein muss und dass dieser Wert gerade die Konstante p ist, d. h.:

$$\frac{b_1}{m_1} = \frac{b_2}{m_2} = p$$

Somit hat eine entsprechende Gleichung, die diese Situation beschreibt, und aus der ein fehlender Wert berechnet werden soll, die einfache Form:

---

[34] Wir unterstellen gängige Preismodelle und keine weiteren Fixkosten.
[35] Der Einfachheit halber lassen wir die Dimensionen „Liter" und „Euro" weg.

$$\frac{a}{b} = \frac{x}{c} \text{ oder auch } \frac{a}{b} = \frac{c}{x}$$

je nachdem, welcher Wert gesucht ist. Auf jeden Fall aber kann das sofort aufgelöst werden zu:

$$x = \frac{ac}{b} \, bzw. \, x = \frac{bc}{a}$$

Umgekehrte Proportionalität

Der Vollständigkeit halber sollte man in diesem Zusammenhang auch sogenannte „umgekehrt" proportionale Verhältnisse erwähnen. Diese finden wir in Situationen, in denen eine Menge weniger wird, wenn eine andere zunimmt, z. B. was man allein an drei Tagen schafft, schafft man zu zweit in anderthalb Tagen. Das ist sprachlich also auch eine „Je-desto"-Beziehung, allerdings eine, in der sich die variablen Werte gegenseitig in umgekehrter Richtung beeinflussen. Das ist im Prinzip aber genau das Gleiche wie vorhin. Der Unterschied ist nur der, dass jetzt die eine Veränderliche direkt proportional zum *Kehrwert* der anderen ist. Deswegen sprechen wir dabei von *„umgekehrt"* proportional, und mathematisch formuliert ergäbe sich dann analog zu Obigem:

$$x = c \cdot \frac{1}{y} = \frac{c}{y}, \, d.h. \, x \cdot y = c$$

Im Falle von umgekehrter Proportionalität bleibt also nicht der Quotient, sondern das Produkt der beiden variablen Größen konstant.

Direkte Proportionalität beschreibt inhaltlich also den denkbar einfachsten linearen Zusammenhang zwischen zwei Größen; und genau diese Art Zusammenhang liegt jedem **„Dreisatz"** zugrunde.

Zunächst zum Begriff: Der erklärt sich aus dem „Rezept", mit dem man entsprechende Aufgaben nach traditioneller Schuldidaktik lösen soll, nämlich über drei Schritte:

Bedingung—Frage – Schluss.

Ein einfaches Beispiel:

- Bedingung:5 Liter (Milch)[36] kosten 10 Euro
- Frage:Was kosten 3 Liter?
- Schluss:1 Liter kostet 2 €, d. h., 3 Liter kosten 6 Euro

---

[36] Um was es sich handelt, ist selbstverständlich irrelevant.

Allgemein formuliert also der erste Schritt das Verhältnis, in dem zwei Größen (hier: Euro zu Liter) zueinander stehen, im Beispiel $10{:}5 = 2$.

Der zweite Schritt fragt, welche Größe (Euro) für welche Menge (3 Liter) gesucht ist, und im dritten Schritt wird der Verhältnisfaktor aus der Bedingung (2 € je Liter) „runtergerechnet" auf die Grundeinheit (1 Liter) und dann mit der Menge aus Schritt 2 (3 Liter) multipliziert.

Soweit das klassische Rezept, das – richtig angewandt – auch immer zur Lösung der Aufgabe führt.

Dabei kann aber der eigentliche Berechnungsschritt 3 abgekürzt werden, weil das „Runterrechnen" auf die Einheit überflüssig ist. Das kann zwar durchaus dem Verständnis dienlich sein, und sollte auch so eingeführt werden, aber mit dem zuvor Gesagten kann man – Verständnis vorausgesetzt – statt Schritt 1 sofort den Bruch hinschreiben, der das entscheidende Verhältnis ausdrückt, hier $\frac{10}{5}$, und die Angabe bzw. Frage aus Schritt 2 dem gegenüberstellen, hier $\frac{x}{3}$. Dabei muss man nur darauf achten, dass korrespondierende Größen sich gegenüberstehen, in dem Fall also:

$$\frac{10}{5} = \frac{x}{3}$$

und daraus ermitteln wir:

$$x = \frac{3 \cdot 10}{5} = 6$$

Wenn man das Grundprinzip versteht, kann man sich von der sklavischen Vorgabe der drei Schritte lösen, denn die Berechnung in Schritt 3 ist ja immer nur die Multiplikation eines Bruchs. Und weil Multiplikation und Division dasselbe sind, kann man die Lösung immer direkt als Produkt angeben, nämlich aus dem Proportionalitätsfaktor, hier 2, und der gesuchten Menge, hier 3, also 6, bzw. allgemein formuliert: Der Dreisatz ist immer nur eine Multiplikation des Proportionalitätsfaktors mit dem gesuchten Wert[37].

Genau dasselbe gilt für die **Prozentrechnung,** die – wie gesagt – nur ein Spezialfall des Dreisatzes ist, und Spezialfall heißt, sie ist sogar einfacher als der allgemeine Dreisatz. Einfacher deswegen, weil hier immer alles zu einem festen Wert ins Verhältnis gesetzt wird, und dieser Wert ist, man wird es erraten, 100. Theoretisch wäre jede andere Zahl[38] denkbar, aber die 100 scheint psychologisch ein hervorragender Referenzpunkt für unser Verständnis und unsere Vorstellung zu sein, und daran wollen wir auch nicht rütteln.

Das Wesentliche an der Prozentrechnung ist also nur, dass sich jede „Prozentzahl" auf die Grundgesamtheit von 100 bezieht. Der Begriff „pro cent" bedeutet natürlich „pro Hundert" oder auch „vom Hundert", wie man in manchen juristischen Texten liest,

---

[37] Manchmal formuliert man das auch als den „verkürzten" Dreisatz.
[38] Wenn wir über Promille reden, ist 1.000 die Referenzzahl.

und das Prozentzeichen „%" hat sich tatsächlich entwickelt aus der Schreibung des lateinischen Worts für Hundert: „cento". Das Zeichen besteht also nicht aus zwei kleinen Nullen und einem Bruchstrich, sondern aus den angedeuteten Buchstaben „c" und „o". Als Bruch ausgedrückt kann man es jedoch sehr wohl als $\frac{1}{100}$ lesen, d. h., p % ist nichts anderes als $\frac{p}{100}$, und dieses Verhältnis ist das zentrale Verhältnis in jeder Prozentrechnung. Dieses können wir auch leicht übersetzen in eine anschauliche Auffassung von Verhältnissen, z. B. ist 50 % die Hälfte, 25 % ein Viertel und 75 % drei Viertel einer gewissen Grundgesamtheit, die insgesamt für 100 % steht; folglich bedeutet 200 % das Doppelte und 1000 % das Zehnfache einer Ausgangsmenge.

Diese Zahl, wir nennen sie **Prozentzahl,** stellt also gerade den Proportionalitätsfaktor[39] aus dem Dreisatz dar, der auf einen beliebigen anderen **Grundwert** angewendet, sprich multipliziert, wird, um somit den sogenannten **Prozentwert** einer vorgegebenen Grundgesamtheit zu erhalten.

Damit würden die beiden Brüche, die wir aus der Dreisatzmethode kennen, so aussehen:

$$\frac{Prozentwert}{Grundwert} = \frac{Prozentzahl}{100}$$

Aus dieser Gleichung kann man leicht jeden der gesuchten Werte errechnen. Der einzige Fixpunkt ist die 100, die als Referenzzahl – per Konvention – unangetastet bleibt. Der Normalfall ist selbstverständlich, dass Prozentzahl oder Prozentwert gesucht sind, also z. B. 20 von 80; wie viel Prozent ist das? – oder wieviel sind 30 % von 120, was beides direkt zu beantworten ist:

20 von 80 entspricht dem Bruch 20/80, was sich zu ¼ kürzt und nichts anderes als 25 % ist. Im zweiten Fall ist der Proportionalitätsfaktor 30/100 oder 3/10, angewandt auf 120 erhalten wir 36[40].

Das sind zugegebenermaßen handsame Zahlen, d. h., mit anderen Zahlen ist die Rechnung evtl. komplexer, aber das Prinzip bleibt gleich, und hier gilt: Üben, üben, üben! Das sind bloße handwerkliche Fertigkeiten, die man allerdings im Schlaf beherrschen sollte, die man nicht nur *wissen*, sondern auch *können* sollte. Diese zu vermitteln, das wollen wir hier nicht leisten, sondern verweisen dazu auf die entsprechenden Kapitel in den Hunderten von Lehr- und Übungswerken.

Allerdings ein Hilfsmittel wollen wir dem Leser noch mit auf den Weg geben, weil es viele Prozentrechnungen erheblich vereinfacht, aber dennoch unseres Wissens in der Schule nicht gezeigt wird, nämlich eine simple Regel, die nach unseren Erfahrungen meist für Verblüffung sorgt:

---

[39] In der Regel ist das eine Zahl zwischen 0 und 1, aber 200 % z. B. steht für einen Proportionalitätsfaktor von 2.

[40] Vorsicht: 30 % wird oft reflexartig als ein Drittel angesehen, was natürlich falsch ist.

x % von y ist dasselbe wie y % von x.

Als Beispiel: 16 % von 25 zu berechnen, könnte durch die Wahl der Zahlen etwas umständlich sein, aber wenn man weiß, dass das dasselbe ist wie 25 % von 16, dann sollte die Antwort 4 wie aus der Pistole geschossen kommen, denn 25 % ist nichts anderes als ¼, und dass ein Viertel von 16 gerade 4 ist, dürfte abgespeichert sein.

Die Regel ist mit dem vorher Gesagten auch leicht einzusehen, denn demnach ist die Prozentrechnung die simple Anwendung eines Faktors, im Beispiel ¼, der in beiden Rechnungen steckt, nämlich: $\frac{16}{100} \cdot 25 = \frac{25}{100} \cdot 16$

Das ist insbesondere hilfreich bei Prozentwerten, die man mit etwas Übung schnell erfasst, wie besagte 25 %, 50 % und 75 %, aber auch 10 % und 20 % sind leicht zu übersetzen in $\frac{1}{10}$ oder $\frac{1}{5}$. Leider lernt man das nicht, wenn man sich sklavisch an Rezepte oder gar Schemata hält, die zwar sicher zum Ergebnis führen, aber wenig für das Verständnis der unterliegenden Zusammenhänge tun; und das wäre eigentlich wichtiger als das Abspulen von Algorithmen.

Ausblick

Wir haben unseren Zahlenbereich jetzt ganz massiv erweitert, nämlich bis auf die rationalen Zahlen, und mehr braucht man im täglichen Leben wahrscheinlich nicht. Allerdings gibt es darüber hinaus noch mindestens zwei Mengen von Zahlen, die sehr wichtig sind und die wir später im Rahmen der Analysis auch noch besprechen werden, nämlich die reellen und – ganz kurz – die komplexen Zahlen.

Geometrie

Berechnung elementarer Figuren

4

Wer die Geometrie versteht,

vermag in dieser Welt alles zu verstehen

Galileo Galilei (1564–1642)

Übersicht

Wir werden uns hier nur mit der sogenannten **Euklidischen Geometrie** befassen. Das ist allerdings genau die Art Geometrie, die uns vertraut ist, und die sich üblicherweise sehr anschaulich aufbaut: Ausgehend vom **Punkt** kommen wir zu **Geraden** in der **Ebene** und zu **Figuren** im **Raum.** Dabei behandeln wir u. a. das Konzept der **Parallelität** und einen zentralen, aber oft verschütt gegangenen Bestandteil eines jeden Schulunterrichts: Die sogenannten **Strahlensätze.**

Sodann wird es uns darum gehen, geometrische Gebilde zu **konstruieren,** und zwar mit der klassischen Einschränkung, dazu nur **Zirkel und Lineal** zu benutzen. Damit kann man eine der berühmtesten Streckenteilungen vornehmen, nämlich den **goldenen Schnitt.**

Ebenso werden wir **Figuren** in der Ebene darstellen, wobei wir uns allerdings beschränken wollen auf das **Viereck,** seinen Spezialfall: das **Quadrat,** dann das **Dreieck** und schließlich den **Kreis.** Am Dreieck demonstrieren wir den wahrscheinlich bekanntesten Satz der Mathematik, den **Satz von Pythagoras,** und am Kreis werden wir die ominöse **Kreiszahl** π („Pi") definieren.

Ein Klassiker der Mathematik – und auch der Sprache – ist das uralte Problem der **Quadratur des Kreises.** Was es damit auf sich hat, klären wir nebenbei, und

© Der/die Autor(en), exklusiv lizenziert an Springer Fachmedien Wiesbaden GmbH, ein Teil von Springer Nature 2025

R. Voggenauer und C. Weiss, *Allgemeinbildung Mathematik,*

https://doi.org/10.1007/978-3-658-48997-7_4

81

zum Schluss sprechen wir noch kurz über **Trigonometrie** und erläutern, was es mit **Sinus** und **Cosinus** auf sich hat.

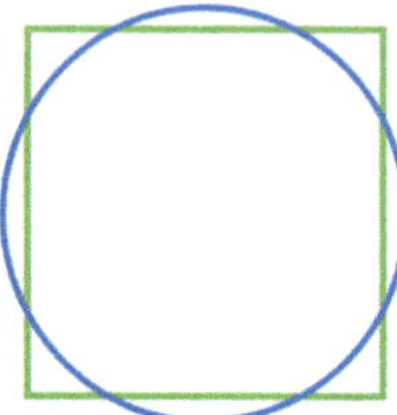

Die Bedeutung des Begriffs **Geometrie** kann man sich leicht herleiten: Es geht um „Geo", die Erde, und etwas „Metrisches", also etwas, das mit Messen oder dem Vermessen zu tun hat, und so kommt man zur **Vermessung der Erde.** Genau das trifft es im Prinzip auch schon, und das obige Zitat von Galilei unterstreicht wohl genau diesen Aspekt.

Die Geometrie wurzelt in der Landvermessung und sie war eine der ersten Anwendungen in der antiken Mathematik, d. h., historisch ist sie sehr früh einzuordnen, jedenfalls vor der Algebra, die wir im letzten Kapitel behandelt haben. Dass wir sie hier nachgelagert darstellen, hat rein didaktische Gründe, denn wir werden dafür insbesondere Ergebnisse aus den Erweiterungen der Zahlenbereiche verwenden. Diese – nennen wir sie algebraische – Erkenntnisse waren so im antiken Griechenland, aber auch vorher bei den Babyloniern und Ägyptern, noch nicht bekannt. Für die frühen Hochkulturen bildete die Geometrie eine immens wichtige Grundlage in der Parzellierung von Grundstücken oder Feldern,[1] aber erst die Griechen entwickelten die Geometrie zu einer mathematischen Disziplin, und es ist rückblickend erstaunlich, wie weit sie mit einfachsten Mitteln gekommen sind. Ein gutes Beispiel dafür ist die Bestimmung des Erdumfangs, den der Grieche Eratosthenes[2] schon 250 v. Chr. auf 250.000 „Stadien" taxierte. Das wären umgerechnet knapp 40.000 km, was sich sehr nah am tatsächlichen Wert bewegt.

Griechische Mathematik

Mathematik – wie wir sie kennen – stammt aus Griechenland. Allerdings ist sie nicht ganz so „griechisch" wie man meinen könnte, denn damit ist nicht das geographische Griechenland gemeint, sondern das kulturgeschichtliche griechische

---

[1] Ursprünglich wurde Geometrie auch mit „Feldmesskunst" übersetzt.

[2] Von dem haben wir im Abschnitt über Primzahlen schon gehört.

Reich. Und darüber hinaus ist die Mathematik grundsätzlich auch nicht etwa vom Himmel auf den Peloponnes gefallen, sondern die „Griechen" stützten sich selbstverständlich auf das Wissen früherer Kulturen. Sie selber sahen sich am ehesten in der mathematischen Tradition der Ägypter, aber sicher haben sie mehr von den Mesopotamiern übernommen, d. h., ägyptische und babylonische Mathematik zusammen waren die antiken Vorstufen für die griechische Mathematik.

Zeitlich beginnt sie etwa ab 600 v. Chr., und das kann fast kein Zufall sein, denn das war allgemein eine Periode, die für die Entwicklung der menschlichen Zivilisation entscheidend war. Es war eine Art kultureller Aufbruch, wenn nicht sogar eine erste (antike) Aufklärungswelle. Am Anfang dieser Entwicklung steht wesentlich ein gewisser Thales von Milet, von dem wir noch hören werden, und der aus der heutigen Türkei stammte.

Ab 500 v. Chr. erlebte das damalige Griechenland einen kulturhistorischen Aufbruch, der in erster Linie durch gesellschafts-politische Entwicklungen ausgelöst war. Aus dieser Zeit stammt Pythagoras,[3] der vielleicht der gedankliche Fixpunkt der antiken Mathematik ist. Er wird zwar oft als Sektenführer dargestellt, aber eher kann man sich ihn als Kopf einer für damalige Verhältnisse progressiven Aufklärungsbewegung vorstellen. Die war im heutigen Süditalien beheimatet und befasste sich mit sehr viel mehr als nur mit Mathematik,[4] aber das Motto seiner Schule, „Alles ist Zahl", scheint für die gesamte griechische Mathematik gegolten zu haben.

Was aber war nun das Besondere daran? Warum genießt die Mathematik der antiken Griechen einen so hohen Stellenwert?

Nun, sie waren die erste Kultur, in der mathematisches Wissen systematisch-logisch abgeleitet – heute würden wir sagen: bewiesen – wurde. Alle Vorläuferkulturen begnügten sich mit der Beschreibung rechnerischer Prozeduren und gaben Musterlösungen und „Rechenproben" als Beweise aus. Die Griechen machten demgegenüber einen Quantensprung und stellten die Mathematik auf wissenschaftliche Fundamente;[5] zumindest bemühten sie sich darum.

Die Philosophie Platons, der um ca. 400 v. Chr. in Athen lehrte, war schon deutlich geprägt von den mathematischen Erkenntnisprozessen seiner Zeit, und das wurde durch Aristoteles (ca. 350 v. Chr.) fortgesetzt, der mit

---

[3] Eigentlich Pythagoras von Samos, aber in seinem Fall darf man die Angabe der Herkunft auch unterschlagen.

[4] Der Legende nach begründete er unsere heutige Tonmetrik, d. h. die heute üblichen Abstände von Tönen, z. B. Terzen, Quinten und Oktaven sind durch Frequenzverhältnisse festgelegt, die auf Pythagoras zurückgehen: https://de.wikipedia.org/wiki/Pythagoras_in_der_Schmiede

[5] Vgl.: https://www.antike-griechische.de

Abb. 4.1 Cover „Elemente"

mathematisch-logischen Methoden die Basis der gesamten abendländischen
Wissenschaftstheorie gelegt hat.

Endgültig „in Stein gemeißelt" wurde die sogenannte „griechische" Mathematik
dann ab 300 v. Chr. durch Euklid in Ägypten und Archimedes in Sizilien.[6]

Mit Problemen der Erdvermessung befasst sich die Schul-Geometrie weniger. Dort verstehen wir unter Geometrie eher die Vermessung einer gedachten Ebene bzw. ganz konkret ein Blatt Papier, auf das wir Punkte und Geraden zeichnen und dann allerlei Figuren
wie Dreiecke, Vierecke und Kreise berechnen. Das sollte man eher Planimetrie nennen,
und auch das geht zurück auf die griechische Zivilisation, ganz besonders auf Euklid, der
um 300 v. Chr. in Alexandria, im heutigen Ägypten, lehrte und dessen bahnbrechendes
Werk **„Elemente"** (s. Abb. 4.1[7]) bis in die Gegenwart hinein unser Verständnis von
Geometrie geprägt hat. Es war ziemlich sicher das erste Mathematikbuch und für viele

---

[6] Mehr zu diesen beiden findet sich im Anhang.

[7] Das Bild zeigt die Titelseite der ersten englischen Ausgabe der „Elemente" von 1570. Das Werk
an sich war erst über 1000 Jahre nach seiner Entstehung durch die arabischen Eroberungszüge
nach Europa gelangt.

ist es bis heute auch das Wichtigste, denn es hat den Rahmen gesetzt für fast alles, was bei uns seit dem 15. Jahrhundert in diesem Teilgebiet der Mathematik in der Schule gelehrt wird. Oft hört man auch, dass die „Elemente" in Form und Inhalt so etwas wie die „Bibel der Mathematik" sei. Nun ist die Mathematik allerdings alles andere als eine Religion, aber wir können Euklids Werk sicher als Basis jeder mathematischen Allgemeinbildung ansehen.

Das ist jedoch weniger inhaltlich zu verstehen, denn das Werk bestand aus einer Sammlung von etwa 450 Sätzen, zusammengefasst in einem Dutzend Büchern, die das gesamte mathematische Wissen seiner Zeit[8] behandelten, also nicht nur das in der Geometrie, sondern insbesondere auch die Arithmetik.[9] Das allein wäre selbst heute noch eine breite Basis, und gleichzeitig hat sich die Mathematik seit Euklid natürlich auch in andere Richtungen ausgebreitet, die wir hier ebenso abdecken wollen. Vielmehr bezieht die Aussage sich also eher auf die Form der „Elemente", denn Euklid ging es nicht nur um eine Dokumentation des Wissens im Sinne einer Enzyklopädie, sondern auch darum, dieses Wissen förmlich und systematisch so aufzubauen, dass sich alle Erkenntnisse aus wenigen allgemein akzeptierten Grundsätzen logisch ableiten ließen.

Dieser Ansatz erinnert nicht zufällig an das atomistische Weltbild, das die Griechen auch in der physikalischen Welt unterstellten, und vor genau diesem Hintergrund muss man auch den Titel seines Werkes sehen: „Elemente". Es ging ihm um die Zusammenstellung elementarer Bausteine des geistigen Wissens und den Nachweis, dass sich alle Erkenntnis, wie alle Materie, aus wenigen Elementen konstruieren lässt. Diese Vorgehensweise war zu Euklids Zeiten revolutionär, und sie hat alle mathematischen Erkenntnisprozesse nach ihm geprägt. Auch außerhalb der Mathematik haben seine „Elemente" Spuren hinterlassen,[10] und sie wurden jahrhundertelang als Prototyp eines mathematischen Lehrbuchs benutzt. Letzteres – und das darf man auch erwähnen – hat wahrscheinlich auch zum Verdruss über die Mathematik bei ganzen Generationen von Schülern beigetragen, denn aus didaktischer Sicht war das Werk nicht unbedingt gelungen – um es vorsichtig zu sagen. Zur Ehrenrettung des alten Euklid möchten wir allerdings betonen, dass er sein Werk wahrlich nicht als Lehrbuch konzipiert hatte, und die Fehlnutzung durch seine Nachfahren kann man ihm kaum vorwerfen.

Was wir hier verdaulich beschreiben werden, sind ausgewählte Teile seiner Arbeiten aus der elementaren Geometrie. Das bildet den Rahmen der sogenannten „euklidi-

---

[8]Es versteht sich von selbst, dass er dafür auch auf ältere Vorlagen zurückgriff. Hier ist unter anderem ein gewisser Hippokrates (ca. 450 v. Chr.) zu nennen, ein Namensvetter des berühmten Mediziners der Antike.

[9]Dabei hat er auch arithmetische Sätze geometrisch veranschaulicht, d. h., die Motivation über und durch die Geometrie steht meist im Vordergrund.

[10]Der Philosoph Immanuel Kant (1724–1804) sah in dem Werk den Beweis, dass man durch Nachdenken Wissen über die Realität erzielen kann, bzw. dass der Geist die reale Welt erzeugen kann.

schen Geometrie",[11] dessen „Arbeitsbereich" – wenn man so will – die Ebene und der Raum ist, also die physikalische Welt, die uns umgibt. Im Fall der Ebene identifizieren wir diesen Bereich meist mit einem karierten Blatt Papier, auf dem wir mit Bleistift Figuren zeichnen. Die Zeitgenossen Euklids hatten eher eine Fläche aus Sand vor sich, in die man immer wieder neue Linien ziehen konnte. In beiden Fällen aber denken wir uns die Ebene als flach und zusammengesetzt aus unendlich vielen Punkten, sozusagen den „atomaren" Einheiten des Raums, den wir vermessen. Das ist die Welt („Geo"), die wir metrisch analysieren wollen.

Die Ebene fassen wir damit auf als eine Menge, deren Elemente Punkte sind. Letztere werden wir meistens mit großen Buchstaben, z. B. A, B, C, benennen. Sie sind sozusagen das Rohmaterial, aus denen wir anderes erschaffen, und das tun wir, indem wir Punkte miteinander „verbinden", d. h., wir ziehen Linien von einem Punkt zu einem anderen, und alle Punkte der Ebene, die wir durch solch eine Linienziehung erfassen oder markieren, werden gesamthaft zu einem geometrischen Objekt. Im Falle einer reinen Linie bezeichnen wir solch ein Objekt in der Regel mit kleinen Buchstaben – z. B. a, b, c – und hierunter kann man sich grundsätzlich beliebige Linien vorstellen, allerdings wollen wir für das Folgende nur solche Linien zulassen, die mit den klassischen Hilfsmitteln **„Zirkel und Lineal"**[12] entstehen. Andere „Werkzeuge" standen sozusagen „per Dekret" nicht zur Verfügung und waren dementsprechend in Konstruktionen geometrischer Objekte nicht zugelassen. Konkret heißt das einerseits, dass Linien nur durch zwei Konstruktionsschritte erzeugt werden können, nämlich:

- Zu zwei gegebenen Punkten kann man mit dem Lineal ihre (gerade) Verbindungslinie zeichnen
- Um einen gegebenen Punkt kann man mit dem Zirkel eine Kreislinie schlagen, die durch einen anderen gegebenen Punkt verläuft

Andererseits heißt das, dass Punkte nur als Schnittpunkte solcher Linien konstruiert werden können.[13]

Auch wenn diese Schritte beliebig, aber nur endlich oft wiederholt und kombiniert werden dürfen, klingt das nach einer massiven Einschränkung, deren Sinn man durchaus hinterfragen kann. Es gibt auch tatsächlich keinen tieferen Grund dafür,[14] aber wir werden sehen, dass man auch mit so wenigen Hilfsmitteln am Ende erstaunlich weit kommt.

---

[11] Außerhalb dieses Rahmens existieren noch weitere Geometrien (!), die folgerichtig als „nichteuklidisch" bezeichnet werden.

[12] Das Lineal der Griechen diente nur dazu, eine gerade Linie zu ziehen, nicht aber um Längen abzumessen; und den Zirkel muss man sich vorstellen als ein Stab mit einer Schnur daran.

[13] Da ist die eigentliche Krux: Es geht schlussendlich nur um die geometrische Konstruierbarkeit von Punkten.

[14] Sie geht letztendlich auf den Philosophen Platon (ca. 400 v.Chr.) zurück, der die Gerade und den Kreis als die einzigen vollkommenen geometrischen Gebilde ansah.

Aber beginnen wir am Anfang, und am Anfang jeder Geometrie steht der „Punkt". Euklid definierte den Punkt als „das, was keine Teile hat", bzw. als das, was nicht geteilt werden kann. Wir stellen uns darunter die kleinste mögliche Einheit vor, sozusagen ein gedachtes unteilbares Atom in der geometrischen Ebene. Davon ausgehend definierte er eine „Linie" zwischen zwei Punkten als eine „breitenlose Länge", d. h. eine Aneinanderreihung von Punkten, und als Spezialfall davon eine gerade Linie als eine „Strecke", d. h. eine Linie, „die bezüglich ihrer Punkte immer gleich liegt". Das übersetzen wir zu der bekannten Aussage „eine Strecke ist die kürzeste Verbindung zwischen zwei Punkten".

Die Art und Weise, wie Euklid erste geometrische Objekte definiert, erinnert durchaus an die Konzeption der natürlichen Zahlen als einer Abstraktion der realen Welt. Seine Definitionen beschreiben nämlich auch nur gedachte Objekte, die in der physischen Realität nicht existieren. Egal, wie exakt wir einen Punkt markieren, egal, wie fein der Strich ist, den wir zeichnen – der Punkt, den wir sehen, wird teilbar sein und der Strich, den wir ziehen, wird in unserer Realität immer eine Ausdehnung, eine Breite, haben, d. h., alle realen Linien und Kreise, sind nur unvollkommene Realisierungen abstrakter Konzepte, ganz analog zur Zahl 7 z. B., die in der Realität nicht existiert, sondern die abstrakte Eigenschaft jeder realen Menge mit 7 Objekten ist.

Nach den Definitionen formuliert Euklid eine Reihe von Postulaten (Forderungen) und eine Handvoll Axiome (Grundsätze),[15] die einen Bezug zu unserer räumlichen Welt herstellen und mit unseren Erfahrungen so grundsätzlich im Einklang stehen, dass er sie als allgemein anerkannte „erste Wahrheiten" ohne irgendeinen weiteren Beweis akzeptiert. Beispielsweise postuliert er, dass man eine Strecke immer zu einer Geraden verlängern kann; und ein bekanntes Axiom lautet „Das Ganze ist grösser als der Teil". Aus solch elementaren Annahmen und Voraussetzungen leitet er dann systematisch Wissen ab und deckt sukzessive die gesamte damalige Mathematik ab.

Soweit es die Geometrie betrifft, wollen wir ihm in diesem Kapitel folgen und machen dazu erst einmal einen Punkt. Einen solchen, so wird postuliert, kann man beliebig auswählen, und wenn wir zwei davon nehmen, dann können wir sie markieren und geben ihnen die Namen A und B. Anschließend kann man diese beiden Punkte mit Linien verbinden, beliebigen Linien, aber wir wollten uns ja auf gerade beschränken und ziehen mit dem Lineal die kürzest mögliche Verbindung zwischen ihnen. Umgangssprachlich ist das die „Luftlinie" von A nach B, die wir aber die **„Strecke"** von A nach B nennen (Abb. 4.2), und die wir mit $\overline{AB}$ oder s_{AB} bezeichnen.

Diese Strecke können wir nun wie postuliert über B hinaus verlängern, und wenn wir den Anfangspunkt A gedanklich festhalten, dann wird dieses Gebilde zu einem **„Strahl"**, nennen wir ihn s_A, der von A aus beliebig weit läuft, allerdings gemäß Definition „gerade", d. h. so, als sei A eine Lichtquelle, die in die Unendlichkeit „strahlt" (Abb. 4.3).

---

[15] Diese Trennung von Postulaten und Axiomen ist aus heutiger Sicht eher künstlich. Im Wesentlichen ist dasselbe gemeint.

Abb. 4.2 Strecke

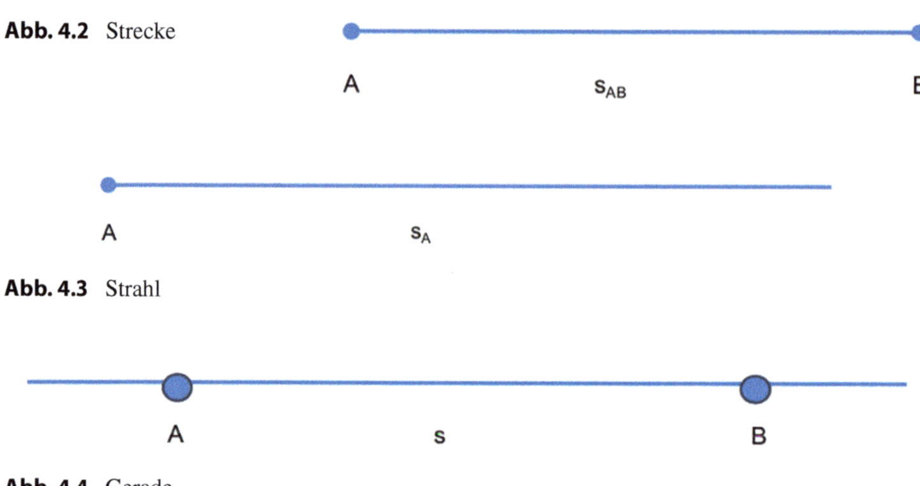

Abb. 4.3 Strahl

Abb. 4.4 Gerade

Analog können wir jetzt den Strahl s_A auch über seinen Anfangspunkt A hinaus in die andere Richtung verlängern, sodass wir gedanklich eine gerade Linie ohne Anfangs- oder Endpunkt erhalten. Dieses geometrische Gebilde nennen wir eine **Gerade** und wollen sie hier kurz mit s bezeichnen (Abb. 4.4).

Vom Strahl[16] und der Geraden haben wir schon gesagt, dass wir sie uns als in die Unendlichkeit fortgesetzt denken, d. h., beide sehen wir als unendlich lang an und können deren Länge per Definitionem nicht messen. Bei einer Strecke ist das anders: Die hat einen klar definierten Anfangs- und Endpunkt, nämlich A und B, und deren „Abstand" in der Ebene werden wir dann auch als Länge der Strecke $\overline{AB}$ bezeichnen. Das setzt natürlich voraus, dass wir ein entsprechendes Längensystem haben, aber wenn wir uns hierfür an unsere Schulhefte erinnern, dann werden das die Karos der Blätter, bzw. „cm" sein. Allgemein gesprochen bezeichnen wir die Länge der Strecke $\overline{AB}$ in der klassischen Ebene – und auch im Raum – als den „euklidischen Abstand" der Punkte A und B.

All diese Gebilde denken wir uns so, wie Euklid sie definiert hat, nämlich als eine Ansammlung von Punkten in der Ebene, und somit als eine Menge. Mit dieser Anschauung können wir von jedem Punkt P in der Ebene sagen, ob er auf einer gegebenen Geraden g liegt oder nicht bzw. – was genau dasselbe ist – ob die Gerade durch P läuft oder nicht. Diese beiden Fälle schreiben wir mathematisch als:

$$P \in g \text{ oder } P \notin g$$

und lesen es als: „P Element g" oder „P nicht Element g"[17]

---

[16] Da eine Gerade aus der Verdoppelung eines Strahls hervorgehen kann, nennt man einen Strahl umgekehrt manchmal auch Halbgerade.

[17] Diese Bezeichnungen werden wir im Kapitel über Mengenlehre genauer anschauen.

Nehmen wir nun an, wir haben 2 verschiedene Geraden, g und h, und betrachten deren Lagen zueinander. Dann können wir zwei Fälle unterscheiden:

- g und h schneiden sich in einem Punkt P, d. h., P liegt auf beiden Geraden, und in dem Fall gilt: $P \in g$ und $P \in h$,
- oder sie tun das nicht, d. h., es gibt keinen Punkt, der auf beiden Geraden liegt, und in dem Fall sagen wir, die Geraden verlaufen parallel zueinander bzw. einfacher: Sie sind parallel.

Parallelenpostulat

Generationen von Schülern hat wahrscheinlich die Aussage verwirrt, dass parallele Geraden sich „im Unendlichen" schneiden. Daran ist schon die Formulierung an sich unsinnig, denn da das „Unendliche" per definitionem nie erreicht wird, kann man darüber alles sagen;[18] genauso wie, „Wenn der Osterhase das Christkind bringt, wird es schwarz schneien."

Fragt man sich, woher die Meinung kommt, wird oft das Bild von den Eisenbahnschienen bemüht, die sich vermeintlich am Horizont treffen, obwohl wir natürlich wissen, dass das nur der Perspektive geschuldet ist. Oder man argumentiert, dass wenn annähernd parallele Geraden sich „weit draußen" schneiden, was korrekt ist, würde der Schnittpunkt vollkommen paralleler Geraden eben unendlich weit weg liegen, was sicher nicht richtig ist.

Die verwirrende Aussage hat vermutlich etwas zu tun mit dem meisten diskutierten Postulat in den „Elementen", nämlich dem **Parallelenpostulat.** Eingedeutscht besagt es, dass man durch einen Punkt P, der nicht auf einer Geraden g liegt, eine Gerade ziehen kann, die zu g parallel ist. In der Skizze ist das die Gerade h (Abb. 4.5):

Das entspricht sicher unserer Intuition. Heerscharen von Mathematikern hielten das Postulat allerdings jahrhundertelang für verzichtbar und meinten, es könne aus den anderen Axiomen bewiesen werden, müsste also kein Postulat sein. Das hat sich zwar innerhalb der euklidischen Geometrie als falsch erwiesen, und es war höchstwahrscheinlich Gauß (s. Anhang), der das als Erster nachgewiesen hat, aber man hat in sich konsistente Geometrien (!) definieren können, in denen genau dieses Postulat nicht gilt, genauer: in denen der Punkt P auf unendlich vielen Parallelen zu g liegt. Dabei handelt es sich um sogenannte „nicht-euklidische" Geometrien, von denen schon kurz die Rede war, und die für uns irrelevant sind.

In Euklids Welt, d. h. in der gedachten ideellen Ebene, schneiden Parallelen sich nicht.

---

[18] „Ex falso quodlibet": Aus dem Falschen folgt alles; vgl. Kapitel „Mengenlehre und Logik".

Abb. 4.5 Parallelen

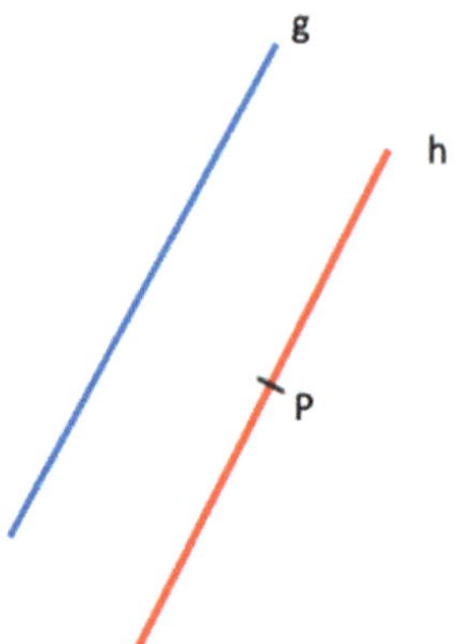

Zwei sehr wichtige Sätze, die mit Parallelen zu tun haben, sind die beiden sogenannten **Strahlen-Sätze.** Trotz Ihrer Bedeutung und der Tatsache, dass man sie früh im Schulunterricht behandelt, geraten sie bei den allermeisten Schülern sehr rasch in Vergessenheit, und unserer Erfahrung nach kennen selbst Mathematikstudenten diese beiden elementaren Sätze oft nicht mehr oder nur ungenügend. Wir denken, das liegt zum größten Teil an der üblichen Darstellung der Sätze, die meist sehr unübersichtlich ist, weil die ursprüngliche Motivation der Sätze nicht mehr in den Vordergrund gestellt wird. Stattdessen kommt sie erst in den Anwendungen wieder zum Vorschein, aber wir glauben, hier zäumt der klassische Unterricht das Pferd verkehrt herum auf, nämlich so:

Die beiden Geraden g und h haben den gemeinsamen Schnittpunkt Z[19] (Abb. 4.6), und werden von den parallelen Geraden p und q geschnitten.

Dadurch entstehen mehrere Schnittpunkte, nämlich A, B, A´ und B´, die wiederum Strecken auf den Geraden erzeugen, d. h. auf den Strahlen und den Parallelen. Für diese gelten folgende Verhältnisse:

Erster Strahlensatz

Auf den Strahlen g und h verhalten sich die Abschnitte folgendermaßen zueinander:

$$\frac{|ZA|}{|ZA'|} = \frac{|ZB|}{|ZB'|} \text{ und :} \frac{|ZA|}{|AA'|} = \frac{|ZB|}{|BB'|} \text{ und :} \frac{|AA'|}{|ZA'|} = \frac{|BB'|}{|ZB'|}$$

---

[19] Der Schnittpunkt Z kann als Anfangspunkt von zwei Strahlen interpretiert werden. Daraus ergibt sich hier die Bezeichnung „Strahlensatz". Er kann auch zwischen den Parallelen liegen, aber das würde die Situation für unsere Zwecke unnötig verkomplizieren.

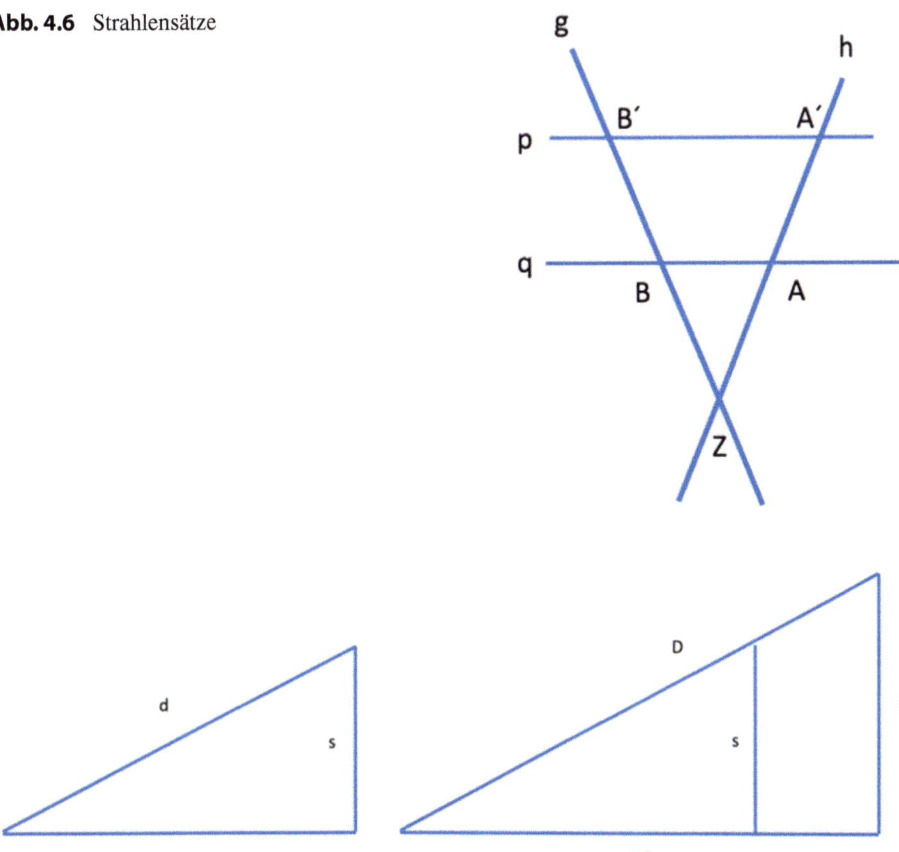

Abb. 4.6 Strahlensätze

Abb. 4.7 Dreiecksstreckung

Zweiter Strahlensatz

Die Abschnitte auf den Parallelen p und q verhalten sich zu den Abschnitten auf den Strahlen g und h wie folgt:

$$\frac{|AB|}{|A'B'|} = \frac{|ZA|}{|ZA'|} = \frac{|ZB|}{|ZB'|}$$

Das ist alles schön und gut – und selbstverständlich auch richtig – allerdings fehlt in dieser Darstellung jegliche geometrische Motivation für die vielen „Brüche". Dabei handelt es sich ja um Streckenverhältnisse, und solche sind an und für sich schon schwer interpretierbar, aber in dieser Form eignen sie sich wirklich nur zum Auswendiglernen, und das muss nicht sein. Der unterliegende Sachverhalt wird klarer, wenn man ihn zunächst nur an rechtwinkligen Dreiecken demonstriert. Dazu betrachten wir die Skizzen von Abb. 4.7

und stellen uns vor, dass das rechte, größere, Dreieck aus dem linken entsteht, indem man dort die diagonale Seite d um ein Stück verlängert, nach rechts oben, sodass die neue Diagonale D entsteht, und dann eine Senkrechte S als Pendant zu s zurück auf die Waagerechte w bzw. W zieht.

Das kennt man von der Skalierung eines Rechtecks durch Streckung der Diagonalen und weiß, dass dadurch die Proportionen des Rechtecks erhalten bleiben. Das gleiche gilt natürlich auch hier für das Dreieck, d. h., durch die Verlängerung der Diagonalen d um einen gewissen Faktor, sagen wir c, entsteht die neue Diagonale D, d. h. D = dc. Dadurch verlängert sich aber auch die waagerechte Seite um den gleichen Faktor c, d. h. W = wc, und deswegen bleibt das Verhältnis von Diagonale und Waagerechte in beiden Dreiecken gleich, d. h.:

$$\frac{d}{w} = \frac{D}{W}$$

Genau das ist das erste Verhältnis, das im 1. Strahlensatz genannt ist, aber in dieser Darstellung wird es intuitiv sofort erfassbar,[20] und daraus folgen dann sukzessive die beiden anderen Verhältnisse. Außerdem kann man mit dieser vereinfachten Betrachtung auch die entsprechenden Konstanten direkt angeben, denn die hängen tatsächlich – und das ist sicher auch erwartbar – nur von dem einen Verlängerungsfaktor c ab.

Der 1. Strahlensatz beschreibt also die möglichen Kombinationen von Streckenverhältnissen auf den beiden Strahlen. Der 2. Strahlensatz hingegen setzt Abschnitte auf den Parallelen ins Verhältnis zu solchen auf den Strahlen. Um den zu motivieren, bleiben wir bei unserem vereinfachten Modell und denken uns das Dreieck nun zu einem Viereck ergänzt (Abb. 4.8).

Wenn man hierin die einzelnen Flächen miteinander vergleicht, wird klar, dass die beiden Rechtecke rechts unten und links oben den gleichen Flächeninhalt haben müssen, denn die Diagonale halbiert ja jeweils die anderen beiden Rechtecke und das Gesamtrechteck. Von daher gilt also:[21]

$$ay = cx$$

Addiert man ac auf beiden Seiten und klammert entsprechend aus, was wir als kleine Übung empfehlen würden, dann ergibt sich sofort:

$$\frac{a+x}{c+y} = \frac{a}{c}$$

und das ist die Aussage des zweiten Strahlensatzes.

---

[20] Strenggenommen erfordert das selbstverständlich einen Beweis, aber der ist leicht zu erbringen.
[21] Diese Beziehung nennt man auch den „Satz von Gnomon". Zur besseren Lesbarkeit verwenden wir für die Variablen in der Skizze und den Gleichungen entsprechende Farben.

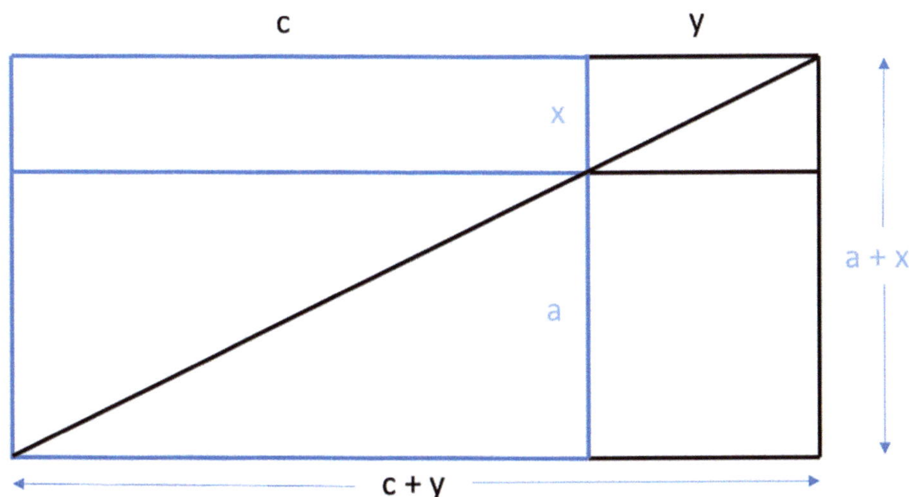

Abb. 4.8 Satz von Gnomon

Diese Veranschaulichung am rechtwinkligen Dreieck ist selbstverständlich nicht der allgemeine Fall. Den kann man an obiger Skizze und den dort angegebenen Formeln ablesen, aber in der vereinfachten Form, so hoffen wir, werden die grundsätzlichen Zusammenhänge deutlicher sichtbar und die Motivation nachvollziehbar.

Die Strahlensätze sind ein Beispiel für antikes Wissen, das Euklid aus älteren Quellen in seine Sammlung aufgenommen hat, denn sie gehen vermutlich auf den erwähnten Thales von Milet zurück, der etwa 300 Jahre vor Euklid gelebt hatte. Sie waren in der Praxis für viele Anwendungen sehr hilfreich: z. B. kann man sie verwenden zur Abschätzung von Höhen oder Entfernungen angepeilter Objekte.[22] Ebenso sind sie verwendbar für die Vervielfältigung von Strecken, also das sukzessive Abtragen der immer gleichen Strecke: Indem man nämlich die Parallele immer um den gleichen Faktor verschiebt, verlängert sich auch der Abschnitt auf dem Strahl im gleichen Verhältnis; und genauso kann man in der umgekehrten Richtung eine Strecke gleichmäßig teilen. Ersteres konnte man sicher einfacher mit einem Zirkel bewerkstelligen, Letzteres aber nicht, und das war wahrscheinlich die wichtigste Anwendung der Sätze, denn die Teilung einer gegebenen Strecke nach gewissen Kriterien war im Altertum von erheblicher praktischer Relevanz, z. B. bei der Landvergabe. Die bekannteste Teilung dieser Art ist zugleich auch eine der faszinierendsten: Der sogenannte **Goldene Schnitt.**

In der meistzitierten Form versteht man darunter die Teilung einer Strecke in zwei Teile, und zwar so, dass sich die ganze Strecke zum größeren Teil genauso verhält wie der größere zum kleineren Teil.

---

[22] Das ist die Anwendung, die man vermutlich aus der Schule kennt.

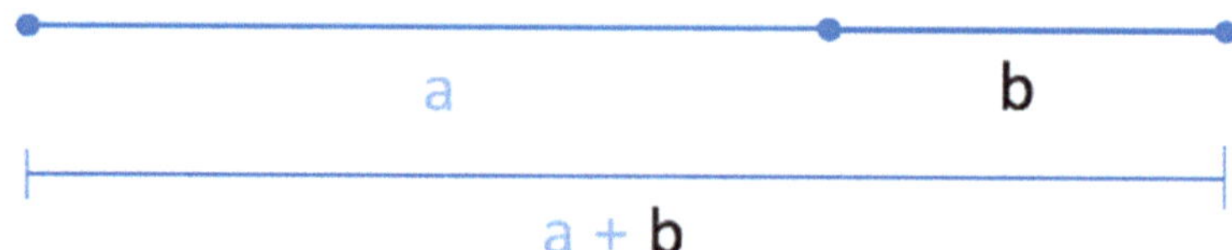

Abb. 4.9 Goldener Schnitt

Als Formel hieße das: $\frac{a+b}{a} = \frac{a}{b}$ und das entsprechende Bild sähe so aus (Abb. 4.9): Die Formel können wir umformen zu:

$$1 + \frac{b}{a} = \frac{a}{b}$$

und wenn wir hier $\frac{a}{b} = x$ setzen, dann heißt das:

$$1 + \frac{1}{x} = x$$

bzw.:

$$x^2 - x - 1 = 0$$

Mithilfe der „Mitternachtsformel" und wegen $x > 0$ bekommen wir:

$$x = \frac{1}{2}\left(1 + \sqrt{5}\right) \cong 1{,}618$$

als das Verhältnis, in dem die Gesamtstrecke a + b zum größeren Teilstück a stehen muss, und analog natürlich letzteres zur kleineren Strecke b. Und weil diese Verhältniszahl von etwa 1,618 so bedeutend ist, hat man ihr auch einen eigenen Buchstaben zugeordnet, nämlich ϕ, d. h., es gilt die entscheidende Identität: $\phi = 1 + \frac{1}{\phi}$.

Dieses Teilungsverhältnis, unter dem wir den größeren Teil „Major", den kleineren „Minor" nennen, finden wir in vielen antiken Kunstwerken angewandt, wie z. B. in der berühmten Statue des Apollo von Belvedere (Abb. 4.10). Wir wissen allerdings nicht, ob die Künstler solche Aufteilungen willentlich vornahmen oder ob sie einfach ihrem ästhetischen Empfinden folgten, denn auch bei Proportionen des menschlichen Körpers, wie sie wohl dem antiken Schönheitsideal entsprachen, kann man mit ein bisschen gutem Willen den goldenen Schnitt wiederfinden.

Bei Euklid kommt diese Teilung selbstverständlich auch vor, und zwar nicht nur als Streckenverhältnis,[23] sondern auch in einer Formulierung, die sich an Flächen orientiert.

---

[23] Im Übrigen lässt sich die Teilungsanforderung auch mit dem 1. Strahlensatz formulieren und umsetzen.

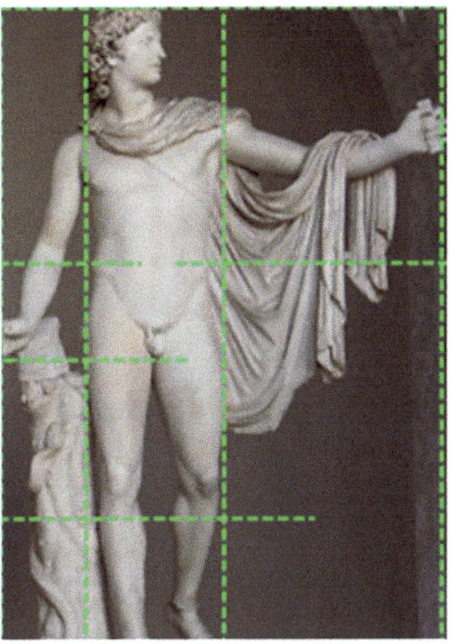

Abb. 4.10 Apollo v.
Belvedere

Das sagt uns intuitiv sehr viel mehr und es ist außerdem verwandt mit einer sehr wichtigen Anforderung der griechischen Geometrie, dass nämlich jede Flächenberechnung eine Rückführung auf ein Quadrat sein muss! Darauf werden wir im Zusammenhang mit der Quadratur des Kreises noch zurückkommen, aber hier ergeben sich im Fall der „goldenen" Teilung einer Strecke c in Teile a und b zunächst ein Rechteck und ein Quadrat, die flächengleich sind. Angelehnt an die Abb. 4.11, das den „Elementen" entnommen ist, kann man die Situation wie in Abb. 4.12 skizzieren:

Hierin ist das Quadrat über der längeren Teilstrecke a gleich dem Rechteck mit den Seiten c := a + b und b, d. h.:

$$a^2 = (a + b) \cdot b,$$

was exakt die Anforderung an den goldenen Schnitt ist, wie sie eingangs dargestellt war.

Ein Rechteck dieser Form, in dem die längere und die kürzere Seite das Verhältnis ϕ aufweisen, nennt man auch ein „goldenes Rechteck", und genau das findet man in vielen antiken Bauwerken, wie z. B. dem griechischen Parthenon (Abb. 4.13).[24]

Was bei Euklid also eher einen praktischen Hintergrund hatte, hatte in den Künsten sehr wahrscheinlich eine ästhetische Motivation, denn diese Art der Teilung empfanden die Griechen als besonders harmonisch.[25]

---

[24] Allerdings weisen auch schon frühere Bauwerke diese Verhältnisse auf. So entspricht z. B. bei der Cheops-Pyramide aus dem Jahre 2600 v.Chr. das Verhältnis aus Höhe (146 m) und Grundseite (230 m) in etwa dem goldenen Schnitt.

[25] Der Begriff „goldener Schnitt" kam erst im 19. Jahrhundert auf. Die Griechen selber sprachen von der „harmonischen" oder „stetigen" Teilung.

Abb. 4.11 Fragment aus „Elemente"

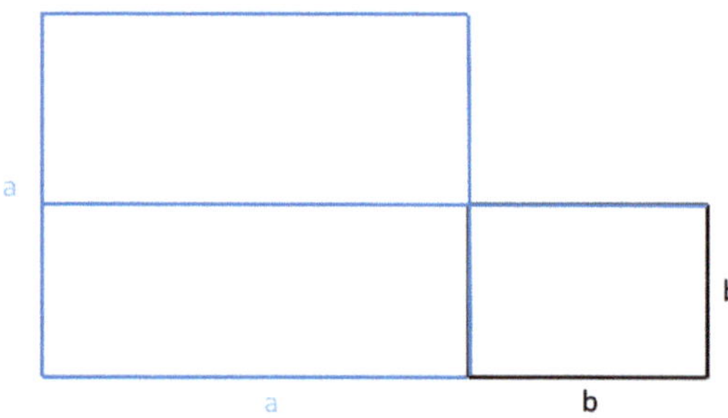

Abb. 4.12 Quadratur des Rechtecks

Abb. 4.13 Parthenon

Aus der Gleichung für ϕ können wir natürlich auch den gesuchten Schnittpunkt der Teilung mit analytischen Mitteln direkt berechnen. Wenn wir die zu teilende Gesamtstrecke $a+b=1$ setzen, dann folgt aus $\phi = \frac{a}{b} = \frac{a}{1-a}$, dass:

$$a = \frac{\phi}{1+\phi} \cong 0{,}618$$

Wir müssen den „goldenen Schnitt" also bei knapp 62 % der Gesamtstrecke ansetzen. Dann ist die kürzere Strecke b etwa 38 % der Gesamtstrecke $a+b$ und alle Teilstrecken weisen das gleiche Verhältnis, nämlich:

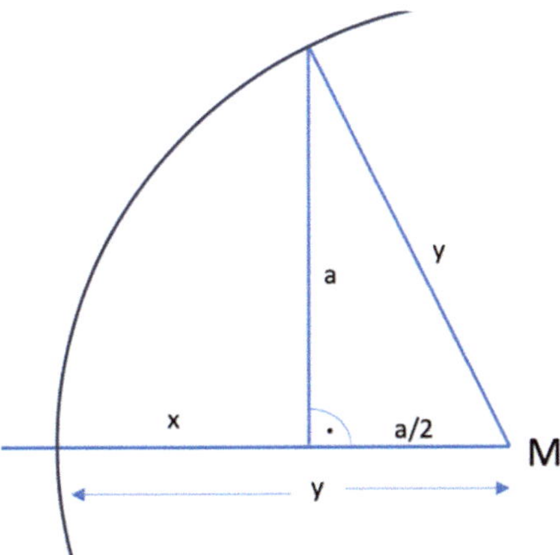

Abb. 4.14 Konstruktion des goldenen Schnitts

$$\frac{a+b}{a} = \frac{a}{b} = \frac{1}{2}\left(\sqrt{5}+1\right) = \phi \cong 1{,}618$$

Neben der algebraischen Berechnung kann der goldene Schnitt aber selbstverständlich auch geometrisch konstruiert werden, und zwar auf vielerlei Arten. Dafür bräuchte man streng genommen den berühmten Satz des Pythagoras, den wir hier erst später behandeln werden, aber da wir ihn ja prominent auf den Titel gesetzt haben, wollen wir ihn hier voraussetzen. Eine der klassischen Konstruktionen steckt wieder in obigem Bild aus den „Elementen". Sie beginnt mit einem rechtwinkligen Dreieck mit Seiten, auch Schenkeln genannt, der Länge a und a/2 (s. Abb. 4.14):

Der Einfachheit halber dürfen wir wieder a = 1 setzen und bekommen mit dem zitierten Satz des Pythagoras für die Länge der Hypotenuse:

$$y = \sqrt{1 + \frac{1}{4}} = \frac{1}{2}\sqrt{5}$$

Diese trägt man mit dem Zirkel um den Punkt M auf die Verlängerung der Seite a/2 ab, sodass:

$$y = x + \frac{1}{2}$$

Und aus beiden Gleichungen folgt dann:

$$x = \frac{1}{2}\left(\sqrt{5} - 1\right) \cong 0{,}618$$

Abb. 4.15 Pentagramm
(„Drudenfuss")

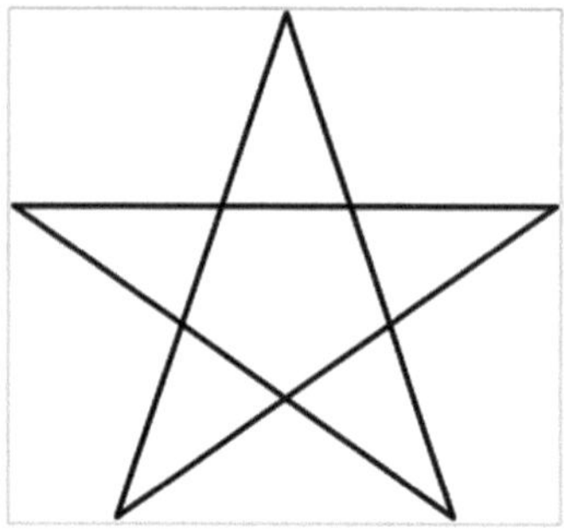

Dies ist nichts anderes als $\phi - 1$, was auch dem Kehrwert von ϕ entspricht.[26]

Goldener Schnitt und Fibonacci

Man kann den goldenen Schnitt auch arithmetisch aus der im vorherigen Kapitel vorgestellten Folge der Fibonacci-Zahlen berechnen. Diese lauten ja:

$$1, 1, 2, 3, 5, 8, 13, 21, 34, 55, 89, \ldots \text{ usw.}$$

Bildet man in dieser Folge jeweils die Quotienten aus einer Zahl und ihres direkten Vorgängers, so bewegen sich diese Verhältnisse überraschend schnell in Richtung des Teilungsverhältnisses $\phi \cong 1{,}618$.

Diese bevorzugte Teilung einer Strecke konnten die Griechen also mit einfachen Mitteln geometrisch konstruieren, aber sie mussten feststellen, dass sie nicht in ihre Zahlenwelt passte, denn es gibt keine zwei natürlichen Zahlen, deren Verhältnis dem goldenen Schnitt entspricht.[27] Getreu dem pythagoreischen Motto „Alles ist Zahl", hatten sie lange daran geglaubt, dass sich in der realen Welt alle (!) „Verhältnisse" – nicht nur die geometrischen – durch Proportionen von natürlichen Zahlen ausdrücken lassen, aber dieser Glaube wurde hier – und auch an anderen Stellen – erschüttert. Besonders niederschmetternd aber muss die Erkenntnis am Beispiel des goldenen Schnitts gewesen sein, denn dieses Verhältnis fanden sie besonders häufig an dem fünfzackigen Stern[28] (Abb. 4.15), auch „Drudenfuss" genannt, der ihr Erkennungszeichen war.

---

[26] Man beachte, dass die Strecke y in der Skizze nicht im goldenen Schnitt geteilt wird. Vielmehr stehen dort die Seiten a und x im Verhältnis ϕ, spannen also ein „goldenes" Rechteck auf.

[27] Das liegt natürlich gerade daran, dass die Wurzel aus 5 keine solche sogenannte „rationale" Zahl ist.

[28] Es handelt sich dabei um ein sogenanntes Pentagramm, das sich aus den Diagonalen eines regelmäßigen Fünfecks ergibt, und das sich auch heute noch auf vielen Flaggen findet, u. a. der USA und der EU.

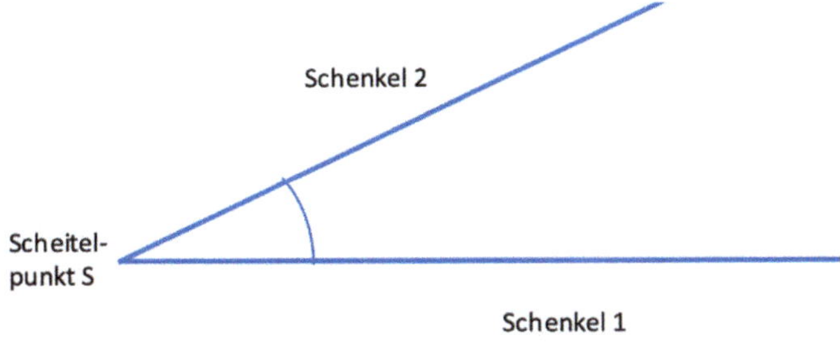

Abb. 4.16 Winkel

Darin teilen sich nämlich alle 5 Geraden gegenseitig in genau diesem Verhältnis.

Ein ganz wesentliches Thema in der Geometrie ist der **Winkel.**

Betrachten wir in der Ebene zwei Geraden, die sich in einem Punkt S schneiden. Dann – so sagen wir – tun sie das unter einem gewissen „Winkel", und dieser Begriff ist uns allen natürlich vertraut, aber wir wollen ihn doch kurz motivieren:

Denken wir uns den Schnittpunkt S der Geraden als Dreh- und Angel(!)-Punkt, an dem die beiden Geraden punktförmig befestigt sind und stellen wir uns die horizontale Gerade (s. Abb. 4.16: „Schenkel 1") fixiert vor, während die andere („Schenkel 2") frei beweglich sei. Der Einfachheit halber denken wir uns nun die Geraden als nach rechts ausgerichtete Strahlen mit dem gemeinsamen Anfangspunkt S:

Dadurch wird der Punkt S zu einer Art Scheitel der Konstruktion und die beiden Strahlen, nennen wir auch „Schenkel" (des Winkels).

Bringen wir nun als Erstes die Halb-Geraden gedanklich zur Deckung, d. h., wir stellen uns vor, sie liegen übereinander und beginnen wir dann, die bewegliche Gerade zu drehen und zwar gegen den Uhrzeigersinn.[29] Durch diese Bewegung entsteht also eine Öffnung zwischen den beiden Strahlen, ein Feld, das eine gewisse Weite hat, und der Begriff „Winkel" beschreibt nun das Ausmaß dieser Öffnung bzw. der zugehörigen Drehung. Um das zu messen, bieten sich prinzipiell verschiedene Maße an.

Für uns am gebräuchlichsten ist das sogenannte „Gradmaß", d. h., wir geben Winkel, resp. Drehungen, in der Einheit „Grad" an,[30] und benutzen dafür das Symbol °. Die Ausgangslage, d. h., wenn die Geraden deckend übereinander liegen, bezeichnen wir naheliegenderweise mit 0 Grad, also 0°, und eine volle Drehung ist seit den Babyloniern per Konvention als 360° definiert. Alle anderen Zwischen-Stellungen der Geraden zueinander können wir dann proportional zu 360 Grad angeben, und das klappt besonders

---

[29] Diese Drehrichtung wird definitionsgemäß als „positiv" bezeichnet.

[30] In mathematischen Kontexten versucht man, solche Einheiten zu vermeiden. Das kann man auch, indem man das sogenannte „Bogenmaß" verwendet, das den Winkel als Länge des Bogens misst, den er auf dem Einheitskreis erzeugt. Das ist dann eine dimensionslose Zahl zwischen 0 und 2.

gut, weil die Zahl 360 viele Teiler hat. Eine Drehung um 180° beispielsweise beschreibt einen Halbkreis, und eine Viertel-Drehung führt zur Errichtung der Senkrechten auf der fixierten Geraden im Punkt S, was folglich ein Winkel von 90° (360 / 4) sein muss. Der genießt bekanntlich eine Sonderstellung unter allen Winkeln, denn er hat sogar einen eigenen Namen, nämlich „rechter" Winkel. Das hat natürlich nichts mit rechts oder links zu tun, sondern geht eher zurück auf den „vernünftigen" oder „richtigen" Winkel – wenn man so will – denn physikalisch entspricht er dem Lot, also der Senkrechten, bzw. der Falllinie unter normalen Umständen. Und wenn er schon einen eigenen Namen hat, dann bekommt er auch ein eigenes Symbol, nämlich ∟, mit und ohne Punkt, oder auch ⊥. Bezeichnet werden Winkel in der Regel mit kleinen griechischen Buchstaben, wie z. B. α (alpha), β (beta) oder γ (gamma).

Damit kommen wir jetzt von den geraden Linien zu den ebenen **Figuren.**

Wir werden uns die wichtigsten Dinge anschauen, die man über die elementarsten Figuren in der Ebene wissen sollte; das sind das **Dreieck,** das **Viereck** und der **Kreis.**

Bevor wir das tun, sei die Frage erlaubt, was dabei genau die geometrische Figur ist. Sind es die Linien, die die entsprechende Fläche umgeben, oder ist es eher die Fläche selbst, oder sind es vielleicht nur einzelne ausgewählte Eckpunkte, die die Figur schon ganz definieren?

In der mathematischen Beschreibung sind es die Linien, die die Figur begrenzen, denn die Punkte dieser Linien werden in der Regel durch mathematische Formeln direkt ausgedrückt. Diese Sicht auf die Dinge entwickelte sich allerdings erst durch die Einführung der analytischen Geometrie im 17. Jahrhundert durch René Descartes (1596–1650). In Zeiten des Euklid identifizierte man demgegenüber die Flächen als die Figuren, und das macht anschaulich ja auch Sinn.

Für die ursprünglichste geometrische Figur halten viele das *Dreieck*, zumindest in der Form, in der zwei Seiten des Gebildes gleich lang sind. Das können wir sicher als die ideale Form des Dreiecks ansehen, denn wir finden es in vielen heidnischen Kulturen und es hat seinen festen Platz in etlichen religiösen Symbolen. Außerdem verwenden wir die Form auch heute noch gern, z. B. als Verkehrsschild (s. Abb. 4.17) oder strukturell als Modell in politischen, wirtschaftstheoretischen oder psychologischen Beziehungsmustern: Überall scheint es für das Dreieck eine Anwendung zu geben.

Stärker mythisch beladen ist sicher der *Kreis*. Diese Form hat in allen Kulturen eine zentrale Rolle gespielt, und hier darf man natürlich vermuten, dass seine Bedeutung auf die Form der Sonne (Abb. 4.18) zurückzuführen ist. Ideell steht er für das vollkommene

Abb. 4.17 Verkehrszeichen

Abb. 4.18 Sonne

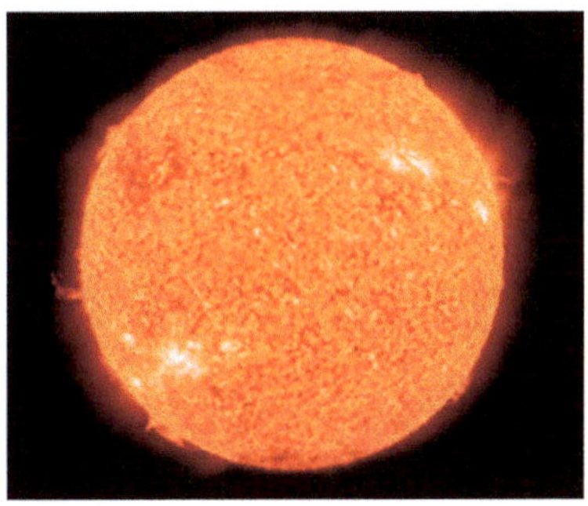

Gleichgewicht und meist auch für die Ewigkeit, da eine Kreislinie weder Anfangs- noch Endpunkt hat und auch ansonsten über keine herausgehobenen Markierungen, wie z. B. Eckpunkte verfügt. Die Form fließt, wie wir uns die Zeit als kontinuierlich fließend vorstellen.

Zu guter Letzt haben wir das *Viereck,* das wahrscheinlich die am wenigsten rituelle Figur ist, aber da sie geometrisch tatsächlich die einfachste ist, wollen wir damit beginnen.

Unter einem Viereck stellen wir uns spontan meist ein Rechteck vor, vielleicht sogar ein Quadrat, weil uns „regelmäßige" Strukturen, im Sinne von symmetrischen Flächen und „rechten" Winkeln, vertrauter sind als „wilde" Linien. Deswegen werden wir im Folgenden auch wesentlich bei ersteren, also bei den rechtwinkligen Gebilden bleiben, aber grundsätzlich hat ein Viereck weder nur rechte Winkel, noch ist es unbedingt symmetrisch. Es besteht – allgemein gesagt – aus 4 Punkten, die mittels gerader Linien so verbunden werden, dass sie eine Fläche einschließen. Diese Definition erlaubt Konstruktionen, die uns intuitiv nicht direkt anspringen,[31] und die wir hier auch ausblenden wollen, d. h., unsere Vierecke seien „konvex" und sehen im Prinzip so aus (Abb. 4.19):

Wir bezeichnen die Eckpunkte der Reihe nach mit A, B, C und D, die Seiten mit a, b, c und d und die Diagonalen[32] nennen wir e und f. Die Winkel sind hier nicht eingezeichnet, aber diese werden standardmäßig mit kleinen griechischen Buchstaben α, β, γ und δ benannt.

Somit ist die obige unregelmäßige Form für unsere Zwecke die allgemeine Form des Vierecks. Von dieser ausgehend vereinfachen wir die Form in Richtung des ersten wichtigen Spezialfalls, dem *Rechteck.* Das zeichnet sich dadurch aus, dass die vier Seiten paarweise senkrecht aufeinander stehen, was durch den „punktierten" Winkel angedeutet

---

[31] Dazu gehören sogenannte „Überschlagskonstruktionen" oder konkave Vierecke, bei denen die Diagonalen außerhalb der Fläche verlaufen.

[32] Das sind allgemein formuliert die Verbindungen der Eckpunkte, die nicht durch Seiten verbunden sind, also die Punktepaare (A, C) und (B, D).

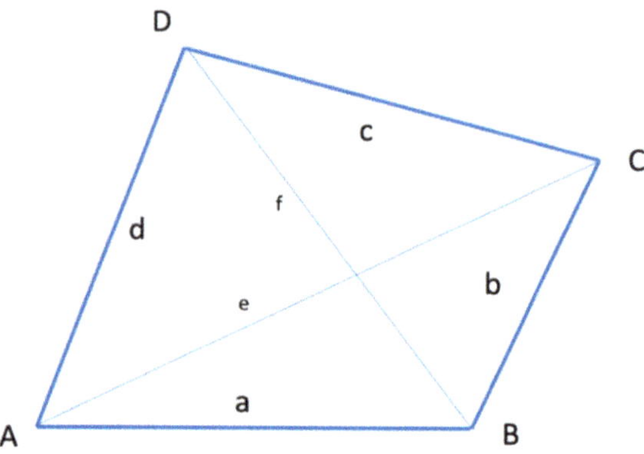

Abb. 4.19 Allgemeines Viereck

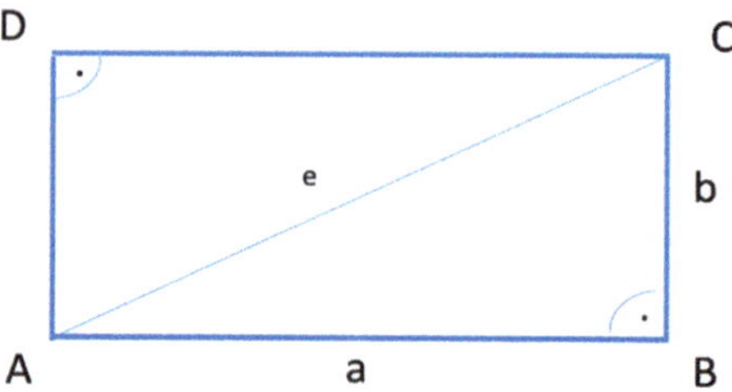

Abb. 4.20 Rechteck

sein soll. Das Rechteck (s. Abb. 4.20) hat also vier rechte Winkel und jeweils gegenüberliegende Seiten sind parallel.

Der nächste Schritt der Vereinfachung der Form von dort aus führt uns zum zweiten wichtigen Spezialfall, dem *Quadrat*. Das ist ein Rechteck, in dem alle Seiten gleichlang sind, d. h., im obigen Bild stelle man sich $a = b$ vor.

Neben diesen beiden wesentlichen Formen gibt es noch andere, die sich über die Parallelität ihrer Seiten abgrenzen. Ist z. B. eines der beiden Seitenpaare parallel, dann spricht man von einem Trapez (Abb. 4.21), und sind beide Seitenpaare parallel, dann haben wir – wie der Name suggeriert – ein Parallelogramm (Abb. 4.22).

Der Vollständigkeit halber nennen wir noch die Raute, auch Rhombus, die wir häufig in Flaggen und Wappen finden, wie z. B. in Bayern (Abb. 4.23), aber auch sehr häufig als Logo von Firmen und Vereinen.

Als mathematische Form ist das ein Parallelogramm, in dem zwei benachbarte Seiten gleich lang sind; der vielleicht häufigste Vertreter dieses Gebildes ist der bekannte Spezialfall, den wir umgangssprachlich als „Karo" bezeichnen: Nämlich ein Quadrat, das auf der Spitze steht.

Das sind die wichtigsten Formen der Vierecke. Ihre historische Bedeutung liegt sicher in der Grundstücksvermessung, denn Parzellen haben in aller Regel 4 Ecken, und die erste notwendige Berechnung, die dabei eine Rolle gespielt haben wird, ist der Umfang

Abb. 4.21 Trapez

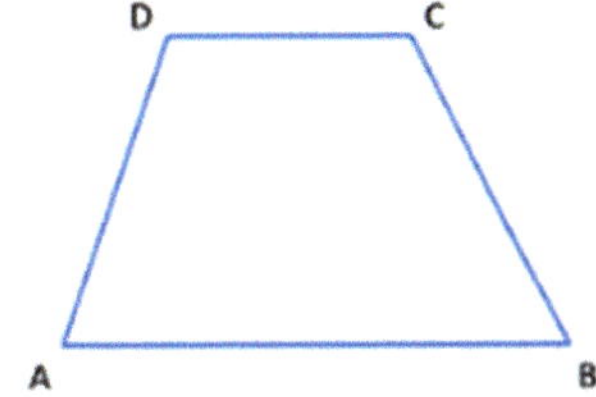

Abb. 4.22 Parallelogramm

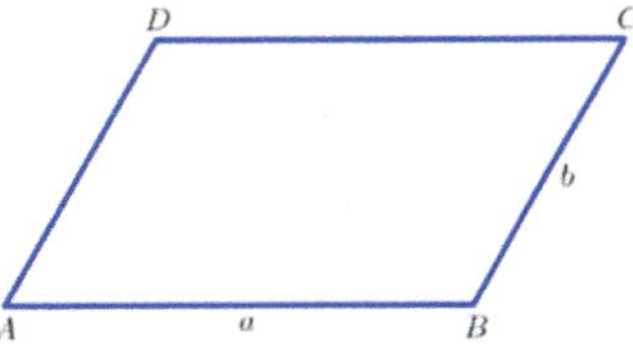

Abb. 4.23 Bay. Rauten

U des Gebildes. Der ergibt sich beim Viereck natürlich ganz einfach aus der Summe der Seiten, d. h.:

$$U = a + b + c + d$$

Die wichtigere ursprüngliche Berechnung aber wird die der Fläche F gewesen sein, denn nur so lassen sich ansonsten ähnliche Grundstücke sinnvoll vergleichen. Bei unseren beiden Spezialfällen des Rechteckes bzw. des Quadrats ist diese das Produkt der Seiten, d. h.:

$$F = a \cdot b \text{ für ein Rechteck bzw.}$$

$$F = a^2 \text{ für ein Quadrat.}$$

In allen anderen Fällen erfolgt die Flächenberechnung dadurch, dass man die unregelmäßige Form in regelmäßige Teile zerlegt, die einzeln berechenbar sind, und deren Flächen dann addiert. Es gibt allerdings auch eine weithin unbekannte allgemeine Formel

Abb. 4.24 Allgemeines
Dreieck

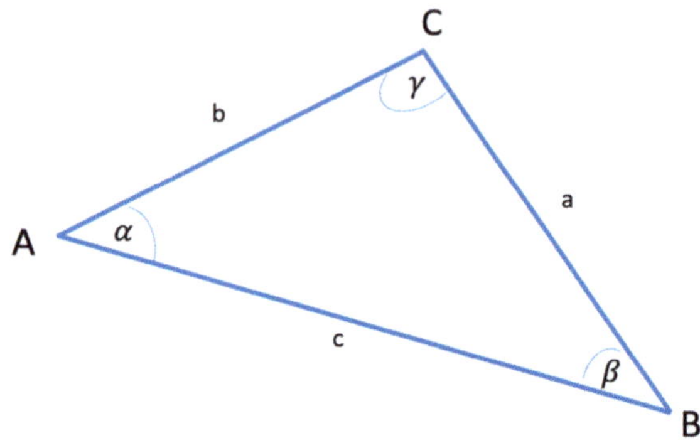

zur Ermittlung der Fläche eines beliebigen Vierecks, nämlich die „Formel von Bretschneider[33]“:

$$F = \frac{1}{4}\sqrt{4e^2f^2 - (b^2 + d^2 - a^2 - c^2)^2}$$

Darin kommen neben den Seiten a, b, c und d auch die Diagonalen e und f vor. Das
macht die Formel natürlich etwas sperrig, aber sie erspart das mitunter mühsame Zerlegen des Vierecks.

Ein **Dreieck,** auch Tri-Angel – also „drei Winkel“ – genannt, wird festgelegt, indem
man in der Ebene drei Punkte, sagen wir A, B und C, auswählt, die nicht auf einer Geraden liegen, und diese durch gerade Linien verbindet. Die Linien sind die Seiten des
Dreiecks und werden standardmäßig mit a, b und c benannt, und zwar so, dass sie jeweils dem Punkt mit dem entsprechenden Buchstaben gegenüberliegen (s. Abb. 4.24).
Die Winkel bei den Eckpunkten bezeichnen wir – auch wie gehabt – mit kleinen griechischen Buchstaben α, β und γ.

Die Seiten des Dreiecks können wir natürlich als Strecken auffassen, und wenn wir
sie als Wege interpretieren, dann ist beispielsweise der direkte Weg von A nach B kürzer
als der gleiche Weg über C, d. h., von A nach B über C ist ein „Umweg“; als Formel:
$c \leq a + b$. Das ist so offensichtlich, dass es sicher eine der allerfrühesten mathematischen Erkenntnisse gewesen sein muss, und es ist der Inhalt einer der berühmtesten Gleichungen, der **Dreiecksungleichung:**

$$\text{Für alle } a, b \ \in \mathbb{Q} \text{ gilt} : |a + b| \leq |a| + |b|$$

---

[33] Benannt nach Carl Bretschneider (1808–1878).

Abb. 4.25 Gleichseitiges Dreieck

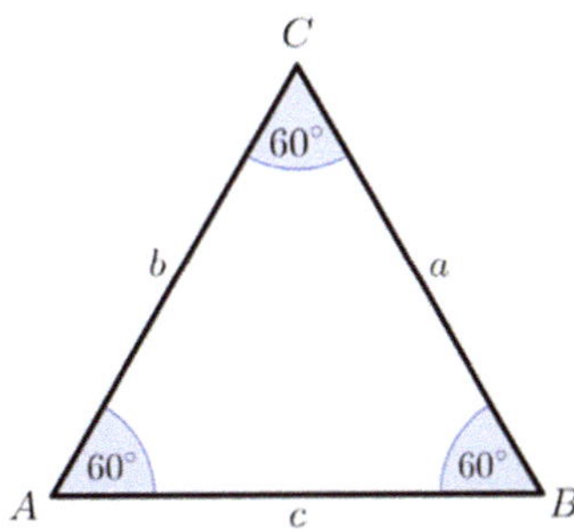

Der zweite wichtige Satz über Dreiecke stammt ebenfalls aus der Frühzeit der Mathematik und betrifft ihre Winkelsumme: Nachweislich wussten schon die Babylonier, dass sich die Winkel eines Dreiecks immer zu 180 Grad addieren:[34]

$$\alpha + \beta + \gamma = 180$$

Nun können wir Dreiecke – ähnlich wie zuvor die Vierecke – zunächst klassifizieren auf Basis ihrer Seiten. Beim Viereck war das im Wesentlichen deren Lage, beim Dreieck ist es eher deren Längen. Dort unterscheiden wir nämlich zunächst *gleichschenklige* und *gleichseitige* Dreiecke.

Wie die Namen sagen, hat ein gleichseitiges Dreieck (Abb. 4.25) offenbar drei gleichlange Seiten, und es hat auch drei gleich große Winkel (nämlich 60 Grad). Es ist der Spezialfall der gleichschenkligen Variante (Abb. 4.26), bei der nur zwei Seiten gleich lang und außerdem zwei Winkel gleich groß sind.

Bei Letzterem nennen wir die Seiten auch „Schenkel", während die dritte Seite die „Basis" heißt. Auf dieser Basis c eines gleichschenkligen Dreiecks errichtet man dessen Höhe h_c, indem man diejenige Senkrechte auf der Strecke c konstruiert, die durch den Punkt C geht (s. Abb. 4.27).

Die Höhe ist also das Lot durch C, der Spitze des Dreiecks, auf die Basis c, und wegen der Symmetrie der Form muss diese Strecke die Basis halbieren. Damit kann man aber direkt die Fläche des Dreiecks berechnen als:

$$F = \frac{1}{2} \cdot c \cdot h_c$$

Und diese Formel gilt tatsächlich für alle Dreiecke, nicht nur die Spezialfälle, wenn man die Höhe entsprechend konstruiert,[35] d. h., grundsätzlich gilt für alle Dreiecke:

$$\text{Fläche} = \text{Halbe Seite} \cdot \text{Höhe auf der Seite}$$

---

[34] Daraus kann man leicht folgern, dass sich die Winkelsumme im Viereck zu 360 Grad summieren muss, denn jedes Viereck kann man in zwei Dreiecke unterteilen.

[35] Die Höhe kann unter Umständen auch außerhalb des Dreiecks liegen.

Abb. 4.26 Gleichschenkliges
Dreieck

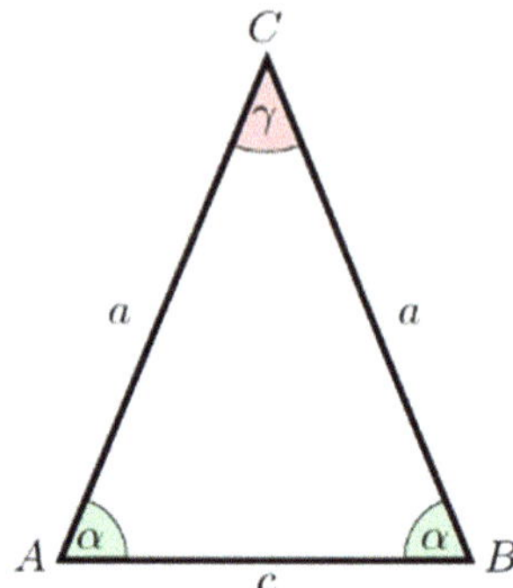

Abb. 4.27 Höhe im Dreieck

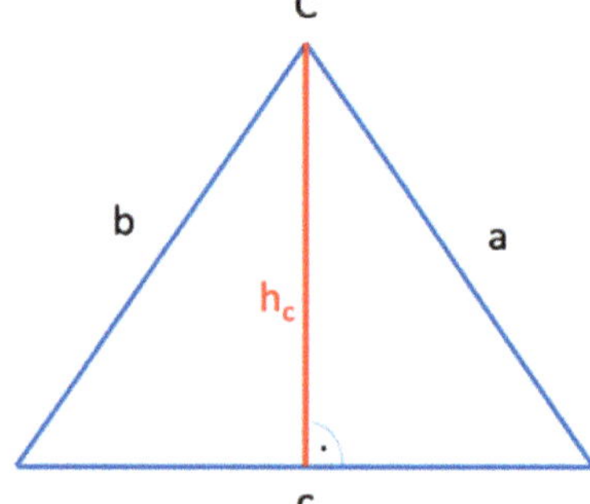

Das *gleichseitige* Dreieck bringt für uns an dieser Stelle keine neuen Aspekte ins Spiel,
sodass wir das hier nicht vertiefen werden. Stattdessen nehmen wir uns den weitaus
wichtigeren Fall vor, nämlich das **rechtwinklige Dreieck,** das sich – wie der Name sagt –
dadurch auszeichnet, dass einer seiner drei Winkel ein rechter Winkel ist, also 90 Grad
beträgt. Standardmäßig – aber nicht zwingend – nehmen wir dafür den Winkel γ bei C
und bezeichnen die Seite, die diesem Winkel gegenüberliegt, also normalerweise c, als
die Hypotenuse des rechtwinkligen Dreiecks (Abb. 4.28).

Trigonometrische Funktionen
Am rechtwinkligen Dreieck können wir die beiden wichtigsten der sogenannten
trigonometrischen Funktionen anschaulich definieren, nämlich Sinus und Kosinus.
Letzteren sollte man eigentlich als „Co-Sinus" schreiben, denn tatsächlich ist er so
etwas wie der „Begleiter" oder der „Komplementär" des Sinus.

Beide Funktionen beziehen sich auf Winkel; man sagt auch, ihre „Argumente" sind Winkel oder es sind „Winkelfunktionen". Wenn wir uns nur auf
den Winkel α beschränken, dann schreibt man $\sin(\alpha)$ bzw. $\cos(\alpha)$, und deren
Werte sind nichts anderes als Seitenverhältnisse im rechtwinkligen Dreieck; genauer: die Verhältnisse der Seiten, die dem Winkel an- bzw. gegenüber liegen,

zur Hypotenuse. Diese Seiten werden entsprechend ihrer Lage „Ankathete" und „Gegenkathete" genannt (s. Abb. 4.29, beispielhaft für den Winkel α).

Man setzt dann jeweils:

$$\text{Sinus} := \text{Gegenkathete} \,/\, \text{Hypotenuse}$$

$$\text{Cosinus} := \text{Ankathete} \,/\, \text{Hypotenuse}$$

Da die Hypotenuse die längere der drei Strecken ist, sind diese Werte immer kleiner als 1, und natürlich positiv. Und weil die Gesamtsumme der Winkel 180 beträgt und $\gamma = 90$ ist, ist:

$$\alpha + \beta = 90$$

Daraus kann man ohne Weiteres ableiten, dass

$$\sin(\alpha) = \cos(\beta)$$

gilt, und in genau diesem Sinne ist der Sinus eines Winkels der Ko-Sinus des Komplementärwinkels.

Der mit Abstand wichtigste Satz über rechtwinklige Dreiecke und der vielleicht bekannteste Satz der ganzen Mathematik ist sicher der **Satz des Pythagoras.** Mit den obigen Bezeichnungen ist in jedem rechtwinkligen Dreieck die Summe der Quadrate über den Katheten gleich dem Quadrat über der Hypotenuse, als Formel:

$$a^2 + b^2 = c^2$$

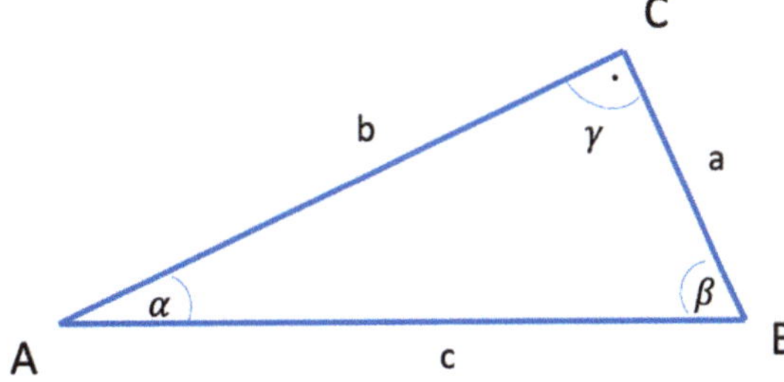

Abb. 4.28 Rechtwinkliges Dreieck

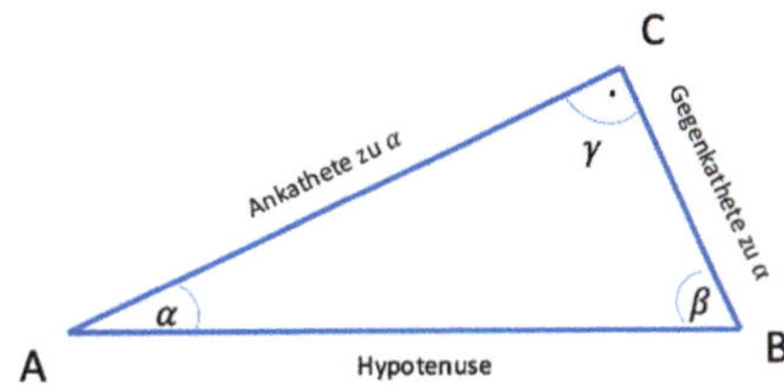

Abb. 4.29 An- und Gegenkatheten

Fraktal

Das Bild unter dem Inhaltsverzeichnis des Buches ist ein sogenannter **Pythago-ras-Baum** (Abb. 4.30) der dadurch entsteht, dass man zunächst auf ein Quadrat ein rechtwinkliges Dreieck konstruiert und dann auf dessen Katheten jeweils wie-der ein Quadrat aufspannt. Auf diesen neuen Quadraten wiederholt man dann die Konstruktion und setzt diese Schritte beliebig oft fort. Auf diese Weise erschafft man eine zusammenhängende Sequenz von sich ähnlichen Gebilden, die immer kleiner werden. Allgemein nennt man Bilder, die durch eine solche Vorgehens-weise entstehen, ein **Fraktal.**

Im Falle des Satzes von Pythagoras ergibt sich ein Bild, das an einen Baum er-innert – zumindest, wenn man gedanklich noch etwas „Grünzeug" hinzugibt.

Im Abschnitt über Arithmetik haben wir diese Gleichung schon aus einer anderen Per-spektive angeschaut und festgestellt, dass es unendlich viele Dreiergruppen („Tripel") von natürlichen Zahlen gibt, die diese Beziehung erfüllen. Hier betrachten wir sie nun in ihrer geometrischen Bedeutung, und die ist sicher die ältere, denn tatsächlich ist die-ser Zusammenhang am rechtwinkligen Dreieck inhaltlich sehr lange bekannt. Wie schon ausgeführt haben die Babylonier uns sogenannte „pythagoreische Tripel" als Beispiele für die Landvermessung auf Tontafeln hinterlassen, aber dieses Wissen muss auch in früheren chinesischen und indischen Kulturen schon vorhanden gewesen sein. Trotz-dem wird der Satz dem Griechen Pythagoras zugeschrieben, weil er dafür tatsächlich all-gemeine Berechnungsformeln sowie den frühesten bekannten Beweis geliefert hat.

Apropos Beweis: Wir haben eingangs versprochen, dass wir in diesem Buch auf Be-weise weitestgehend verzichten, und daran wollen wir uns grundsätzlich auch halten, aber weil der Satz von Pythagoras sozusagen die Essenz der mathematischen Bildung ist, machen wir hier eine Ausnahme und werden in aller Kürze auf einen (!) seiner wahr-scheinlich 400 Beweise eingehen, nämlich den sogenannten „indischen" Beweis. Der ist wirklich leicht nachzuvollziehen, denn er ist eigentlich „nur" eine geometrische Veranschaulichung:

Abb. 4.30 Fraktal

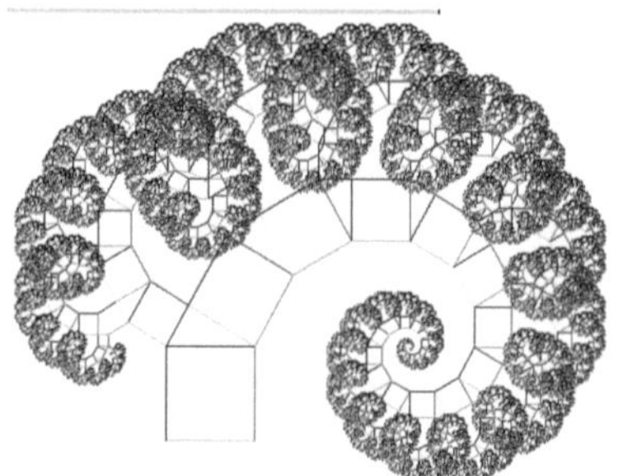

Abb. 4.31 Indischer Beweis
des „Pythagoras"

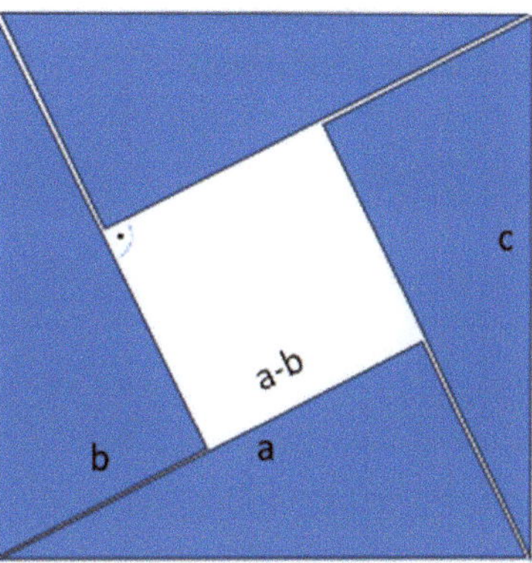

Offenbar kann man das Quadrat über der Hypotenuse des Dreiecks zerlegen in vier deckungsgleiche Dreiecke[36] und ein verbleibendes Quadrat, das dann die Seitenlänge $(a - b)$ haben muss (s. Abb. 4.31):

Jedes der 4 Dreiecke hat die Fläche $F = \frac{1}{2}ab$, d. h., die Dreiecke bedecken zusammen eine Fläche von 2ab. Somit ist das Gesamtquadrat:

$$c^2 = 2ab + (a - b)^2$$
$$= 2ab + a^2 - 2ab + b^2$$
$$= a^2 + b^2$$

Dabei haben wir jetzt die „zweite binomische Formel" benutzt, die wir streng genommen nicht kennen, aber wir setzen sie voraus, denn sie ergibt sich direkt aus den bisher bekannten Rechenregeln.

Ganz analog, und vielleicht sogar noch leichter einsehbar, ist der „chinesische" Beweis, den man sehr gut an einem Schachbrett demonstrieren kann,[37] wenn man es als Quadrat mit der Seitenlänge (a+b) auffasst. Die nachstehende Original-Skizze (Abb. 4.32) gibt einen Hinweis, wie das Brett entsprechend zerlegt werden kann, aber das Weitere überlassen wir der Tüftelneigung der Leser.

Im direkten Zusammenhang mit dem Satz des Pythagoras stehen noch zwei wichtige Sätze, nämlich der **Katheten- und der Höhensatz** (s. Abb. 4.33).

---

[36] Diese Darstellung wurde früher in abgewandelter Form vom Springer Verlag als Logo benutzt.
[37] S. dazu: https://karlonline.org/216_2

Abb. 4.32 Chinesischer
Beweis des „Pythagoras"

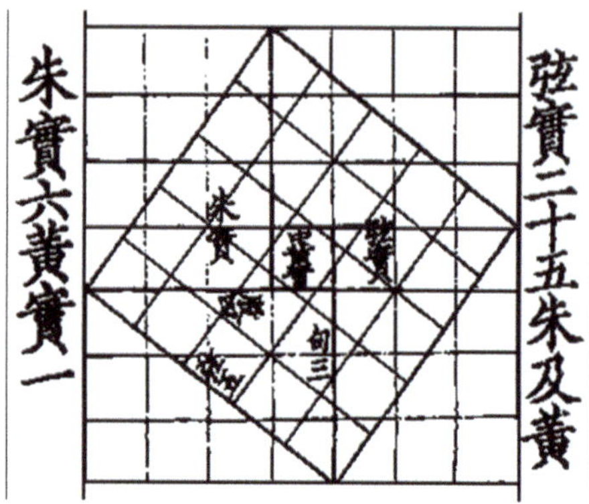

Abb. 4.33 Katheten- und
Höhensatz

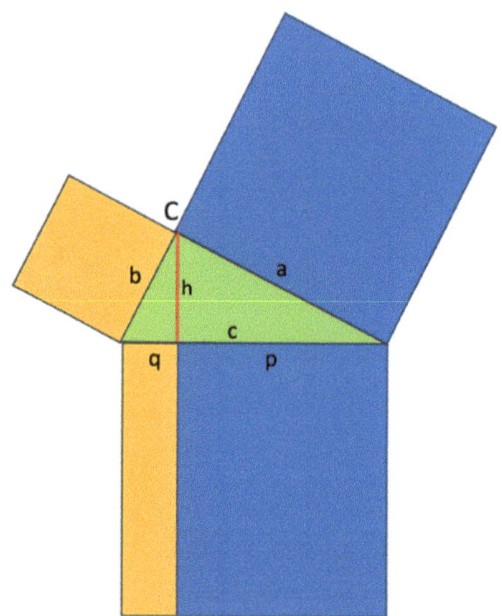

Die Höhe h des Dreiecks auf der Seite c ist – wie gesagt – das Lot durch seine Spitze
C, also durch den rechten Winkel, und sie unterteilt die Hypotenuse in zwei Abschnitte,
genannt p und q.

Der **Höhensatz** ist aus der Skizze nicht ersichtlich, aber er besagt in dieser Situation,
dass das Quadrat dieser Höhe auf der Hypotenuse das Produkt der beiden Hypotenusen-
abschnitte ist, d. h.:

$$h^2 = p \cdot q$$

Abb. 4.34 Kreis mit Radius und Durchmesser

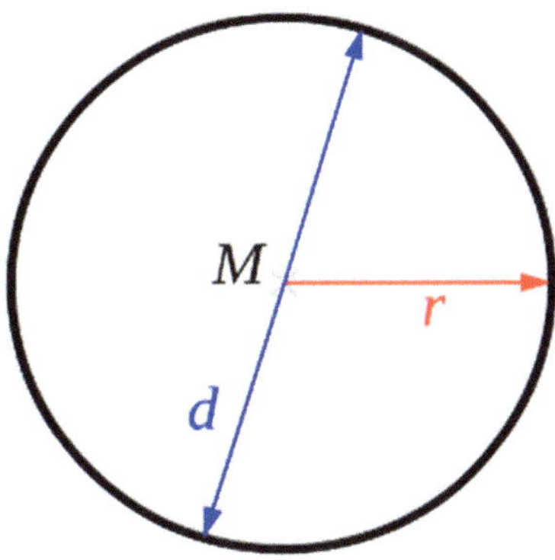

und der **Kathetensatz** folgt daraus, indem er die Seiten mit den Hypotenusen-Abschnitten in einen Zusammenhang bringt, nämlich:[38]

$$a^2 = p \cdot c \text{ (blaue Flächen)}$$

$$b^2 = q \cdot c \text{ (gelbe Flächen)}$$

Zum Schluss behandeln wir die wahrscheinlich wichtigste Figur in der Geometrie: Den **Kreis.**

Dessen herausgehobene Bedeutung in der klassischen Geometrie ist sicher direkt auf seinen zentralen rituellen Wert zurückzuführen, der sich aber wiederum aus den als göttlich wahrgenommenen kreisförmigen Gebilden in der Natur, allen voran der Sonne, dem Mond oder dem Erdenrund, ergeben haben muss.

Geometrisch definieren wir eine Kreislinie als eine Menge von Punkten, die alle zu einem gegebenen festen Punkt M den gleichen Abstand r haben (s. Abb. 4.34). M nennt man dann den „Mittelpunkt" des Kreises und den konstanten Abstand r den „Radius" des Kreises. Der doppelte Radius durchmisst also den ganzen Kreis und wird deswegen sein „Durchmesser" genannt.

Schon früh verband man auch die Konstruktion anderer geometrischer Objekte mit dem Kreis. Z. B. war man bestrebt, einen Kreis in ein anderes Objekt einzuzeichnen oder andere Objekte durch einen Kreis zu umschließen.[39]

Den ersten Fall bezeichnen wir als „Inkreis" einer Figur: Das ist ein Kreis, der so innerhalb der Figur liegt, dass er jede von deren Seiten „berührt". Der andere Fall ist der des „Umkreises", d. h. einer Kreislinie, die jeden Eckpunkt der Figur durchläuft und sie

---

[38] Die Addition dieser beiden Gleichungen ergibt dann direkt des Satz des Pythagoras, weil $pc + qc = (p+q)c = c^2$

[39] Das findet sich auch in vielen Darstellungen der Kunst und der Architektur.

Abb. 4.35 Quadrat mit In-
und Umkreis

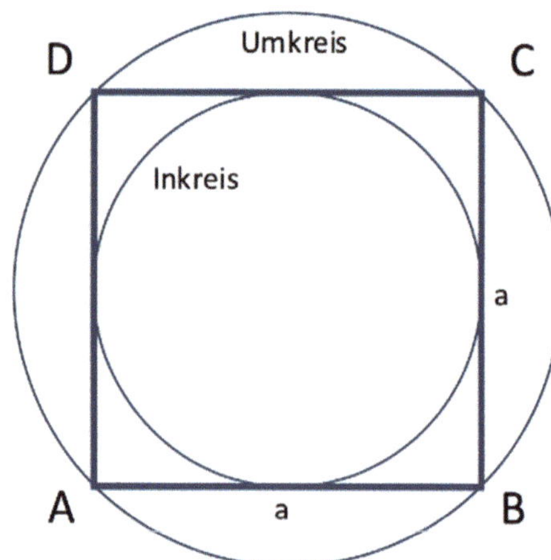

Abb. 4.36 Thaleskreis

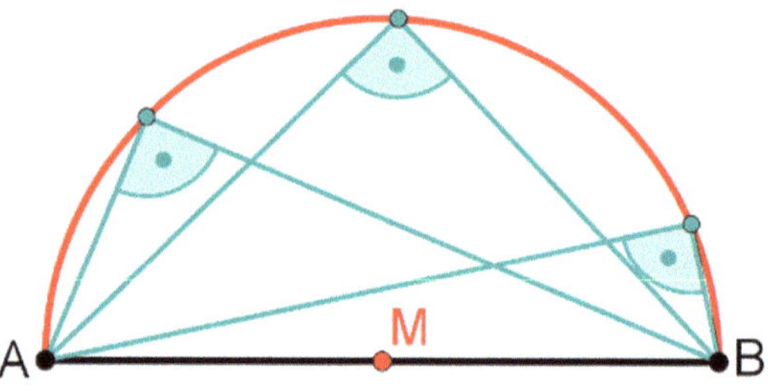

somit umkreist. Offenbar ist es leicht, solche Kreise in und um ein Quadrat zu zeichnen
(s. Abb. 4.35),

aber im Allgemeinen ist das – wie man sich leicht überzeugen kann – für beliebige
Vierecke nicht möglich.

Beim Dreieck allerdings ist es immer möglich, und die wahrscheinlich älteste Variante eines Umkreises geht auf den schon erwähnten Thales von Milet zurück, der
um 600 v. Chr. lebte und einer der Stammväter der griechischen Mathematik ist. Ihm
schreibt man die Erkenntnis zu, dass jedes Dreieck, dessen Basis der Durchmesser eines
Kreises ist, und dessen Spitze auf eben jenem Kreis liegt, immer rechtwinklig ist (s.
Abb. 4.36).

Umgekehrt kann man um jedes rechtwinklige Dreieck einen solchen Umkreis um den
Mittelpunkt der Hypotenuse schlagen, der in diesem Spezialfall den Namen **„Thales-
Kreis"** trägt.

Im allgemeinen Fall, d. h. für beliebige Dreiecke, ist der Mittelpunkt des Umkreises
der Schnittpunkt der Mittelsenkrechten aller Seiten (s. Abb. 4.37), d. h., die Lote durch
die Mitten der einzelnen Seiten haben einen gemeinsamen Schnittpunkt, und der ist gerade der Mittelpunkt des Umkreises um das Dreieck.

Abb. 4.37 Dreieck mit
Umkreis

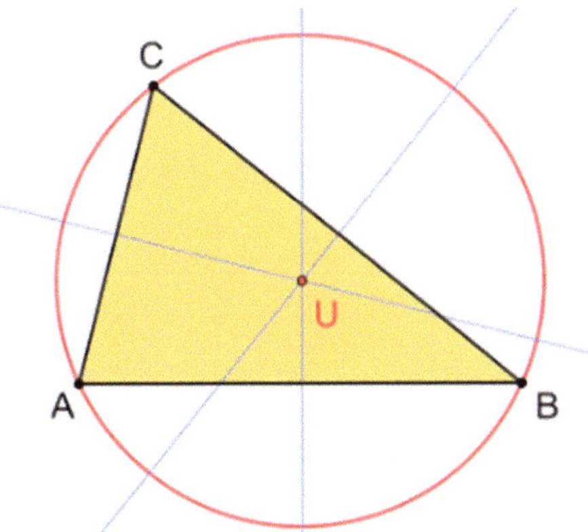

Abb. 4.38 Dreieck mit
Inkreis

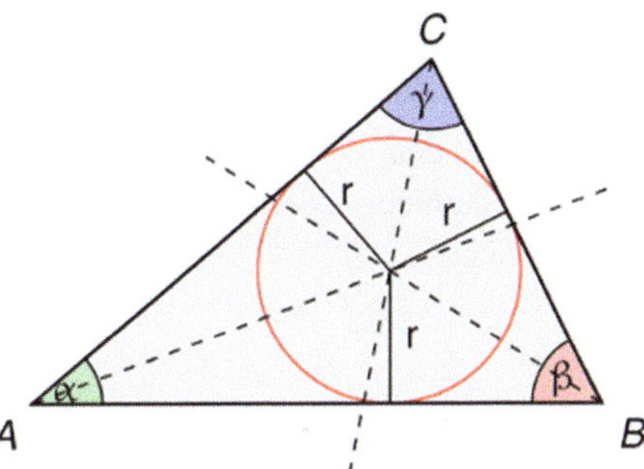

Den Inkreis (s. Abb. 4.38) konstruiert man, indem man zunächst in jedem der drei Winkel die Winkelhalbierenden einzeichnet. Diese schneiden sich nämlich in einem Punkt, und das ist der Mittelpunkt des Kreises, den die drei Seiten der Figur „berühren", d. h., sie haben mit ihm genau einen Punkt gemeinsam.

Generell können ein Kreis und eine Gerade ja nur einen, zwei oder keinen Punkt gemeinsam haben. Im letzteren Fall „passiert" die Gerade den Kreis, im ersteren „tangiert" sie ihn und wird dementsprechend „Tangente"[40] genannt. Falls sie durch den Kreis „schneidet", erzeugt sie selbstverständlich zwei Schnittpunkte, und in dem Fall sprechen wir von einer „Sekante" (Abb. 4.39).

Wie bei den anderen Figuren – speziell dem Viereck – stellt sich nun die Frage, ob und wie man den Umfang U und die Fläche F eines gegebenen Kreises mit Radius r berechnen kann.

---

[40] Von lateinisch „tangare" für berühren.

Abb. 4.39 Kreis und Geraden

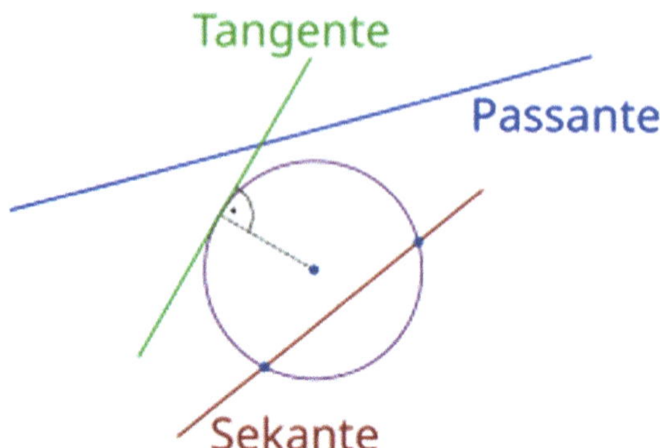

Bevor wir diese Fragen beantworten, werfen wir zunächst noch einmal einen Blick zurück: Die Ägypter und Babylonier ahnten schon lange vor den Griechen, dass zwischen Fläche und Umfang eines Kreises ein enger Zusammenhang bestehen muss, genauer: Sie vermuteten, dass diese beiden Werte sich jeweils proportional zum Durchmesser bzw. dem Quadrat des Radius verhalten, aber den Proportionalitätsfaktor kannten sie natürlich nicht, jedenfalls nicht sehr gut. Dieser Faktor ist gerade die ominöse Zahl π , d. h., es ist:

$$U = \pi \cdot d$$

$$F = \pi \cdot r^2$$

Nun ist der Faktor π eine sehr besondere Zahl. Sie gehört nicht zu den Zahlenbereichen, die wir bis hierher besprochen haben, d. h., insbesondere passt sie nicht in das Raster der rationalen Zahlen, die sich als Quotienten ganzer Zahlen darstellen lassen, sondern ist eine sogenannte **irrationale** Zahl. Darauf werden wir später noch zurückkommen, aber hier sei schon gesagt, dass wir den vollen und wahren Wert dieser Zahl nicht kennen, und wir werden ihn auch nie kennen, denn ihre Dezimalbruchentwicklung ist unendlich und nicht-periodisch. Wir kennen über 1 Billion Nachkommastellen von π, aber in ihrer vollen „Pracht" werden wir sie nie angeben können – und das ist gerade das Wesen irrationaler Zahlen; aber dazu später mehr.

Für die allermeisten praktischen Anwendung rechnen wir in der Regel mit einem auf zwei oder vier Nachkommastellen gerundeten Wert für π, nämlich 3,14 oder 3,1415. Unsere frühen zivilisierten Vorfahren hatten teilweise schon ähnlich gute Näherungswerte dafür zur Verfügung. Die Ägypter z. B. berechneten die Fläche eines Kreises schon knapp 2000 Jahre v. Chr., indem sie von seinem Durchmesser d ein Neuntel abzogen und diesen Wert dann mit sich selbst multiplizierten, d. h., sie setzten:

$$F = \left(\frac{8}{9} \cdot d\right)^2$$

und das formt sich leicht um zu $F = \frac{256}{81} \cdot r^2$, d. h., sie verwendeten für π die Näherung 3,16, was den wahren Wert um weniger als 1 % überschreitet und für praktische Zwecke vollkommen ausreichend war.

Pi-Ramiden[41]

Wir hatten oben in einer Fußnote gesagt, dass wir den goldenen Schnitt schon in der Konstruktion der Cheops-Pyramide in etwa wiederfinden, weil deren angenommene originale Höhe von 146 m ungefähr 63 % der vermuteten originalen Grundseite, nämlich 230 Meter, war.

Frappierender aber ist, dass wir in den Werten, die man für die ursprünglichen Maße des Bauwerks hält, auch glaubt, π ablesen zu können, und zwar mit einer größeren Genauigkeit, als sie der obige Wert von etwa 3,16 liefert.

Diese Ansicht geht zurück auf den griechischen Historiker Herodot, der die Pyramiden nach herrschender Meinung etwa 450 v. Chr. besucht und geschrieben hatte, sie seien so gebaut, dass jede ihrer vier gleichen Seitenflächen dem Quadrat ihrer Höhe entspräche. Wenn man das in dieser Allgemeinheit annimmt, dann kann man zeigen, dass bei solch einem ideal gebauten Bauwerk das Verhältnis der Kantenlänge der Grundfläche zur Höhe dem Wert $\pi/2$ tatsächlich sehr nahe käme und insbesondere eine bessere Näherung für π ergäbe als der nachweislich benutzte Wert von 256/81.

Man ist sich allerdings nicht sicher, ob das einfach „nur" Zahlenmystik des alten Herodot ist und ob er überhaupt vor Ort war. Wenn ja, dann wäre die „Große" Pyramide seinerzeit immerhin schon über 2000 Jahre alt und sicher nicht mehr in ihrem originalen Zustand gewesen. Selbst geringfügige Abweichungen der Maße, die man ja schon damals gar nicht mehr kannte, bringen aber die vermeintliche Genauigkeit schnell ins Wanken. Trotzdem: Eine gewisse Faszination geht von diesen Verhältnissen auch heute noch aus – ob vermeintlich oder nicht.

Die Babylonier hatten demgegenüber eine weniger gute Näherung: Sie benutzen das Verhältnis 25/8 also etwa 3,13. Die denkbar schlechteste Näherung findet sich im Alten Testament, dessen Texte ja einen räumlichen Bezug zu der Gegend um Babylon haben. Dort wird der Umfang eines Kreises als das Dreifache seines Durchmessers angenommen,[42] d. h., das biblische π ist 3, aber diese Abweichung ist so deutlich, dass man sie auch in der weltlichen Praxis hätte bemerken müssen.

Die wohl bis heute erstaunlichste antike Näherung stammt vom griechischen Mathematiker Archimedes (s. Anhang), der um 250 v. Chr. als erster nachwies, dass sich der

---

[41] Vgl.: https://prlbr.de/2013/geometrie-der-grossen-pyramide/
[42] 1. Buch der Könige, 7, 23.

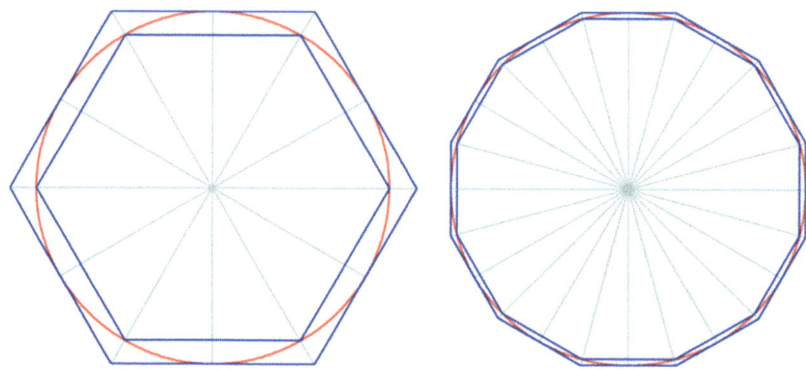

Abb. 4.40 Archimedes´ Exhaustion des Kreises

Umfang eines Kreises zu seinem Durchmesser genauso verhält wie seine Fläche zum Quadrat über seinem Radius; in Formeln:

$$\frac{U}{d} = \frac{F}{r^2}$$

Dieses Verhältnis nennen wir π, d. h., das ist der von früheren Kulturen vermutete Proportionalitätsfaktor zwischen dem Umfang und dem Durchmesser eines Kreises bzw. zwischen der Fläche des Kreises und dem Quadrat über seinem Radius. Archimedes konnte den Wert natürlich nicht exakt bestimmen, aber er näherte ihn an, indem er einen Kreis mit „Vielecken" ab- und überdeckte, deren Fläche er berechnen konnte (s. Abb. 4.40). Mit steigender Anzahl von Eckpunkten wurde dadurch natürlich die Annäherung an den Kreis besser, und das 96-Eck lieferte ihm schließlich die fantastische Näherung von 3,1418, was einer Genauigkeit bis auf drei Stellen hinter dem Komma entspricht; für die Zeit eine unglaubliche Leistung. Seine Methode[43] wurde Jahrhunderte lang als die einzige zur Berechnung von π verwendet, und später fanden seine Konzepte auch in der Entwicklung der Analysis Anwendungen, die – in dem Fall zurecht – auch in der Schule gelehrt werden.

Quadratur des Kreises
Aus der Antike sind uns drei sogenannte „klassische Rätsel der Mathematik" überliefert, nämlich die Dreiteilung des Winkels, die Würfelverdopplung und die „Quadratur des Kreises". Letzteres hat bekanntlich auch Eingang in unsere Sprache gefunden: Wenn wir davon sprechen, dann meinen wir ein Unterfangen, das prak-

---

[43] Diese Methode der sogenannten „Exhaustion" war allerdings 100 Jahre vor Archimedes schon von einem Mathematiker namens Eudoxos beschrieben worden.

tisch unmöglich ist, und mit Hilfe der Mathematik können wir heute sagen, dass es auch theoretisch unmöglich ist – jedenfalls mit den Mitteln, die in der Antike erlaubt waren: Zirkel und Lineal.

Dabei geht es – wie der Name verrät – ganz einfach darum, einen Kreis zu „quadrieren", d. h., aus einem gegebenen Kreis mit Radius r ein Quadrat zu konstruieren, das den gleichen Flächeninhalt hat wie der Kreis, also $\pi\,r^2$.

Die berechtigte Frage, die sich hier stellt, ist zunächst die, warum das überhaupt wichtig war, und die Antwort ist einfach die, dass wir auch heute noch Flächenangaben nur in „Quadraten" machen, z. B. in m^2, d. h., wir bemessen Areale als Vielfache eines (Einheits-) Quadrats, z. B. der Seitenlänge 1 m. Nicht anders war es in der Antike: Eine Fläche galt erst dann als berechnet, wenn man sie als Quadrat angeben konnte.

Euklid zeigte, dass das für „eckige" Gebilde immer möglich ist, denn aus beliebigen Polygonzügen konnte er zunächst ein flächengleiches Rechteck erzeugen, und aus diesem dann das entsprechende Quadrat durch den goldenen Schnitt konstruieren. Das gleiche mit dem Kreis zu bewerkstelligen, beschreibt genau das Problem der „Quadratur des Kreises", und daran bissen sich die Griechen, inklusive des großen Archimedes, die Zähne aus.[44]

Sie wussten allerdings auch schon, dass es ausreichen würde, ein *Quadrat* zu erzeugen, das den gleichen *Umfang* hat wie der *Kreis*. Aus einem solchen hätten sie dann nämlich auch das flächengleiche Quadrat erzeugen können, aber dieser Schritt war nur mit nicht erlaubten Hilfsmitteln möglich.[45]

Das Problem blieb über Tausende von Jahren auf der Agenda der mathematischen Forschungen, und erst Ende des 19. Jahrhunderts bewies Ferdinand Lindemann (1852–1939), dass man sich die Mühen sparen könne. Genauer: Er wies nach, dass π eine sogenannte „transzendente" Zahl ist und beendete damit ein für alle Mal das jahrtausendealte Bemühen um die geometrische Konstruktion der Kreiszahl mit den Mitteln der Griechen. Das war natürlich ein Meilenstein in der Geschichte der Mathematik, aber da der Mensch oft Probleme damit hat, Beweise einer Unmöglichkeit zu akzeptieren, ist das Problem vielen Laien-Mathematikern immer noch so etwas wie das „Perpetuum mobile" der Hobby-Ingenieure.

Die letzte ebene geometrische Figur, die wir uns anschauen wollen, ist die **Ellipse.**

---

[44] Über das Problem machte sich der Dramatiker Aristophanes (ca. 400 v. Chr.) in seiner antiken Komödie „Die Vögel" lustig.

[45] Mit der Methode „Quadratrix", nomen est omen, kann man geometrisch ein Quadrat erzeugen, das den gleichen Umfang hat wie ein gegebener Kreis; s.: https://www.antike-griechische.de/Pythagoras.pdf

Abb. 4.41 Ellipse

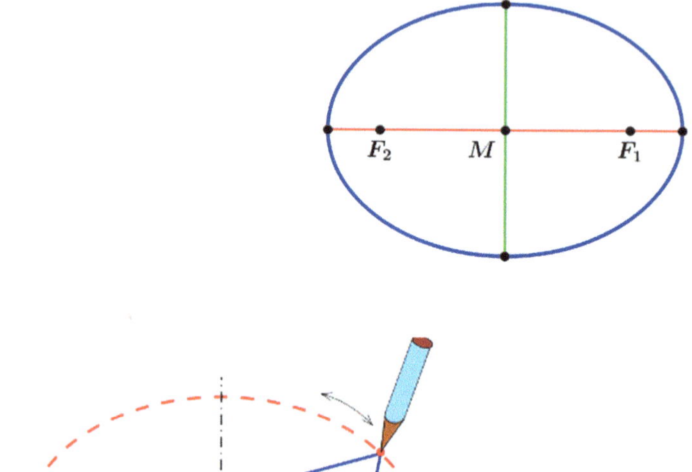

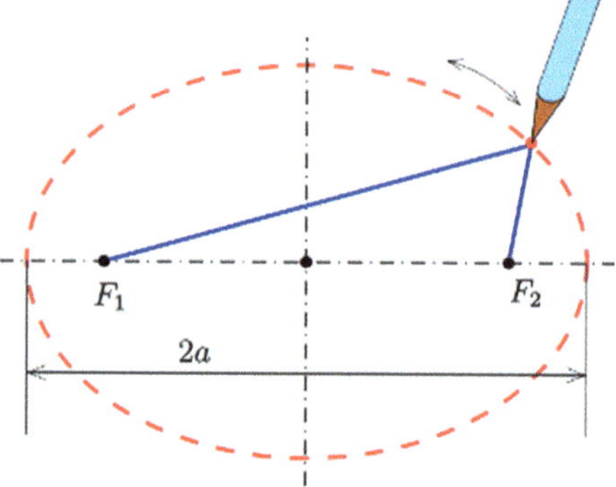

Abb. 4.42 Gärtnerkonstruktion der Ellipse

Umgangssprachlich als Oval bezeichnet, ist die Ellipse im Prinzip eine Verallgemeinerung des Kreises: Der Kreis hat einen Mittelpunkt, und alle Punkte der Kreislinie haben von diesem den gleichen Abstand. Bei der Ellipse (Abb. 4.41) haben wir demgegenüber zwei solcher „Mittelpunkte", die wir „Brennpunkte" nennen (im Bild F_1 und F_2), und für alle Punkte auf der Linie gilt, dass die Summe ihrer Abstände von den Brennpunkten konstant ist, d. h.:

$$E = \left\{ P \in \mathbb{R}x\mathbb{R} \,|\, \overline{PF_1} + \overline{PF_2} = const \right\}$$

Diese definierende Eigenschaft liefert uns auch direkt die ursprüngliche Konstruktionsanleitung: Um sie in den Sand zu zeichnen, benutzten die Griechen einen Ellipsenzirkel (s. Abb. 4.42), der – anders als der herkömmliche Zirkel – zwei, statt nur einer Spitze hatte. Das waren dann zwei Pflöcke, die mit einer Schnur lose verbunden waren und während der Zeichnung gespannt wurde.[46] Damit ist der Kreis ein Spezialfall der Ellipse, wenn dort die beiden Brennpunkte in einem Punkt, dem Mittelpunkt, zusammenfallen.

---

[46] Das wird noch heute als die „Gärtnerkonstruktion" bezeichnet, denn viele Beete sind ellipsenförmig.

Abb. 4.43 Quader

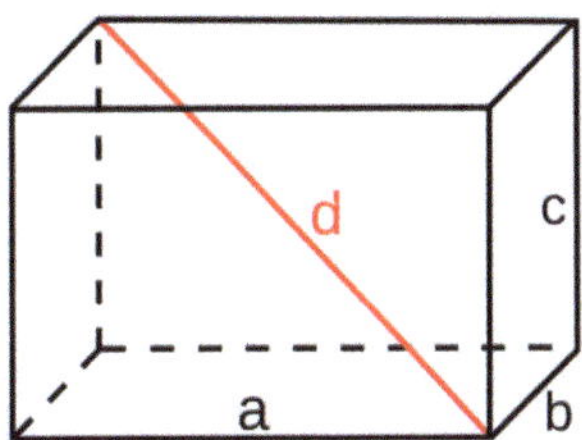

Der grandiose Astronom und geniale Mathematiker Johannes Kepler (1571–1630) nannte die Ellipse einen „abgeflachten Kreis", als er Anfang des 16. Jahrhunderts mit seinem „ersten" Gesetz feststellte, dass die Planeten unseres Sonnensystems bzw. die, die man seinerzeit kannte, auf ellipsenartigen Bahnen um ein Zentralgestirn ziehen, das in einem der beiden Brennpunkte der betreffenden Ellipse steht. Bis dahin ging das kopernikanische, heliozentrische Weltbild von „vollkommenen", sprich kreisförmigen, Bewegungen aus. Für die Zeit, die Mittel und die Daten, die Kepler zur Verfügung standen, war das eine überragende Leistung in der Geschichte der Naturwissenschaften, und sie ist eben auf das Engste verbunden mit der Geometrie, speziell der Ellipse. Nicht nur deswegen ist rund um diese Figur eine sehr umfangreiche Theorie entstanden, die uns allerdings weit aus der Allgemeinbildung herausführen würde.

Wir wollen es an dieser Stelle mit den grundlegenden zwei-dimensionalen Figuren bewenden lassen und uns in aller Kürze mit drei-dimensionalen Körpern befassen:

Die Dinge, die uns in der realen Welt umgeben, haben in der Regel drei Dimensionen: Höhe, Breite, Tiefe. Davon sehen wir Höhe und Breite als zwei-dimensional an, und die dritte Dimension, die dazu kommt, ist die Tiefe. Diese Begriffe sind allerdings eine Sache des Standpunkts des Betrachters und somit unwesentlich. Für geometrische Zwecke ist es normalerweise günstiger, die Grundfläche einer Figur als zwei-dimensionale Ebene anzusehen und ihre Höhe als dritte Dimension zu interpretieren. Mit dieser Sicht werden Körper im Raum grundsätzlich leicht fassbar, wenn man die entsprechenden zwei-dimensionalen Pendants kennt. Der einfachste Körper dieser Art ist eine Kiste, bzw. ein sogenannter Quader, der dadurch entsteht, dass ein ebenes Rechteck mit den Seiten a und b senkrecht in die Höhe c (s. Abb. 4.43, d steht darin für die Raumdiagonale) aufgebaut wird, sodass drei orthogonale Achsen entstehen: Länge und Breite in der Ebene, Höhe – wie der Name sagt – in die senkrechte Höhe. Diese drei Achsen spannen dann einen Raum auf, der durch sechs Seiten begrenzt wird und 12 Kanten aufweist.

Im Fall, dass alle Kanten die gleiche Länge haben, sind alle Seiten Quadrate und man hat den gut bekannten Würfel vor sich.

Das Volumen V solch regelmäßiger Körper ist grundsätzlich das Produkt aus der Grundfläche und der Höhe, d. h., für den Quader mit rechteckiger Grundfläche ab und Höhe c gilt:

Abb. 4.44 Zylinder

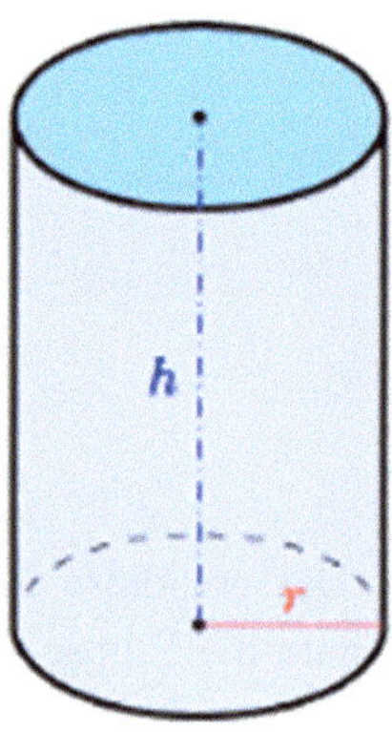

$$V = a \cdot b \cdot c$$

bzw. im Fall eines Würfels, d. h. mit a=b=c:

$$V = a^3$$

Dasselbe Prinzip kann man bei einem Zylinder (Abb. 4.44) anwenden: Wenn der eine Höhe h über einer kreisförmigen Grundfläche $G = \pi\,r^2$ hat, dann gilt für sein Volumen:

$$V = h\pi r^2$$

Nicht ganz so trivial sind die Berechnungen bei der Pyramide und dem Kegel, denn das sind im Prinzip Gebilde, bei denen auf der Grundfläche eine andere Figur aufgerichtet wird. In beiden Fällen errechnet sich allerdings das Volumen als das Produkt aus der Grundfläche und dem Drittel der Höhe, d. h.:

$$V = G \cdot \frac{h}{3}$$

Konkret hat die Pyramide eine quadratische Grundfläche $G=a^2$, auf der 4 Dreiecke aufgebaut werden, und der Kegel (Abb. 4.45) richtet sich über einer kreisförmigen Grundfläche $G = \pi r^2$ auf, d. h., die Volumen berechnen sich als:

$$V_{Pyr} = G \cdot \frac{h}{3} = a^2 \cdot \frac{h}{3} \quad \text{und} \quad V_{Keg} = G \cdot \frac{h}{3} = \frac{1}{3}h\pi r^2$$

Bis hierher etwa reichten die euklidischen „Elemente". Euklids Sammlung und Dokumentation des gesamten mathematischen Wissens seiner Zeit hatte lange Bestand, bis in die Neuzeit, will sagen, auch in Hunderten von Jahren nach Euklid ist das geometrische Wissen nicht entscheidend vorangekommen. Erst Anfang des 17. Jahrhunderts und durch die Entwicklungen in der Astronomie brachte auch dieser Zweig der Mathematik neue Erkenntnisse hervor. In diesem Zusammenhang ist u. a. Galileo Galilei (1564–1642) zu

Abb. 4.45 Kegel

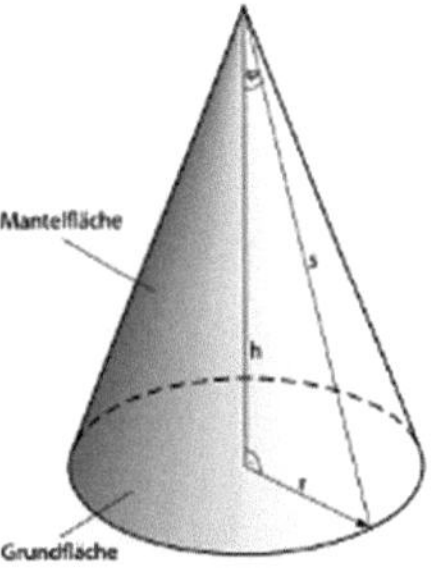

nennen, der als Erster das Volumen (V) und die Oberfläche (O) einer Kugel mit Radius r berechnete, nämlich als[47]:

$$V = \frac{4}{3}\pi r^3$$

$$O = 4\pi r^2$$

Ausblick

Ganz zu Anfang des Kapitels haben wir kurz erwähnt, dass es neben der euklidischen Geometrie noch andere Geometrien gibt, die für uns allerdings nicht relevant sind. Das mag verwirrend klingen, denn alles, was wir hier behandelt haben, entspricht so vollkommen unserer Erfahrungswelt, dass man sich kaum etwas anderes vorstellen kann. Tatsächlich wäre man mit dieser Auffassung in guter Gesellschaft, denn selbst Immanuel Kant (1724–1804) hielt andere Geometrien außer der euklidischen für undenkbar. Aber da irrte der berühmte Philosoph. Es gibt sogenannte nicht-euklidische Geometrien, und das liegt schon deswegen nahe, weil die gedachte Ebene, also sozusagen der Arbeitsbereich der euklidischen Geometrie, nicht der irdischen Wirklichkeit entspricht. Wenn Geometrie „Erdvermessung" ist, dann müsste diese auf einer Sphäre, also auf der Oberfläche einer Kugel stattfinden und „sphärische Geometrie" ist in der Tat ein Zweig der nicht-euklidischen Geometrie. Wir bleiben aber bei unserer Eingangsbemerkung, dass diese Welt aus der Sicht der Allgemeinbildung nur eines winzigen Ausblicks bedarf.

---

[47]Daran sieht man, dass sich die Volumen eines Zylinders und einer darin eingeschlossenen Kugel (h = 2r), wie 3:2 verhalten. Diese Erkenntnis wurde angeblich schon auf dem Grab von Archimedes verewigt.

Mengenlehre und Logik

Von Mengen und Aussagen

5

Aus dem Paradies, das Cantor uns geschaffen hat, soll uns niemand vertreiben können

David Hilbert (1862–1943)
Logik ist die Anatomie des Denkens

John Locke (1632–1704)

Übersicht

Die mathematische **Logik** geht zwar auf antike Wurzeln zurück, ist in ihrer modernen Ausgestaltung jedoch eng verbunden mit der relativ jungen Entwicklung der **Mengenlehre,** die wir hier in ihrer sogenannten „naiven" Form nach **Cantor** behandeln, d. h., wir schauen uns an, wie man Mengen anschaulich definiert und darstellt und welche naheliegenden Operationen man darauf ausführen kann, z. B. die Bildung von **Teil-, Schnitt- und Komplementmengen.**

Wir werden zeigen, dass die naive Sichtweise schnell zu **Paradoxien** führte, die in der Folge Teil einer formidablen **Grundlagenkrise** der Mathematik wurden. Diese erschütterte seinerzeit die Fundamente der Mathematik und betraf Jahrtausende alte Probleme im Zusammenhang mit Fragen zur **Unendlichkeit.** Gelöst wurden diese Themen erst durch die sogenannte „Axiomatische Mengenlehre", die wir hier aber nur ganz am Rande streifen werden.

Im Rahmen der Logik werden wir uns auf die sogenannte **Aussagenlogik** beschränken, d. h., wir werden einfache Aussagen mittels sogenannter **Wahrheitstafeln** auf ihre logische Konsistenz hin untersuchen. Das wiederum hat enge Beziehungen zu mengentheoretischen Ansätzen und wird uns helfen, die grundsätzlichen mathematischen Beweistechniken allgemein zu verstehen.

R. Voggenauer und C. Weiss, *Allgemeinbildung Mathematik,*
https://doi.org/10.1007/978-3-658-48997-7_5

123

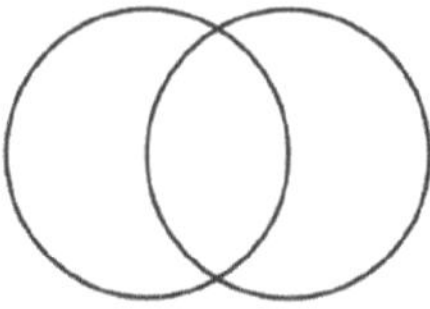

$$(A \cup B)^C = A^C \cap B^C \quad \neg(P \vee Q) \Leftrightarrow \neg P \wedge \neg Q$$

5.1   Einleitung

Dieses Kapitel muss man wahrscheinlich mit der Frage einleiten, ob und warum Logik und Mengenlehre so eng zusammengehören, dass wir sie hier gemeinsam behandeln. Dass wir das tun, legt nahe, dass es zwischen den beiden Bereichen etwas fundamental Verbindendes gibt, und wir geben zu, dass das auf den ersten Blick vielleicht nicht ersichtlich ist. Tatsächlich ist es aber so, zumindest, soweit es die Moderne betrifft.

Vordergründig haben sich diese beiden Bereiche zeitgleich entwickelt, nämlich etwa im Zeitraum der 1870er bis in die 1930er Jahre. Von daher entspricht die Platzierung des Kapitels an dieser Stelle im Buch nicht der chronologischen Abfolge in der Historie der Mathematik, aber das hat rein didaktische Gründe, denn einiges davon werden wir in den unmittelbar folgenden Kapiteln gut gebrauchen können.

Mehr inhaltlich und hintergründig gesprochen muss man allerdings sagen, dass Mengenlehre und Logik zusammen die Grundlagen der gesamten Mathematik bilden.

Von der Logik hat man das vermutlich schon immer gewusst, oder zumindest geahnt, denn früh wird uns ja eingebläut, dass in der Mathematik alles „logisch" ist und dass das – wie so vieles – auf die altehrwürdigen Griechen zurückzuführen ist, insbesondere auf Aristoteles und Euklid, sozusagen die Stammväter der abendländischen Philosophie und der Mathematik.

Von der Mengenlehre kann man Ähnliches sicher nicht so leicht behaupten, denn einerseits ist sie eine verhältnismäßig junge Disziplin und zweitens ist sie eines der ganz wenigen Teilgebiet der Mathematik, auf denen auch gestandene Mathematiker zu Zeiten emotional geworden sind. Ihre Wurzeln wurden erst Ende des 19. Jahrhunderts angelegt, und zwar von Georg Cantor (s. Anhang), der für seine neue Lehre seinerzeit so stark angefeindet[1] wurde, dass er zeitweise in Depressionen verfiel, und sich jahrelang ganz von der Mathematik zurückzog. Als die „neue Mathematik" – wie man sie dann nannte – knapp 100 Jahre später an unseren Schulen eingeführt wurde, kam es dort ebenso zu

---

[1] Nicht wenige Zeitgenossen hielten seine Lehre gar für eine Krankheit, die dereinst überwunden sein werde.

sehr irrationalen Auseinandersetzungen, und „Der Spiegel"[2] fragte damals sogar auf der Titelseite, ob Mengenlehre krank macht. Wer in den späten 60er oder frühen 70er Jahren im damaligen Westdeutschland zur Schule gegangen ist, wird sich vielleicht an die Kontroversen noch erinnern. Damals wurde die Mengenlehre im Grundschulunterricht eingeführt, weniger zur Überraschung der Schüler, sondern sehr zur Verwunderung und – mehr noch – zur Verärgerung vieler Eltern, die so gar nicht verstehen konnten, was von Kreisen umrahmte geometrische Figuren ohne jegliches Zahlenwerk mit „Rechnen" zu tun haben könnten.

Die Verwunderung kann man nachvollziehen, die Verärgerung eher nicht.

Die Mathematik hat sich über Jahrtausende entwickelt, wie eine Hütte, die man immer wieder aus- und auch umgebaut hat, und die nach langer Zeit zu einem stattlichen Palast herangewachsen war. Mitte des 18. Jahrhunderts allerdings bemerkte man, dass im Fundament des Gebäudes eventuell etwas fehlen könnte, was man in der frühesten Bauphase nicht angelegt hatte oder – besser gesagt – nicht hatte anlegen können. Dessen wurde man gewahr, als man sich zurück besann auf Themen, die schon in der Antike aufgeworfen worden waren, aber immer noch ungelöst im Raum standen, nämlich berühmte Paradoxien, die alle mit dem Konzept der Unendlichkeit zu tun hatten. Die Widersprüche, die dabei zutage getreten waren, hatte Euklid theoretisch nicht auflösen können, und die pragmatischen Antworten des Aristoteles überzeugten auch nicht, was dazu geführt haben muss, dass man solche Fragen kurzerhand zurückstellte. Ob sie dadurch in Vergessenheit gerieten, kann man nicht sagen, aber sie kamen jedenfalls erst im 18. Jahrhundert wieder auf die Tagesordnung, und man erkannte schnell, dass diese Fragen keinesfalls trivial waren, sondern die Basis der Mathematik betreffen würden. Mitte des 19. Jahrhunderts nahm die Diskussion dann entscheidend Fahrt auf[3], was schlussendlich die Geburtswehen der Mengenlehre auslöste. Dabei ging es also explizit nicht um das, was man heute oft reflexartig mit Mengenlehre verbindet, nämlich eingekreistes Kinderspielzeug, sondern um uralte Fragen zur Unendlichkeit. Die hat Cantor beantwortet, indem er zwischen verschiedenen Unendlichkeiten differenzierte, aber die Art und Weise, wie er sich dem Thema näherte, warf wiederum andere Probleme auf, logische Probleme, die um die Jahrhundertwende zu dem beitrugen, was man – vielleicht ein wenig übertrieben – die „Grundlagenkrise" der Mathematik nennt.

Bevor wir uns damit beschäftigen, werfen wir aber auch noch eine zweite Frage auf, nämlich die, ob dieser Bereich Teil der Allgemeinbildung in Mathematik sein soll? Die Antwort darauf fällt uns nicht ganz so leicht wie die auf die Eingangsfrage, denn sie ist längst nicht so offensichtlich, wie manche Pädagogen das in den 70er Jahren postuliert haben. Unbestritten kann man die Mengenlehre als die Basis der Mathematik bezeichnen, denn Mathematik ist mehr als Rechnen und sie befasst sich deswegen

---

[2] Ausgabe 13/1974.

[3] Ein bedeutendes und auch heute noch lesbares Werk zu diesem Thema und aus dieser Zeit ist „Paradoxien des Unendlichen" von Bernard Bolzano (1781–1848).

mit mehr als nur mit Zahlen, nämlich vornehmlich mit Mengen und sogenannten Abbildungen zwischen diesen. Wir können heute alles Mathematische mengentheoretisch ausdrücken – und wir tun das auch – und deswegen ist die Mengenlehre zur Sprache der Mathematik geworden. Das heißt aber nicht, dass man diese Sprache sozusagen muttersprachlich beherrschen muss. Wir wollen uns hier auf Wesentliches aus dem Bereich der sogenannten „naiven" Mengenlehre beschränken und halten das für einen angemessenen Teil einer mathematischen Allgemeinbildung.

Für die Logik gilt das umso mehr: Sie gilt einerseits als das Fundament, auf dem die Wissenschaft steht, aber andererseits auch als der Mörtel, der die einzelnen Bausteine zusammenhält. Bei einem Gebäude sind diese Komponenten oft nicht im direkten Blickfeld und werden vielleicht deswegen weniger gewürdigt als eine gelungene Innenarchitektur. Genauso wird die Relevanz der Logik innerhalb der Mathematik nicht immer direkt sichtbar, aber ihren Stellenwert in der Mathematik kann man nicht hoch genug ansetzen. Nach dem Eingangszitat von John Locke, ist sie die „Anatomie des Denkens", und so wie die Anatomie die tatsächliche Struktur von Organismen beschreibt, so gibt die Logik den Aufbau mathematischer Denkprozesse vor. Sie könnte also durchaus auch die mathematische Paradedisziplin sein, denn Mathematik ist keine empirische Wissenschaft, die ihre Erkenntnisse durch Datenerhebungen oder Experimente erlangt, sondern eben nur durch gedankliche Arbeit, die sich allein im „Logos" abspielt. Umso erstaunlicher ist es aber, dass das, was wir heute unter mathematischer Logik verstehen, erst sehr spät als Teilgebiet der Mathematik eingeführt wurde, nämlich in etwa zeitgleich mit der Mengenlehre, d. h. Ende des 19. Jahrhunderts. Die Protagonisten der Begründung einer systematischen Logik in der Mathematik traten Anfang des 20. Jahrhunderts auf, allen voran Gottlob Frege (1848–1925), Bertrand Russell (1872–1970) und Kurt Gödel (1906–1978). Deren Arbeiten haben die moderne Mathematik unserer Zeit geprägt und gehen selbstverständlich weit über das hinaus, was man im Allgemeinwissen voraussetzen kann. Wir werden uns auch hier beschränken, und zwar auf einen Teil der mathematischen Logik, den man „Aussagenlogik" nennt, und der letztendlich nur die Regeln des „richtigen", d. h. des logischen, Schließens behandelt. Das an sich erscheint uns natürlich und selbstverständlich, es kann aber – wenn man in die Details geht – durchaus befremdend, ja sogar ermüdend wirken. Dessen sind wir uns sehr bewusst, und wegen der fehlenden offensichtlichen Relevanz sehen wir das Teil-Kapitel Logik als eine Art Bonustrack an, d. h., es kann guten Gewissens auch erst einmal überlesen werden.

Wenn man sich aber mit dem gesamten Kapitel befasst, dann lernt man zwei Disziplinen kennen, die relativ jung sind, deren Wurzeln jedoch bis in die griechische Welt zurückreichen und die aufs Engste mit der Philosophie verbunden sind: Euklids logischer Aufbau der Mathematik stützte sich im Wesentlichen auf den aristotelischen Begriff der Logik, und die Mathematiker, die sich in der neuesten Zeit auf diesen Feldern hervorgetan haben, operierten immer an der Schnittstelle zwischen Philosophie und Mathematik.

Mengenlehre und Logik haben sicher wenig mit klassischem Rechnen zu tun, aber wir würden deren Konzepte durchaus als das Handwerkszeug des Mathematikers bezeichnen und hoffen, dass dies die Eingangsfrage nach dem Zusammenhang zwischen den beiden Feldern hinreichend beantwortet.

5.2   (Naive) Mengenlehre

Der Begriff „naive" Mengenlehre ist unseres Erachtens nicht sehr glücklich gewählt, denn er hört sich natürlich etwas herablassend an, ist aber sicher nicht so gedacht. Deswegen wollen wir mit einer Begriffsklärung beginnen:

Die Mengenlehre, die wir hier behandeln werden, ist deren früheste Form. Sie wurde im späten 19. Jahrhundert von Georg Cantor erstmals veröffentlicht und rief von Anfang an heftige Kontroversen hervor. Von großen Teilen der damaligen „Fachwelt" wurde sie zunächst abgelehnt, und Cantor selbst war den Anfeindungen, sogar dem Spott, seiner Kollegen, allen voran Leopold Kronecker, ausgesetzt. Nichtsdestotrotz setzte die neue Lehre sich zwar durch, aber sie stand um die Jahrhundertwende herum im Zentrum der sogenannten „Grundlagenkrise" der Mathematik. Das lag auch daran, dass Cantors Arbeiten auf einer sehr anschaulichen Vorstellung von „Mengen" basierte, nämlich einer, die wir auch außerhalb der Mathematik benutzen würden. Von daher entwickelte man im Zuge der Auflösung der Krise seine mengentheoretischen Ansätze weiter, indem man sie weniger aus der intuitiven Vorstellung ableitete als vielmehr auf einer Reihe von abstrakten Axiomen begründete. Um diese neue „axiomatische" Mengenlehre von der ursprünglichen („naiven") abzugrenzen, verfiel man auf diesen Begriff, der nicht von ungefähr in etwa zeitgleich auch in der Malerei eingeführt wurde.

Nach der Mengenlehre im Cantor´schen Sinne versteht man unter einer *Menge:*

„Eine Zusammenfassung von bestimmten wohlunterschiedenen Objekten unserer Anschauung oder unseres Denkens zu einem Ganzen."

Cantor setzte ergänzend hinzu, dass er diese Objekte die „Elemente" der Menge nennt, aber mit diesen werden wir uns konkret erst später befassen und zunächst nur auf die Menge an sich fokussieren. Diese Definition ist – wie angedeutet – intuitiv verständlich, denn sie entspricht vordergründig unserem Alltagsdenken: Wir stellen uns eine „Menge" vor als eine Ansammlung von „vielen" Objekten, und da die Definition von „wohlunterschiedenen" Objekten spricht, impliziert das, dass wir eine sehr genaue Vorstellung davon haben, wie viele Objekte wir als Menge zu einem Ganzen zusammenfassen. Diese Anzahl setzen wir anschaulich mit der Größe der Menge gleich, und mathematisch nennen wir das ihre **Mächtigkeit** oder auch **Kardinalität,** und schreiben diese Zahl als $|M|$, wenn M die betreffende Menge ist. Das klingt soweit alles harmlos, aber genau hier werden Herausforderungen liegen, auf die wir später noch zurückkommen.

Im normalen Sprachgebrauch unterstellen wir außerdem oft, dass sich die Objekte innerhalb einer Menge irgendwie ähnlich sind oder dass es einen inhaltlichen Zusammenhang zwischen ihnen gibt, z. B. die Menge aller Menschen, meine „Sieben

Sachen" oder eine Menge Glückwünsche sehen wir als ein „Ganzes", eine Zusammenfassung, von „Objekten", die einen gemeinsamen Bezug haben. Bei Cantor ist allerdings
weder verlangt, dass es sich um „viele" Objekte, sprich Elemente, handelt, noch dass
sie sich zwingend ähneln. Eine Menge kann durchaus nur ein Element oder sogar gar
keines enthalten, aber in der Regel werden wir es mit Mengen zu tun haben, die „viele"
Elemente enthalten.[4] Und dann müssen diese allerdings keinen gemeinsamen Bezug oder
einen „gemeinsamen Nenner" haben, wenn man so will, sondern sie werden sich durch
bestimmte gemeinsame Eigenschaften auszeichnen, d. h., die Menge selber wird sich
über Eigenschaften ihrer Elemente definieren.

Und natürlich hat Cantor weniger Dinge der realen Welt im Sinne, sondern „Objekte
unseres Denkens", d. h., er unterstellt eher abstrakte Gebilde als Elemente einer Menge,
und es ist naheliegend, dass dies zuallererst mathematische Objekte sein werden. Prädes-
tiniert dafür – und für unsere Zwecke vollkommen ausreichend – sind natürlich Zahlen,
grundsätzlich aber kann man sich nach dieser Lesart beliebige mathematische Objekte
als Elemente einer Menge vorstellen. Ein solches – an dieser Stelle vielleicht noch exoti-
sches – Element wäre eine Menge selber, d. h., eine Menge kann durchaus Element einer
anderen Menge sein. Da macht Cantor keine Beschränkung, und das ist genau der Punkt,
an dem die „naive" Mengenlehre auf Probleme stößt. Man – und dazu gehörte auch Cantor selbst – erkannte schnell, dass in der Konstruktion von Mengen Vorsicht geboten war,
und dass sie eben doch nicht „beliebig" gebildet werden können. Das berühmte Beispiel dafür war die sogenannte „Menge aller Mengen", zu der man gedanklich kommt,
wenn man Mengen als Elemente anderer Mengen zulässt. Diese wäre dann aber auch
eine Menge, die folglich in der „Supermenge", also in sich selbst, enthalten sein müsste;
andersherum, die „Menge aller Mengen" müsste sich selbst enthalten, was ein wenig an
Münchhausen erinnert, der sich am eigenen Schopf aus dem Sumpf gezogen hat.

Genau diesen Widerspruch hatte Bertrand Russell im Prinzip schon ganz am Anfang
des 20. Jahrhunderts aufgebracht und später in seiner berühmten Paradoxie vom Barbier
anschaulich formuliert:

> *"You can define the barber as 'one who shaves all those, and those only, who do not shave
> themselves.' The question is, does the barber shave himself?"*

Auf gut Deutsch: Wenn der Barbier der ist, der genau diejenigen rasiert, die sich nicht
selbst rasieren, wer rasiert dann den Barbier? Von diesem Typ Paradoxon existieren verschiedene Varianten, die manchmal auch unterhaltsam und small-talk geeignet sind, aber
mathematisch übersetzt, laufen sie alle auf die berühmte „Russell´sche Antinomie" hinaus, die er 1903 formulierte und die schlagartig zum Ende der Cantor´schen Mengenlehre führte.

---

[4] Wichtig ist hier die „Wohlunterscheidung": Eine „Menge Geld" ist keine Menge im Cantor´schen
Sinne, eine Menge Münzen aber schon.

Russell definierte eine Menge M als die Menge aller Mengen, die sich nicht selbst enthalten. Dann würde M also genau diejenigen Elemente enthalten, die nicht in M sind, was paradox ist, und damit war klar, dass die uneingeschränkte Konstruktion von Mengen, so wie Cantor sie formuliert hatte, offenbar schon in einfachen Beispielen zu Antinomien führte. Das war für einige Mathematiker Anlass genug, den ganzen Ansatz als Irrweg zu verteufeln, andere aber gingen die Probleme an und versuchten, die Widersprüche zu lösen, weil sie das Konzept an sich für vernünftig hielten. In diesem Sinne ist das dem Kapitel vorangestellte Zitat von David Hilbert zu verstehen, der die Mengenlehre als ein Paradies ansah, aus dem man sich nicht mehr vertreiben lassen sollte, und diese Haltung hat dann die Entwicklung der „axiomatischen"[5] Mengenlehre in Gang gesetzt. Darin konnten die offenbaren Widersprüche in Cantors naiver Mengenlehre Anfang des 20. Jahrhunderts überwunden werden, indem man das mengentheoretische Konzept abseits der intuitiven Anschauung widerspruchsfrei auf Basis von etwa einem Dutzend Axiomen aufbaute. Diese Leistung geht im Wesentlichen auf Ernst Zermelo (1871–1953) und Abraham Fraenkel (1891–1965) zurück, und sie bildet die Grundlage der heutigen Mengenlehre. Allerdings, zum Verständnis dessen, was wir im Allgemeinwissen aus der Mengenlehre abdecken werden, reicht Cantors „naive" Mengenlehre nicht nur vollständig aus, sondern sie ist auch besser geeignet, um die Zusammenhänge zu verstehen.

Die intuitive Definition einer Menge als eine „Zusammenfassung verschiedener Objekte" gibt uns eine gute Vorstellung davon, was gemeint *ist*. Der nächste Schritt wäre dann die Frage, wie man eine Menge formell *darstellen* kann, d. h., wie wir sie mathematisch „be-schreiben" können. Da sie über ihre Elemente charakterisiert ist, geht es einzig und allein darum, klar und eindeutig festzuhalten, welche Objekte sie enthält. Im Schulunterricht wird dieser erste Schritt gern über bildliche Darstellungen gegangen, d. h., Bilder der Elemente einer Menge werden mit einer kreisförmigen, geschlossenen Linie umfasst; z. B. wie in Abb. 5.1 und 5.2.

Etwas weniger anschaulich, aber immer noch leicht fassbar, ist es, Mengen „aufzählend" aufzuschreiben, indem wir ihre Elemente innerhalb von geschweiften Klammern[6] und abgetrennt durch Kommata – oder auch Semikolon – auflisten.

$$\{"Stuhl", "Baum", "Auto"\} \text{ oder } \{1; 2; 3\}$$

Die Elemente der ersten Menge sind wohlgemerkt die drei Wörter „Stuhl", „Baum" und „Auto", und nicht etwa alle Stühle dieser Welt oder irgendwelche konkreten Bäume oder Autos. Die zweite Menge enthält drei abstrakte mathematische Objekte, nämlich die drei natürlichen Zahlen 1, 2 und 3. Um auszudrücken, dass ein gewisses Objekt x Element einer Menge M ist, schreiben wir:

---

[5] Vgl. dazu auch im Kapitel „Analysis": Axiomatische Definition der reellen Zahlen.

[6] Diese Art Klammern, genannt „geschweifte Mengenklammer" hat sich mittlerweile als Standard etabliert.

Abb. 5.1 Reelle
Mengendarstellung

Abb. 5.2 Abstrakte
Mengendarstellung

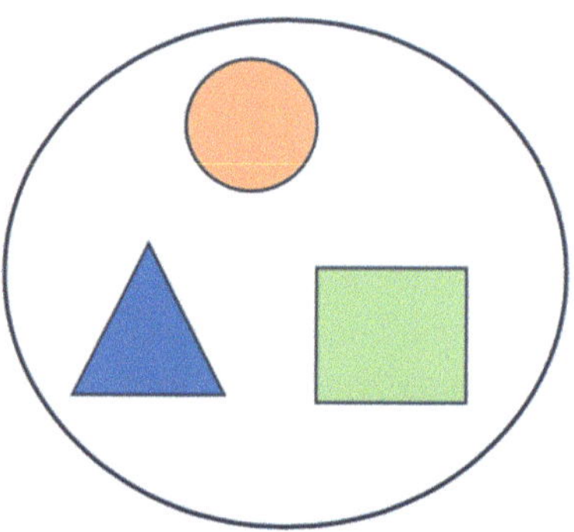

$$x \in M$$

bzw. für den gegenteiligen Fall – und andere gibt es nicht:

$$x \notin M$$

Wir sagten oben schon, dass eine Menge durchaus auch gar kein Element enthalten kann. Das klingt widersinnig, ist jedoch ähnlich sinnvoll wie, dass wir die Null als Zahl auffassen. Allerdings gibt es nur ein solches Konstrukt: Wir nennen es die (!) leere Menge und haben dafür sogar ein eigenes Symbol, das nicht zufällig an das Zeichen für die Null erinnert, nämlich $\emptyset$.

Wenn man die Mengenelemente wie oben als Sequenz angibt, dann kommt es auf deren Reihenfolge nicht an[7] und die mehrfache Auflistung eines Elements ist erlaubt – wenn auch grundsätzlich nicht sinnvoll, d. h.:

$$\{1;\ 2;\ 3\} = \{2;\ 1;\ 3\} \text{ und } \{1;\ 2;\ 2;\ 3;\ 3\} = \{1;\ 2;\ 3\}$$

Bei größeren Mengen kann es mühsam sein, alle Elemente in dieser Weise aufzuzählen, und wenn die Menge gar unendlich viele Elemente hat, wie die natürlichen Zahlen, dann ist eine solche Auflistung gar nicht möglich. Unter Umständen kann man sich dann damit behelfen, die Liste durch „…" abzukürzen, was allerdings streng genommen immer mehrdeutig ist und wirklich nur verwendet werden sollte, wenn die Bedeutung glasklar ist. Z. B. würden wir unter $\{1;\ 2;\ 3;\ …;\ 11\}$ die Menge der natürlichen Zahlen von 1 bis 11 verstehen und die Menge $\mathbb{N}$ selber kann man als $\{1;\ 2;\ 3;\ …\}$ schreiben. Demgegenüber wäre aber $\{3;\ 5;\ 1;\ …;\ -3\}$ keine eindeutige Auflistung, d. h., die Abkürzung über die drei Pünktchen anstelle des sprachlichen „usw." ist nur dann sinnvoll, wenn man davon ausgehen darf, dass auch ohne mathematischen Sachverstand klar ist, wie die Fortsetzung gedacht ist. Die Schreibweise ist keinesfalls als Intelligenztest gedacht.

In der Regel aber – und insbesondere bei unendlich großen Mengen – wird man die Elemente nicht einzeln auflisten, sondern die Menge selbst über die Eigenschaften definieren, die ihre Elemente haben sollen. Dazu ist es meist so, dass man aus einer größeren Menge diejenigen Elemente beschreibend eingrenzt, die eine gewisse Eigenschaft haben bzw. auf die ein gewisses *Prädikat* zutrifft, also etwas, was die Elemente vor anderen *auszeichnet* oder hervorhebt.[8] Die Beschreibung legt dann im Prinzip eine Vorschrift fest, nach der die Menge zu bilden ist, eine Bildungsvorschrift.

Als Beispiel stellen wir uns die Menge aller Menschen vor, bezeichnen sie mit H und grenzen diese ein auf die Menge aller Frauen, d. h. auf diejenigen Menschen, die das Prädikat „weiblich" erfüllen. Diese Eingrenzung machen wir deutlich durch die Setzung eines senkrechten Strichs „I", nach dem die eingrenzende Eigenschaft spezifiziert wird; z. B. wird die „Menge aller Frauen", abgekürzt mit F, angegeben als:

$$F := \{h \in H \mid h \text{ ist weiblich}\}$$

In Worten: F ist die Menge aller Menschen, die weiblich sind, bzw. die Menge aller h aus H, für die gilt: h ist weiblich.

Ein anderes Beispiel wäre die Menge G aller geraden Zahlen, innerhalb der natürlichen Zahlen, d. h. aller n aus $\mathbb{N}$, für die gilt: n ist gerade; in Zeichen:

$$G := \{n \in \mathbb{N} \mid n \text{ ist gerade}\}$$

---

[7] Vorsicht: Das gilt für Mengen und muss bei anderen Anordnungen durchaus nicht der Fall sein.

[8] Lat. praedicare = zusprechen, d. h. das Prädikat ist eine Eigenschaft, die einem Objekt zugesprochen wird.

Abb. 5.3 Venn-Diagramm

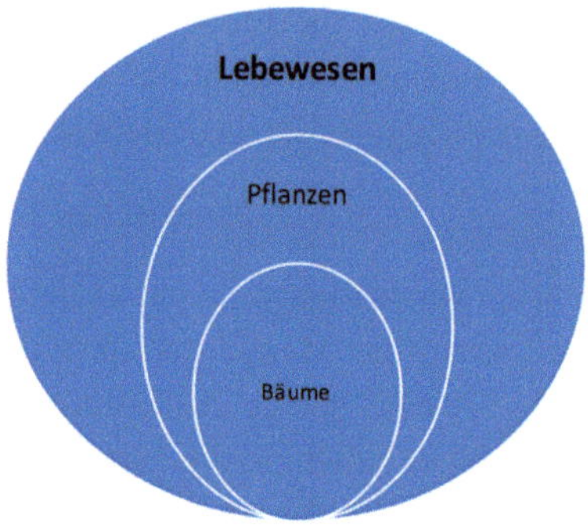

Wollte man die 6 ganzen Zahlen von −2 bis 3 als Menge auffassen, dann könnte man sie entweder wie oben auflisten oder per Bildungsvorschrift definieren:

$$\{-2; -1; 0; 1; 2; 3\} = \{z \in \mathbb{Z} \mid -2 \leq z \leq 3\}$$

Eine solche Auswahl bestimmter Elemente aus einer (größeren) Menge stellt automatisch eine sogenannte **Teilmenge** der gegebenen (Ober-)Menge dar. Am einfachsten wird das an einer graphischen Mengen-Darstellung klar. Dazu gibt es verschiedene Konzepte, aber das, was sich bei uns auch in der schulischen Vermittlung bewährt hat, sind die sogenannten Venn-Diagramme,[9] nämlich kreisförmige Umfassungen von Elementen, wie wir sie oben schon angedeutet hatten. Dadurch kann man gegebene Mengen oft schon direkt als Teile größerer Ober-Mengen erfassen, wenn wir die definierenden Eigenschaften der Mengen bzw. ihrer Elemente kennen und verstehen. Die Menge aller Lebewesen beispielsweise umfasst nach gängiger Auffassung der Biologie die Teilmengen Tiere, Pflanzen, Bakterien und Pilze (s. Abb. 5.3). Von daher könnte man hier folgende Mengenbeziehungen als Venn-Diagramm darstellen:[10]

In Worten: Die Menge aller Bäume ist eine Teilmenge aller Pflanzen, und die wiederum liegt in der Menge aller Lebewesen. Teilmengenbeziehung drücken wir mathematisch aus durch:

$$A \subset B$$

gelesen „A ist Teilmenge von B", was nichts anderes heißt, als dass alle Elemente von A auch in B liegen. Das ist aber auch der Fall, wenn die beiden Mengen gleich sind,[11] und um das vom Normalfall zu unterscheiden, bezeichnen wir A als **echte Teilmenge** von B, wenn es Elemente gibt, die in B, aber nicht in A liegen. Genau diese Elemente nennen

---

[9] Benannt nach John Venn (1834–1923).

[10] Die Darstellung muss keinesfalls vollständig sein. Hier verzichten wir auf Tiere, Bakterien und Pilze.

[11] Das heißt insbesondere, dass jede Menge Teilmenge von sich selbst ist.

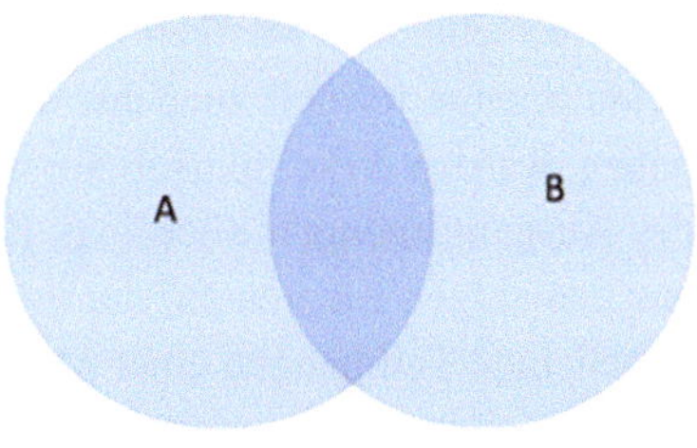

Abb. 5.4 Kreise mit nicht-leerer Schnittmenge

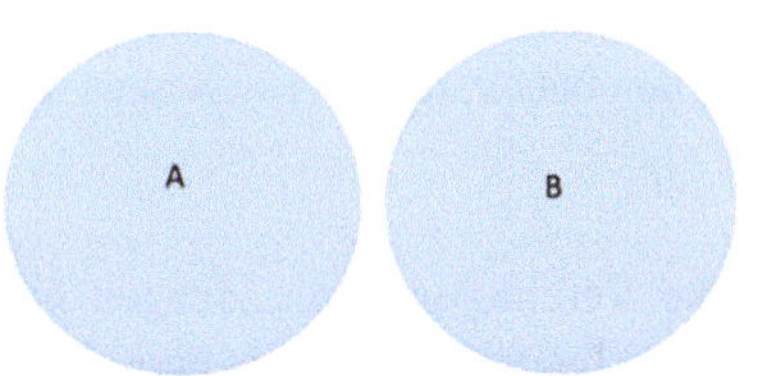

Abb. 5.5 Disjunkte Kreise

wir das **Komplement** (von A in B), geschrieben als A^C, wenn klar ist, auf welche Obermenge B man sich bezieht.[12] Im obigen Beispiel wäre die Menge aller Tiere, Bakterien und Pilze das Komplement zur Menge der Pflanzen in der Menge der Lebewesen.

Als Nächstes werden wir nun Operationen auf Mengen selber definieren, d. h., im Prinzip werden wir aus gegebenen Mengen neue erzeugen. Das alltäglichste Beispiel dafür ist wahrscheinlich die Bestimmung einer **Schnittmenge,** denn das ist auch außerhalb der Mathematik ein gebräuchliches und verstandenes Konstrukt. Dazu betrachten wir zwei Mengen, von denen die eine nicht Teilmenge der anderen ist, und bestimmen deren gemeinsame Elemente. Falls es sie gibt, wie in Abb. 5.4 dargestellt, bilden genau diese die Schnittmenge der beiden vorgegebenen Mengen; hier der schattierte Bereich. Falls es sie nicht gibt (Abb. 5.5), nennen wir die Mengen **disjunkt,**[13] was soviel heißt wie „nicht verbunden", denn das Verbindende zwischen ihnen wären ja gerade gemeinsame Elemente.

Als Beispiel sei A die Menge aller Männer der Welt und B die Menge aller Menschen mit französischer Staatsangehörigkeit. Die Schnittmenge von A und B wären offenbar alle Männer mit französischer Staatsangehörigkeit, also alle Franzosen.

In Zeichen schreiben wir dafür allgemein:

$$A \cap B = \{x \in H \mid x \in A \text{ und } x \in B\}$$

Eine weitere wichtige Mengenoperation ist die Bildung der sogenannten **Vereinigungsmenge** zweier – oder auch mehrerer – Mengen. Wie der Name es vermuten lässt, werden

---

[12] Der Begriff Komplement wird verwendet, weil die beiden Mengen sich ja gerade zur Obermenge komplementieren.

[13] Formell ist die Schnittmenge zweier disjunkter Mengen – logisch – die leere Menge.

dabei verschiedene Mengen zusammengelegt, vereint, wobei eine eventuelle, nicht-leere
Schnittmenge formell zunächst doppelte Einträge liefert, aber wie wir schon ausgeführt
haben, werden diese faktisch nur als einfach vorkommende Elemente angesehen. Waren
die Ausgangsmengen allerdings disjunkt, dann besteht die Vereinigungsmenge gerade
aus denjenigen Elementen, die in der einen oder der anderen Menge liegen. Sind X und
Y beliebige Teilmengen einer Menge Z, dann schreiben wir das als:

$$X \cup Y = \{z \in Z \mid z \in X \text{ oder } z \in Y\}$$

Unterstellen wir, dass die beiden Mengen X und Y disjunkt sind und endliche Mächtig-
keiten haben, d. h. $|X| = n$ bzw. $|Y| = m$ mit $n, m \in \mathbb{N}$, dann gilt offenbar[14]:

$$|X \cup Y| = n + m$$

Die Vereinigung von Mengen nennt man entsprechend auch deren **Summe,** und von
daher liegt es nahe, dass man auch **Differenzen** von Mengen bilden kann. Genau das ist
die nächste Operation, die wir hier anschauen wollen, und die besteht bei zwei Mengen
schlicht daraus, dass man aus der einen Menge all die Elemente „entfernt", die auch in
der zweiten Menge liegen. Das macht man sich am besten wieder an unserem einfachen
Beispiel klar:

Sei P die Menge aller Pflanzen und L die Menge aller Lebewesen, dann enthält die
Menge „L ohne P" gerade alle Lebewesen, die keine Pflanzen sind, also nach unserer
Auffassung gerade alle Tiere, Bakterien und Pilze. In Mengenschreibweise drücken wir
das so aus:

$$L \setminus P = \{x \in L \mid x \notin P\}$$

Da in dem Fall P eine echte Teilmenge von L ist, ist die Differenzmenge natürlich gerade
das Komplement von P in L, und das hatten wir als P^C geschrieben.

Wir sehen, vieles läuft darauf hinaus, dass man mit Mengen ähnlich „rechnen" kann
wie mit Zahlen, bzw. allgemein, dass man nicht nur mit Zahlen rechnen kann. Deswegen
sprechen wir auch von „Mengenalgebren", d. h. von Strukturen, in denen man Mengen
hat und Operationen, die für und auf diesen Mengen definiert sind; also explizit nicht auf
den Elementen von Mengen – dazu kommen wir später noch – sondern auf den Mengen
selbst. Darunter kann man sich unter anderem die Mengenoperationen vorstellen, die wir
bis hierher besprochen haben, nämlich die Vereinigung von Mengen und die Bildung von
Schnitt- oder Komplementmengen. Und ganz analog dem Rechnen mit Zahlen haben wir
auch für diese Verknüpfungen „Rechengesetze", die zwischen genau diesen drei Operationen einen Zusammenhang herstellen, nämlich den, dass das **Komplement einer Vereinigungsmenge gerade die Schnittmenge der Komplemente der einzelnen Mengen**
ist und umgekehrt:

$$(A \cup B)^C = A^C \cap B^C$$

---

[14] Damit lässt sich die Addition innerhalb der natürlichen Zahlen mengentheoretisch darstellen.

$$(A \cap B)^C = A^C \cup B^C$$

Diese beiden Gesetze gehen auf den englischen Mathematiker Augustus de Morgan (1806–1871) zurück und sie haben durchaus sehr praktische Anwendungen, z. B. in der Informatik. Einfache Zahlenbeispiele dafür kann man sich leicht konstruieren, aber um das zweite in einer eher alltäglichen Situation zu illustrieren, stelle man sich ein Getränk vor, das „gerührt" oder „geschüttelt" (A oder A^C) und „mit" oder „ohne" Eis (B oder B^C) serviert wird. Beides denken wir uns als sich gegenseitig ausschließend, und dann sind die Mengen „geschüttelt" und „ohne Eis" zusammengenommen ($A^C \cup B^C$) dasselbe wie „alles außer gerührt und mit Eis" $(A \cap B)^C$.

Man merkt daran vielleicht, dass diese Gesetze auch etwas mit Logik zu tun haben, und genau dort finden sie in angepasster Form, aber gleichen Inhalts, auch ihre Verwendung. Bevor wir darauf zurückkommen, wollen wir zunächst noch eine weitere sehr wichtige Mengenoperation angeben, die für das Folgende wesentlich sein wird, und dafür brauchen wir das Konzept der **„Produktbildung"** von Mengen.

Nachdem wir gesehen haben, dass man „Summen" und „Differenzen" von Mengen bilden kann, wird man evtl. schon vermuten, dass man auch Mengen-Produkte konstruieren kann. Und genau das ist der Fall: Die Bildung des sogenannten **kartesischen Produkts** aus zwei – oder mehr – Mengen ist das Pendant zu der entsprechenden Grundrechenart in den Zahlen, der Multiplikation.

Benannt ist die Operation nach René Descartes, weil man damit letztendlich auch die Punkte in einem kartesischen Koordinatensystem beschreibt, das wir später im Kapitel zur Analysis behandeln werden. Bei nur zwei Mengen A und B versteht man unter deren kartesischem Produkt, geschrieben als AxB, einfach die Menge aller möglichen Paare von Elementen, von denen jeweils das erste aus der Menge A, das andere aus der Menge B stammt, d. h., die Reihenfolge in der Anordnung der Elemente ist wesentlich – anders als bei Mengen an sich. Die Schreibweise dafür ist:

$$AxB := \{(a, b) \mid a \in A \text{ und } b \in B\}$$

Das kann man sich wunderbar als Raster vor Augen führen, das wir von der Multiplikation kennen:

Wenn $A = \{1; 2; 3\}$ (horizontal) und $B = \{1; 2\}$ (vertikal), dann stellt das Raster.

	1	2	3
1	(1;1)	(2;1)	(3;1)
2	(1;2)	(2;2)	(3;2)

die sogenannte Produkt- oder auch Kreuzmenge AxB dar. Genauer: Die Menge der Paare der Form „(a, b)" ist gerade das kartesische Produkt der Mengen A und B. Es kommt nicht von ungefähr, dass die Nomenklatur, die Verwendung des Zeichens „x" für die Operation und auch die Rasteranordnung an die Multiplikation von natürlichen Zahlen erinnert.[15]

Ein reelles Beispiel ist ein Schachbrett, dessen 64 Felder standardmäßig durch die Menge $S = \{(a, 1); (a, 2); \ldots; (h, 8)\}$ beschrieben werden. Das ist gerade das kartesische Produkt der Mengen $A = \{a; b; \ldots; h\}$ und $B = \{1; 2; \ldots; 8\}$, womit man die senkrechten Linien und waagerechten Reihen des Bretts bezeichnet.

Ein anderes Beispiel ist die Menge aller potenziellen Paare aus der Menge aller Frauen F und der Menge aller Männer M, d. h.:

$$F := \{f \in H \mid f \text{ ist weiblich}\}$$

$$M := \{m \in H \mid m \text{ ist männlich}\}$$

Das kartesische Produkt FxM ist also nicht die Menge aller Frauen und Männer, die tatsächlich (!) in einer Paar-Beziehung sind, sondern erstmal alle (!) theoretisch möglichen Kombinationen, sprich „Paare", von Elementen der Form:

$$(f, m) \text{ mit } f \in F \text{ und } m \in M.$$

Wichtig ist nur, dass die Schreibweise FxM die Reihenfolge der Geschlechter entscheidend festlegt, d. h., wir bilden „geordnete" Paare der Form (Frau, Mann).

Ein mathematisches Beispiel wären alle Gitterpunkte in einer Halbebene:

$$\mathbb{N} \, x \, \mathbb{Z} = \{(n, z) \mid n \in \mathbb{N} \text{ und } z \in \mathbb{Z}\}$$

Das Konzept ist offenbar leicht erweiterbar auf beliebig viele Mengen. Bei zwei Mengen nennt man die resultierenden „Produkte" verständlicherweise „Paare", bei drei „Tripel", bei vier „Quadrupel", usw. Allgemein spricht man von „n-Tupeln", d. h., die Elemente eines Produkts aus n Mengen $X_1, X_2, \ldots X_n$ heißen n-tupel und werden geschrieben als:

$$x = (x_1, x_2, \ldots, x_n) \text{ mit } x_i \in X_i$$

Das Konzept des kartesischen Produkts wird uns jetzt helfen, einen Begriff zu erklären, der mit der Mengenlehre auf das Engste verbunden ist und der für die gesamte Mathematik fundamental ist, nämlich den der **Abbildung.**

Dieser Begriff wird trotz seiner zentralen Bedeutung in Lehrbüchern nicht einheitlich verwendet und sorgt deswegen immer wieder für unnötige Verwirrung. Für unsere Zwecke ist er auch gar nicht so entscheidend, aber er ist dennoch relevant, denn er leitet nahtlos über zu etwas, was für uns im Rahmen der Analysis noch sehr wichtig werden wird, nämlich die **Funktion** als Spezialfall einer Abbildung.[16]

---

[15] Für AxA schreibt man entsprechend auch A^2.

[16] Ein weiterer Begriff, der in diesem Zusammenhang meist auftaucht, ist der der „Relation". Er beschreibt – wie der Name suggeriert – Beziehungen zwischen Elementen von zwei oder mehr (!) Mengen, aber für unsere Zwecke ist der Begriff nicht unbedingt nötig und verwirrt eher.

Von einer Abbildung spricht man, wenn man Elemente *einer* Menge den Elementen einer *anderen* Menge nach einer gewissen Vorschrift „zuordnet". Man geht also von zwei (!) Mengen aus, sagen wir F und M, und bildet nach einer zu spezifizierenden Regel geordnete Paare (f, m), wie oben, bei denen die erste Komponente des Tupels aus F kommt, die zweite aus M.

Die Wortwahl „Abbildung" ist nicht unbedingt direkt nachvollziehbar,[17] aber inhaltlich kann man sich den Sachverhalt leicht klarmachen. Nehmen wir dafür wieder das nicht-mathematische Beispiel von oben, d. h., sei F eine Menge von Frauen, M eine Menge von Männern und als „Vorschrift" wählen wir, jeder Frau den- oder diejenigen Männer zuzuordnen, mit denen sie tatsächlich in einer „Beziehung" steht oder stand. Dabei ist es unwichtig, wie wir den Begriff „Beziehung" definieren, sondern nur, dass man so Paarungen von aktuellen und ehemaligen „Beziehungs-Paaren" bildet, was offenbar eine Teilmenge der oben beschriebenen gesamten Produktmenge FxM wäre.

Eine solche Abbildung, nennen wir sie P, würde man mathematisch schreiben als:

$$P : F \rightarrow M, f \mapsto m$$

und dergestalt lesen, dass P die Menge F auf die Menge M abbildet, wobei Elemente f aus F Elementen m aus M „zugeordnet" werden[18] und für jedes Paar (f, m) nennen wir m das „Bild" von f unter P.[19]

Dabei ist es für unser (!) Verständnis jetzt wichtig, dass jedes (!) f aus F mindestens[20] einem m aus M zugeordnet wird, d. h., kein Element von F darf unter der Abbildung P sozusagen leer ausgehen und kein Bild in M finden. Das bedeutet aber auch, dass gewisse Elemente aus F durchaus mehreren Bildern zugeordnet werden können, dass also die Zuordnung unter der Abbildung P für einige f aus F nicht unbedingt **eindeutig** sein muss. In dem realen Hintergrund des Beispiels ist genau das ja auch der Fall: Jede Frau, die verschiedene Paarbeziehungen hatte, wird nicht eindeutig nur einem Mann zugeordnet.

Eine Abbildung, die in diesem Sinne eindeutig wäre, wäre z. B. die Zuordnung der biologischen Mutter zu jedem Kind, denn jedes Kind hat genau eine Mutter. Für die umgekehrte Richtung aber würde das nicht mehr gelten, denn eine Mutter kann natürlich mehrere Kinder haben.

---

[17] Es gibt hierfür tatsächlich auch andere Begrifflichkeiten, aber das ignorieren wir.

[18] Man beachte: Es handelt sich allgemein um eine „Zuordnungsvorschrift", und diese wird durch die leicht unterschiedlichen Pfeile dargestellt.

[19] In der Praxis drücken wir das aus durch die Schreibweise m = P(f), gelesen „m gleich P von f", ergänzt um die tatsächliche Zuordnungsvorschrift.

[20] Genau hier gibt es unterschiedliche Auffassungen: Manchmal wird hierfür „höchstens" ein Bild verlangt, ein anderes Mal „genau" eines. Wir halten die Forderung nach „mindestens" einem Bild für konsistent.

Eindeutigkeit ist ein häufig anzutreffender Begriff in der Mathematik, und es ist eine Eigenschaft, die der Mathematiker in der Regel gerne vorfindet. Im Zusammenhang mit Abbildungen führt sie uns jetzt direkt zum zentralen Begriff der Funktion, denn eine **Funktion** ist nichts anderes als eine **eindeutige Abbildung,** d. h. mit obiger Nomenklatur eine Abbildung, unter der jedem f aus F nicht nur mindestens ein, sondern genau (!) ein m aus M zugeordnet wird. Sprachlich: Eine Frau – ein Mann, aber die Umkehrung gilt nicht.

Für das Folgende wollen wir uns die Dinge wieder einfacher machen und nur solche Funktionen betrachten, die auf und in Mengen von Zahlen operieren, und dass diese Mengen im Wesentlichen identisch sein sollen.[21] Damit stellen wir uns eine Funktion vereinfachend vor als eine Abbildungsvorschrift, unter der Zahlen aus einer Menge „abgebildet" – vielleicht besser „überführt" – werden in oder auf andere Zahlen, und zwar eindeutig. In der Regel – aber nicht zwingend – sind das bekannte Rechenoperationen an und mit Zahlen, wie z. B. das Dreifache einer Zahl, ihr Kehrwert, ihr Quadrat etc.

Meist benennen wir Funktionen mit kleinen Buchstaben und schreiben sie analog zu Abbildungen als:

$$f : X \to Y, x \mapsto y = f(x)$$

Damit drücken wir also aus, dass unter der Funktion f Elemente x aus der (Zahlen-) Menge X eindeutig „abgebildet" werden auf Werte y der (Zahlen-) Menge Y.[22] Letztere kann man sich also vorstellen als transformierte Werte von x nach Anwendung der Funktion f, und deswegen nennen wir die y-Werte auch „Funktionswerte" von x, schreiben sie als f(x) und lesen das als „f von x".

In dieser Darstellung heißt X die Definitions- und Y die Werte-Menge von f, und wenn klar ist, welche Mengen X und Y gemeint sind, dann schreiben wir dafür nur:

$$y = f(x)$$

Die obigen Beispiele schreiben sich damit als $f(x) = 3x, f(x) = \frac{1}{x}, f(x) = x^2$

Zuletzt kommen wir zum eigentlich anspruchsvollsten Bereich der Mengenlehre, und der berührt Fragen, die weit in die Historie der Mathematik zurückreichen und die für den Ur-Vater der Mengenlehre, Georg Cantor, der Ausgangspunkt seiner Überlegungen waren, nämlich die der „Unendlichkeit".

Doch bleiben wir für einen Moment noch in der endlichen Welt und fragen wir uns, wie „groß" die Mengen sind, mit denen wir bisher zu tun hatten, bzw. allgemein gefragt,

---

[21] Diese Einschränkung wird oft auch als Charakteristikum einer Funktion angegeben, d. h., man stellt sich eine Funktion meist vor als eine rechnerische Abbildung von einer Zahlenmenge auf eine andere. Das ist durchaus hilfreich, muss aber im Allgemeinen nicht unbedingt der Fall sein.

[22] Wir sagen auch, jedes x wird abgebildet auf ein y, d. h., die Funktion f definiert eine Menge von Tupeln (x, y) bzw. (x, f(x)), und diese wiederrum kann in einem Koordinatensystem anschaulich dargestellt werden, wie wir später sehen werden.

wie wir die „Größe" einer Menge messen wollen. Genau das hatten wir anfangs schon getan und unserer Anschauung folgend verlangt, dass man *„wohlunterschiedene Objekte"* zählen können sollte und diese Anzahl der Objekte als die Größe der Menge ansehen darf. Genau das tun wir auch, und diese „Zahl", die Anzahl der Elemente einer Menge M, hatten wir die **Mächtigkeit** oder auch Kardinalität der Menge genannt, die geschrieben als $|M|$ ja auch an die Schreibweise für den Betrag einer Zahl erinnert.

Bei endlichen Mengen, besonders bei Mengen mit Elementen der realen Welt, bereitet uns diese Definition keinerlei Probleme, aber bei Objekten „unseres Denkens" – wie Cantor es formulierte – liegen die Dinge nicht ganz so einfach, vor allem, wenn wir an Mengen denken, die wir als unendlich groß ansehen, wie z. B. die Menge der natürlichen Zahlen. Solche Mengen können sich die meisten von uns nicht wirklich (!) vorstellen, und außerdem widerspricht die Zusammenfassung unendlich vieler Elemente zu einem abgeschlossenen Ganzen unserer sinnlichen Erfahrung, ist also im eigentlichen Sinne „widersinnig". So jedenfalls hat Bolzano es in seinem oben zitierten Werk ausgeführt, und von daher die Frage aufgeworfen, ob eine „unendliche große Menge" nicht ein Widerspruch in sich selbst sei, ein Oxymoron.[23]

Trotzdem, im Fall der natürlichen Zahlen können wir uns zu jeder auch noch so großen Zahl leicht eine nächste Zahl, einen sogenannten „Nachfolger", vorstellen, sodass wir die Abfolge der Elemente in $\mathbb{N}$ als nicht endend akzeptieren und folglich auch die Mächtigkeit der ganzen Menge als „unendlich" ansehen. Als Zeichen verwenden wir dafür die vielleicht bekannte „liegende 8"[24]und schreiben $|\mathbb{N}| = \infty$.

Wenn wir aber von dort hinüber schwenken auf die Menge der ganzen Zahlen $\mathbb{Z}$, die ja gefühlt „doppelt" so viele Elemente enthält, dann könnte man versucht sein zu meinen, dass deren Mächtigkeit folglich auch doppelt so groß ist. Das aber ist falsch, denn ∞ ist keine Zahl – insbesondere ist es kein Objekt irgendeiner Rechenoperation – und beide Mengen, $\mathbb{Z}$ und $\mathbb{N}$, besitzen die gleiche Mächtigkeit, obwohl $\mathbb{Z}$ Zahlen enthält, die in $\mathbb{N}$ nicht enthalten sind. Wir sind uns bewusst, dass dies ein gefühlter Widerspruch ist, der nicht so ohne Weiteres geschluckt wird, aber es kommt noch schlimmer: Auch die Menge der rationalen Zahlen, von denen es anschaulich ja noch sehr viel mehr gibt, haben die gleiche Mächtigkeit wie $\mathbb{N}$ und $\mathbb{Z}$.

Das einzusehen ist in der Tat nicht leicht, und genau darüber haben sich Generationen von Mathematikern und Philosophen die Haare gerauft, denn – wie gesagt – das Problem reicht weit zurück. Schon die Griechen hatten sich mit einem Paradoxon beschäftigt, dem die gleiche Fragestellung zugrunde liegt, nämlich die der Anzahl Punkte auf der Diagonalen eines Quadrats (s. Abb. 5.6).

Mit der Vorstellung, dass eine Gerade aus Punkten besteht, könnte man leicht folgern, dass ganz allgemein eine längere Gerade mehr Punkte enthalten muss als eine kürzere.

---

[23] Diese Vorstellung fand sich allerdings auch schon bei Aristoteles.

[24] Das Zeichen wurde im 17. Jahrhundert von dem schon erwähnten John Wallis (1606–1703) eingeführt. Was seine Wahl motiviert hat, ist unbekannt.

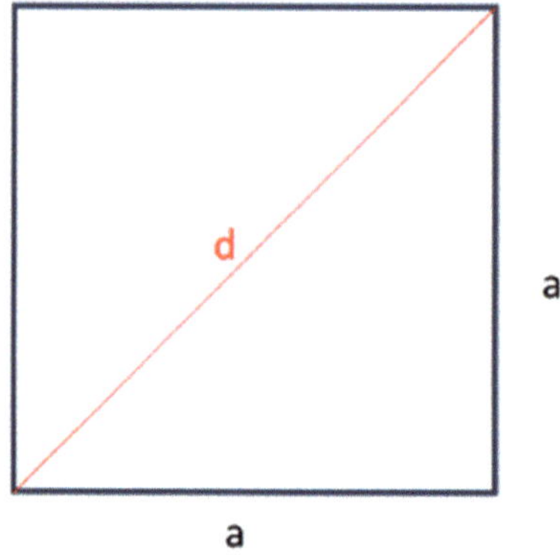

Abb. 5.6 Quadrat mit Diagonale

Speziell in einem Quadrat ist die Diagonale d länger als die Seite a und müsste dementsprechend auch aus „mehr" Punkten bestehen als die Seite. Dem aber widerspricht die Tatsache, dass man jeden Punkt der Diagonalen eindeutig auf eine der Seiten projizieren kann, denn das bedeutet, dass die Diagonale genauso viele Punkte enthalten muss wie eine Seite. Dieser offenbare Widerspruch blieb in der Antike ungelöst, heute aber können wir ihn auflösen.

Der Schatten, über den die damaligen Mathematiker nicht springen konnten, war die Vorstellung, dass man unendlich große Mengen genauso miteinander vergleichen kann wie endliche; und genau das ist ein Trugschluss. Dass zwei Mengen, die gleich groß sind, im Sinne von gleicher Mächtigkeit, die gleiche Anzahl Elemente haben, das gilt nur im Endlichen; und weil wir nur endliche Welten kennen, fiel es den Griechen schwer, dies gedanklich zu akzeptieren. Aber auch heute noch identifizieren wir ∞ oft mit einer Zahl, und Schüler verwenden nicht selten unsinnige Ausdrücke wie z. B. $\frac{\infty}{\infty}$. Wir verstehen das auch, denn es hilft vielleicht der Anschauung und es braucht in der Tat nicht weniger als einen gedanklichen Quantensprung, um diesen gefühlten Widerspruch zu lösen; genau den verdanken wir Georg Cantor.

Cantor ging davon aus, dass es verschiedene Formen der Unendlichkeit gibt, und um diese zu klassifizieren, führte er zunächst den intuitiven Begriff der „Abzählbarkeit" ein, einen Begriff also, unter dem wir uns direkt etwas vorstellen können, denn Zählen, oder Abzählen, ist uns vertraut. Im Endlichen sowieso, aber auch bei Mengen, die wir gedanklich als unendlich akzeptieren, kann man sich leicht überlegen, ob man sie „irgendwie" abzählen könnte – vorausgesetzt, man hätte genügend Zeit.

„Irgendwie abzählen" heißt dabei, eine unendliche Reihe von Elementen gedanklich abzulaufen und primitiv zu zählen, natürlich mithilfe der natürlichen Zahlen. Mathematisch formuliert besteht die Frage darin, ob es eine eindeutige Abbildung der betrachteten unendlichen Menge auf die natürlichen Zahlen gibt – oder besser gefragt: Kann man eine solche definieren?

Wenn ja, dann nennen wir die betreffende Menge „abzählbar", und weil sie trotzdem unendlich bleibt, setzt man das Attribut „unendlich" noch dazu, d. h., die Menge $\mathbb{N}$ der natürlichen Zahlen selbst ist „abzählbar unendlich", was aber eben nicht heißt, dass man die Menge „auszählen" kann und irgendwann an ein Ende käme, an die ominöse „letzte Zahl"[25]. Selbst die größte Zahl, die man hinschreiben könnte, wenn man sein ganzes Leben lang nichts anderes täte, und diese Zahl dann mit sich selbst potenzieren könnte, wäre das Ergebnis immer noch praktisch Null gemessen an der Unendlichkeit der natürlichen Zahlen insgesamt. Und das gilt genauso für fast alle Teilmengen von $\mathbb{N}$. Z. B. sind die Mengen der geraden und der ungeraden Zahlen jeweils abzählbar unendlich, genauso wie die der Primzahlen. All diese Mengen haben unendliche Mächtigkeit, und es gibt einen nicht endenden Prozess, in dem wir die Elemente dieser Mengen auf die natürlichen Zahlen abbilden können; genau das nennen wir Zählen.

Für die natürlichen Zahlen und ihre Teilmengen mag das unmittelbar einleuchten, denn dort hat man immer irgendeinen Anfang, z. B. 1, und von dort aus eine Zählrichtung. Für die Menge der ganzen Zahlen $\mathbb{Z}$ und deren Teilmengen ist das vielleicht nicht so direkt einsehbar, denn dort hat man unter Umständen keinen klaren Startpunkt und muss evtl. in zwei Richtungen zählen. Aber auch das ist kein Problem, wenn man einen Startpunkt frei wählt und dann eine alternierende Zählrichtung vorgibt, also beispielsweise bei 0 beginnt und von dort zur 1 springt, dann zurück zur −1, vor zur 2, zurück zur −2 usw. Dieses Hin- und Herspringen sorgt dafür, dass man die ganzen Zahlen in einem Vorgang abzählen, bzw. eindeutig auf $\mathbb{N}$ abbilden kann. Und damit hat $\mathbb{N}$ die gleiche Mächtigkeit wie $\mathbb{Z}$, obwohl wir die ganzen Zahlen intuitiv als doppelt so groß erleben wie die natürlichen Zahlen.

Diese Erkenntnis muss man sicher erst einmal sacken lassen, denn das zu verinnerlichen fiel schon den Zeitgenossen Cantors vor 150 Jahren nicht leicht. Aber – wie schon angedeutet – es kommt sogar noch „schlimmer": Auch die Menge der rationalen Zahlen $\mathbb{Q}$ ist abzählbar und hat deswegen die gleiche Mächtigkeit wie $\mathbb{N}$ und $\mathbb{Z}$.

Das darf uns nun wirklich verwundern, denn während wir uns die ganzen Zahlen noch als dermaßen aufgereiht vorstellen können, dass bei jeder Zahl klar ist, welche die „Nächste" ist, ist das bei rationalen Zahlen nicht der Fall: Wir wissen ja, dass zwischen zwei beliebigen Brüchen unendlich viele andere liegen, d. h., wenn man in $\mathbb{Q}$ von einer Zahl zu einer anderen springt – ganz gleich, wie nah diese beieinander liegen – dann überspringt man auf jeden Fall unendlich viele andere Zahlen. Um zu demonstrieren, dass $\mathbb{Q}$ trotzdem abzählbar ist, muss man nur ein Verfahren angeben, das den Prozess des Abzählens definiert, und dazu benutzte Cantor selber das sogenannte „Diagonalschema", das wir hier nur für die positiven rationalen Zahlen erläutern müssen:

Für jedes positive q aus $\mathbb{Q}$ existieren definitionsgemäß zwei natürliche Zahlen m und n mit q=m/n. Schreibt man nun die natürlichen Zahlen auf zwei Achsen und deren jeweilige Quotienten an die betreffenden Schnittstellen, dann bekommt man eine Matrix der rationalen Zahlen. Deren Einträge können wir entlang von Diagonalen abzählen wie

---

[25] Dafür gibt es allerdings zumindest einen Kandidaten: Die Graham Zahl (https://www.spektrum. de/lexikon/mathematik/graham-zahl/3576)

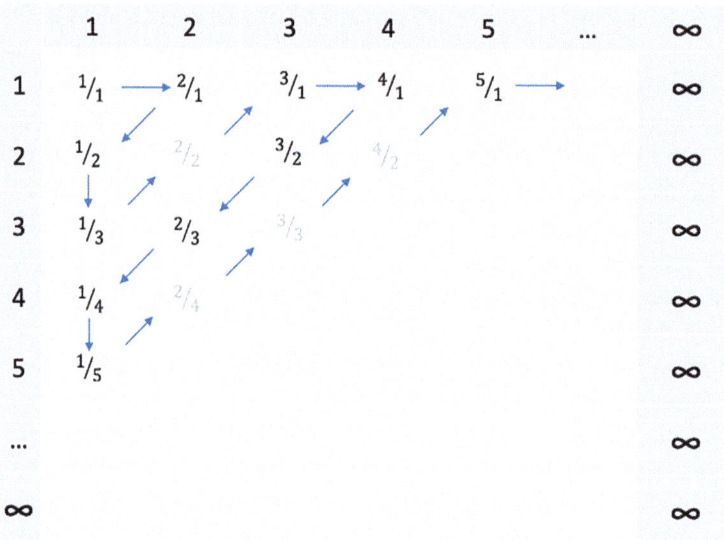

Abb. 5.7 Cantor'sches Diagonalschema

in Abb. 5.7 dargestellt,[26] wenn man nur den Pfeilbewegungen folgt und sich somit durch die gesamte Ebene hangelt.[27]

Damit haben die natürlichen, die ganzen und die rationalen Zahlen, die eine aufsteigende Folge von Mengen bilden, d. h. $\mathbb{N} \subset \mathbb{Z} \subset \mathbb{Q}$, alle die gleiche Mächtigkeit, die wir sprachlich als „unendlich" bezeichnen. Zusätzlich sind sie aber auch „abzählbar", und für diese Art der Unendlichkeit, definierte Cantor einen „Wert", wohlgemerkt keine natürliche Zahl, sondern eine sogenannte „unendliche Kardinalzahl", für die er als Symbol den hebräischen Buchstaben $\aleph$, (gelesen: „Aleph") benutzte; versehen mit dem Index 0 deutete er an, dass $\aleph_0$ die kleinste unendliche Kardinalzahl ist, d. h.:

$$|\mathbb{N}| = |\mathbb{Z}| = |\mathbb{Q}| = \aleph_0$$

Ausblick

Im Kapitel über Analysis werden wir uns u. a. mit der Menge $\mathbb{R}$ der reellen Zahlen befassen. Die ist – man vermutet es – auch unendlich, aber sie ist anders als die rationalen Zahlen nicht abzählbar, d. h., es gibt keine 1:1 Beziehung der reellen zu

---

[26] Die ausgegrauten Einträge sind nicht vollständig gekürzte Brüche und können übersprungen werden.

[27] Dieses Diagonalverfahren ist auch unter dem Begriff „Cantors erstes Diagonalargument" bekannt; es liefert eine klare Anordnung, d. h. eine Folge der rationalen Zahlen.

den natürlichen Zahlen wie wir sie für die rationalen Zahlen mittels des Diagonalschemas konstruiert haben. Bevor wir uns die reellen Zahlen aber als „unendlicher" als $\mathbb{Q}$ vorstellen, wollen wir lieber festhalten, dass sie eine „andere" Unendlichkeit besitzen, und dafür benutzt man – vielleicht etwas irritierend – den Begriff „überabzählbar".

Genau das trifft auch auf die geometrischen Mengen zu, mit denen wir uns hier befasst haben: Die Diagonale und die Seiten des Quadrats sind beide überabzählbar und sie besitzen die gleiche (!) Mächtigkeit wie die gesamte Menge der reellen Zahlen, die wir auch das *Kontinuum* nennen. Für dessen Mächtigkeit konnte Cantor sogar einen Wert angeben, nämlich:

$$\aleph_1 = 2^{\aleph_0}$$

Die Hintergründe hierzu würden aus unserem Rahmen klar herausfallen, aber wir wollen in dem Zusammenhang nur die berühmte **„Kontinuums-Hypothese"** von Cantor kurz erwähnen: In ihrer einfachen Form besagt sie, dass es keine Menge gibt, deren Mächtigkeit zwischen der der natürlichen Zahlen ($\aleph_0$) und der der reellen Zahlen ($\aleph_1$) liegt.

5.3 Logik

Den Begriff der Logik benutzen wir im normalen Sprachgebrauch beinah täglich und wie selbstverständlich: Ob etwas „logisch" ist – bzw. ob wir es dafür halten – oder nicht, entscheiden wir oft intuitiv, jedenfalls mit wenig Nachdenken, d. h. eher aus dem Bauch als dem Kopf heraus. Das liegt daran, dass Logik außerhalb der Mathematik weniger auf Denkgesetzen als vielmehr auf Denkgewohnheiten basiert. Denen folgend beurteilen wir eher die Plausibilität von Behauptungen als ihre logische Konsistenz. Im Idealfall sollte das auf das gleiche Urteil hinauslaufen, aber man kann sich leicht vorstellen, dass das nicht allgemein der Fall sein muss und dass diese Art der „Recht"-Sprechung durchaus auch subjektiv geprägt sein wird: Der „gesunde Menschenverstand" ist ja die am gerechtesten verteilte Sache der Welt: Niemand beschwert sich, zu wenig davon zu haben, heißt: Jeder hält seine eigene Logik für die einzig richtige, und von daher fällt es mitunter schwer, sich darauf zu einigen, was „logisch" ist.

Demgegenüber besteht aber durchaus Konsens darin, was Logik an sich ist: Nämlich richtiges, heißt folge-richtiges, Denken und die Fähigkeit, aus gegebenen oder auch nur angenommenen Sachverhalten konsistente Schlüsse zu ziehen. Das betrifft allerdings in erster Linie unsere Alltagslogik, also die Denkschemata, die wir in alltäglichen Situationen anwenden. Die mathematische Logik – wir glauben, das können viele nachempfinden – unterscheidet sich davon in nicht unwesentlichen Aspekten. Im herkömmlichen Schulunterricht spielt das weniger eine Rolle. Da wird den Schülern eigentlich nur

„eingetrichtert", dass in der Mathematik nichts unlogisch ist, und von daher halten die meisten Zeitgenossen Logik und Mathematik beinah für Synonyme. Trotzdem gibt es auch in der Schulmathematik Dinge, die dem ein oder anderen eher spanisch als logisch vorkommen dürften; wir glauben, das liegt auch daran, dass wir in unserer Alltagslogik eine unmittelbare Einsicht erwarten, während logische Schlüsse in der Mathematik häufig größere Aufwände erfordern und meist nicht direkt ersichtlich sind.

Und wenn wir den Rahmen etwas weiter ziehen, dann müssen wir auch feststellen, dass Logik durchaus – wenn auch nicht entscheidend – kulturell geprägt ist. Unser Verständnis der Logik geht ebenfalls zurück auf die griechische Antike, und speziell auf Aristoteles, der etwa 300 v. Chr. lebte. Sicher war auch er ein Produkt seiner Kultur und er stützte seine Arbeiten auf die damals schon bestehenden Erkenntnisse der Vorsokratiker, aber alle schriftlichen Zeugnisse aus dem Bereich der Logik, auf die das Abendland sich jahrhundertelang bezog, stammen von ihm. Was wir heute in der mathematischen Logik als Grundelemente ansehen und benutzen, war schon vor über 2000 Jahren wesentlicher Bestandteil seiner Philosophie.

Als Beispiele mögen zwei Sätze dienen, die aus der aristotelischen Logik stammen und die in der Alltagslogik soweit anerkannt sind, dass man sie zu einer kleinen Zahl von „Denkgesetzen" zählt, nämlich:

1. „Satz vom Widerspruch": Eine Sache kann nicht gleichzeitig *das* und *nicht das* sein
2. „Satz vom ausgeschlossenen Dritten" (tertium non datur[28]): Von zwei Gegensätzen, die sich gegenseitig ausschließen, muss eines wahr sein

Von diesen Sätzen gibt es diverse Formulierungen, die sich oft auch sehr ähneln. Strenggenommen handelt es sich um zwei verschiedene Aussagen, aber da wir in der Mathematik eine sogenannte „zweiwertige" Logik benutzen, in der es nur die beiden Wahrheitswerte „wahr" und „falsch" gibt, sind sie für uns tatsächlich äquivalent, d. h., die eine folgt aus der anderen.

Machen wir ein praktisches Beispiel dazu:

1. Ein Auto kann nicht „Rot" und „Nicht-Rot" (im Sinne von: alles außer rot) sein
2. Ein Auto ist rot oder es ist nicht rot.

Letzteres gilt, weil „Rot" und „Nicht-Rot" sich gegenseitig ausschließen. Dazwischen gibt es keine dritte („tertium") Farbkategorie, aber z. B. „Rot" und „Nicht-Blau" wären keine kontradiktorischen Gegensätze; ein gelbes Auto wäre nicht rot und gleichzeitig „nicht Blau".

---

[28] Etwas „Drittes" gibt es nicht.

Aussagenlogisch würden wir die beiden obigen Denkgesetze so formulieren:

1. Eine Aussage kann nicht wahr und gleichzeitig falsch sein
2. Eine Aussage ist wahr oder falsch

und daran erkennt man sicher, dass sie gleichbedeutend sind.

In der mathematischen Logik beschäftigen wir uns mit genau diesen beiden Wahrheitswerten, und zwar bezogen auf Aussagen zu Sachverhalten, die „sprachlich" wiedergegeben werden. Dabei ist es erstmal unerheblich, ob das der Form nach in natürlicher oder mathematischer Sprache und der jeweiligen Notation geschieht. Wichtiger sind die inhaltlichen Aspekte, und darin sind mathematische Aussagen nur bedingt mit Alltagsformulierungen vergleichbar, denn die bipolare Struktur von mathematischen Wahrheitswerten entspricht nicht unbedingt allen Bereichen unserer Erfahrungswelt. Im Alltag sehen und urteilen wir ja nicht nur schwarz/weiß, sondern lassen Ambivalenzen bewusst zu, d. h., wir sind oft in der Lage, Zwischentöne, *Shades of Grey,* zwischen wahr und falsch auszumachen. Über den Wahrheitsgehalt einer Aussage wie „Beckenbauer war ein guter Fußballer" gibt es diverse Meinungen, d. h. Bewertungen. In der Logik jedoch wäre eine solche Aussage gar nicht erst zulässig, denn dort sind nur Aussagen erlaubt, die objektiv entweder (!) wahr oder falsch sind; etwas anderes („Drittes") gibt es per Definition nicht.

Diese harte Grenzziehung schafft einerseits klare Verhältnisse, andererseits aber braucht sie dann natürlich ein Raster, eine Richtschnur, dafür, was wahr und was falsch ist – ähnlich der Rechtschreibung, wo im Deutschen der „Duden" das Maß der Dinge ist. Ob ein Wort richtig oder falsch geschrieben ist, entscheidet letzten Endes diese Instanz. In der Mathematik aber gibt es solch einen „Gesetzestext" – wenn man so will – nicht. Natürlich wissen wir von sehr vielen mathematischen Aussagen, ob sie wahr oder falsch sind, aber genauso gibt es unzählige Sätze, von denen wir das (noch?) nicht wissen, wie z. B. die besprochene Goldbach´sche Vermutung,[29] und – schlimmer noch – wir wissen definitiv, dass wir nie alles wissen werden!

Das war nicht immer so: Es gab Zeiten, zu denen man glaubte, irgendwann „alles Wahre" zu kennen, doch dieser optimistische Glaube wurde vor weniger als 100 Jahren von einem gewissen Kurt Gödel (1906–1978) erschüttert. Sein sogenannter „Unvollständigkeitssatz" aus dem Jahr 1931 besagt im Prinzip, dass es in der Mathematik kein Pendant zu einem „Duden" geben kann, d. h., es gibt kein System, in dem man von jeder mathematischen Aussage entscheiden könnte, ob sie wahr oder falsch ist!

Dieses Resultat traf die damals etablierte Mathematik ins Mark,[30] und gleichzeitig war es die Geburtsstunde der modernen Logik als mathematische Disziplin. Das geht

---

[29] S. Primzahlen im Kapitel „Arithmetik".

[30] Auch heute noch ist nicht nur die Tatsache an sich überraschend, sondern vielmehr, dass man diese Unmöglichkeit nachweisen kann; übertragen auf die Sprache würde das heißen, dass kein Duden jemals alle Wörter der deutschen Sprache enthalten kann.

natürlich weit über unseren Rahmen hinaus. Wir wollen hier nur die unterste Stufe der mathematischen Logik behandeln, die *Aussagenlogik,* in der es rein um die logische Bewertung von Aussagen geht. Diese werden aber in einem gewissen Sinne „einfach" sein, nämlich dergestalt, dass sie einen allgemeinen Zustand beschreiben und keinen Interpretationsspielraum zulassen: Dabei können sie – wie oben ausgeführt – objektiv nur wahr oder falsch sein, und wir werden versuchen, diese Wahrheitswerte aus vorgegebenen Werten – man stelle sich beispielsweise Buchstabierregeln vor – zu bestimmen.

Prädikatenlogik

Die nächste Stufe der mathematischen Logik wäre die sogenannte Prädikaten- oder auch Quantorenlogik. Die geht über die Aussagenlogik hinaus, indem sie – auf einer ersten Stufe – auch Eigenschaften („Prädikate") von Objekten mit einbezieht, d. h., dort spricht man nicht nur gesamthaft über allgemeine Zustände, sondern auch über einzelne Objekte und inwieweit oder unter welchen zusätzlichen Umständen diese sich von anderen auszeichnen („praedicare"). Dazu benötigt man dann auch einen größeren Vorrat von Symbolen, u. a. Variablen, sodass eine Aussage nicht – wie in der Aussagenlogik – global nur wahr oder falsch ist, sondern es darauf ankommt, welchen Wert gewisse Variablen annehmen. Daher sind solche Aussagen deutlich komplexer, und für unsere Zwecke wollen wir sie hier ausblenden.

Im Folgenden betrachten wir also einfache Sätze, die aussagenlogisch verarbeitbar sind, d. h. die sich auf konkrete Objekte beziehen, keine variablen, und über diese Aussagen machen, über deren Wahrheitsgehalt wir zu entscheiden haben. Drei Beispiele wären:

- 2 ist ein Teiler von 10
- Der König von Frankreich ist blond
- Ich lüge immer

Wenn wir nun diese mit lateinischen Großbuchstaben abkürzen, z. B. P, Q und R, dann können wir daraus direkt und elegant neue Aussagen konstruieren, z. B. deren Negationen. Das schreiben wir, indem wir ein „non" vor die betreffende Aussage setzen und das Zeichen „¬"[31] vor den entsprechenden Buchstaben schreiben, also:

---

[31] Das Zeichen erinnert nicht zufällig an das „Minus"-Zeichen.

- $\neg$ P: 2 ist kein Teiler von 10
- $\neg$ Q: Der König von Frankreich ist nicht blond
- $\neg$ R: Ich lüge nicht immer[32]

Die Frage, ob diese Aussagen wahr oder falsch sind, ist bei P sicher klar, bei Q stutzen wir, weil es keinen König von Frankreich gibt, und bei R laufen wir nach kurzem Überlegen in eine logische Falle. Warum? Der Reihe nach:

P ist wahr, weil 10 sich durch 2 teilen lässt, und deswegen ist $\neg$P falsch.
Q macht eine Aussage über etwas, das es unseres Wissens nicht gibt, aber das muss uns nicht weiter stören. Wir wollen explizit Aussagen zulassen, unabhängig davon, ob deren Objekt existiert, denn letzteres können wir ja unter Umständen a priori nicht wissen. Die Negation der Aussage ist aber nicht etwa, dass er rothaarig oder glatzköpfig ist, sondern eben nur, dass er „nicht blond" ist, und das lässt mehrere Möglichkeiten offen.

Die Aussage R lässt sich schlecht entscheiden, denn wenn der Satz wahr ist, dann lüge ich auch jetzt, und deswegen kann der Satz doch nicht wahr sein. Die Aussage ist also widersprüchlich in sich, und somit ließe sich auch seine Negation nicht entscheiden, aber die für sich allein genommen bereitet uns keine logischen Probleme.[33]

Die Beantwortung der Frage nach wahr oder falsch ist, mathematisch gesprochen, die Zuweisung sogenannter Wahrheitswerte. Davon gibt es bekanntlich nur zwei, und die kürzen wir ab mit w und f, d. h., P = w soll heißen, P ist wahr und Q = f würde heißen, die Aussage Q ist falsch.

Ob es wirklich so ist, dass Q falsch ist, entspricht wahrscheinlich dem Gefühl der meisten, denn eine Aussage über etwas, das es nicht gibt, empfinden wir eher als falsch. Wir werden auf diesen Fall noch zurückkommen, aber zunächst unterstellen wir den Wahrheitswert f. Das ist auch legitim, denn mangels eines allgemeinen Maßstabs zu wahr und falsch, ist es sinnvoll, auch mit Annahmen zu arbeiten. Hat man dies jedoch einmal gemacht, dann ergibt sich daraus zwingend, der Wahrheitswert der Negation, d. h.:

$$\text{wenn } Q = f, \text{ dann} \neg Q = w$$

Daraus ergibt sich auch der Wahrheitswert für die doppelte Verneinung, die sprachlich ja oft als Verstärkung benutzt wird. In der Logik aber muss $\neg\neg$ P den gleichen Wahrheitswert haben wie P, d. h. $\neg\neg$ P = P.

Als nächstes wollen wir verschiedene Aussagen miteinander verbinden, und zwar so, dass dadurch eine neue Aussage entsteht, die sich aus zwei Einzelaussagen

---

[32] Das ließe sich logisch äquivalent umformulieren zu: Ich sage manchmal die Wahrheit.

[33] Hierbei handelt es sich um das berühmte „Paradoxon des Epimenides", das sowohl in der Bibel (Titus 1, 10–16) als auch bei Bertrand Russel vorkommt.

zusammensetzt. Diese werden dann durch sogenannte „Junktoren"[34] verknüpft. Der einfachste dieser Art ist der Junktor für die sogenannte **Konjunktion** von Aussagen, d. h., zwei einzelne Aussagen A und B werden durch „und", geschrieben als „$\wedge$", verknüpft, sodass man die neue Gesamtaussage „A und B" bildet, geschrieben als „A $\wedge$ B". Der Wahrheitswert der so zusammengesetzten Aussage wird nun selbstverständlich abhängen von denen der Teilaussagen, und das entspricht in diesem Fall auch unseren sprachlichen Gewohnheiten. In der Regel unterstellen wir, dass eine Aussage der Form „A und B" genau dann wahr ist, wenn beide Teilaussagen A und B wahr sind, d. h., eine falsche Teil-Aussage macht die Gesamtaussage falsch, wie z. B. bei:

A: 5 ist gerade

B: Eine Katze ist ein Tier

Hier würden wir A $\wedge$ B insgesamt als falsch bewerten, obwohl nur eine der beiden Aussagen falsch ist.

Allgemein aber stimmen unsere sprachlichen Wahrheitsbewertungen nicht immer mit den aussagenlogischen überein. Beim nächsten Junktor, der sogenannten **Disjunktion,** die wir als eine „oder"-Verknüpfung von Aussagen übersetzen können, zeigt sich das direkt: Dafür benutzen wir das Symbol v,[35] d. h., den Term „A v B" lesen wir als „A oder B", und das interpretieren wir sprachlich oft als ein „entweder – oder", d. h. als ein ausschließendes „oder", in dem Sinne, dass die eine Aussage der anderen widerspricht. In der Aussagenlogik ist das aber nicht der Fall. Hier unterstellen wir ein einschließendes „oder", d. h., wenn eine der beiden Aussagen wahr ist, dann soll – per Konvention – die Gesamtaussage auch wahr sein.

Damit können wir die Wahrheitswerte der bisher besprochenen generierten Aussagen übersichtlich darstellen, und zwar in einer sogenannten *Wahrheitstafel:*

P	Q	¬P	¬Q	P $\wedge$ Q	P v Q
w	w	f	f	w	w
f	f	w	w	f	f
w	f	f	w	f	w
f	w	w	f	f	w

Darin finden sich alle möglichen Wahrheitswerte der Ausgangsaussagen in den ersten beiden Spalten, d. h., diese sind „gesetzt" und unter Umständen unterstellt, aber wenn

---

[34] Den Begriff könnte man als „Verknüpfer" oder „Verbinder" übersetzen.

[35] Die Symbole für „und" und „oder" ähneln nicht umsonst den entsprechenden Symbolen für Teil- bzw. Vereinigungsmenge, denn mengentheoretisch ist die Konjunktion eine Teilmengenbildung, während die Disjunktion der Vereinigung von Mengen entspricht.

sie so akzeptiert sind, dann ergeben sich die weiteren Werte für die negierten und zusammengesetzten Aussagen zwingend.

Als Beispiel schauen wir uns die dritte Zeile an: Wenn P wahr ist, dann ist sein Gegenteil $\neg$ P falsch, und auch „P oder jede andere Aussage" muss wahr sein, weil schon P allein wahr ist, aber bei „P und irgendwas" muss der Wahrheitswert der Gesamtaussage von der für „irgendwas" abhängen; hier ist es falsch.

Die nächsthöhere Verknüpfung von Aussagen bewegt sich auf der „logischen" Ebene, d. h., hier bringen wir zwei Aussagen P und Q in einen gedanklichen – also logischen – Zusammenhang, indem wir die eine als eine Folge aus der anderen deklarieren. Das schreiben wir als „P $\rightarrow$ Q" und lesen es als „Aus P folgt Q" bzw. „P impliziert Q", und deswegen nennen wir diese Verknüpfung die **Implikation** und benutzen als Junktor dafür explizit den einfachen Pfeil $\rightarrow$.

Nun verstehen wir unter einer Implikation normalerweise gerade einen logischen Schluss von einer Aussage auf eine andere, was wir sprachlich in der Regel mit „wenn, dann" formulieren, z. B. „Wenn der Hahn kräht, dann ändert sich das Wetter". Bei solchen Schlüssen unterstellen wir oft ganz selbstverständlich einen inhaltlichen, will sagen: kausalen, Zusammenhang, der beiden Aussagen, d. h., das Wetter ändert sich, weil (!) der Hahn kräht. Das werden wir in diesem Fall als Unsinn abtun, aber das tut hier nichts zur Sache, denn eine Implikation in der Aussagenlogik fordert diesen inhaltlichen Zusammenhang per se nicht. Formulieren können wir solche Verknüpfungen ohne Rücksicht darauf, ob das eine das andere wirklich[36] bedingt. Auf der aussagenlogischen Ebene handelt es sich nicht um eine logische Schlussfolgerung, sondern um eine Unterstellung, eine Annahme. Man kann sich diese Implikation vorstellen als die Überprüfung, ob ein gegebenes Versprechen eingehalten wurde. Machen wir dazu ein Beispiel:

P: Die Sonne scheint.
Q: Wir gehen in den Park.
R: P $\rightarrow$ Q heißt also: Wenn die Sonne scheint, dann gehen wir in den Park.

Das klingt tatsächlich wie ein Versprechen, und dessen Einhaltung können wir überprüfen, wenn wir wissen, ob die Sonne scheint und ob wir in den Park gehen, d. h., wir können den Wahrheitswert der Aussage R festlegen abhängig von den Werten der Aussagen P und Q.

Nehmen wir an, die Sonne scheint und wir gehen tatsächlich in den Park. Dann ist das Versprechen gehalten, genauso wie wenn die Sonne nicht scheint und wir gehen auch nicht in den Park; heißt, in den Fällen ist R wahr.

Wenn aber die Sonne scheint und wir gehen trotzdem nicht in den Park, dann wurde das Versprechen gebrochen und die Aussage R ist somit falsch.

Soweit entsprechen die Wahrheitswerte hoffentlich auch unserem intuitiven Verständnis. Was aber, wenn die Sonne nicht scheint, und wir gehen trotzdem in den Park?

---

[36] Das Wort passt an dieser Stelle wie die Faust aufs Auge: Das Eine bewirkt das Andere.

Den Fall darf man lebhaft diskutieren, aber wir wollen ihn auch als Erfüllung des Versprechens gelten lassen und die Aussage R dann als wahr bewerten.[37]

Das alles können wir wieder in einer Wahrheitstafel darstellen:

P	Q	P → Q
w	w	w
f	f	w
w	f	f
f	w	w

Man sieht also: Eine Implikation P → Q gilt nur dann als falsch, s. dritte Zeile der Tabelle, wenn Q falsch und (!) P wahr ist. Das kann man so interpretieren, dass aus etwas Wahren nichts Falsches folgen kann. In allen anderen Konstellationen lassen wir R als wahr gelten, also insbesondere auch, wenn P falsch ist, denn dann folgen wir dem Grundsatz, dass aus einer falschen Aussage alles folgt („ex falso quodlibet"), auch das Falsche.

Interessant ist nun der Fall, dass zwei Aussagen sich gegenseitig implizieren, dass also P Q impliziert und umgekehrt, in Zeichen (P → Q) ∧ (Q → P) gilt. Für diesen Fall benutzen wir einen einfachen Pfeil, der in beide Richtungen zeigt, d. h. P ↔ Q, was man sprachlich als „Äquivalenz" bezeichnet und damit suggeriert, dass die beiden Aussagen gleich-wertig sind, was äqui-valenz ja auch bedeutet. Dem ist aber nicht so, denn selbstverständlich werden P und Q unterschiedliche Werte haben, und deswegen ist die Wortwahl auf dieser Ebene irreführend. Besser wäre es, von gegenseitiger Implikation oder einem **Bi-Konditional** zu sprechen, denn das drückt gerade aus, dass die Teilaussagen wechselseitig auseinander folgen. Zum Thema Äquivalenz werden wir in Kürze kommen, aber zunächst können wir nun mithilfe der bisherigen Wahrheitstafeln die Wahrheitswerte für solch eine Bi-Konditionalbeziehung ableiten.

Wir haben ja schon die Tafeln für die beiden einzelnen Implikationen P → Q und Q → P, und wenn wir diese dann als Konjunktion verknüpfen, dann können wir auch dafür die entsprechende Tafel benutzen und erhalten insgesamt:

P	Q	P ↔ Q
w	w	w
f	f	w
w	f	f
f	w	f

---

[37]Es sei klar gesagt, dass das im Prinzip eine Konvention, also eine Übereinkunft ist; aber sie ist aus unserer Sicht sinnvoll.

Wir akzeptieren also das Bi-Konditional genau dann als wahr, wenn die beiden Teilaussagen den gleichen Wahrheitswert besitzen, also insbesondere auch, wenn beide Aussagen falsch sind.

Damit haben wir jetzt vier Verknüpfungen von Aussagen besprochen und deren Wahrheitstafeln aufgestellt, nämlich die Negation (non), die Kon- und die Disjunktion (und/ oder) sowie die Implikation (wenn, dann). Aus diesen lassen sich jetzt nahezu beliebige neue Aussagen konstruieren, wie wir es am Beispiel des Bi-Konditionals als Kombination aus zwei Implikationen und einer Konjunktion gesehen haben. So wie dort, können wir mithilfe der einzelnen Wahrheitstafeln – und ein wenig Übung – die Wahrheitswerte von beliebigen zusammengesetzten Aussagen ermitteln.

Und genau das können wir dann nutzen, um auch inhaltliche Zusammenhänge auf ihre Wahrheitswerte hin zu untersuchen. Bislang haben wir genau das ausgeklammert und uns nur auf der Ebene der Aussagen selber bewegt, der sogenannten Objekt-Ebene. Die aber wollen wir jetzt verlassen, um auf eine „höhere“ Ebene zu gelangen, eine Meta-Ebene, auf der wir auch inhaltliche Zusammenhänge betrachten.[38] Im Rahmen der Aussagenlogik gelingt das, indem wir Kombinationen von Aussagen auf ihre Äquivalenz hin untersuchen, und erst hier, auf der Meta-Ebene, halten wir den Begriff für gerechtfertigt, denn dort drückt er aus, dass verschiedene Aussagen den gleichen logischen Wahrheitswert haben, und in dem Sinne äquivalent, gleich-wertig sind. Das wiederum können wir für Aussagen, die aus den bisher behandelten Junktoren zusammengesetzt sind, mithilfe der Wahrheitstafeln ableiten. Dazu müssen wir nämlich lediglich die Wahrheitswerte der beiden Aussage-Kombinationen ermitteln und miteinander vergleichen. Stimmen sie zeilenweise überein, dann sind sie logisch äquivalent.

Das mag so allgemein formuliert schwer verständlich sein, aber wir werden das sofort an zwei Beispielen illustrieren, die auch eigene Namen tragen, nämlich die **De-Morgan-Regeln.** Die haben wir im Zusammenhang mit Mengenalgebren schon gesehen, und können sie nun auf aussagenlogische Verhältnisse übertragen. Was dort das Gleichheitszeichen war, wird nun unter Vorgriff auf das Ergebnis besagter Doppelpfeil $\iff$. Der stellt eine Beziehung dar, die über die Objektebene hinausgeht und sozusagen im Logos, also auf der Meta-Ebene, angesiedelt ist, und die nur dort eine semantische Bedeutung bekommt. Für Aussagen P und Q gilt nämlich:

$$\neg\,(P \wedge Q) \iff \neg P \vee \neg Q$$

$$\neg\,(P \vee Q) \iff \neg P \wedge \neg Q$$

Das lässt sich jetzt anhand der Wahrheitstafel für die entsprechenden Aussagen leicht nachprüfen. Für die erste Regel brauchen wir:

---

[38] Der Logiker Willard Quine (1908–2000) nannte das den „semantic ascent“, frei übersetzt den Aufstieg in die Bedeutungswelt.

P	Q		$P \wedge Q$	$\neg (P \wedge Q)$	$\neg P$	$\neg Q$	$\neg P \vee \neg Q$
w	w		w	**f**	f	f	**f**
f	f		f	**w**	w	w	**w**
w	f		f	**w**	f	w	**w**
f	w		f	**w**	w	f	**w**

Darin sind die ersten beiden Spalten wie gehabt die möglichen Werte der Teilaussagen und Spalten 5 und 8 (fett) enthalten die abgeleiteten Werte für die beiden Seiten der ersten de Morgan´schen Regel. Offenbar stimmen sie überein, und damit ergibt sich die Gleichwertigkeit der Aussage auf logischer Ebene, unabhängig von den Wahrheitswerten der Teilaussagen P und Q.[39]

Genau dafür, d. h. nur für logische Beziehungen auf der Metaebene, benutzt man in der Praxis den Begriff der Äquivalenz und das Symbol des Doppelpfeils ⇔.

Interessant sind nun einerseits zusammengesetzte Aussagen, die für jede Kombination der Elementaraussagen falsch sind, und andererseits solche, die immer wahr sind.

Erstere nennen wir **Kontradiktionen,** also Widersprüche, wofür man gern den angedeuteten Blitz ↯ als Symbol benutzt. Das einfachste Beispiel dafür ist die Aussage $P \wedge \neg P$, was gerade der Inhalt des Satzes vom Widerspruch ist.

Die andere Kategorie Aussagen ist die, die unter jeder Konstellation wahr (!) sind. Diese nennen wir **Tautologien,**[40] d. h. unabhängig von den Werten der Teilaussagen, ist die Gesamtaussage immer wahr. Im alltäglichen Sprachgebrauch wird der Begriff eher abschätzig verwendet, oder soll höchstens der Erheiterung dienen, wie z. B. in der Bauernregel: „Kräht der Hahn auf dem Mist, ändert sich das Wetter oder es bleibt, wie es ist." In der Mathematik allerdings haben gerade solche Tautologien eine enorme Bedeutung, denn sie drücken eben gerade die logische Äquivalenz von Aussagen aus, die wir suchen. Man kann sogar sagen, alle mathematischen Sätze, die die Äquivalenz zweier Aussagen behandeln, sind Tautologien. Ein berühmtes Beispiel dafür ist der Satz von Pythagoras: Dass ein Dreieck mit den Seiten a, b und c rechtwinklig ist, ist äquivalent dazu, dass $a^2 + b^2 = c^2$ gilt.

Sprachlich drückt man das auch so aus, dass die eine Aussage genau dann, und nur dann gilt, wenn die andere auch gilt – und umgekehrt, d. h., wir argumentieren hier in zwei Richtungen: Man kommt logisch von P nach Q und von Q nach P – wenn das die beiden Aussagen sein sollen – und hat damit für die logische Äquivalenz: P genau dann, wenn[41] Q, bzw. in Zeichen: $P \Leftrightarrow Q$.

---

[39] Der Nachweis der zweiten Regel geht ganz anlog.

[40] Der Begriff stammt aus der Rhetorik und wurde dort für sprachliche Wiederholungen verwendet. In die Logik wurde er von Wittgenstein (1889–1953) eingeführt.

[41] Oft auch mit „gdw" abgekürzt.

Weil der Äquivalenzpfeil in beide Richtungen weist und tatsächlich zwei Aussagen verknüpft, kann man ihn auch entsprechend zerlegen, d. h., die obige Beziehung zerfällt in: $(P \Rightarrow Q) \wedge (Q \Rightarrow P)$.

Betrachten wir nur eine der beiden Aussagen, z. B. $P \Rightarrow Q$, dann heißt das, dass Q logisch aus P folgt. In dem Fall sagen wir, P ist *hinreichend* für Q, denn um Q zu behaupten, reicht es, P zu wissen. Umgekehrt aber ist Q *notwendig* für P, d. h., wenn wir P haben, dann haben wir notwendigerweise auch Q.[42]

Einfache Beispiele für diese Konstellation liefert jede Teilmengen-Betrachtung: Wenn jemand ein Mann ist, dann ist er notwendig auch ein Mensch, aber umgekehrt, wenn jemand ein Mensch ist, reicht das nicht hin, um zu behaupten, er sei ein Mann, d. h., aus Mannsein folgt Menschsein, aber die Umkehrung gilt nicht.

Um solche mathematischen Äquivalenzbeziehungen zu beweisen, wird man also beide logischen Richtungen nachweisen müssen, und das sind meist zwei getrennte Schlüsse. Wie das konkret erfolgt, das ist mit Sicherheit die Quintessenz der ganzen Mathematik, denn das mathematische Wissensspektrum wird letztlich nur durch Beweise erweitert.

Auch das ist wiederum anders als im normalen Leben. Nehmen wir dort eine Situation vor Gericht, in der der Richter nur auf Basis von Indizien über Schuld oder Unschuld eines Angeklagten entscheiden muss. Dabei läuft er stets Gefahr, einen Schuldigen frei zu sprechen oder einen Unschuldigen zu verurteilen; eines dieser Risiken muss er eingehen. Nicht so in der Mathematik: Der Indizienbeweis, den es vor Gericht geben muss, hat in der klassischen Mathematik keinen Platz. Das wird heutzutage allerdings durchaus immer wieder diskutiert, und zwar bei Fragen, in denen wir Aussagen computergestützt überprüfen können, speziell für Zahlenbereiche, die nach menschlichem Ermessen „ausreichend" groß sind, um eine allgemeine Gültigkeit anzunehmen. Die schon oft zitierte Goldbach´sche Vermutung (s. Kapitel „Arithmetik") ist für Zahlen bis 10^{14} überprüft, und eine solche Überprüfung einer Behauptung durch Probieren ist wahrscheinlich auch hilfreich, als Beweis allerdings ist die Methode keinesfalls anerkannt[43].

Sicher könnte die Mathematik es sich bei manchen Dingen einfach machen und etwas, was wahr zu sein scheint, per Dekret zu einem Axiom erheben, das ohne Beweis anerkannt ist. Das wäre ein mathematisches Urteil analog zu einem Urteilsspruch in einem Indizienprozess, aber so leicht macht es sich die Mathematik im Allgemeinen nicht. Auch unzählige und überwältigende Indizien reichen dem Mathematiker nie zu einem Urteil; und anders als ein weltlicher Richter kann die Mathematik sich ja auch Zeit lassen. Bei der Quadratur des Kreises hat es 2000 Jahre lang gedauert, bis man π

---

[42] Damit heißt äquivalent also nichts anderes als „hinreichend und notwendig".

[43] Einen grenzwertigen Fall bildet der sogenannte Vier-Farben-Satz: https://de.wikipedia.org/wiki/Vier-Farben-Satz

„schuldig" sprach, schuldig der „Transzendenz" (s. Kapitel Geometrie: „Quadratur des Kreises").

Nun aber ist die alles entscheidende Frage, wie man zu einem Beweis kommt. Sicher wird der ein oder andere erwarten, dass die logischen Regeln und die Wahrheitstafeln das Problem für uns lösen, aber diese Erwartung muss man leider enttäuschen. Das alles gibt uns höchstens eine gewisse Hilfestellung, aber beileibe keinen Algorithmus, kein Rezept, wie Dinge zu beweisen oder auch zu widerlegen sind. Und es kommt noch schlimmer: Wir können noch nicht einmal allgemeingültig sagen, was ein Beweis ist. Wenn wir einen sehen, dann können wir in der Regel sagen, ob es einer ist („I know it when I see it"), aber a priori können wir nicht sagen, wie er aussieht oder wie man ihn findet.

P-NP-Hypothese

Für einen mathematischen Beweis gibt es keinen Algorithmus und wir haben kein Rezept, um beliebige Aussagen zu beweisen oder zu widerlegen, aber wir können einen vorgelegten Beweis auf seine Richtigkeit hin untersuchen und in der Regel auch beurteilen, ob er richtig oder falsch ist.

Für einen Beweis gilt damit dasselbe wie für ein Sudoku: Wenn es fertig gelöst ist, können wir schnell überprüfen, ob alle Zahlen richtig stehen, aber wir haben neben einem stupiden Ausprobieren, keine allgemeine Lösungsanleitung für solch ein gegebenes Zahlenrätsel – zumindest soweit wir es wissen.

Andererseits gibt es sehr wohl andere Probleme, für die wir solche Lösungsalgorithmen haben: lineare Gleichungssysteme z. B. kann man nach Rezept lösen, und zwar in endlicher Zeit durch endliche und genau definierte Prozessschritte. Selbstredend kann man solche Lösungen dann natürlich auch direkt auf ihre Korrektheit hin untersuchen, denn man muss ja nur prüfen, ob der Lösungsprozess richtig ausgeführt wurde.

Wenn wir nun gedanklich alle solchen Probleme wie das letztere, also alle, für die wir einen überprüfbaren Lösungsprozess haben, in einer Menge P (für „process") zusammenfassen, während die anderen, für die man keinen Algorithmus hat, aber für die man entscheiden kann, ob eine vorgeschlagene Lösung korrekt ist, eine Menge NP (für „no process") bilden,[44] dann haben wir kurz gesagt die beiden Mengen:

P: alle Probleme, die (maschinell) lösbar sind.
NP: alle Probleme, für die eine Lösung (maschinell) prüfbar ist.[45]

---

[44] Dazu gehören neben dem Sudoku auch das berühmte Problem des „Travelling Salesman"; s. https://de.wikipedia.org/wiki/Problem_des_Handlungsreisenden
[45] Probleme, für die eine Lösung nicht prüfbar ist, sind irrelevant.

Offenbar ist dann P eine Teilmenge von NP, denn eine maschinell erzeugte Lösung muss – wie gesagt – auch überprüfbar sein, aber umgekehrt gilt das offenbar nicht, siehe Sudoku, bzw. es ist nicht offensichtlich.

Die berühmte „P-NP-Hypothese" besagt aber gerade das, genauer, dass NP auch eine Teilmenge von P ist, und dann wären die beiden Mengen identisch, d. h. $P = NP$, in Worten: Wenn es einen Algorithmus gibt, um eine Lösung zu bestätigen, dann muss es auch einen Lösungsalgorithmus geben.

Soweit die These. Es ist unklar, ob sie wirklich gilt, und das Problem gehört zu den 7 sogenannten Millenniumsproblemen[46] der Mathematik. Es wurde erstmals Anfang der 70er Jahre publik gemacht, aber man vermutet, dass besagter Kurt Gödel sich damit schon in den 50er Jahren befasst hatte.

Und zusätzlich besteht leider auch keine abschließende Einstimmigkeit darüber, wie ein Beweis geführt werden darf. Es gibt durchaus traditionell geprägte Strömungen in der Mathematik, die z. B. einen indirekten Beweis – und wir werden gleich sehen, was das ist – ablehnen. Allerdings ist nicht alles ganz so trostlos, wie es klingen mag. Was wir hier anbieten können, ist eine Handvoll Beweistechniken, die sich direkt aus unseren logischen Regeln ableiten, und die sich in drei Verfahren einteilen lassen, nämlich:

- Direkter Beweis
- Indirekter Beweis, mit zwei Unterarten
- Vollständige Induktion

Wir müssen nochmals betonen, dass es sich dabei keinesfalls um Beweis-Rezepte handelt. Um einen Beweis zu finden oder zu führen, braucht es vor allem Kreativität, eine Beweisidee und oft hartnäckiges jahrelanges „Herumdoktern", oder auch ganz einfach Teamgeist, denn viele Beweise in der Moderne sind nur durch übergreifende, oft auch globale Kooperationen der Mathematikergemeinschaft zustande gekommen.

Der **direkte Beweis** ist sicher der am häufigsten verwendete Ansatz, und er orientiert sich prinzipiell an den sogenannten „Syllogismen" der aristotelischen Logik. Das ist eine Reihe von logisch zulässigen Schlüssen – nichts anders bedeutet Syllogismus – in denen jeweils zwei Prämissen (auch Ober- und Untersatz genannt) zu einem Schluss (genannt Konklusion) zusammengeführt werden. Das meistzitierte Beispiel dafür ist der Beweis der Sterblichkeit des Sokrates:

Prämisse 1: Menschen sind sterblich

---

[46] Auf die Lösung jedes dieser Probleme sind 1 Mio. US Dollar ausgesetzt.

Mit anderen Worten: „wenn Mensch (P), dann sterblich (Q)" und:

Prämisse 2: Sokrates ist ein Mensch

Daraus dürfen wir offenbar den Schluss ziehen: *Sokrates ist sterblich,* und dieses sprachliche Gebilde übersetzt sich in mathematische Notation als:

$$(P \to Q) \wedge P \Rightarrow Q$$

Etwas komplexer, aber auch leicht mit Beispielen zu unterlegen, wäre dieser Zusammenhang:

$$(P \to Q) \wedge (Q \to R) \Rightarrow P \to R$$

In Worten: Aus P folgt Q und aus Q folgt R. Dann folgt aus P auch R, denn Q ist nur ein Zwischenschritt dahin.

Diese Art eines logischen Schlusses haben wir alle mit der Muttermilch aufgesogen, und folglich entspricht er unserem intuitiven Verständnis von Logik – auch jenseits der Mathematik. In der Wissenschaft nennt man das Schließen von einem allgemeinen Gesetz („alle Menschen sterben") auf einen Einzelfall (Sokrates) „Deduktion". Das Gegenteil dazu ist die Induktion, unter der man von (vielen) Einzelinformationen auf eine allgemeine Gesetzmäßigkeit schließt. Darauf werden wir weiter unten noch zu sprechen kommen.

Beim **indirekten Beweis** unterscheiden wir zwei Varianten, deren Unterschiede allerdings klein sind. Das Prinzip, das beiden zugrunde liegt, besteht darin, das Gegenteil dessen anzunehmen, was man eigentlich beweisen möchte und dann zeigt, dass dadurch entweder die ursprüngliche Annahme verletzt wird (Variante 1) oder es sonstigen „Unsinn" zur Folge hat (Variante 2). In beiden Fällen also führt man eine Annahme zu einem Widerspruch, und deswegen nennt man den indirekten Beweis oft auch einfach „Beweis durch Widerspruch", ohne auf den feinen Unterschied einzugehen.

Die erste Variante benutzt in der logischen Struktur die sogenannte **Kontraposition:**[47]

$$(P \to Q) \Leftrightarrow \neg Q \to \neg P$$

In Worten: Dass Q aus P folgt, ist nichts anderes, als dass das Gegenteil von P aus dem Gegenteil von Q folgt. Das klingt in Worten nicht unbedingt einleuchtend, aber anhand der Wahrheitstafeln kann man es sich leicht klar machen. Außerdem verwenden wir diesen Schluss auch in unserer Alltagslogik, z. B. um zu beweisen, dass es am Tag hell ist („Wenn Tag (P), dann hell (Q)"), würden wir argumentieren, dass es in der Nacht dunkel ist („Wenn nicht hell ($\neg$Q), dann kein Tag ($\neg$P)"). Übertragen auf die mathematische Aussage (P $\to$ Q) heißt das, man unterstellt das Gegenteil dessen, was man zeigen will, nämlich $\neg$Q und führt das über logische Schlüsse zu $\neg$P. Diese Schlussfolge beweist dann auch, dass der Schluss von P auf Q logisch gilt.

---

[47] Man beachte die Vertauschung von P und Q auf den beiden Seiten.

Dazu ein kurzes Beispiel

Wir wollen zeigen, dass wenn die Quadratzahl n^2 ungerade ist (P), dann ist auch n selber ungerade (Q).

Zum Beweis geht man über zur Kontraposition von Q, also zu $\neg$ Q, d. h., n ist gerade. Dann ist $n = 2k$ bzw. $n^2 = 4k^2$, und das ist gerade, entspräche also $\neg$ P.

Die Methode Kontraposition eignet sich für „Wenn, dann"-Aussagen, indem sie die „Dann-Aussage" in ihr Gegenteil verkehrt, also die „Kontra-Position" aufbaut, und zeigt, dass dies der „Wenn-Aussage" widerspricht. Das aber ist dann logisch äquivalent zur ursprünglichen Aussage, und der „Widerspruch" besteht darin, dass der Beweis gerade mit der Kontra-Position dessen endet, was ursprünglich angenommen werden sollte, hier P.

Demgegenüber kommt der andere indirekte Beweis bei generellen Aussagen zum Einsatz, wie z. B. „Morgen regnet es". Er beruht darauf, dass man die zu beweisende Aussage negiert und daraus einen wie auch immer gearteten **Widerspruch** ableitet, sie „ad absurdum" führt, und daraus dann natürlich schließen darf, dass die negierte Annahme falsch ist, d. h., dass das Gegenteil wahr ist.

Wenn P die allgemeine Aussage ist, die zu beweisen wäre, dann lautet die entsprechende aussagenlogische Äquivalenz:

$$(\neg P \rightarrow Q) \wedge \neg Q \Leftrightarrow P$$

Auch dieses Schema ist unserer Alltagslogik nicht fremd: Nehmen wir an, jemand behauptet „Alle Männer sind gleich", und jemand anderer widerspricht, sagt also „Nicht alle Männer sind gleich" (P). Der oder die Zweite jedenfalls kann die Aussage wahrscheinlich durch Widerspruch beweisen, in dem sie sagt: „Wenn alle Männer gleich sind ($\neg$P), dann ist mein Mann wie deiner (Q), aber weil ich beide kenne, kann ich sagen, mein Mann ist nicht wie deiner ($\neg$Q), und damit können nicht alle Männer gleich sein (P)."

Das klassische mathematische Beispiel für diesen Fall ist die Behauptung, dass die Wurzel aus 2 irrational ist (P). Das ist also keine „Wenn, dann"-Behauptung, sondern eine generelle Aussage über eine bekannte Zahl. Um sie zu zeigen, nimmt man das Gegenteil an, d. h., $\sqrt{2}$ sei rational ($\neg$P). Dann gibt es zwei natürliche Zahlen m und n mit $m/n = \sqrt{2}$, und wir dürfen „ohne Beschränkung der Allgemeinheit"[48] annehmen, dass dieser Bruch weitestmöglich gekürzt ist. Das aber heißt, dass m und n nicht gleichzeitig gerade sein können (Q), denn ansonsten könnte man den Bruch noch durch 2 kürzen.

Dann ist also $m^2/n^2 = 2$ bzw. $2n^2 = m^2$, woraus folgt, dass m^2 gerade ist, und deswegen muss auch m selber gerade sein.

Wie im letzten Beweis, gibt es dann eine natürliche Zahl k mit: $m = 2k$, also $m^2 = 4k^2$. Wir wissen aber auch, dass $m^2 = 2n^2$ ist, d. h., wir haben insgesamt:

---

[48] Ein wichtiger Ausdruck, der besagt, dass die Annahme nur vordergründig eine Einschränkung bedeutet, aber die Allgemeinheit der Aussage nicht gefährdet.

$2n^2 = 4k^2$, also $n^2 = 2k^2$, was nichts anderes heißt, als dass n^2 gerade ist und deswegen muss auch n, wie m, gerade sein ($\neg$ Q). Das ist genau der angestrebte Widerspruch, und zum Zeichen dafür würden wir hier einen Blitz ⚡ setzen und die Schlussbemerkung „q.e.d.“, für „quod erat demonstrandum"[49] notieren.

Abschließend wollen wir uns noch eine überaus wichtige Beweistechnik anschauen, die aber nur für Aussagen über die natürlichen Zahlen angewendet werden kann, nämlich die sogenannte **vollständige Induktion.**

Wie oben schon angedeutet heißt Induktion oder induktives Schließen, aus der Kenntnis von vielen Beispielen auf eine allgemeine Regel zu schließen. Beobachtet man z. B., dass jeden Morgen die Sonne aufgeht, dann schließt man aus diesen vielen einzelnen Beobachtungen auf das allgemeine Gesetz, dass die Sonne jeden Morgen aufgeht. In den klassischen Naturwissenschaften, wo man meist Ergebnisse von reproduzierbaren Experimenten sammelt, ist die Induktion die Basis jeder Erkenntnis; in der Mathematik allerdings ist ein solches Verfahren nicht zulässig. Der skeptische Mathematiker könnte immer einwenden, dass auch etwas, was die letzten Jahrmillionen so war, morgen nicht der Fall sein muss. Aber: Um Behauptungen über natürliche Zahlen zu zeigen, verwendet man eben nicht die „normale" Induktion, sondern die vollständige (!); und diese besteht aus zwei Schritten:

Man zeigt die Aussage zunächst für einen beliebigen Startwert. Der wird normalerweise „klein" sein, z. B. 0 oder 1, aber das ist zweitrangig. Diesen ersten Schritt nennt man den *Induktionsbeginn,* und auf diesen folgt der eigentliche *Induktionsschritt,* der darin besteht, dass man die Behauptung für eine beliebige natürliche Zahl n zeigt, und zwar unter Verwendung der Annahme, dass sie für deren direkten Vorgänger, also n−1 gilt.[50]

Dieser Schritt stellt sicher, dass sich die Gültigkeit der Aussage sozusagen von einer natürlichen Zahl zur nächsten weiterreicht oder vererbt, d. h., man führt eine systembasierte Überprüfung aller Einzelfälle durch, und in diesem Sinne handelt es sich zwar um ein induktives Verfahren, aber eben um eines, das wir als vollständig ansehen, und das die Aussage dann ab dem gewählten Startwert zeigt.

Als Analogie kann man sich eine Leiter vorstellen, von der man weiß, dass nach jeder Sprosse eine nächste kommt. Wenn das so ist, dann kann man auf dieser Leiter endlos aufsteigen, falls man auf irgendeiner Sprosse starten kann. Genau diesen Schritt auf die erste Sprosse liefert der Induktionsbeginn, und das Wissen um eine immerwährende nächste Sprosse stellt sozusagen den Induktionsschritt dar.

Als Beispiel dafür schauen wir uns die berühmte Geschichte von Carl Friedrich Gauß an (s. Anhang), der als Kind seinen Lehrer damit verblüffte, dass er die Summe der Zahlen von 1 bis 100 in Rekordzeit berechnete. Er tat das sicher nicht, indem er alle 100 Zahlen der Reihe nach aufaddierte, sondern er sah, dass die Aufgabe schnell zu lösen ist,

---

[49] Wörtlich: Was zu zeigen war.

[50] Oft auch für $n + 1$ unter der Annahme, sie gilt für n, was aber dasselbe ist.

indem man die Summanden geschickt so umsortiert, dass man 50 Paare von Zahlen bildet, die sich alle zu 101 addieren, nämlich: $1+100$, $2+99$, bis $50+51$, d. h., die Summe ist gerade $50 \cdot 101 = 5050$. Das ist der Fall für n = 100; für beliebiges n gilt:

$$1 + 2 + 3 + \cdots + n = \frac{n(n+1)}{2}$$

Um das mit vollständiger Induktion zu zeigen, halten wir fest, dass die Aussage offenbar für n = 1 gilt, denn dann steht auf beiden Seiten der Gleichung eine 1.

Nehmen wir jetzt an, sie gilt für n, dann ist zu zeigen, dass sie unter dieser Annahme auch für n + 1 gilt.

Wir setzen $S(n) = 1 + 2 + \cdots + n$, dürfen verwenden,[51] dass $S(n) = \frac{n(n+1)}{2}$ und haben zu zeigen, dass: $S(n) + (n+1) = S(n+1)$.

Das ergibt sich aber direkt durch Einsetzen und bloßes Ausrechnen, worauf wir hier verzichten wollen.

Das sind soweit die grundlegenden Beweisverfahren, die man in der Mathematik anwendet, und ergänzend kann man noch anfügen, dass es nicht immer nur darum geht, eine Behauptung zu beweisen, sondern manchmal auch darum, etwas zu widerlegen. Im Gegensatz zum Beweis reicht dafür natürlich nur ein einziges Beispiel, eben ein Gegenbeispiel.

Ein berühmtes Beispiel dieser Art stammt aus der Welt der Primzahlen:

Man wäre ja durchaus an einer Formel interessiert, mit der man Primzahlen ausrechnen kann. Ein Kandidat für eine solche Formel ist:

$$P(n) = n^2 + n + 41$$

Setzt man hier sukzessive die natürlichen Zahlen 1, 2, 3, 4, … ein, dann spuckt die Formel reihenweise Primzahlen aus, nämlich 43, 47, 53, 61, usw., d. h., man könnte versucht sein zu behaupten, dass P(n) für alle n eine Primzahl ist. Für die ersten 39 natürlichen Zahlen gilt das tatsächlich, aber bei n = 40 ist Schluss, denn dann kommt 41^2 raus, also leider keine Primzahl, und die reicht uns dann als Gegenbeispiel.

Ausblick
Wie erwähnt haben wir hier lediglich die Aussagenlogik behandelt, die als Einführung in die mathematische Logik gelten kann. Der nächste Schritt von hier aus wäre die sogenannte Prädikatenlogik, die wiederum in diverse Stufen eingeteilt ist, aber all das würde den hier gesetzten Rahmen sprengen, ganz zu schweigen von den weiteren Entwicklungen in dieser Disziplin, die die gesamte Mathematik

---

[51] Das nennt man auch die Induktionsannahme.

in der ersten Hälfte des 20. Jahrhunderts deutlich geprägt haben. Hatte man noch 1930 die feste Überzeugung, dass die Mathematik eines Tages alles wissen wird,[52] so wissen wir seit Gödel, dass es kein mathematisches System geben kann, das widerspruchsfrei ist und in dem sich alles beweisen lässt, d. h., mathematische Systeme sind zur Unvollständigkeit verdammt und es wird immer Sätze geben, die wahr, aber trotzdem nicht beweisbar sind, und falsche, die nicht widerlegbar sind.

Das vielleicht berühmteste Beispiel dafür führt uns zurück zur Mengenlehre und fast in die Gegenwart: Dass die Cantor´sche Kontinuumshypothese tatsächlich unentscheidbar ist, wurde abschließend Anfang der 60er Jahre von dem amerikanischen Mathematiker Paul Cohen (1934–2007) nachgewiesen. Dafür erhielt er die sogenannte „Fields Medaille", eine Auszeichnung, die in etwa einem „Nobelpreis" für Mathematik gleichkommt.

---

[52] Sinngemäß formulierte David Hilbert es so in einer berühmten Radioansprache (https://www. swr.de/swrkultur/wissen/archivradio/david-hilbert-1930-radioansprache-102.html.

Stochastik

Mathematik angewandt

6

Glaube nur der Statistik, die du selber gefälscht hast

Unbekannt
Alles, was lediglich wahrscheinlich ist, ist wahrscheinlich falsch

René Descartes (1596–1650)

Übersicht

Gegenstand dieses Kapitels ist elementare **Stochastik,** d. h. Wesentliches aus den beiden Bereichen **Wahrscheinlichkeitsrechnung** und **Statistik.**

Zunächst werden wir letztere Disziplin in ihrer **deskriptiven,** also beschreibenden Form einführen und uns anschauen, wie wir mittels einer **Stichprobe Daten** aus einer **Grundgesamtheit** erheben, um gewisse **Merkmale** zu erfassen. Aus diesen Informationen kann man dann Erkenntnisse ableiten, die wir als **statistische Kennzahlen** bezeichnen, z. B. den gut bekannten Durchschnitt – auch genannt **Mittelwert.**

Mit diesem Verständnis findet man leicht Zugang zur Wahrscheinlichkeitsrechnung, die mit **Zufallsexperimenten** beginnt, deren Ausgänge so als **Ereignisse** erfasst werden, dass man damit tatsächlich rechnen kann. Das ermöglicht es uns, einen elementaren, aber völlig ausreichenden **Wahrscheinlichkeitsbegriff** zu formulieren, über den man sich schon das „**Gesetz der großen Zahl**" leicht klar machen kann.

© Der/die Autor(en), exklusiv lizenziert an Springer Fachmedien Wiesbaden GmbH, ein Teil von Springer Nature 2025
R. Voggenauer und C. Weiss, *Allgemeinbildung Mathematik,*
https://doi.org/10.1007/978-3-658-48997-7_6

Mit diesem Verständnis können wir dann beispielhaft **Verteilungen** von Wahrscheinlichkeiten, wie z. B. die bekannte „**Glockenkurve**", die Gauß´sche **Normalverteilung,** darstellen und anhand solcher Kurven werden wir schließlich die zentralen Parameter **Erwartungswert** und **Varianz** von Verteilungen definieren.

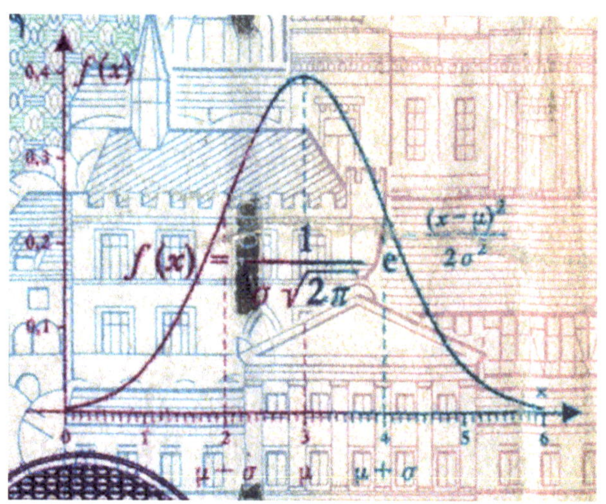

6.1   Einleitung

Mit **Statistiken** gehen wir alle beinah täglich um, sei es, dass wir ganz primitiv eine Strichliste anfertigen, ein Diagramm interpretieren oder eine komplexe Tabelle analysieren: Jede Aufstellung oder Darstellung von Zahlen verbinden wir mit einer „Statistik", einem Begriff übrigens mit leider zweifelhaftem Ruf: Dass man mit Statistiken alles beweisen kann, auch das Gegenteil, glauben die meisten Leute, und das vorangestellte vermeintliche Churchill-Zitat[1] gehört bei uns sogar zu den geflügelten Worten. Obwohl gefälscht, hat es dennoch einen wahren Kern: Statistik an sich ist sicher eine immens hilfreiche Wissenschaft, aber manche Statistiken suggerieren nicht selten das Falsche, und mitunter wird damit auch schamlos gelogen.[3]

Mit **Wahrscheinlichkeiten** ist es nicht ganz so schlimm. Auch die begegnen uns im Alltag auf Schritt und Tritt und machen uns wenig Probleme; im Gegenteil: Wenn der Wetterbericht von 80 % Regenwahrscheinlichkeit spricht, können wir uns darunter etwas vorstellen und nehmen einen Regenschirm mit, aber unser Umgang mit Glücksspielen

---

[1] Das Zitat wird gern Winston Churchill (1874–1965) zugeschrieben, stammt aber eher aus dem Propagandaministerium von Joseph Goebbels (1897–1945).

[2] S. Literaturverzeichnis: So lügt man mit Statistik.

aller Art, insbesondere dem guten alten Lotto „6 aus 49", zeigt, dass wir z. B. kleine Wahrscheinlichkeiten eher falsch einschätzen.

Beides sind gute Beispiele dafür, dass wir manche mathematischen Konzepte zwar wie selbstverständlich benutzen, aber eben doch oft nicht so verstehen, wie sie eigentlich gemeint sind. Damit können wir aber offensichtlich trotzdem gut leben: Schon die Römer nutzten einfache Statistiken zu demographischen Entwicklungen[3] zum Beispiel, und Wahrscheinlichkeiten begleiten uns seit jeher: Jahrtausende lang war der Mensch regelmäßig mit Situationen konfrontiert, in denen er unter Unsicherheit Entscheidungen fällen musste, d. h., er musste Risiken einschätzen, die für ihn und seine Sippe unter Umständen lebensbedrohlich sein konnten. Unzweifelhaft haben wir ein angeborenes oder antrainiertes, jedenfalls gänzlich un-mathematisches Verständnis von Wahrscheinlichkeiten und Risiken, und das hat uns prima durch die Zeiten gebracht.

Es gibt unterschiedliche Auffassungen darüber, wann Mathematiker sich zum ersten Mal mit „Unsicherheit" befasst haben, aber die Mathematik an sich hat das Thema erst relativ spät zu ihrem Gegenstand gemacht. Das hatte mutmaßlich auch religiöse Gründe, denn das Schicksal berechnen zu wollen, haben nicht wenige Kulturen als Gotteslästerung und Frevel angesehen, und die Vorstellung, dass in der Mathematik nur klar gegebene und keine „wahrscheinlichen" Größen als Objekte zugelassen sind, wurde nicht zuletzt durch das Eingangszitat von Descartes ausgedrückt. Um das zu ändern, musste eine gänzlich neue Disziplin, eben die frühe Wahrscheinlichkeitsrechnung, geboren werden und sich mühsam etablieren. Erste Ansätze dazu gab es schon in Überlieferungen über Galileo aus dem 16. Jahrhundert, aber als wirklicher Auslöser der Entwicklung gilt ein Briefwechsel der beiden französischen Mathematiker Blaise Pascal (Abb. 6.1) und Pierre Fermat (Abb. 6.2) aus dem Jahr 1654. Dabei ging es weniger um eine existentielle Angelegenheit, sondern um ein profanes Problem in einem Glücksspiel, das seinerzeit dem Adel vorbehalten war und von der Kirche verteufelt wurde. Pascal war mit einer entsprechenden „Anfrage" konfrontiert worden, und obwohl er sehr gläubig war, dachte er darüber nach und tauschte sich in der Folge mit seinem Kollegen Fermat dazu aus. Da auch der die Frage nicht ganz uninteressant fand, nahm die Geschichte von da an ihren Lauf, sodass wir die Anfänge der Stochastik in etwa auf das ausgehende 17. Jahrhundert datieren können. Historisch hat sich damals zunächst eine einfache Wahrscheinlichkeitstheorie entwickelt, die sich von Beginn an gegen vielerlei Widerstände behaupten musste – nicht nur aus kirchlichen Kreisen. Auch innerhalb der Mathematik selbst gab es bis ins 20. Jahrhundert hinein Vorbehalte gegen die neue Theorie,[4] und die *mathematische* Statistik, die sich nicht ganz unabhängig davon entwickelt hat, ist auch heute noch

---

[3] Der Begriff Statistik leitet sich ab aus lat. Statisticum = den Staat betreffend.

[4] Das wurde erst ausgeräumt durch die axiomatische Begründung der Wahrscheinlichkeitstheorie durch A. Kolmogorow (1903–1987); vgl. dazu auch den Abschnitt „Axiomatische Definition der reellen Zahlen" in „Analysis".

Abb. 6.1 Blaise Pascal

Abb. 6.2 Pierre Fermat

nicht überall als vollwertige mathematische Disziplin anerkannt.[5] Aber soweit wollen wir gar nicht gehen, sondern uns hier nur mit der sogenannten „beschreibenden", also deskriptiven, oder auch empirischen Statistik befassen. Deren Wurzeln reichen – wie angedeutet – bis in die Antike zurück, speziell zu den Römern, und darin geht es im Wesentlichen „nur" um die Sammlung und Darstellung von Zahlen, sprich Daten, sowie die Ableitung gewisser Kennzahlen, für die wir ein intuitives Verständnis haben.

---

[5] Tatsächlich ist Statistik an sich keine mathematische Disziplin, sondern eine eigene Fachrichtung.

Genau das wird uns dann aber auch helfen, elementare Wahrscheinlichkeitsrechnung zu verstehen, und beides zusammengenommen und in Einklang gebracht, stellt dieses Kapitel der Mathematik einen nicht zu unterschätzenden Pfeiler unserer Zivilisation dar. Ganze Industrien, speziell die Finanz- und Versicherungsindustrie, wären nicht denkbar ohne die Beiträge der Stochastik, die ihnen helfen, Risiken möglichst objektiv einzuschätzen; und erst dadurch werden andere Wirtschaftszweige in die Lage versetzt, ökonomische Risiken einzugehen. Das wiederum ermöglicht unserer Gesellschaft als Ganzes schlussendlich einen „vernünftigen" Umgang mit ähnlichen Gefahren, denen die Ur-Menschen nur ihre Intuition entgegen zu setzen hatten. Damit wollen wir allerdings keinesfalls bewerten, welche Herangehensweise die bessere ist, sondern einfach festhalten, dass die Stochastik sich seit ihren Anfängen im Glücksspiel-Milieu durchaus respektabel entwickelt hat.

6.2   Empirische Statistik

Bei den meisten Statistiken, die wir z. B. in den Medien präsentiert bekommen, geht es im Wesentlichen um Durchschnitte von Zahlen, denen wir im täglichen Leben begegnen und die meist eine irgendwie geartete Relevanz für uns haben. Das könnte z. B. der aktuelle Durchschnittsverdienst in gewissen Branchen, der Bierverbrauch pro Kopf in München oder die mittlere Lebenserwartung von vorzeitig pensionierten Beamten sein. Bei anderen Statistiken geht es weniger um „harte" Fakten, als vielmehr um Befragungen von Personen, etwa zu politischen Themen oder sonstigen Präferenzen.

Ohne darauf einzugehen, wie die zugrunde liegenden Daten für solche Statistiken im Detail zustande kommen, sollte klar sein, dass deren Aussagen in der Regel nicht auf der gesamten Menge von Daten basieren, die eigentlich nötig wäre, um solche Durchschnitte zu berechnen oder Aussagen über Meinungen ganzer Bevölkerungsgruppen zu machen. Für Letzteres z. B. wird normalerweise nur eine verhältnismäßig kleine Gruppe von Personen befragt, und deren individuelle Antworten werden systematisch erfasst und als sogenannte „Statistik" aufbereitet oder beschrieben. Deswegen sprechen wir hier von deskriptiver Statistik, denn deren Darstellungen beschreiben immer nur die Gruppen, die tatsächlich befragt worden sind, d. h., hier werden empirische Werte verarbeitet, und wir werden uns hier nur mit solch „empirischer Statistik" beschäftigen. Nichtsdestotrotz darf man unterstellen, dass dergestalt erhobene Daten hochgerechnet werden können auf größere Gruppen, d. h., aus gemessenen Stimmungen einer befragten Minderheit können unter gewissen Voraussetzungen kondensierte Meinungen ganzer Kollektive abgeleitet, d. h. berechnet werden. Das ist letztendlich ja auch Sinn und Zweck der Übung, sprich der Datenerhebung, aber dieser Schritt geht deutlich über den empirischen Befund hinaus und ist Aufgabe der mathematischen Statistik, genauer der „beurteilenden" oder „Inferenz-Statistik". Deren Betätigungsfeld baut sicher auf der deskriptiven Statistik auf, liegt aber unseres Erachtens außerhalb einer Allgemeinbildung in Mathematik. Trotzdem sollte man sich zumindest der qualitativen Unterscheidung zwischen beschreibender und beurteilender Statistik bewusst sein. In manchen Fällen allerdings ist der Weg von dem einen zum anderen nicht ganz so weit: Wenn wir z. B. Aussagen machen wollen über den Alkoholgehalt im Blut, dann muss man nicht das ganze Blut eines Probanden ablassen und sozusagen eine „Voll-Erhebung" machen. Stattdessen reichen ein paar Milliliter aus einer „Stichprobe" – im wahrsten Sinne des Wortes – um deren Alkoholkonzentration auf den gesamten Kreislauf hochzurechnen. Das ist natürlich nur möglich, weil man annimmt, dass die entsprechenden Werte in den jeweiligen Mengen annähernd gleich sind. Man kann sich aber leicht vorstellen, dass die Situation bei Befragungen zu Meinungen in aller Regel nicht so einfach ist, denn während es beim Blut fast egal ist, wo wir es abzapfen, ist es bei Menschen sicher nicht der Fall, dass jedwede Gruppenmeinung auch die Gesamtmeinung widerspiegelt. Davon können wir nur dann ausgehen, wenn die Gruppe der Befragten in gewissem und zu spezifizierendem Sinne *stellvertretend* für die Gesamtheit ist. D. h., die Stichprobe muss so gestaltet werden, dass sie möglichst *repräsentativ* für das Kollektiv ist. Genau das ist alles andere als trivial, und man kann sich leicht vorstellen, dass das von vielen Aspekten abhängt: Dass die Stichprobe eine gewisse Größe haben muss, ist sicher noch direkt klar, aber wie groß sie sein muss, um was mit welcher Genauigkeit sagen zu können, das hängt von der Fragestellung ab und davon, welche Vorstellung man von der zugrunde liegenden Gesamtheit hat. Auf all das gibt es leider keine pauschalen Antworten, und wir werden uns damit in unserem Rahmen – wie gesagt – nicht befassen können. Wir werden im Folgenden nur eine relativ einfache Stichprobe als gegeben hinnehmen und uns lediglich der Frage widmen, wie deren Daten erfasst und weiterverarbeitet werden.

Dazu wollen wir uns auf gewisse **Merkmale** und ihre **Ausprägungen** beschränken, die wir direkt an Personen erfassen können,[6] nämlich:

Alter (in Jahren), **Geschlecht** (m/w), **Größe** (in m) **und Gewicht** (in kg)

Das sind 4 sogenannte Merkmale mit jeweils verschiedenen Ausprägungen; das Merkmal Geschlecht beispielsweise hat die beiden Ausprägungen „m" für männlich und „w" für weiblich.

Wir wollen annehmen, dass wir Daten aus einer Stichprobe, sagen wir vom Umfang 100, als Tabelle vorliegen haben; am besten in einer Tabellenkalkulation, sodass wir sie schnell beliebig sortieren und sogar darauf rechnen können.

Zunächst halten wir fest, dass drei dieser vier Variablen quantitativer Natur sind, d. h., sie werden in Zahlen gemessen, nämlich Alter, Größe und Gewicht, während ein

---

[6]Das gleiche kann man selbstverständlich für nahezu beliebige andere Objekte tun, die irgendwelche Eigenschaften haben oder denen man Werte zuordnen kann. Das können direkt beobachtbare Daten sei, wie z. B. der Spritverbrauch von Autos, die Ganggenauigkeit von Uhren, die Sonnenscheindauern an irgendwelchen Orten usw., aber auch komplexe Daten, deren Beobachtung und Erhebung u. U. nur indirekt möglich ist.

Merkmal, Geschlecht, qualitativer Natur[7] ist und mit einem Buchstaben codiert wird. Auf diesen Unterschied werden wir noch zurückkommen, aber schauen wir uns zunächst den möglichen Anfang einer solchen Tabelle von Rohdaten an:

Nr	Alter (Jahre)	Geschlecht (m oder w)	Größe (m)	Gewicht (kg)
1	50	m	1.78	82
2	45	w	1.64	60
3	48	m	1.80	78
4	35	w	1.60	55
5	55	m	1.75	75
6	52	w	1.70	65
7	38	m	1.68	72
8	60	w	1.67	75
9	28	m	1.82	90
10	32	w	1.62	58

Nun geht es natürlich nicht nur darum, diese Daten aufzulisten und als Sammlung zu dokumentieren, sondern – wie immer in der Mathematik – es geht darum, mit und aus den Daten etwas zu „machen" und „machen" heißt in der Mathematik meistens: Rechnen.

Als Erstes kann man aus den vorhandenen Daten weitere Daten generieren oder ableiten. Zum Beispiel könnte man aus den Werten für Größe und Gewicht für jede Person den ominösen – aber durchaus fragwürdigen – Body-Mass-Index (BMI) berechnen. Der ist definiert als:

$$\text{BMI} = \text{Gewicht (kg)} / \text{Größe(m)}^2$$

Das wäre ein weiteres quantitatives Merkmal, das es uns auch erlauben würde, die Daten um eine weitere qualitative Information zu ergänzen, nämlich die, ob bei der entsprechenden Person Unter-(u), Normal- (n) oder Übergewicht (o) unterstellt wird. Diese Klassifizierung generiert dann ein neues Merkmal, nennen wir es GK für Gewichtsklasse, mit den drei Ausprägungen n, o und u, die sich direkt aus den jeweiligen Ausprägungen der vorhandene Merkmalen BMI, Alter und Geschlecht ableiten.[8] Damit könnten die ersten Sätze unserer so erweiterten kleinen Datenbank so aussehen:

Nr	Alter (Jahre)	Geschlecht (m oder w)	Größe (m)	Gewicht (kg)	BMI	GK (n, o oder u)
1	50	m	1.78	82	25.9	n
2	45	w	1.64	60	22.3	u

---

[7] Andere qualitative Eigenschaften könnten sein: Familienstand, Beruf, Haarfarbe usw.
[8] Wir ersparen uns explizit jede medizinische oder sonstige Bewertung dieser Einteilung.

Nr	Alter (Jahre)	Geschlecht (m oder w)	Größe (m)	Gewicht (kg)	BMI	GK (n, o oder u)
3	48	m	1.80	78	24.1	n
4	35	w	1.60	55	21.5	u
5	55	m	1.75	75	24.5	n
6	52	w	1.70	65	22.5	u
7	38	m	1.68	72	25.5	n
8	60	w	1.67	75	26.9	o
9	28	m	1.82	90	27.2	o
10	32	w	1.62	58	22.1	u

Nach dieser Datenergänzung besteht der **einfachste erste Schritt** einer Datenanalyse darin, die Daten nach ihren Merkmalen zu sortieren, sodass man auf- oder absteigend ein „Gefühl" für die Lage der Daten bekommt. Dieses erste Sichten der Daten ist immer zu empfehlen, denn dadurch sieht man, in welchen Bereichen sie liegen, ob es evtl. Häufungen gibt und ob Werte fehlerhaft sind oder sogar ganz fehlen. Es könnte sich z. B. ergeben, dass die Körpergrößen zwischen 1,58 und 1,95 m liegen, und dass die Gewichte sich zwischen 46 und 121 kg bewegen. Beides wird man auch getrennt nach den Geschlechtern sortieren und dabei selbstverständlich die Intervalle entsprechend eingrenzen.

Der **zweite einfache Schritt** in der Analyse schließt sich direkt daran an und ist eine Vorstufe zum Rechnen mit den Daten, nämlich das Auszählen. Dabei werden die sogenannten **absoluten** Häufigkeiten gewisser Merkmalsausprägungen ermittelt, d. h. simpel ausgezählt, z. B. die Anzahl der Normalgewichtigen. Diese werden wir n_i nennen, wobei das i für die jeweilige Merkmalsausprägung, z. B. „normal", steht. Aus diesen Werten **berechnen** sich dann sofort die sogenannten **relativen** Häufigkeiten h_i in der Stichprobe, was nichts anderes ist als die Anteile der entsprechenden Merkmalsausprägungen an der gesamten Stichprobe, d. h., die relative Häufigkeit h_i einer Merkmalsausprägung i ist gerade der Quotient aus seiner absoluten Häufigkeit n_i und dem Stichprobenumfang n:

$$h_i = \frac{n_i}{n}$$

Dieser Wert wird normalerweise in Prozent oder Promille angegeben, und er könnte beispielsweise ergeben, dass 20 % der beobachteten Personen Übergewicht haben, wenn die Ausprägung „o" des Merkmals „GK" in den n = 100 Stichprobenwerten 20-mal vorkommt.

Das kann man leicht für jedes Merkmal und jede Ausprägung berechnen, auch bezogen auf Untergruppierungen, z. B. getrennt nach Geschlechtern, wobei dann die Bezugsgröße n entsprechend angepasst werden muss. Bei manchen Merkmalen ist es sinnvoll, dafür gewisse Klassengrenzen zu definieren, z. B. in Form von Altersgruppen,

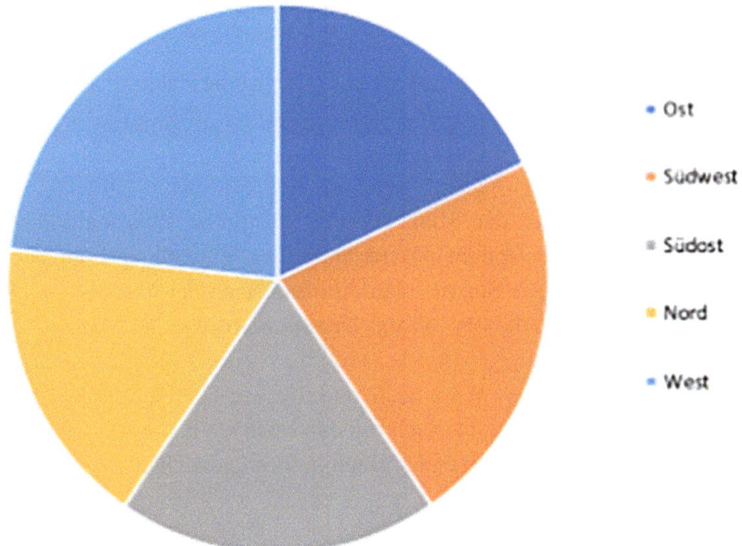

Abb. 6.3 Kuchengraphik

um dann die entsprechenden Kennzahlen gruppenweise auszuweisen, sodass man Aussagen dieser Form erhält: „Die Gruppe der 20- bis 25-jährigen bildet 23 % der gesamten Population."

Ein wichtiges Hilfsmittel in der Darstellung von Daten sind selbstverständlich Grafiken. Hierzu bieten die gängigen Tabellenkalkulationsprogramme Möglichkeiten, die fast keine Wünsche mehr offenlassen, und wir würden durchaus jedem empfehlen, damit zu experimentieren. In der Anwendung derselben würden wir jedoch oft zur Zurückhaltung raten, denn eine möglichst bunte – vielleicht sogar animierte – Grafik bringt dem Betrachter nicht immer unbedingt mehr Erkenntnisse, sondern sie kann manchmal sogar das Wesentliche überdecken. Hier gilt nicht selten „Weniger ist mehr" und es gibt auch Zahlen, die mehr sagen als 1000 Bilder. Das gilt insbesondere für die allseits beliebten „Torten- oder Kreisdiagramme", die meistens in der Konditorei besser aufgehoben wären. Wie so oft, ist das natürlich Geschmacksache, aber Grafiken wie beispielsweise die in Abb. 6.3 sind besonders schlecht gelungen, da sie nichtssagend sind.

Im **dritten analytischen Schritt** nähert man sich schließlich der **Verteilung der Daten.** Hier steht an erster Stelle die Bildung von Durchschnitten für gewisse Merkmale innerhalb bestimmter Gruppen oder auch der gesamten Stichprobe. Z. B. könnte sich ergeben, dass das Durchschnittsgewicht der Männer bei 80 kg liegt und das der Frauen bei 65 kg. Unter Durchschnitt verstehen wir das sogenannte *arithmetische Mittel*[9] von

---

[9] Daneben gibt es auch andere „Mittelwerte", z. B. das „geometrische" und das „harmonische" Mittel, die aber beide hier keine Rolle spielen.

beobachteten Daten, d. h. die Summe der Messwerte dividiert durch deren Anzahl, mit anderen Worten:

Das arithmetische Mittel der n Zahlen x_1, x_2, ..., x_n ist die Zahl:

$$\overline{x} = \frac{1}{n}(x_1 + x_2 + \cdots + x_n)$$

Diesen Wert nennen wir auch den Mittelwert der Stichprobe – hier natürlich bezüglich eines Merkmals – und er entspricht unserer intuitiven Vorstellung vom Durchschnitt. Beispielsweise würden wir die Summe aller Altersangaben der Männer, dividiert durch die Anzahl Männer in der Stichprobe, als das Durchschnittsalter der Männer in der Stichprobe ansehen.

Alternativ kann man diesen Wert auch mithilfe der Häufigkeiten berechnen, und zwar sowohl mit den absoluten n_i als auch mit den relativen $h_i = n_i/n$, indem man die beobachten Werte x_i mit den entsprechenden Häufigkeiten „gewichtet", d. h.:

$$\overline{x} = h_1 x_1 + h_2 x_2 + \cdots + h_n x_n$$

Das macht man sich leicht klar, weil sich die absoluten Häufigkeiten n_i zum gesamten Stichprobenumfang n addieren, und deswegen die relativen Häufigkeiten h_i in der Summe 1 ergeben.

Diese Durchschnitte zu berechnen, macht natürlich nur Sinn für quantitative Merkmale, denn mit rein qualitativen Merkmalen, wie Geschlecht, kann man schlecht rechnen. Für diese Fälle hat man aber unter Umständen eine Alternative, wenn die Merkmalsausprägungen durch Zahlen codiert werden können, ohne dass sie tatsächlich quantitativ aufgefasst werden, wie das z. B. bei Schulnoten der Fall ist. Die empirische Statistik benutzt dafür oft eine Kennzahl, die dem Durchschnitt zumindest sprachlich ähnlich ist, aber davon klar zu unterscheiden ist, nämlich den sogenannten „Median". Das ist eine Art „mittlerer" Wert der Stichprobe, in dem Sinne, dass er in einer der Größe nach geordneten Liste von Zahlen in der Mitte steht, d. h., die Hälfte der Beobachtungen liegt unter, ist kleiner, und die andere Hälfte ist entsprechend größer und liegt über dem Median, der deswegen auch „Zentralwert" der Stichprobe heißt. Er hat den großen Vorteil, dass er gegen Ausreißer unempfindlich ist, denn er zählt im Prinzip nur die angeordneten Daten, während das arithmetische Mittel die Werte wie oben gesehen „gewichtet" und von daher auf hohe Gewichte mit Ausschlägen reagiert.

Machen wir dazu ein Beispiel aus 13 Zahlen, die man sich als gewürfelt vorstellen kann:

$$1,\ 1,\ 2,\ 3,\ 3,\ 3,\ \mathbf{4},\ 4,\ 5,\ 5,\ 5,\ 6,\ 6$$

Hierin kommt beispielsweise die 1 zweimal vor, d. h. $n_1 = 2$, und die 5 dreimal d. h. $h_5 = 3/13$. Die Berechnung des arithmetischen Mittels ergibt in jeder Variante einen Wert von etwa 3,69, aber in der Mitte der Liste[10] steht eine 4, und die wäre hier als Median anzusehen.

Hat man Mittelwerte einer Stichprobe bezüglich gewisser Merkmale ermittelt, dann stellt sich als nächstes oft die Frage, wie die Daten um diese Werte herum „streuen". d. h., welche Abstände zwischen den Datenpunkten untereinander zu beobachten sind, und zwar immer in Bezug auf den Durchschnitt bzw. das arithmetische Mittel.[11] Um das zu beantworten, bedarf es durchaus einiger komplexer Berechnungen, die wir in aller Regel nicht mehr aus dem Handgelenk schütteln können, aber wichtiger als die Rechnung ist es, das dahinter liegende Prinzip, sprich das Maß für die Streuung zu verstehen.

Dafür definieren wir zunächst die sogenannte **Varianz** der Stichprobe als den Durchschnitt der quadrierten (!) Abstände der Beobachtungen von deren Mittelwert, d. h.:

Sind x_1, x_2, ..., x_n Stichprobenwerte mit dem arithmetischen Mittel $\bar{x}$ wie oben, dann heißt:

$$\bar{s}^2 = \frac{1}{n}((x_1 - \bar{x})^2 + (x_2 - \bar{x})^2 + \cdots + (x_n - \bar{x})^2)$$

die (empirische) Varianz[12] der Werte x_1, x_2, ..., x_n.

Um diesen Wert zu berechnen, muss also zunächst auf Basis der gesamten Stichprobe das arithmetische Mittel $\bar{x}$ berechnet werden. Danach ermittelt man für jeden Stichprobenwert dessen Abstand zu diesem globalen Mittelwert, und die Varianz ist schließlich das arithmetische Mittel der Quadrate dieser Abstände.

Das hört sich kompliziert an, und das ist es auch, aber unter Einsatz gängiger Tabellenkalkulationen geht das leicht von der Hand. Die entscheidende Frage ist aber, ob man nicht auch ein einfacheres Maß hätte definieren können, z. B. eines, das nur auf den direkten Abweichungen der Werte vom Mittelwert basiert. Solche Abstände hätten offenbar wechselnde Vorzeichen und würden sich deswegen zu einem gewissen Grad gegenseitig aufheben, d. h., man bekäme unter Umständen eine kleine „Streuung" für Daten, die in Wahrheit sehr breit streuen. Die naheliegende Alternative, die nicht-negativen Beträge der Abstände anzusetzen, hat man verworfen, weil diese rechentechnisch schwierig zu handhaben sind. Von daher bieten sich quadrierte Abstände an, und aus denen kann man eine einigermaßen gute Anschauung für die Streuung gewinnen, wenn man zu guter Letzt die Quadratwurzel der so definierten Varianz betrachtet. Die nennt

---

[10] Bei gerader Anzahl der Werte gibt es die „Mitte" eigentlich nicht; dann ist der Median gerade das arithmetische Mittel der beiden mittleren Werte.

[11] Man könnte hier auch andere Referenzwerte anstelle des Mittelwerts wählen, und das könnte für bestimmte Fragestellungen sicher interessant sein.

[12] Manchmal wird dieses Maß auch mit dem Faktor 1/(n–1) statt 1/n definiert, was jedoch Gründe hat, die für uns nicht relevant sind.

man die **„Standardabweichung"**[13] und kann als „mittlere Abweichung" der Daten vom Mittelwert interpretiert werden.

Die statistischen Kennzahlen Mittelwert und Standardabweichung, bzw. Varianz, sind zentrale Begriffe in der gesamten Stochastik. Die sollte man zweifellos kennen und sich immer vor Augen halten, auf welcher Basis sie gebildet werden. Bis hierher haben wir sie nur auf gegebenen Daten verwendet, um konkrete Gegebenheiten in überschaubaren „Gruppen" – genannt Stichproben – zu beschreiben. Der Schritt, daraus Kenntnisse über die Situation in entsprechend größeren Obermengen abzuleiten, oder besser gesagt, um Einschätzungen von Gegebenheiten in den betreffenden Grundgesamtheiten zu beurteilen, das ist Gegenstand der mathematischen Statistik, die wir hier nicht behandeln.

Was wir allerdings als Nächstes tun werden, ist es, die Begrifflichkeiten der empirischen Statistik auszudehnen auf theoretische Konzepte, die wir im Rahmen einer (elementaren) Wahrscheinlichkeitstheorie kennen lernen werden, aber dabei wird es immer wesentlich bleiben, zwischen datenbasierter Statistik und theoretisch fundierter Wahrscheinlichkeit zu unterscheiden.

> **Sonntagsfrage**
>
> Ein wesentliches Einsatzgebiet der Statistik ist die Wahlforschung, die es sich zur Aufgabe macht, im Vorfeld von politischen Wahlen Prognosen aufzustellen, z. B. über die zu erwartende Wahlbeteiligung und die entsprechenden Resultate von Parteien oder Personen. In Deutschland stellen wir regelmäßig die „Sonntagsfrage", d. h., die Frage, wenn am nächsten Sonntag Wahl wäre, wen oder was würden Sie wählen?
>
> Zu dieser und ähnlichen Fragen veranstalten alle statistischen Institute rund um den Globus regelmäßig Umfragen, z. B. auch in den USA, die man vielleicht sogar das Mutterland der Statistik nennen darf. Dies jedoch nicht, weil die Wissenschaft dort entwickelt wurde, sondern weil man dort oftmals in vielen Bereichen des täglichen Lebens über eine hervorragende Datenlage verfügt.[14] Trotz alledem haben Institute dieser Industrie, hier wie dort, in der Vergangenheit nicht gerade mit einer besonderen Treffsicherheit geglänzt: Z. B. gerieten die Umfragen zu den Wahlergebnissen bei der ersten Wahl von Angela Merkel 2005 zum Politikum,[15] und die Vorhersagen der amerikanischen Statistiker vor der Wahl von Trump 2016 kann man nur als peinliche Blamage bezeichnen.

---

[13] Das hat auch den Vorteil, dass die Abweichung in der gleichen Einheit gemessen wird wie die Daten selbst.

[14] US-amerikanische Baseball-Statistiken zum Beispiel umfassen sehr umfangreiche Datensammlungen.

[15] Noch eine Woche vor der Wahl sahen alle Institute die Union bei deutlich über 40 %; erreicht hat sie dann etwa 35 %.

Die Gründe dafür sind sicher vielfältig, aber im Kern bestätigen diese „Fehlleistungen", dass Umfragen zu politischen Absichten immer mit Skepsis zu sehen sind. Das liegt allerdings nicht unbedingt an der Unfähigkeit der Statistiker, sondern eher daran, dass manche Menschen in manchen Umfragen schlichtweg nicht immer die ganze Wahrheit sagen – was ja legitim ist – oder auch daran, dass allein die Veröffentlichung solcher Prognosen die nachfolgenden tatsächlichen Resultate beeinflusst,[16] denn rückblickend stellt man oft fest, dass Wetten auf Wahlergebnisse meist näher am späteren Ausgang liegen als Umfragen.

Die verlässlichsten – im Sinne von stabilsten – Vorhersagen liefern bekanntermaßen die sogenannten „ersten Hochrechnungen" nach Schließung der Wahllokale. Das zeigt aus unserer Sicht, dass es in der Beurteilung statistischer Aussagen immer darauf ankommt, ob sie vage Absichten oder konkrete Fakten behandeln.

6.3   Elementare Wahrscheinlichkeitsrechnung

Die grundlegenden Begriffe der empirischen Statistik zu kennen, ist eine gute Vorbereitung auf die Beschäftigung mit der Wahrscheinlichkeitsrechnung, denn dadurch bekommt man vorab schon eine Vorstellung davon, welche praktischen Anwendungen der theoretische Unterbau der *Wahrscheinlichkeits-Theorie* liefern wird.

Wie der Name sagt, befasst diese sich im theoretischen Rahmen mit dem, was wir *Wahrscheinlichkeit* nennen, also mit Objekten, die wir in unserer Alltagslogik nicht als gesichert wahr annehmen, sondern die uns nur zu einem gewissen Grad als wahr (er-) scheinen. Dass die Mathematik sich mit solchen Phänomenen beschäftigt, ist alles andere als selbstverständlich, denn in dieser Wissenschaft erwartet man in der Regel einen kategorischen „schwarz-weißen" Wahrheitsbegriff. Nichts anderes suggeriert das Eingangszitat von Descartes, und damit hatte er auch recht, denn die Wahrscheinlichkeitsrechnung liefert nicht etwa graduelle oder sogar unscharfe „Wahrheiten", sondern vielmehr quantifiziert sie Möglichkeiten der Realität, z. B. mögliche Verläufe oder Ausgänge von Experimenten. Es geht also keinesfalls um die Vorhersage von Ereignissen, – die wäre im Descartes´schen Sinne „wahrscheinlich falsch" und nach heutigem Verständnis meistens „fast sicher falsch" – sondern um eine zahlenbasierte Bewertung dessen, was wir unter gewissen Konstellationen als Ergebnis erwarten (dürfen). Ein Glücksspiel, in seiner einfachsten Form ein Würfelspiel, kann man als solch ein Experiment ansehen, und wie eingangs erwähnt, hat sich die Wahrscheinlichkeitsrechnung auch aus

---

[16]Nicht wenige Stimmen plädieren deswegen dafür, solche Zahlen in einem gewissen Zeitfenster gar nicht mehr zu publizieren.

einer Fragestellung entwickelt, die im Verlauf eines Glücksspiels aufgetreten war. Es tut wenig zur Sache, welches Spiel und welche Frage es genau war, sondern wesentlich sind hier zwei Umstände:

Das Glücksspiel, sagen wir besser, das „reine" Glücksspiel, ist, sofern es nach fairen Grundsätzen abläuft, wesentlich vom Zufall bestimmt und jede Durchführung des Spiels ähnelt einem Experiment: Nach jedem Spiel werden die Karten neu gemischt – oder die Würfel eingesammelt – und das Spiel kann wieder und wieder nach stets den gleichen Regeln durchgeführt werden. Nichts anderes ist ein (wissenschaftliches) Experiment. Auch dort haben wir die Rahmenbedingungen, also den Versuchsaufbau, in der Hand und können den Ablauf – zumindest ist das angestrebt – beliebig oft wiederholen. Den Verlauf des Experiments allerdings, wie den Ablauf des Spiels, haben wir weniger im Griff, denn genau da kommt der Zufall ins Spiel (!), sodass der Ausgang eines Experiments im Grunde genommen ähnlich wenig vorhersehbar ist wie das Ende eines Kartenspiels. Von daher können wir faire Glücksspiele als Spezialfälle eines Zufallsexperiments auffassen, d. h. als die Beobachtung zufälliger Ereignisse in einem festgelegten Rahmen, und deswegen können wir sie für unsere Zwecke immer wieder als anschauliche Beispiele verwenden.

Ein wesentlicher Unterschied besteht allerdings: Bei vielen Spielen, speziell bei Würfelspielen, kennen wir zumindest die möglichen Ausgänge sehr genau, was wir von physikalischen oder chemischen Experimenten nur bedingt sagen können. Zwar hat der Physiker oder die Chemikerin auch eine gewisse Erwartungshaltung vor den Versuchen, aber deren a-priori Wissen über die Resultate ist natürlich schwächer als beim Werfen eines Würfels, der nach jedem Wurf verlässlich ein bekanntes Ergebnis liefert, nämlich genau eine Zahl zwischen 1 und 6. Das, und nur das, sind die möglichen Ausgänge eines jeden Würfel-Experiments, und wenn wir die für jede Serie von Würfen der Reihe nach notieren, erzeugen wir eine Stichprobe wie wir sie im Rahmen der empirischen Statistik beschrieben haben, nämlich eine Teilmenge der schier unendlichen[17] Grundgesamtheit aller jemals getätigten und in der Zukunft noch zu tätigen Würfelwürfe; und das ist das Paradebeispiel eines sogenannten **Zufallsexperiments.**

Allgemein gesprochen verstehen wir unter diesem Begriff das Beobachten eines Merkmals im Rahmen eines Versuchs, der unter festgelegten und reproduzierbaren Bedingungen durchgeführt wird, und von dem wir annehmen dürfen, dass er einen zufälligen Ausgang nimmt. Dabei sind die möglichen Ausgänge $a_1, \ldots, a_n$ die a-priori bekannten Ausprägungen des beobachteten Merkmals, und jeder beobachtete Ausgang ist ein Ergebnis des Versuchs mit der zugehörigen Realisierung a_i.

Im Paradebeispiel ist der Versuch das Werfen eines „fairen" – nicht gezinkten – Würfels, das Merkmal ist die geworfene Augenzahl und die möglichen Ausprägungen und Ausgänge a_1 bis a_6 sind gerade die Zahlen 1 bis 6.

---

[17] Praktisch gesehen ist diese Grundgesamtheit selbstverständlich endlich.

Abb. 6.4 Baumdiagramm

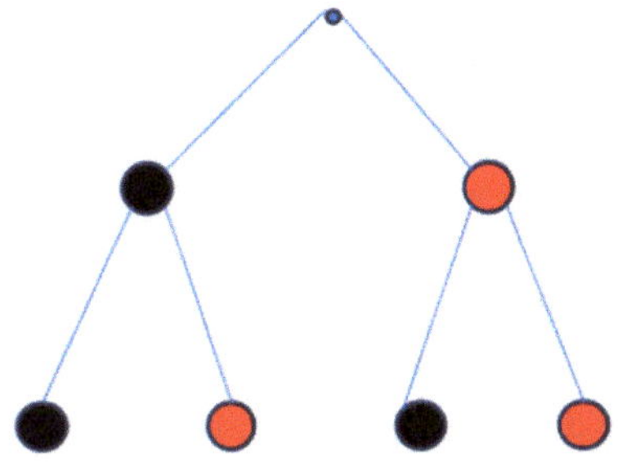

Bernoulli-Experiment

Das denkbar einfachste Beispiel für ein Zufallsexperiment ist das Werfen einer Münze mit den möglichen Ausgängen Kopf (a_1) oder Zahl (a_2). Solche Experimente mit nur zwei möglichen Ausgängen, die sich natürlich ausschließen, heißen **Bernoulli**-Experiment.[18] Diese scheinen auf den ersten Blick trivial, allerdings kann man sie sehr gut auch für komplexe Situationen benutzen. Zum Beispiel kann man Experimente, die eigentlich nicht „Bernoulli" sind, durch geeignetes Zusammenfassen ihrer Ergebnisse zu Bernoulli-Experimenten machen. Beim Würfeln z. B. können wir die 6 möglichen Ausgänge auf 2 reduzieren, indem wir nur „gerade" oder „ungerade" Augenzahl als Ergebnis werten. Umgekehrt kann man eine Serie von Bernoulli-Experimenten als einen einzigen mehrstufigen Versuch werten, dessen Ergebnis ein n-Tupel der möglichen Ausgänge des zugrunde liegenden Experiments ist. Ein gängiges Beispiel dafür sind die möglichen Abfolgen der Geschlechter beim Kinderkriegen: Nehmen wir an, es gibt nur die beiden möglichen Ausgänge „Junge" oder „Mädchen", dann ist eine Abfolge von Geburten bei einer Frau eine Serie von Bernoulli-Experimenten, die man zudem anschaulich als Baumdiagram (s. Abb. 6.4 für zwei Geburten: schwarz: „Junge"(J), rot: „Mädchen" (M)) darstellen kann.

Jeder „Pfad" in einem solchen Baum beschreibt dann jeweils eine der möglichen – traditionellen – Geschlechterverteilungen in einer Familie, hier: (J, J), (J, M), (M, J) und (M, M).

Alle möglichen Ergebnisse eines Zufallsexperiments kann man als die Ausgangsmenge des Experiments auffassen, also als eine Menge A, deren Elemente die möglichen Ausgänge sind. Nun haben wir aber schon gesehen, dass man verschiedene solcher Ausgänge auch zusammenfassen kann, wie z. B. bei „gerader" und „ungerader" Augenzahl, oder Augenzahl kleiner 3 und größer gleich 3 etc. Alle solche Zusammenfassungen von

---

[18] Benannt nach Jakob Bernoulli (1655–1705), einem Schweizer Mathematiker.

Ergebnissen nennen wir **Ereignis** und die **Ausgänge** selber **Elementarereignisse.**[19] Damit wird also jede Teilmenge von A als mögliches Ereignis unter dem Zufallsexperiment gewertet.

Das können wir uns am besten veranschaulichen am sogenannten **Urnenmodell,** das zu den Klassikern der Stochastik gehört:

Darunter stellt man sich wie im Kapitel „Arithmetik" einen Behälter vor, den man aus nicht unbedingt nachvollziehbaren Gründen „Urne" nennt, und der meist nummerierte Kugeln enthält. Sagen wir, wir haben darin 50 schwarze und 50 weiße Kugeln, also insgesamt 100 Stück, und die seien so von 1 bis 100 durchnummeriert, dass weiße Kugeln gerade und schwarze ungerade Nummern tragen. Das Zufalls-Experiment sei das Ziehen einer Kugel und die anschließende Beobachtung, welche Zahl und welche Farbe gezogen wurden. Die Ausgangsmenge A des Experiments besteht also aus genau 100 Ausgängen und kann dann so geschrieben werden:

$$A = \{(s, 1); (w, 2); (s, 3); (w, 4); \ldots; (s, 99); (w, 100)\}$$

Ein mögliches Ereignis wäre also (w, 28), das genau dann eintritt, wenn die weiße Kugel mit der Zahl 28 gezogen wird.

Genauso aber kann man jede Teilmenge von A als mögliches Ereignis auffassen: Die Beobachtung „Farbe Weiß" entspräche der Menge aller Tupel der Form (w, n) mit einer geraden Zahl n, und davon gibt es in A 50 Stück. „Zahl kleiner 10" wird repräsentiert durch die 10-elementige Teilmenge: $\{(s, 1); (w, 2); \ldots; (w, 10)\}$, und „schwarz und Zahl < 50" entspräche der Menge $\{(s, n) \mid n < 50\}$. Man kann sich leicht vorstellen, dass all diese Ereignisse nicht unbedingt eintreten, aber das Ereignis „Zahl kleiner gleich 100" tritt immer ein – ganz egal, welche Kugel gezogen wird. Und umgekehrt, wenn wir als Ereignis „schwarz und Zahl gerade" formulieren, dann wissen wir, dass dieses Ereignis nie eintreten kann, weil alle schwarzen Kugeln ungerade Zahlen tragen.

Diese beiden letzteren Ereignistypen haben eigene Namen, nämlich – naheliegenderweise – das „sichere" bzw. das „unmögliche" Ereignis, weil sie unabhängig vom konkreten Versuchsausgang immer bzw. nie eintreten.

Dazwischen allerdings liegen sehr viele andere Ereignisse, die weder sicher noch unmöglich sind, und deren Eintreten wir seltener oder häufiger erwarten würden als andere. Intuitiv würde man sicher bei jedem zweiten Zug eine weiße – oder auch eine schwarze – Kugel erwarten, denn davon gibt es ja gerade gleich viele, d. h., wir werden das, was wir für die „Wahrscheinlichkeit" des Ziehens einer schwarzen oder einer weißen Kugel halten, als gleich hoch einschätzen; umgangssprachlich würden wie vielleicht „fifty/fifty" sagen. Andererseits würden wir kaum auf das Ereignis „weiße Kugel mit Primzahl" wetten, weil wir es selten erwarten würden, aber ausschließen können wir es nicht, denn die Kugel mit der Nummer 2 würde genau das erfüllen.

---

[19] Im Wesentlichen sollte man also „Ausgang" und „Ereignis" auseinanderhalten.

Damit haben wir den Begriff Wahrscheinlichkeit schon benutzt, allerdings außerhalb eines mathematischen Konzepts, sondern so, wie wir es wahrscheinlich (!) täglich tun, nämlich als Ausdruck einer Erwartungshaltung. So leuchtet er uns intuitiv oder unbewusst am ehesten ein, und auch ohne den expliziten Bezug zur Mathematik, sind wir es ja durchaus gewöhnt, Wahrscheinlichkeiten als Zahlen anzugeben. Etwas, das wir als sicher ansehen, bezeichnen wir gern als 100 %ig, oder „keine Chance" identifizieren wir mit 0 % und bei „fifty/fifty" erwarten wir, dass unsere Chancen bei zwei möglichen Ausgängen gleichverteilt sind, was eben 50 % entspricht.

Auf diesem intuitiven Verständnis fußt auch die Wahrscheinlichkeitsrechnung, und folglich weisen wir dem erwähnten sicheren Ereignis die Wahrscheinlichkeit 1, also 100 % zu, und dem unmöglichen die Wahrscheinlichkeit 0, sprich 0 %. Das meiste spielt sich natürlich dazwischen ab, aber da lässt uns unsere Intuition leider ab und zu im Stich. Zwar können wir oft Wahrscheinlichkeiten untereinander vergleichen, sie also relativ einordnen, indem wir ein Ereignis für wahrscheinlicher halten als ein anderes, aber was eine Wahrscheinlichkeit absolut und konkret bedeutet, bzw. wie wir damit umgehen, das ist eine Frage für sich und Gegenstand psychologischer Analysen und Studien.[20]

Wir wollen uns dem eher mathematisch nähern, wobei aber die Intuition unsere Bezugsbasis bleiben soll, denn historisch wurde der klassische Begriff der Wahrscheinlichkeit genauso so definiert, wie wir ihn intuitiv verstehen und wie wir ihn im Rahmen der Statistik schon vorweggenommen haben, nämlich sehr ähnlich der Definition der relativen Häufigkeit von Merkmalsausprägungen in empirischen Daten als die Anzahl tatsächlicher Fälle dividiert durch den Stichprobenumfang. Dort hatten wir gegebene Daten, empirische Werte, und die praktischen Konzepte, die wir dort formuliert haben, wollen wir nun konsistent auf ein theoretisches Konstrukt übertragen.

Der erste Schritt dazu ist der von der relativen Häufigkeit zur Wahrscheinlichkeit. Der besteht darin, dass man empirische, also tatsächliche, Werte ersetzt durch theoretische, also durch mögliche, Ereignisse. Das ist auch naheliegend, denn jeder empirische Datenwert ist die Realisierung eines möglichen Ausgangs des zugrunde liegenden Experiments. Nehmen wir als einfaches Beispiel noch einmal das wiederholte Werfen einer Münze mit den Ausgängen Kopf oder Zahl. In jeder tatsächlichen Serie von Würfen erhalten wir eine bestimmte Anzahl Kopf und Zahl. Deren relative Häufigkeiten werden in jeder Serie verschieden sein, aber bei hinlänglich langen Serien mit einer fairen Münze werden sie immer in der Nähe (!) von ½ liegen, und diesen Wert akzeptieren wir intuitiv auch als die Wahrscheinlichkeit für Kopf bzw. für Zahl (fifty/fifty), d. h., der theoretisch zu erwartende Wert für die Wahrscheinlichkeit des Ereignisses stimmt mit dem empirisch beobachtbaren Wert für die relative Häufigkeit in hinreichend langen Serien überein.

---

[20] Hierzu hat Daniel Kahnemann (1934–2024) beeindruckende Arbeiten vorgelegt, s. Literaturverzeichnis.

Das gleiche können wir bei einem Würfel anwenden: Dort sind die möglichen Ausgänge die Zahlen 1 bis 6, d. h., bei einem fairen Würfel würden wir erwarten, dass keine Zahl bevorzugt wird und somit jeder Ausgang gleichwahrscheinlich ist. Dann muss dieser Wert aber zwingend 1/6 betragen, und genau das wird durch hinreichend lange Würfelserien untermauert. Das heißt, auch hier leiten wir die Wahrscheinlichkeit für jede Augenzahl zunächst theoretisch – oder auch logisch – ab und bestätigen es dann über die Praxis bzw. die Empirie.

Laplace[21]-Experiment
Experimente, in denen wir die Ausgänge unter fairen Bedingungen als gleich wahrscheinlich ansehen dürfen, nennt man **Laplace**-Experimente. Wenn wir in einem solchen n mögliche Ausgänge haben, dann hat jedes einzelne Elementar-Ereignis offenbar die Wahrscheinlichkeit 1/n. Daraus lassen sich leicht die Wahrscheinlichkeiten für komplexere Ereignisse ableiten, die Kombinationen der gleichwahrscheinlichen Elementar-Ereignisse sind.

Solche relativ einfachen Experimente wie der Münzwurf oder das Würfeln standen am Anfang der Entwicklung der Wahrscheinlichkeitstheorie, und die Verallgemeinerung des Ansatzes einer relativen Häufigkeit führte dann historisch auch zur ersten **klassischen Definition der Wahrscheinlichkeit** durch die erwähnten Bernoulli und Laplace. Für die Wahrscheinlichkeit eines Ereignisses innerhalb eines Experiments schlugen sie den Anteil vor, den dieses Ereignis theoretisch an allen möglichen Ausgängen des zugehörigen Experiments hat. Diesen Wert schreiben wir als P(E), für „Probabilität" – also Wahrscheinlichkeit – von E, und verstehen darunter also nichts anderes als den Quotienten der Anzahl von Ausgängen, in denen wir das Ereignis E theoretisch beobachten würden, und der Mächtigkeit der gesamten Ausgangsmenge des Experiments.

Im Würfelbeispiel besteht die Ausgangsmenge aus 6 Elementen, sprich möglichen Elementar-Ereignissen. Nehmen wir z. B. das spezielle Ereignis E: „gerade Zahl", dann tritt das in genau 3 von diesen 6 Ausgängen ein, nämlich wenn 2, 4 oder 6 gewürfelt wird. Man sagt auch, diese Fälle sind „günstig" für das Ereignis E, und setzt als dessen Wahrscheinlichkeit folglich 3/6 oder ½.

Standardmäßig bezeichnen wir die gesamte Ausgangsmenge eines Experiments mit Ω, und wenn M als Teilmenge von Ω die Menge der für ein Ereignis E günstigen Fälle ist, dann lautet die klassische Definition der Wahrscheinlichkeit für dieses Ereignis E:

$$P(E) = \frac{|M|}{|\Omega|}$$

---

[21] Benannt nach Pierre Simon Laplace (1749–1827).

Dabei sind die Mächtigkeiten $|M|$ und $|\Omega|$ gerade die Anzahlen der Elemente der jeweiligen Mengen. Der Wert P(E) ist nach dieser Definition also eine Zahl zwischen 0 und 1, was unserer intuitiven Auffassung von einer Wahrscheinlichkeit entspricht.

Diese Definition reicht vollkommen aus für Situationen, in denen die theoretisch günstigen Fälle bekannt sind oder abgeleitet werden können, wie etwa beim Würfel oder der Münze. Diese Objekte haben – so sagen wir – „gutartige" physikalische Eigenschaften, aber das kann man nicht immer voraussetzen. Zwar wird man immer die möglichen Ausgänge kennen, aber deren Wahrscheinlichkeiten sind trotzdem a-priori oft unbekannt. Man denke beispielsweise an das Werfen eines Reißnagels, bei dem wir die beiden möglichen Endlagen (Spitze oben oder nicht) beobachten und deren Wahrscheinlichkeiten bestimmen wollen. Eventuell könnte uns hier die Physik helfen, aber die Wahrscheinlichkeitsrechnung sicher nicht. Die setzt erst ein, nachdem man Wahrscheinlichkeiten kennt oder zumindest einschätzen kann. Und wenn das mittels theoretischer oder physikalischer Überlegungen nicht möglich ist, dann ist man auf empirische Untersuchungen angewiesen, d. h. auf Datenerhebungen,[22] und das führt uns zurück in den Bereich der Statistik. Deren Aufgabe ist es, mit entsprechend gestalteten Experimenten gewisse Parameter zu schätzen, und für die Schätzung von Wahrscheinlichkeiten ist die relative Häufigkeit von Ausgängen in Zufallsexperimenten ein hervorragendes Werkzeug. Wir sagen auch, sie ist in dem Fall ein naheliegender „Schätzer". Das beruht ganz einfach auf dem beobachtbaren Phänomen, dass sich die relativen Häufigkeiten der einzelnen Ausgänge von Zufallsexperimenten mit zunehmenden Versuchswiederholungen stabilisieren und langfristig bei einem Wert „einpendeln". Aber nicht nur das: Auch die „Pendelausschläge" werden erfahrungsgemäß umso geringer, je öfter das Experiment durchgeführt wird. Mathematisch gesprochen heißt das, die relativen Häufigkeiten konvergieren beobachtbar gegen einen Wert, und diesen Wert können wir mit der Wahrscheinlichkeit des betreffenden Ereignisses identifizieren.

Genau darauf fußt die sogenannte **statistische Definition der Wahrscheinlichkeit** P(E) eines Ereignisses E als beobachtbarer Grenzwert der relativen Häufigkeit $h_n(E)$ des Ereignisses nach der n-ten Versuchsdurchführung, d. h.:

$$P(E) = \lim_{n \to \infty} h_n(E)$$

Diese Definition wurde erst Anfang des 20. Jahrhunderts eingeführt, und sie ist „besser" als die klassische von Laplace, weil man dadurch auf die theoretisch abgeleiteten einzelnen Wahrscheinlichkeiten verzichten kann. Im Gegenzug allerdings braucht man hierfür entsprechende Daten aus Experimenten, die zwar oft einfacher zu erzeugen sind als vollkommen unbekannte Werte, aber nicht unbedingt in sehr großer Zahl. Allerdings steht die statistische Sicht nicht im Widerspruch zur klassischen Definition, d. h., die beiden

---

[22]Diese kann man allerdings auch computergestützt simulieren, z. B. durch sogenannte „Monte-Carlo-Methoden".

Sichtweisen sind inhaltlich konsistent. Von daher wollen wir im Folgenden nur diese Definition der Wahrscheinlichkeit verwenden,[23] denn einerseits reicht sie für unsere Zwecke vollkommen aus und andererseits lässt sich damit auch am besten ein zentrales Gesetz der Wahrscheinlichkeitsrechnung vermitteln: Das **Gesetz der großen Zahlen.**[24]

Der Begriff allein ist sicher Allgemeingut, das Verständnis dazu aber oft nicht. Tatsächlich reichen die Wurzeln dieses Satzes bis in die Anfänge der Wahrscheinlichkeitsrechnung zurück, und im Laufe der Zeit haben sich viele Varianten und Weiterentwicklungen des Satzes herausgebildet. Für unsere Zwecke – und mehr noch: an dieser Stelle – wollen wir auf eine sehr frühe Formulierung zurückgreifen, die von Jakob Bernoulli stammt, also aus dem Anfang des 18. Jahrhunderts, und die eigentlich intuitiv sofort verstanden werden kann, weil sie mit unserer natürlichen Auffassung vollkommen im Einklang steht. Bernoulli selbst beschrieb das Gesetz sogar als einen „Naturinstinkt", denn auch der „Dümmste" würde kapieren, dass man umso klarer sieht, je mehr Beobachtungen man macht.[25]

Besser als in Bernoullis eigenen Worten kann man es eigentlich gar nicht formulieren: Es geht nicht etwa um „große" Zahlen, sondern um „viele" Beobachtungen, und darum, dass unsere Gewissheit bezüglich bestimmter Zusammenhänge mit der Menge an bekannten Daten steigt. Mit Blick auf statistische Daten formuliert man das auch dahingehend, dass der Einfluss des Zufalls mit wachsendem Stichprobenumfang zurückgeht, und genau das hatte Bernoulli anhand eines Zufallsexperiment mit zwei möglichen Ausgängen A und B dargelegt. Aufgrund theoretischer Überlegungen konnte er die Wahrscheinlichkeiten für diese Ereignisse mit P(A) bzw. P(B) angeben und das Zufallsexperiment, n-mal durchgeführt, lieferte ihm die relativen Häufigkeiten $h_n(A)$ bzw. $h_n(B)$. Aus diesen korrespondierenden Werten ermittelte Bernoulli die betragsmäßigen Differenzen, also:

$$|h_n(A) - P(A)| \text{bzw.} |h_n(B) - P(B)|$$

und formulierte als – wie er es nannte – *„Goldenes Theorem"*,[26] dass die Wahrscheinlichkeit dafür, dass diese Differenz größer ist als irgendeine kleine Zahl Epsilon (ε), mit wachsendem n gegen 0 konvergiert. Das ist sprachlich eine sperrige Formulierung, die in mathematischer Schreibweise – und hier nur für das Ereignis A – deutlich eleganter aussieht, nämlich:

---

[23] Später lieferte der russische Mathematiker Kolmogorow (1903–1987) eine rein axiomatische Definition der Wahrscheinlichkeit. Diese bildet die Grundlage der modernen Wahrscheinlichkeitstheorie.

[24] Oft liest man auch „Gesetz der großen Zahl", was dasselbe meint, aber meist wird der Plural verwendet; und ja, es gibt auch ein „Gesetz der kleinen Zahlen" das Auffälligkeiten in kleinen Stichproben beschreibt.

[25] Sinngemäß drückte er es so 1703 in einem Brief an Leibniz aus.

[26] Das war Bernoullis Wortwahl für das, was wir heute das „schwache" Gesetz der großen Zahlen nennen. Der Unterschied zum „starken" Gesetz ist für uns unerheblich.

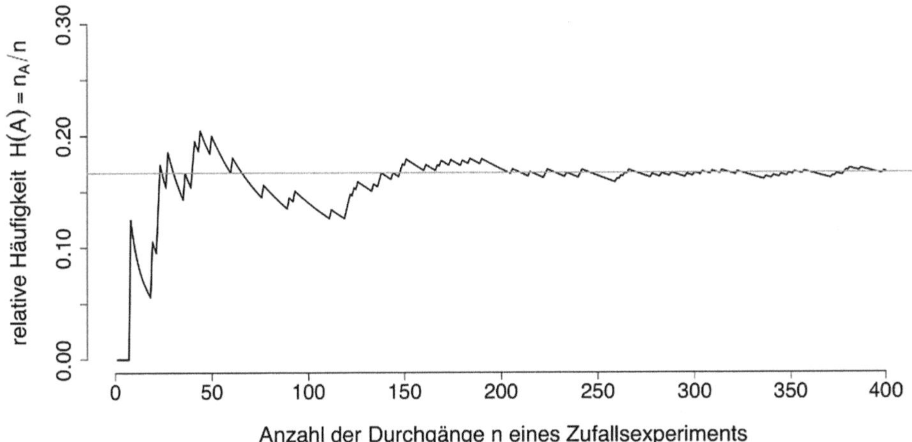

Abb. 6.5 Konvergenz der relativen Häufigkeit

$$P(|h_n(A) - P(A)| \geq \varepsilon) = 0 \text{ für } n \to \infty$$

Und das Bild in Abb. 6.5 sagt sicher mehr als 1000 Worte oder 100 Formeln.

An dieser Darstellung wird klar, dass sich die relative Häufigkeit der Wahrscheinlichkeit annähert, was wir ja schon wussten, aber eben auch – und das ist jetzt neu – dass die Wahrscheinlichkeit für Ausschläge um diesen Wert mit wachsender Anzahl von Versuchsdurchführungen beliebig unwahrscheinlich wird. Tatsächlich hatte Bernoulli deswegen schon die Absicht, unbekannte Wahrscheinlichkeiten durch Beobachtungen aus möglichst großen Stichproben zu schätzen, also nur anzunähern, und er verglich das mit der Approximation von π durch möglichst viele Unterteilungen des Kreises. Ohne ihn deswegen in die Nähe eines Archimedes zu rücken, hat er damit ein „Naturgesetz" formuliert,[27] das in der Folge zum Ausgangspunkt der Statistik wurde, denn es beinhaltet schon eine „frequentistische" – sprich statistik-basierte – Interpretation des Begriffs der Wahrscheinlichkeit. Diese aber ist – wie schon gesagt – konsistent zur klassischen Definition nach Laplace, und das Gesetz der großen Zahlen ist gerade das Bindeglied zwischen den beiden.

Das Gesetz der großen Zahlen: So klar und trotzdem oft unverstanden
Aus dem Gesetz der großen Zahl folgt auch, dass wir eine gegebene Wahrscheinlichkeit identifizieren können, sogar müssen, mit dem Grenzwert eines gedachten Zufallsexperiments, bei dem wir dieses Ereignis beobachten. Dieser zweite Aspekt wird oft übergangen bzw. ausgeblendet, wenn man Wahrscheinlichkeitsaussagen im

---

[27] In der Schweiz halten manche das für den wichtigsten Beitrag eines Eidgenossen zur Mathematik.

alltäglichen Umfeld macht. Das beste Beispiel dafür ist die Angabe einer „Regen-Wahrscheinlichkeit" von – sagen wir – 50 %. Darunter können wir uns sehr wohl etwas vorstellen und handeln entsprechend, wenn auch nicht einheitlich, aber streng genommen ist solch eine Angabe unsinnig, denn sie impliziert, dass man den Tag, wie in dem Film „Täglich grüßt das Murmeltier", beliebig oft wiederholt hätte und bei jedem zweiten Mal habe es geregnet.

Eine andere häufige Fehlinterpretation trifft man an, wenn beispielsweise im Casino die Roulette-Kugel mehrfach hintereinander bei „rot" landet und man versucht ist zu glauben, dass dadurch die Wahrscheinlichkeit für „schwarz" steigt. Dieser Glaube ist leicht erklärbar, denn wir „wissen" ja, dass eine lange Serie von beispielsweise „rot" extrem selten ist, und je länger sie ist, desto unwahrscheinlicher ist sie, aber hier muss man unterscheiden zwischen der Wahrscheinlichkeit des Auftretens einer Serie und der des nächsten Wurfs. Letztere bleibt gleich, unabhängig davon, in welcher Serie der Wurf auftritt, denn der Zufall – so sagt man in diesem Zusammenhang – hat kein Gedächtnis. Nach jedem „Rien ne va plus" sind die Chancen für „rot" oder „schwarz" gleich hoch.

Wahrscheinlichkeiten werden also als Zahlen angegeben, die zwischen 0 und 1 liegen. Die Wahrscheinlichkeit 0 charakterisiert das unmögliche, Wahrscheinlichkeit 1, bzw. 100 %, das sichere Ereignis, und dazwischen werden anderen Ereignissen andere Wahrscheinlichkeitswerte zugewiesen, seien sie das Ergebnis theoretischer Überlegungen oder praktisch aus Daten abgeleitet. Wenn wir uns nun für einen Moment einschränken auf die Elementarereignisse eines Zufallsversuchs, dessen Wahrscheinlichkeiten bekannt seien, d. h., wir unterstellen, wir können den Ereignissen (ihre) Wahrscheinlichkeiten zuweisen, dann nennen wir diese Zuweisung eine **Wahrscheinlichkeitsverteilung,** oder kurz nur **Verteilung.**

Mit anderen Worten: Die Gesamtheit der paarweise zusammengestellten Elementar-Ereignisse und ihrer korrespondierenden Wahrscheinlichkeiten ist eine Verteilung. Beim Münzwurf sind das die beiden Paare (Kopf, ½) und (Zahl, ½), beim Würfeln sind es die sechs Tupel (1; 1/6), (2; 1/6), …, (6; 1/6).

Weil der Begriff so zentral ist, geben wir auch eine mathematische Formulierung dazu:

Sei $E = \{E_1, E_2, \ldots, E_k\}$ eine Menge von Elementarereignissen unter einem Zufallsexperiment und sei:

$$P : E \to [0; 1]$$

$$P(E_i) = p_i \ \text{ für } i = 1, 2, \ldots, k$$

$$\text{mit } 0 \leq p_i \leq 1 \ \text{ für alle } i$$

$$\text{und } p_1 + p_2 + \cdots + p_k = 1$$

dann heißen die Zahlen p_iWahrscheinlichkeiten und die Abbildung P Wahrscheinlichkeitsverteilung.

> **Gleichverteilung**
>
> Im Rahmen der klassischen Definition der Wahrscheinlichkeit haben wir u. a. Laplace-Experimente betrachtet, d. h. Experimente, in denen es k verschiedene Ausgänge gibt, die alle die gleiche Wahrscheinlichkeit haben. Als Verteilung aufgefasst, muss dann jede Wahrscheinlichkeit gerade 1/k betragen, d. h., für jedes Elementarereignis E ist dann P(E) = 1/k.
>
> Für solche Verteilungen benutzt man – naheliegend – den Begriff der Gleichverteilung, d. h., das ist eine Verteilung, in der die Elementarereignisse die gleiche Wahrscheinlichkeit haben. Diese kommen in der Praxis zwar nicht so häufig vor, aber zu Trainingszwecken wie am Beispiel des Münzwurfs oder des Würfelns sind sie hervorragend geeignet, um grundlegende Prinzipien darzustellen.

Nach dieser Definition werden also allen Elementarereignissen E_i Wahrscheinlichkeiten p_i zugewiesen, die alle zwischen 0 und 1 liegen und sich insgesamt zu 1 addieren. Da sich ein beliebiges Ereignis A aus genau diesen E_i zusammensetzt, kann dessen Wahrscheinlichkeit auch direkt aus den betreffenden p_i abgeleitet werden, und deswegen gilt für alle Ereignisse A:

$$0 \leq P(A) \leq 1$$

Außerdem folgt daraus eine wichtige und oft verwendete Aussage zu Ereignissen, die zueinander komplementär sind, d. h., sie decken den gesamten Ereignisraum ab und sie schließen sich gegenseitig aus: Auch deren Wahrscheinlichkeiten müssen sich zu 1 addieren, und im einfachsten Fall von zwei solchen Ereignissen A und B, wäre also $P(A) + P(B) = 1$ bzw.:

$$P(A) = 1 - P(B)$$

Diese Situation können wir einfacher beschreiben, wenn wir nur ein beliebiges Ereignis A und sein Komplement $\overline{A}$ betrachten. Dann gilt:

$$P(\overline{A}) = 1 - P(A).$$

Aus dem Urnenmodell hätten wir dazu das Beispiel:

A: „schwarze Kugel" und.

B: „gerade Zahl".

Abb. 6.6 Schnittmenge von
Ereigniss-Mengen

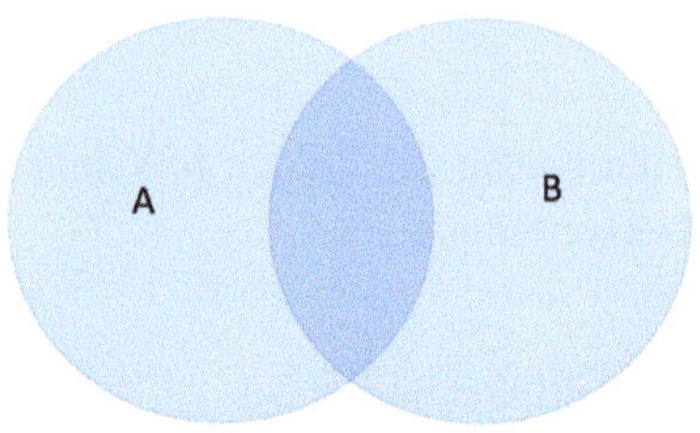

Da wir dort je zur Hälfte schwarze und weiße Kugeln haben, von denen die weißen gerade Zahlen tragen, die schwarzen ungerade sind die beiden Ereignisse komplementär, d. h., es gilt:

$$P(A) + P(B) = \frac{1}{2} + \frac{1}{2} = 1$$

Wenn Ereignisse sich gegenseitig ausschließen, seien es die Elementarereignisse selbst oder aus ihnen zusammengesetzte Ereignisse, dann lassen sie sich besonders anschaulich als disjunkte Mengen darstellen. Das ist inhaltlich natürlich nicht der allgemeine Fall, aber in der Form eignet sich die Mengendarstellung auch für das Folgende sehr gut, denn zwei Ereignisse, die sich nicht gegenseitig ausschließen, haben – interpretiert als Mengen – eine nicht-leere Schnittmenge (s. Abb. 6.6).

Ein Beispiel dafür aus dem Urnenmodell wäre:

A: „Kugel schwarz" und.
B: „Zahl kleiner oder gleich 50".

Diese beiden Ereignisse schließen sich nicht aus, sind also nicht disjunkt, denn ihre Schnittmenge besteht aus den Ziehungen der schwarzen Kugeln mit Zahlen kleiner oder gleich 50, d. h. allen ungeraden Zahlen 1, 3, 5, …, 49. Das sind genau 25 der insgesamt 100 Kugeln, d. h., unter fairen Bedingungen würden wir für diese Schnittmenge allein einen Anteil von ¼ am gesamten Ereignisraum erwarten, und damit $P(A \cap B) = \frac{1}{4}$ ansetzen.

Aber zurück zur eigentlichen Frage: Wie groß ist die Wahrscheinlichkeit dafür ist, dass A oder (!) B eintritt; in Mengenterminologie also interessiert uns die Vereinigungsmenge $A \cup B$. Um dies zu berechnen, kann man nun nicht blind die beiden einzelnen Wahrscheinlichkeiten addieren, nämlich: P(A) = ½ und P(Zahl <= 50) = ½. Demnach würde man „A oder B" für das sichere Ereignis halten, was offenbar falsch ist. Und es ist deswegen falsch, weil in diesem Ansatz die nicht-leere Schnittmenge $A \cap B$ zweimal gezählt würde; zieht man sie einmal ab, bekommt man für „A oder B" das richtige Ergebnis ¾. Anschaulicher wird das an obigem Schema, wenn man dort die Wahrscheinlichkeiten als Flächen ansieht. Dann entspricht $P(A \cup B)$ der Fläche der Vereinigungsmenge, und die ergibt sich klarerweise aus den Flächen von A und B abzüglich der Schnittmenge (schraffiert).

Genau dies besagt der sogenannte **Additionssatz** für beliebige Ereignisse A und B:

$$P(A \cup B) = P(A) + P(B) - P(A \cap B)$$

Dieser Satz führt uns nun indirekt in einen Bereich, der in der Praxis sehr relevant ist und dem wir immer wieder begegnen. Dabei wird es im weitesten Sinne um die gegenseitige **Abhängigkeit** oder auch **Unabhängigkeit von Ereignissen** gehen, wofür wir im alltäglichen Sprachgebrauch gern den Begriff der **Korrelation** verwenden. Das ist allerdings leider meist unzutreffend, und gerade weil dazu immer wieder falsche oder zumindest irreführende Aussagen gemacht werden, würden wir das Folgende unbedingt dem Kanon der Allgemeinbildung zuordnen.

Machen wir aber zunächst ein Beispiel, dessen Thema uns vertraut sein dürfte, denn es ist eines der klassischsten Beispiele für Abhängigkeiten.

Nehmen wir an, wir hätten bei einer Befragung von 100 Menschen erfasst, ob jemand Raucher ist und ob jemand Krebs hat, wobei wir in beiden Fällen nur Ja oder Nein als Antwort zugelassen haben.

Die Datenerhebung liefere uns, dass unter den Befragten 60 % Raucher sind und insgesamt 50 % eine Krebsdiagnose haben. Das allein sagt noch nicht viel aus. Interessanter ist natürlich, wie die Zahlen in den beiden Gruppen aussehen, d. h. z. B., wie viele Raucher Krebs haben. Wir würden also gern eine Matrix wie die folgende – man spricht von einer „**Vierfeldertafel**" – mit Zahlen befüllen:

	Krebs	Kein Krebs	Gesamt
Raucher	a	b	**60**
Nichtraucher	c	d	**40**
Gesamt	**50**	**50**	**100**

Über das Innere der Matrix, d. h. über die Zahlen a, b, c und d, wissen wir aktuell noch nichts, aber es ist vielleicht schon offensichtlich, dass man nur einen der vier Werte kennen muss, um die anderen sukzessive zu berechnen.[28] Nehmen wir an, wir haben die Zusatzinformation, dass a = 40 ist, d. h., von den 60 Rauchern haben 40 Krebs. Damit können wir die Vierfeldertafel komplett durchrechnen und erhalten:

	Krebs	Kein Krebs	Gesamt
Raucher	40	20	**60**
Nichtraucher	10	30	**40**
Gesamt	**50**	**50**	**100**

---

[28] Das liegt daran, dass die Merkmalsausprägungen Ja/Nein sich gegenseitig ausschließen.

Von diesen absoluten Häufigkeiten der vier einzelnen Segmente, auch Zellen der Matrix genannt, gehen wir zunächst über zu den relativen Häufigkeiten in der gesamten Stichprobe mit Umfang $n = 100$:

	Krebs	Kein Krebs	Gesamt
Raucher	0,4	0,2	**0,6**
Nichtraucher	0,1	0,3	**0,4**
Gesamt	**0,5**	**0,5**	**1,0**

Wenn wir jetzt noch unterstellen, dass die Stichprobe tatsächlich groß genug ist,[29] um diese relativen Häufigkeiten näherungsweise als Wahrscheinlichkeitswerte identifizieren zu können, dann geben diese an, wie die entsprechenden Wahrscheinlichkeiten in den beiden Gruppen verteilt sind, z. B. bzgl. Rauchen verteilt sich die Wahrscheinlichkeit für Ja und Nein auf 0,6 und 0,4, bei der Frage nach einer Krebsdiagnose sehen wir eine Gleichverteilung mit dem Wert 50 %. Diese beiden Verteilungen nennen wir hier die Rand- oder auch Marginalverteilungen, denn sie stehen auf den Rändern der Matrix, und sie bestimmen die Werte in den Zellen der Matrix, die den Wahrscheinlichkeiten für Schnittmengen von Ereignissen entsprechen wie wir sie im Additionssatz gesehen haben. Wenn wir die ab jetzt abkürzend mit A für Raucher und B für Krebsdiagnose schreiben; dann haben wir z. B.:

$$P(A \cap B) = 0{,}4$$

d. h., die Wahrscheinlichkeit, dass A und B gemeinsam eintreten, ist 0,4; mit anderen Worten: In der Gesamtbevölkerung erwarten wir 40 % rauchende Krebspatienten.

Die Zahlen werden aber erst dann wirklich aussagekräftig, wenn man sie nicht auf die „Gesamtbevölkerung" bezieht, sondern auf die Werte der Randverteilung, d. h. auf die jeweiligen Gruppen bzgl. Rauchgewohnheiten bzw. bzgl. einer Krebsdiagnose. Dann erst sehen wir, dass von allen Krebspatienten 80 % (nämlich $\frac{0,4}{0,5}$) Raucher sind, bzw., dass unter den Nichtrauchern nur 25 % ($\frac{0,1}{0,4}$) eine Krebsdiagnose haben, während der Wert in der Gesamtbevölkerung doppelt so hoch ist.

Das sind letztendlich die relevanten Informationen, und die ergeben sich erst dadurch, dass man die Grundgesamtheit einschränkt auf gewisse Merkmalsträger, z. B. die Raucher, und dann Wahrscheinlichkeiten in dieser eingeschränkten Gesamtheit betrachtet. Diese Einschränkung allerdings kommt einer Vorbedingung gleich, hier: Raucher, und von daher nennen wir diese Wahrscheinlichkeit eine **bedingte Wahrscheinlichkeit**[30] und schreiben dafür $P(A|B)$, gelesen als „Wahrscheinlichkeit von A unter der Bedingung, dass B vorliegt oder eingetreten ist".

---

[29] Das ist sie tatsächlich natürlich nicht, aber das können wir hier ausblenden.

[30] Manchmal auch „relative Wahrscheinlichkeit", im Gegensatz zur „absoluten" Wahrscheinlichkeit, die sich auf die totale Grundgesamtheit bezieht.

Bei der Berechnung einer bedingten Wahrscheinlichkeit ist zu beachten, dass die Grundgesamtheit durch eine Bedingung eingeschränkt ist, und folglich muss die bedingende Wahrscheinlichkeit im Nenner stehen, d. h., wir haben:

$$P(A|B) = \frac{P(A \cap B)}{P(B)}$$

Diese Formel wird allerdings meist in einer anderen Form angegeben, nämlich als allgemeiner **Multiplikationssatz**:

$$P(A \cap B) = P(B) \cdot P(A|B)$$

Und selbstverständlich bekommt man durch Vertauschung die analoge Formel mit der durch B bedingten Wahrscheinlichkeit:[31]

$$P(A \cap B) = P(A) \cdot P(B|A)$$

Der Multiplikationssatz erlaubt also die Berechnung der Wahrscheinlichkeit für Schnittmengen von Ereignissen, und es sollte direkt klar sein, dass diese in erster Linie von den jeweiligen einzelnen Wahrscheinlichkeiten abhängt. In zweiter Linie aber muss ein einschränkender Faktor ins Spiel kommen, der eben gerade die Bedingung abbildet, dass auch das zweite Ereignis eintritt. Genau das drücken die obigen Terme $P(A|B)$ bzw. $P(B|A)$ aus: Sie bezeichnen nicht die absoluten Wahrscheinlichkeiten der Ereignisse A bzw. B, sondern die – wenn man so will – eingeschränkte Wahrscheinlichkeit relativ zum Ereignis B, bzw. A, oder besser gesagt: Die Wahrscheinlichkeit für A unter der Bedingung, dass B eingetreten ist, und vice versa.

Setzt man aber nun die rechten Seiten der beiden obigen Gleichungen zusammen, dann erhält man direkt:

$$P(A) \cdot P(B|A) = P(B) \cdot P(A|B)$$

Und daraus ergibt sich die Formel für die bedingte Wahrscheinlichkeit als:

$$P(A|B) = \frac{P(A)}{P(B)} \cdot P(B|A)$$

Diese Formel ist immens wichtig, und sie hat dementsprechend auch einen eigenen Namen: **Satz von Bayes.**[32]

Wir stellen den Satz hier lediglich in seiner einfachsten Form dar, nämlich für nur zwei Ereignisse A und B, aber schon daran kann man seine Bedeutung ablesen: Er stellt den Zusammenhang her zwischen zwei einzelnen Wahrscheinlichkeiten $P(A)$ bzw. $P(B)$ und den jeweils wechselseitigen bedingten Wahrscheinlichkeiten $P(A|B)$ bzw. $P(B|A)$.

---

[31] Natürlich sind mit dieser Formel auch die durch die komplementären Ereignisse" A und B bedingten Wahrscheinlichkeiten zu berechnen.

[32] Thomas Bayes (1702–1761). Von ihm werden wir später noch hören.

Letztere werden in der Praxis oft als gleich angenommen, was in aller Regel jedoch falsch ist. Darauf kommen wir noch zurück, wollen hier jedoch schon mal festhalten, dass der Satz genau dieses Vorurteil ausräumt, denn er besagt, dass die bedingten Wahrscheinlichkeiten nur bis auf den Faktor P(A)/P(B) gleich sind, und das heißt, sie sind genau dann gleich, wenn die einzelnen Wahrscheinlichkeiten selber gleich sind, wenn also P(A) = P(B) gilt.

In der Praxis treffen wir dieses Phänomen in vielen Situationen an, und in der Literatur bemüht man oft Interpretationen von medizinisch-pharmazeutischen Testergebnissen, um die Anwendung des Satzes zu demonstrieren. Deswegen wollen wir hier auch ein Beispiel aus diesem Umfeld konstruieren:

Nehmen wir an, ein medizinischer Test erkennt eine bestimmte Krankheit in 95 % der Fälle zuverlässig, und nur in 5 % der Fälle liefert er nachweislich das falsche Ergebnis, d. h., er reagiert positiv bei Gesunden und/oder negativ trotz Krankheit. Das klingt nach einem akzeptablen Test, und falls dieser bei jemandem anschlägt, würden nicht wenige erwarten, dass die Krankheit mit 95 % Wahrscheinlichkeit vorliegt. Dem ist jedoch ganz und gar nicht so, und das wird durch eine Konsultation des Bayes´schen Satzes direkt klar:

Der „Sicherheits"-Wert von 95 % beruht auf der Tatsache, dass der Test positiv ausfällt unter der Voraussetzung (!), dass die Krankheit auch vorliegt. Genau das ist eine Einschränkung, eine Bedingung, die im Endeffekt massiv wirkt. Was uns interessiert ist aber ja gerade das Umgekehrte, nämlich wie wahrscheinlich die Krankheit ist unter der Bedingung, dass das Testergebnis positiv ist. Das sind also zwei verschiedene Ereignisse mit jeweils wechselseitigen Bedingungen, wie oben besprochen. Wenn wir nun deren Zusammenhänge anhand einer Vierfeldertafel darstellen wollen, dann brauchen wir als zusätzliches Vorwissen die absolute Häufigkeit der Krankheit, also die Wahrscheinlichkeit für ihr Auftreten ohne irgendwelche Voraussetzungen. Da es sich um etwas Seltenes handeln sollte, nehmen wir 1 % an und haben damit alle Zahlen, die wir für die Matrix brauchen; wie im Beispiel oben, können wir dann die fehlenden Werte sukzessive berechnen. Es ergibt sich:

	Krank	Gesund	Gesamt
Test positiv	950	4.950	**5.900**
Test negativ	50	94.050	**94.100**
Gesamt	**1.000**	**99.000**	100.000

Daraus können wir die gesuchte Information ablesen: Die Wahrscheinlichkeit, dass die Krankheit bei positivem Ergebnis tatsächlich vorliegt, beträgt – in diesem Beispiel –

950/5.900, also nur 16 %, ist also deutlich geringer als die ursprünglich angenommen 95 %[33][34]

Bayes-Statistik

Die sogenannte „Bayes-Statistik" ist ein bedeutender Zweig der Statistik, dessen Ansätze historisch weit zurückreichen, nämlich in das frühe 18. Jahrhundert, als die Wahrscheinlichkeitsrechnung in den Kinderschuhen steckte und „Statistik" noch gar nicht geboren war. In der Zeit befasste sich der englische Kleriker Thomas Bayes (1702–1761) mit Themen der bedingten Wahrscheinlichkeit, ohne jedoch seine Arbeiten zu veröffentlichen. Das geschah erst nach seinem Tod, weil Laplace (1749–1827) die Ideen des englischen Pfarrers aufgegriffen und weiterentwickelt hatte. Aber dann sollte es noch einmal knapp 300 Jahre dauern, bis die „Bayesianische" Statistik wirkliche Relevanz gewann, und das gelang ihr im Wesentlichen durch die Bereitstellung von Rechnerkapazitäten. Der uralte wahrscheinlichkeitstheoretische Satz von Bayes hat somit erst in den letzten Jahrzehnten ein sehr lebendiges Kapitel der modernen Statistik aufgeschlagen, und genau diese Unterscheidung sollte man sich zuallererst vor Augen halten: Es handelt sich um einen statistischen Ansatz, der an zentraler Stelle einen Satz der Wahrscheinlichkeitstheorie verwendet.

Gegenstand der Statistik ist es ja, aus empirischen Daten Wahrscheinlichkeiten – oder verwandte Parameter – abzuleiten. In der klassischen Statistik verwenden wir als Basis für Wahrscheinlichkeiten nur die relative Häufigkeit, gewonnen beispielsweise aus einem Experiment. Genau hier weicht der Bayes-Ansatz ab, und von daher ist er natürlich immer wieder auch kontrovers diskutiert worden. Unter ihm erlaubt der Statistiker bei der Ableitung von Wahrscheinlichkeiten nämlich explizit zusätzliches Vorwissen, sogenanntes a-priori-Wissen, und es ist eine „Glaubensfrage", ob man das zulassen sollte oder nicht. Jedenfalls, zusammen mit dem eigentlichen Experiment, das Daten liefert, berechnet man unter dem Bayes-Ansatz a-posteriori Wahrscheinlichkeiten, d. h. neue Wahrscheinlichkeiten, die unter Bedingungen, eben den neuen Daten oder Erkenntnissen, zustande kommen. Die Berechnung dieser Wahrscheinlichkeiten sind entsprechend bedingte Wahrscheinlichkeiten, und genau da kommt der wahrscheinlichkeits-theoretische Satz von Bayes ins Spiel.

Was den Ansatz also im Kern von der klassischen Statistik abhebt, ist der verwendete Begriff der Wahrscheinlichkeit: Während sich der klassische Statisti-

---

[33] Die Parameter sind natürlich willkürlich gewählt. Bei noch selteneren Krankheiten liegt die gesuchte Wahrscheinlichkeit noch sehr viel niedriger.

[34] Ein anderes schönes Beispiel ergibt sich aus der Frage, mit welcher Wahrscheinlichkeit ein Elfmeter verwandelt wird unter der Bedingung, dass der Torwart die „richtige" Ecke errät.

ker rein an der relativen Häufigkeit orientiert,[35] wird sich der „Bayesianer" einer Wahrscheinlichkeit annähern, und zwar in einem Prozess aus „Vorwissen – Daten – Nachwissen", der in der Regel mehrstufig ist. Dieser Prozess des Anreicherns von Vorwissen mit zusätzlichen Erkenntnissen, um damit neue Wahrscheinlichkeitswerte zu erzeugen, ist der klassischen Statistik fremd. Die ist eher statisch, während der Bayes-Ansatz dynamisch a-priori und a-posteriori Wahrscheinlichkeiten erzeugt und diese auch vergleicht, um somit Aussagen darüber treffen zu können, wie viel man durch neue Daten „gelernt" hat.

Die gängigsten Beispiele[36] für diesen Ansatz sind die aus der Medizin oder Pharmazie, wo es bestimmtes Vorwissen über die absoluten Wahrscheinlichkeiten der Krankheiten gibt. Die „neue" Information ist dann hier das Testergebnis. Danach berechnen wir die Wahrscheinlichkeiten neu und sehen, wie in unserem Beispiel, dass sich die a-priori Wahrscheinlichkeit erheblich verringert, d. h., durch den Test haben wir massiv dazu gelernt.

Generell kann man sagen, dass Bayes-Methoden den Einbezug weiterer Datenquellen ermöglichen, sogar erfordern, und somit insgesamt natürlich die Komplexität der Berechnungen erhöhen. Vor diesem Hintergrund wird klar, dass die Etablierung der Bayes-Statistik nur durch die Entwicklung leistungsfähiger Computer möglich war.

Abhängigkeit und Unabhängigkeit von Ereignissen

Wir kommen nun zurück auf die Frage, warum wir in der Praxis gern die beiden bedingten Wahrscheinlichkeiten P(A|B) bzw. P(B|A) als gleich annehmen. Das beruht ganz grob auf der Tatsache, dass wir leicht dazu tendieren, uns Ereignisse als unabhängig vorzustellen. Das ist natürlich nicht immer der Fall; im Gegenteil: In der Regel bestehen zwischen den Dingen, die in unserem Leben so passieren, Abhängigkeiten, und in der Statistik geht es sehr häufig um die Frage, wie man Zusammenhänge zwischen Ereignissen oder Zuständen – so sie bestehen – quantifizieren kann. Ein klassisches Beispiel dazu haben wir oben schon behandelt, nämlich das über Rauchen und Krebs. Dabei haben wir dort natürlich vollkommen fiktive Zahlen gewählt, aber über Abhängigkeiten solcher Art gibt es natürlich auch unzählige Studien mit realen Daten, sprich Statistiken. Dass diese uns aber nicht selten in die Irre führen bzw. zu falschen Schlüssen verleiten, ist wohlbekannt. Der häufigste Grund für solche Fehlschlüsse ist, dass man immer

---

[35] Hier kommt der „frequentistische" Begriff der Wahrscheinlichkeit im klassischen statistischen Ansatz zum Tragen.

[36] Eine andere moderne Anwendung sehen wir z. B. im Versicherungswesen, wo die Einführung von Schadenfreiheitsklassen in der Kfz-Versicherung – im Volksmund oft „Prozente" genannt – auf Bayes-Methoden beruht.

wieder bereitwillig etwas in Zahlen hineininterpretiert, was diese nicht – oder nicht unbedingt – hergeben, nämlich eine Kausalität. Anscheinend ist das Bedürfnis, für alles und jedes Geschehen einen Grund zu suchen, so stark, dass man ihn auch da findet, wo er nicht existiert.

Um im Beispiel zu bleiben: Dass man Krebs bekommt, weil (!) man raucht, ist medizinisch sicher richtig, statistisch aber ist diese Aussage – soweit wir das Thema bisher behandelt haben – nicht gerechtfertigt, denn die Vierfeldertafel ist eine reine Aufstellung von Zahlen. Sie stellt lediglich dar, wie häufig man das eine Ereignis zusammen mit dem anderen antrifft, nicht aber, dass das eine der Grund für das Antreffen des anderen ist. Wie gesagt, das zu unterstellen, scheint eine evolutionär antrainierte Überlebensstrategie zu sein, denn jede Konditionierung nutzt genau diesen Reflex, aber sehr häufig sind situative Zusammenhänge nur vermeintlich kausal. Sie wirklich nachzuweisen, ist oft – auch mithilfe der Statistik – möglich, aber das ginge über unseren Rahmen hinaus.

Korrelationen
Wenn wir über Zusammenhänge und Abhängigkeiten sprechen, dann ist einer der am häufigsten verwendeten Begriffe die sogenannte **„Korrelation"**.

Im Alltag benutzen wir das Wort meist für Erscheinungen, die gemeinsam auftreten, oder die wir in einem zeitlichen Zusammenhang beobachten, und allein wegen der Gleichzeitigkeit des Auftretens unterstellen wir schnell eine irgendwie geartete Beziehung zwischen den Beobachtungen und – schlimmer noch – oftmals auch einen ursächlichen Zusammenhang,[37] d. h., wenn wir Korrelation sagen, dann meinen wir oft Kausalität.

Dieses Verhalten ist ganz bestimmt psychologisch erklärbar, und die Annahme mag sich hin und wieder ja auch als richtig herausstellen, häufig jedoch ist das ein klassischer Fehlschluss: Wenn zwei Phänomene gemeinsam auftreten, dann ist das bestenfalls eine sogenannte Ko-Inzidenz, und diese kann (!) natürlich bedeuten, dass die Erscheinungen auch in einer gewissen Beziehung zueinander stehen. Genauso gut kann es sich aber auch um ein rein zufälliges Zusammentreffen handeln, und um das voneinander zu trennen, kann die Statistik u. U. helfen. Sie benutzt den Begriff der *Korrelation,* um qualitativ auszudrücken, dass zwischen statistischen Merkmalen wechselseitige Beziehungen bestehen. Zusätzlich bietet sie jedoch für viele Fälle – nämlich lineare – auch eine Maßzahl, um die „Enge" dieser Beziehungen zu quantifizieren. Das leistet der sogenannte Korrelationskoeffizient, eine Zahl zwischen -1 und 1. Je näher sein Wert bei Null liegt, desto schwächer ist die Beziehung, während Werte nahe bei 1 oder -1 hohe positive oder negative lineare Korrelationen beschreiben.

---

[37] Das Paradebeispiel dafür ist die Geburtenrate in Regionen mit vielen Störchen-Paaren.

Das Wesentliche ist aber nun, dass auch hohe Korrelationen keinerlei Schluss auf eine Kausalität zulassen, also eine gegenseitige Bedingung der Merkmale. Beispielsweise ist die Lesekompetenz von Schulkindern stark positiv korreliert mit deren Schuhgröße, aber das heißt sicher nicht, dass das eine das andere bedingt, sondern es gibt eine dritte Variable, die sozusagen zwischen den beiden anderen wirkt, nämlich das Alter des Kindes.

Eine Korrelation misst also nur den statistischen Zusammenhang zwischen Datensätzen, nicht den kausalen, d. h., sie ist vollkommen blind gegenüber den zugrunde liegenden Ursachen eines Zusammenhangs. Und zusätzlich ist auch das Maß dafür, der Korrelationskoeffizient, mit Vorsicht zu genießen, denn er beziffert nur die Stärke eines linearen Zusammenhangs. In der Realität allerdings beobachten wir eine Vielzahl nicht-linearer Zusammenhänge: Quadratische, exponentielle, …, beliebige funktionale Abhängigkeiten, deren „Korrelation" nahe bei 0 sein kann, obwohl faktisch eine 100-%-ige Abhängigkeit besteht.

Allerdings können wir hier mit unseren einfachen Mitteln untersuchen, ob sich Wahrscheinlichkeiten für das Eintreten eines Ereignisses durch das Eintreten eines anderen Ereignisses ändern. Das würde ja dann einen gewissen Zusammenhang der betreffenden Ereignisse im Sinne einer Abhängigkeit bedeuten, mit anderen Worten: Wenn die Wahrscheinlichkeit eines Ereignisses davon abhängt, ob ein anderes Ereignis eingetreten ist, dann wollen wir das als eine Abhängigkeit der Ereignisse ansehen.

Genau das aber ist die bedingte Wahrscheinlichkeit: $P(A|B)$ steht ja gerade für die Wahrscheinlichkeit von „A gegeben B", und es ist naheliegend, eine Unabhängigkeit zwischen A und B zu unterstellen, wenn diese Bedingung (B) an der Wahrscheinlichkeit von A nichts ändert, mit anderen Worten: Wenn $P(A|B) = P(A)$, dann sollen die beiden Ereignisse A und B unabhängig heißen, andernfalls abhängig.

Dabei sei aber nochmal betont, dass sich dieser Begriff rein auf die Wahrscheinlichkeiten bezieht und eine solche Abhängigkeit keinen realen kausalen Zusammenhang der Ereignisse begründet. Wenn also A unabhängig von B ist, dann folgt, dass umgekehrt B auch keine Beschränkung für A sein kann, d. h., B ist dann auch unabhängig von A. Einseitige Abhängigkeit – wie sie im richtigen Leben sicher besteht – lässt unsere Definition nicht zu, d. h., wir haben:

$$P(A|B) = P(A) \Leftrightarrow P(B|A) = P(B)$$

Diese Art der Unabhängigkeit von Ereignissen hat in der Wahrscheinlichkeitstheorie eine immense Bedeutung, denn wenn sie vorliegt, vereinfachen sich viele Situationen bzw. Berechnungen. Nehmen wir als Beispiel den Multiplikationssatz:

$$P(A \cap B) = P(A) \cdot P(B|A)$$

Dieser vereinfacht sich bei Unabhängigkeit zu

$$P(A \cap B) = P(A) \cdot P(B)$$

d. h., bei unabhängigen Ereignissen darf man deren Wahrscheinlichkeiten direkt multiplizieren, um die Wahrscheinlichkeit für das Auftreten beider zu erhalten; und umgekehrt folgt aus dieser Identität auch die Unabhängigkeit der Ereignisse.

Genau das können wir nun benutzen, um die Ausgangsfrage zur Abhängigkeit zwischen Rauchen und Krebs zu beantworten. Dort hatten wir die folgende Vierfeldertafel:

	Krebs	Kein Krebs	Gesamt
Raucher	0,4	0,2	**0,6**
Nichtraucher	0,1	0,3	**0,4**
Gesamt	**0,5**	**0,5**	**1,0**

In dieser müssen wir nun lediglich überprüfen, ob die 4 „inneren" Werte der Matrix die Produkte der Werte auf den Rändern sind, denn innen stehen die jeweiligen Werte der „Schnittmengen" wie z. B. $P(A \cap B)$, und auf den Rändern haben wir die Randwahrscheinlichkeiten wie z. B. P(A).

Man sieht sofort, dass die vereinfachte Produktregel nicht gilt, denn z. B. ist $0{,}5 \cdot 0{,}6$ nicht 0,4, und von daher würde man aufgrund dieser Daten – wie sicher auch erwartet – eine statistische Abhängigkeit der Ereignisse Rauchen und Krebs konstatieren dürfen. Ob sie wirklich, d. h. ob sie auch medizinisch gegeben ist, das wäre Gegenstand weiterer Analysen, die wir hier nicht machen.

Stattdessen schauen wir jetzt einen weiteren zentralen Begriff an, nämlich den der **Zufallsvariablen,** der in engem Bezug steht zum Begriff der Wahrscheinlichkeits-Verteilung. Den haben wir schon gebraucht, nämlich speziell für die Ausgänge und deren Bewertungen in einem Bernoulli Experiment, aber auch allgemein als eine Abbildung, die Ereignissen Wahrscheinlichkeitswerte zuordnet. Das wollen wir jetzt noch etwas weiter konkretisieren, indem wir sozusagen den „Passgeber" der Verteilung ins Spiel bringen: Die Zufallsvariable. Darunter verstehen wir eine Abbildung, nennen wir sie X, die jedem Ausgang eines Zufallsexperiments einen rechnerischen Wert, also eine Zahl, zuweist. Diese Zahl ist in aller Regel nicht die Wahrscheinlichkeit des Ausgangs, sondern – so die Terminologie – die Realisierung der Zufallsvariablen. Im Experiment Münzwurf mit den Ausgängen „Kopf" oder „Zahl" wäre es naheliegend, hierfür die Werte 0 und 1 zu vergeben, aber das ist willkürlich; jede andere Kombination wäre denkbar. Und beim Würfeln wird man den Ausgängen 1 bis 6 sicher die entsprechenden Zahlen zuweisen, aber auch da wäre man frei, beliebige andere Werte zu verwenden. Wichtig ist nur, dass bekannt ist, welche Werte die Zufallsvariable bei welchen Ausgängen annimmt, d. h., welche Realisierung, also welche Zahl, welchem Ereignis entspricht.

Die Zufallsvariable ist dann eine der Verteilung vorgelagerte Abbildung, in dem Sinne, dass sie erst den Ereignissen Zahlenwerte zuweist, denen die Verteilung dann die

Wahrscheinlichkeiten der entsprechenden Ereignisse zuweist. Insgesamt hat man also eine Hintereinander-Ausführung von zwei Abbildungen, nämlich der Zufallsvariablen X und der Verteilung P:

$$X : \{E_1, E_2, \ldots, E_k\} \to W \text{ und } P : W \to [0, 1]$$

$$\text{mit } E_i \mapsto w \mapsto P(X = w)$$

> **Warum heißt die Zufallsvariable Zufalls-Variable?**
>
> Warum die *Zufallsvariable* so heißt, liegt sicher nicht direkt auf der Hand, denn normalerweise ist eine Variable eine Zahl; hier aber reden wir von einer Abbildung.
>
> Das Konzept dazu ist jung und wurde erst durch Kolmogorow (1903–1987) in den 1930er Jahren eingeführt, die Terminologie sogar erst später.
>
> Eine klassische Zahlen-Variable ist in dem Sinne variabel, in dem sie in ihrem Definitionsbereich alle Werte durchläuft, also sicher annimmt, und dann auf mindestens einen Wert des Wertebereichs – genauso sicher – abgebildet wird.
>
> Eine Zufallsvariable ist ähnlich in dem Sinne, dass auch sie festgelegte Definitions- und Wertebereiche hat, nämlich den Ereignisraum, auf dem sie definiert ist, und die frei gewählten Zahlenwerte, die sie variabel annimmt. Letztere aber nimmt sie eben nicht sicher an, sondern sie wird vom Zufall gesteuert und realisiert ihre Werte mit den Wahrscheinlichkeiten der entsprechenden Ereignisse des Definitionsbereichs. Diese zufällig angenommenen Werte sind es dann, die zum Argument der Verteilungsfunktion werden, und insoweit ähneln sie der klassischen Zahlenvariablen.

Betrachten wir als Beispiel das Zufallsexperiment „Werfen zweier Würfel", und diese sollten sich der Einfachheit halber farblich unterscheiden. Sagen wir, wir haben einen roten und einen blauen Würfel.

Was wir beobachten wollen, ist die Summe der gewürfelten Augenpaare, und das sind offenbar die Zahlen der Menge $W = \{2, 3, \ldots, 12\}$. Diese ergeben sich aus 36 möglichen Ausgängen des Experiments,[38] und die Zufallsvariable X ordnet nun jedem Ausgang, sprich jedem Wurf, genau eine der Zahlen aus W zu; z. B. wird das Ereignis „rot 3, blau 4" dem Wert 7 zugeordnet. Jeden dieser Werte aus W nennen wir eine Realisierung der Zufallsvariablen, und jeder dieser Werte realisiert sich mit einer gewissen Wahrscheinlichkeit. Diese wiederum ergibt sich natürlich direkt aus den Wahrscheinlichkeiten der entsprechenden Ausgänge, die zu diesem Wert führen. Genau an der Stelle kommt die Verteilung P ins Spiel, denn diese ordnet nun den Realisierungen der Zufallsvariablen X

---

[38] 2 Würfel à 6 Seiten ergeben $6 \times 6 = 36$ mögliche Wurfkonstellationen.

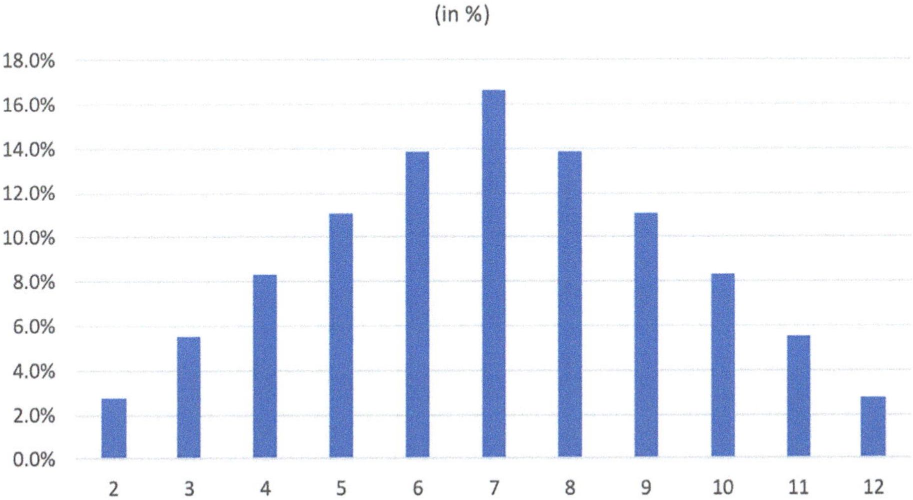

Abb. 6.7 Wahrscheinlichkeiten von Augensummen

die Wahrscheinlichkeiten der jeweiligen Würfelkombinationen zu. Offenbar kommt die Summe 2 nur durch einen „1er Pasch" zustande, was einer von 36 möglichen Ausgängen ist, d. h., wir sagen die Zufallsvariable X nimmt den Wert 2 mit Wahrscheinlichkeit 1/36 an; in Zeichen $P(X = 2) = 1/36$.

Wenn man das für die anderen 11 Realisierungen macht, bekommt man eine Liste von Paarungen bzw. ein Bild (Abb. 6.7) von Augensummen und deren Wahrscheinlichkeiten:[39]

Summe	2	3	4	5	6	7	8	9	10	11	12
$P(X = x)$	1/36	2/36	3/36	4/36	5/36	6/36	5/36	4/36	3/36	2/36	1/36

Dieser letzte Schritt, die Zuordnung der Werte der Zufallsvariable auf die Wahrscheinlichkeiten, mit denen sie realisiert werden, das ist Sache der Verteilung. Diese lässt dann zwar noch einen Schluss auf das Ereignis zu, das wir beobachten, nämlich hier die Summe der Augenpaare, nicht aber konkret, welche Kombination von Würfeln gefallen sind. Z. B. kann sich die Realisierung „6" durch 5 verschiedene Kombinationen ergeben, nämlich „1 und 5", „2 und 4" usw., aber welche genau, dazu sagt die Verteilung nichts. Die Abbildung zeigt letztendlich die Wahrscheinlichkeitsverteilung, kurz: Verteilung, der Zufallsvariablen X, was in diesem Fall nichts anderes ist, als eine Liste von Zahlenpaaren, nämlich die Realisierungen von X und deren Wahrscheinlichkeiten.

---

[39] Diese Liste ist übrigens beim Backgammon sehr nützlich.

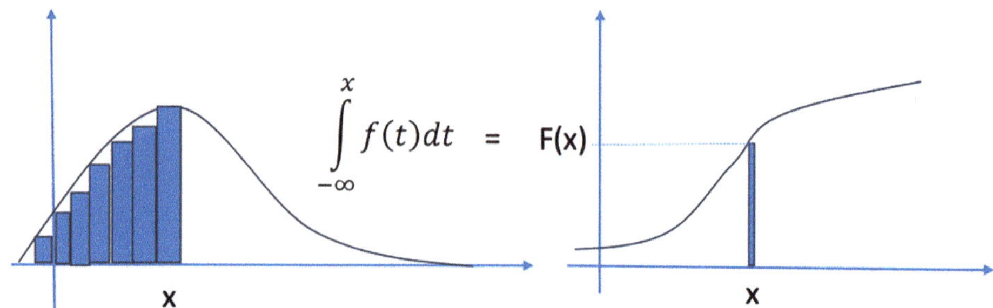

$$\int_{-\infty}^{x} f(t)dt \;=\; F(x)$$

Abb. 6.8 Dichte und Verteilungsfunktion

Darstellungen von Verteilungen

Verteilungen werden im Wesentlichen auf zwei verschiedene Arten dargestellt.

Die zuletzt dargestellte zeigt die Wahrscheinlichkeiten der einzelnen Werte an, die die Zufallsvariable annimmt, also die Wahrscheinlichkeiten der Würfelsummen. Diese können interpretiert werden als „Gewichte" der oder auf den Realisierungen, und damit kann man sich diese Balken als eine Verteilung von Gewichten vorstellen mit einem Schwerpunkt in der Nähe des größten Gewichts, im Beispiel der *diskreten*[40] Zufallsvariablen oben ist das die 7.

Im Falle von *stetigen* Verteilungen, die wir hier allerdings nicht weiter verfolgen werden, besteht der Wertebereich aus den reellen Zahlen oder einer Teilmenge derselben, und dort wird jeder einzelne Wert mit Wahrscheinlichkeit 0 angenommen. Die entsprechende Darstellung heißt hier dann die **„Dichte"** der Verteilung, denn sie zeigt an, wie „dicht" die Wahrscheinlichkeitsmasse über die reelle Achse verteilt ist (s. Abb. 6.8 links).

Eine andere Darstellung einer Verteilung, aber inhaltlich genau das Gleiche, ist die sogenannte **Verteilungsfunktion.** Diese Funktion addiert die Werte der Verteilung resp. sie integriert die Dichte sukzessive auf und wird dadurch eine zwischen 0 und 1 monoton steigende Kurve (s. Abb. 6.9 rechts). Daran lassen sich bestimmte Werte der Verteilung direkt ablesen bzw. sie liegen für gewisse Verteilungen komplett tabelliert vor, z. B. für die berühmte **Gauß´sche Glockenkurve,** die Dichte der sogenannten **Standard-Normalverteilung,** auf die wir später noch zu sprechen kommen.

Verteilungen sind das zentrale Element der Wahrscheinlichkeitstheorie, denn sie quantifizieren letztendlich das, was wir Wahrscheinlichkeit nennen, und die Wahrscheinlichkeitstheorie beschäftigt sich wesentlich mit den Eigenschaften dieser mathematischen

---

[40] Die Begriffe „diskret" und „stetig" werden wir weiter unten nochmals aufnehmen.

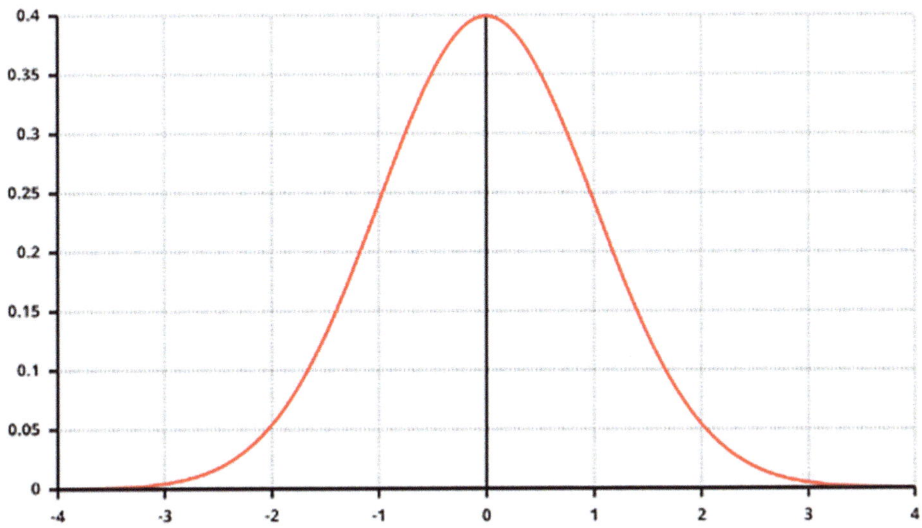

Abb. 6.9 Dichte der Normalverteilung

Objekte, den Verteilungen. Zwei dieser Eigenschaften wollen wir uns hier anschauen, und zwar den **Erwartungswert und die Varianz** von Verteilungen.

Die Konzepte, die diesen beiden Begriffen zugrunde liegen, haben wir im Rahmen der empirischen Statistik schon kennengelernt, nämlich den Mittelwert und die Standardabweichung von Stichprobenwerten. Ersterer entspricht in der Theorie dem Erwartungswert, der entsprechend häufig auch Mittelwert der Verteilung genannt wird. Analoges gilt für die Varianz, d. h., wir benutzen die Terminologie sowohl für reelle Daten als auch für theoretische Werte. Unterschiede bestehen aber in der Berechnung dieser beiden Kennzahlen:

Der statistische Mittelwert ist das arithmetische Mittel, also die Summe der Stichprobenwerte geteilt durch deren Anzahl, was aber nichts anderes ist als die mit 1/n gewichtete Summe der Werte. Dieses Gleich-Gewicht ist auch sinnvoll, denn auf der Basis einer Stichprobe hat man keine Informationen über die Wahrscheinlichkeiten der Werte, und von daher gewichtet man sie alle gleich, nämlich mit 1/n.

Bei einer Verteilung weiß man schon mehr, und hier ist der Erwartungswert demgegenüber die mit den jeweiligen Wahrscheinlichkeiten gewichtete Summe ihrer Realisierungen,[41] d. h., ist X eine diskrete Zufallsvariable, die die Werte $x_1, \ldots, x_n$ jeweils mit den Wahrscheinlichkeiten $P(X = x_i) = p_i$ annimmt, dann heißt:

$$E(X) = x_1 \cdot p_1 + \cdots + x_n \cdot p_n$$

---

[41] Hier kommt auch wieder das Bild von den Wahrscheinlichkeiten als Gewichte zum Tragen.

der Erwartungswert von X.

Mit der graphischen Veranschaulichung der Verteilung kann man sich den Erwartungswert vorstellen als den Schwerpunkt der Verteilung, also dort, wo man sich das Bild ausbalanciert denken würde, dort in etwa liegt der Mittelwert. Bei dem Zufallsexperiment, bei dem wir die Augensumme der 2 Würfel beobachtet haben, sind die Balken symmetrisch zum Wert 7, d. h., dort liegt der Mittelwert der Verteilung und das ist die Zahl, die man als Summe im Mittel erwarten würde, d. h., wenn die Serie von Würfelwürfen lang genug ist, werden sich die relativen Häufigkeiten den einzelnen Prozentwerten in der Verteilung annähern und die gewichtete Summe wird um den Wert 7 herum pendeln.

Das andere wichtige Charakteristikum einer Zufallsvariablen ist deren **Varianz,** denn diese gibt an, wie die Werte der Zufallsvariable um den Erwartungswert streuen. Das ist wieder ganz analog zur Varianz einer Stichprobe, wo wir die quadrierten Abstände der Werte zum Mittelwert betrachtet haben und diese Abstände – mangels besseren Wissens – jeweils mit $1/n$ gewichtet haben. Ganz analog berechnen wir die Varianz einer diskreten Zufallsvariablen, indem wir als Gewichte für die Abstände der Realisierungen vom Erwartungswert die jeweiligen Wahrscheinlichkeiten heran ziehen, d. h., ist X eine Zufallsvariable, die die Werte $x_1, \ldots, x_n$ jeweils mit den Wahrscheinlichkeiten $P(X = x_i) = p_i$ annimmt und den Erwartungswert $E(X) = m$ hat, dann heißt:

$$V(X) = (x_1 - m)^2 \cdot p_1 + \cdots + (x_n - m)^2 \cdot p_n \text{ die Varianz von X.}$$

Wie in der Statistik nennt man die Wurzel aus diesem Term die **Standardabweichung** der Verteilung, die gegenüber der Varianz den Vorteil hat, dass sie in der gleichen Einheit wie die Werte gemessen wird und von daher in der Praxis häufiger benutzt wird. Anschaulich interpretiert man sie als die „Breite" der graphischen Darstellung.

Nun gibt es sehr viele **Verteilungen,** sogar unendlich viele, denn jedes Zufallsexperiment erzeugt eine Verteilung – wenn auch „nur" eine empirische, d. h., eine, die sich auf konkrete Daten aus einem Experiment stützt. Theoretische Verteilungen haben wir aber auch schon gesehen: Zunächst welche mit nur 2 Wahrscheinlichkeiten nach Bernoulli-Experimenten, dann die mit einer Handvoll gleichen Werten wie nach einem Laplace-Experiment und schließlich jene mit einem Dutzend verschiedener Wahrscheinlichkeiten.

Solche Verteilungen, die auf einzelne bzw. abzählbare Datenpunkte gestützt sind, nennen wir „diskret",[42] im Gegensatz zu sogenannten „stetigen" Verteilungen, die auf den reellen Zahlen oder Teilmengen davon definiert sind. Davon gibt es selbstverständlich auch unendlich viele, aber diese kann man in eine überschaubare Anzahl von Verteilungstypen zusammenfassen, und von denen betrachten wir für unsere Zwecke nur eine einzige als wirklich relevant an, und das ist die schon mehrfach erwähnte **Normalverteilung.**

---

[42] „Dis-kret" benutzen wir umgangssprachlich als „unauffällig", „zurückhaltend" oder „verschwiegen"; in der Mathematik allerdings steht es für die ursprüngliche Bedeutung von „getrennt".

Die ist uns sicher an der ein oder anderen Stelle schon begegnet, aber wahrscheinlich verbinden wir mit ihr nicht das, wofür sie eigentlich steht, denn leider ist die Terminologie hier etwas irreführend. Man könnte versucht sein zu meinen, dass sie die Verteilung „normaler" Dinge oder Phänomene beschreibt, dass sie also eine Norm abbildet und alles, was normal ist, dieser Verteilung folgt. Tatsächlich war historisch genau das Gegenteil der Fall, denn mit ihr wollte man eher Abweichungen von einer Norm darstellen, und folglich war ihr ursprünglicher Name „Fehlerverteilung". Ihre Wurzeln reichen weit zurück, nämlich auf Moivre,[43] einen Zeitgenossen Newtons, aber es war Gauß, der sie im frühen 19. Jahrhundert erstmals veröffentlichte, und dem sie auch ihren Zweitnamen „Gauß-Verteilung" verdankt. Ihre wahre Bedeutung erkannte man allerdings erst durch nachfolgende Arbeiten von Laplace, und spätestens Ende des 19. Jahrhunderts war sie zur zentralen Verteilung in der Statistik aufgestiegen. Etwa um diese Zeit herum wurde sie zur „Normalverteilung" gekürt bzw. so getauft, obwohl ihr – wie gesagt – die wenigsten Dinge in unserer Welt gehorchen, d. h., die meisten Phänomenen sind sicher nicht „normal"-verteilt. Trotzdem: Viele Messwerte, die einer Normalverteilung folgen, sind uns sehr vertraut, wie z. B. die menschliche Körpergröße, und darüber hinaus hat sie in der gesamten Stochastik eine herausragende Bedeutung, auf die wir gleich kommen werden.

In ihrer Standardform ist sie auf den gesamten reellen Zahlen[44] definiert und ihre Dichte ist die Funktion:

$$\varphi(x) := \frac{1}{\sqrt{2\pi}} \, e^{-\frac{1}{2}x^2}$$

Überraschenderweise enthält der Funktionsterm die Kreiszahl π und die Euler´sche Konstante $e \cong 2{,}71\ldots$, die wir im Zusammenhang mit den Logarithmen im Kapitel „Algebra" behandelt haben.

Der Graph dieser Funktion ist die berühmte Gauß´sche Glockenkurve (Abb. 6.9) wie wir sie auf dem ehemaligen 10-DM Schein finden konnten:[45]

In dieser Form hat sie den Erwartungswert 0 und die Standardabweichung 1, allerdings kann sie nahezu beliebig parametrisiert werden, um andere Kenngrößen anzunehmen, was dann in einer Verschiebung – nach links oder rechts – und einer Stauchung resultiert. Genau diese Parametrisierung wird nötig, wenn man sie an vorliegende Daten anpassen möchte, und das ist in der Regel leicht, denn – wie gesagt – ist sie auf ganz $\mathbb{R}$ definiert, d. h., sie kann grundsätzlich beliebige Werte annehmen. Wenn wir z. B. zurückkommen auf Körpergrößen von Menschen, dann können wir dort eine Normalverteilung annehmen. Allerdings werden diese Werte sich nur in bestimmten Bereichen

---

[43] Abraham de Moivre (1667–1754).

[44] Das ist der Zahlenbereich $\mathbb{R}$, den wir aber erst im Kapitel zur Analysis einführen werden.

[45] S. Abb. 6.1 unter der Einleitung zu diesem Kapitel.

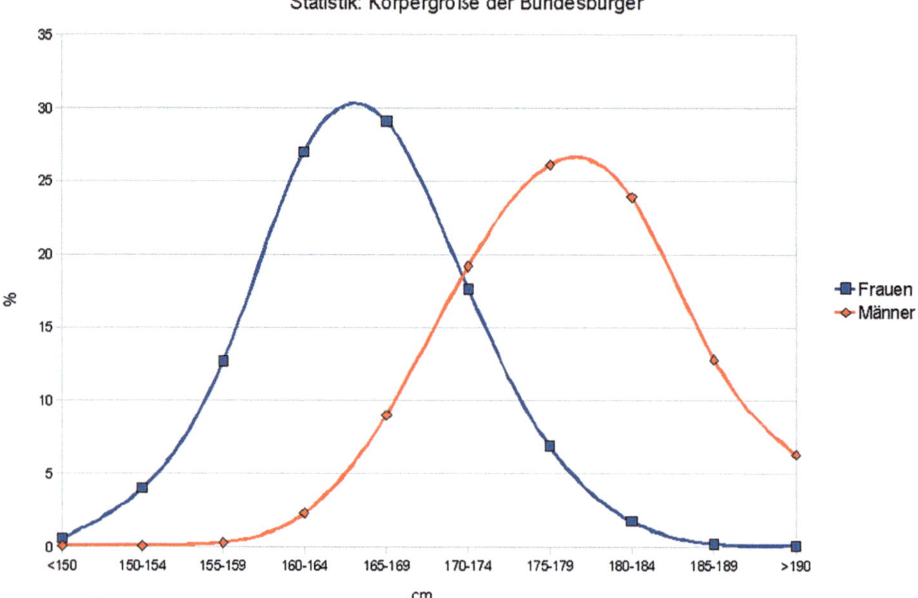

Abb. 6.10   Verteilungen von Körpergrößen

bewegen, insbesondere nicht negativ sein. Wenn wir für diese Situation Mittelwerte und Standardabweichungen unterstellen, die wir z. B. über hinreichend viele Stichproben erhoben haben, dann können wir diese für die Parametrisierung einer Normalverteilung verwenden. Angenommen wir errechnen aus unserem Datenmaterial ein arithmetisches Mittel von 172 cm und eine empirische Standardabweichung von 8 cm, dann liefert uns das eine theoretische Verteilungsfunktion für die Zufallsvariable „Körpergröße". Aussagekräftiger wäre es natürlich, wenn man diese Übung getrennt nach Geschlechtern durchführen würde, denn wir dürfen unterstellen, dass beide Verteilungen strukturell gleich, eben „normal", sind, sich in den Kenngrößen allerdings wesentlich unterscheiden, d. h., einerseits sind Männer im Schnitt größer als Frauen und erfahrungsgemäß sehen wir in der männlichen Bevölkerung auch eine breitere Streuung der Körpergröße rund um den Durchschnitt. Beide Verteilungen haben also die gleiche glockenartige Form, aber die für Männer ist nach rechts verschoben und etwas breiter als die für Frauen. Typischerweise, und nicht ganz realitätsfern, könnten sich die Bilder aus Abb. 6.10 ergeben:[46]

---

[46] Wir haben für Männer einen Mittelwert von 178 und eine Standardabweichung von 9 cm gewählt; für Frauen liegen die entsprechenden Werte bei 164 und 7 cm. Die Zahlen sind jedoch unwesentlich. Wichtig ist nur die Struktur.

Der große Vorteil der Normalverteilung liegt jetzt darin, dass man an ihr leicht weitere Werte detailliert ablesen kann, denn sie ist zumindest für die Standardparameter perfekt tabelliert, und auch für Nicht-Standardwerte kann man daraus nach Transformationen alle Wahrscheinlichkeiten berechnen. Das spielt heute angesichts der Möglichkeiten, die moderne Rechner und Tabellenkalkulationsprogramme bieten, nur eine untergeordnete Rolle, aber was man in etwa kennen sollte, sind einige Kerneigenschaften dieser Verteilung.

Dazu gehört z. B., dass mehr als zwei Drittel, nämlich 69 % der Realisierungen einer normalverteilten Zufallsvariablen nur maximal 1 Standardabweichung symmetrisch um den Erwartungswert streuen, und dass 95 %, also fast alle Daten, im Bereich von zwei Standardabweichungen links und rechts, bzw. unter und über dem Mittelwert zu finden sind. Werte außerhalb dieses letzteren Bereichs könnten also als „Ausreißer" betrachtet werden, oder ganz simpel als Kandidaten für fehlerhafte Daten.

Nach unseren Annahmen über die Kenngrößen können wir damit rund 70 % der weiblichen Körpergrößen im Bereich von 164 ± 7 cm erwarten, d. h., mehr als zwei Drittel der Frauen wird zwischen 157 und 171 cm groß sein; und falls bei Männern – sagen wir – 10 % der Messungen über 196 cm ($=178 + 2 \bullet 9$) lägen, dann dürften wir uns zu Recht fragen, ob die Daten korrekt sind.[47]

Wie gesagt, es gibt nicht allzu viele normalverteilte Phänomene, und das meiste, womit wir täglich zu tun haben, weicht davon ab. Denken Sie z. B. an die Verteilung von Einkommen, also Löhne und Gehälter. Da sind die Abweichungen links und rechts vom Mittelwert, im Sinne von hohen und niedrigen Einkommen, sicher nicht symmetrisch, sondern die Masse wird links vom Erwartungswert liegen, sprich, es gibt sehr viel mehr niedrige als hohe Einkommen, und die Verteilung von Vermögenswerten dürfte mit Sicherheit noch „schiefer" sein.

Zu solchen Merkmalen gibt es einschlägiges Datenmaterial in Hülle und Fülle, aber man kann sich selbstverständlich auch selber Beispiele ausdenken und die Daten dazu „erfinden", im Sinne von simulieren. Jede Tabellenkalkulation leistet das, aber wenn man es händisch machen möchte, genügen ein paar Würfel und etwas Phantasie.

Trotz des Mangels an brauchbaren realistischen Phänomenen, die man mit der Normalverteilung modellieren könnte, ist sie trotzdem vielfältig einsetzbar, und genau das begründet ihre überragende Bedeutung in der Stochastik. Sie ist nämlich in gewisser Hinsicht trotz allem universell, weil sie modellhaft für alle Zufallsvariablen passt, die sich additiv aus mehreren Variablen zusammensetzen, d. h., für eine Summe von Zufallsvariablen, für die nur ein paar „schwache" Einschränkungen gelten müssen, kann die tabellierte Normalverteilung als grobe Näherung benutzt werden.

---

[47] … oder ob die Verteilungsannahme passt, aber das haben wir ja unterstellt.

Das ist sicher eine überraschende Aussage, und wir wären versucht, sie als den *Fundamentalsatz der Stochastik* zu deklarieren, denn es handelt sich dabei um das (!) wesentliche Resultat der Wahrscheinlichkeitstheorie, allerdings hat man ihm schon einen anderen Namen gegeben, nämlich **zentraler Grenzwertsatz.** Unter diesem Begriff kann man sich vielleicht nicht direkt vorstellen, um was es geht, aber inhaltlich verleiht dieser Satz der Normalverteilung ihre wahre Bedeutung. Wieder liegen die historischen Wurzeln auch dieses Satzes in den Anfangstagen der Wahrscheinlichkeitstheorie, nämlich bei Moivre und Laplace, in seiner heutigen Form jedoch stammt er im Wesentlichen aus den Anfängen des 20. Jahrhunderts, ist also durchaus relativ jung. Für unsere Zwecke reicht uns seine ursprüngliche und deswegen wohl auch eingängigste Variante:

In dieser besagt er, dass die Summe von unabhängigen und identisch verteilten[48] – aber eben nicht notwendig normal-verteilten – Zufallsvariablen annähernd normalverteilt ist, wobei der Ausdruck „annähernd" gerade die Terminologie „Grenzwertsatz" motiviert. Man muss sich vorstellen, dass die Summe dieser Verteilungen gegen eine Normalverteilung konvergiert.

Das ist sicher nicht unbedingt erwartbar, aber tatsächlich haben wir das Phänomen hier auch schon an einem einfachen Beispiel gesehen, nämlich in dem „Experiment" mit 2 Würfeln, deren Augensumme wir bestimmt haben. Dabei handelt es sich offensichtlich um 2 Zufallsvariablen, weil 2 Würfel, die der gleichen Verteilung folgen, nämlich einer Gleichverteilung, und die man als unabhängig voneinander annehmen kann. Deren Summe aber ähnelt erkennbar einer Normalverteilung mit Erwartungswert 7.

Ein komplexeres Beispiel geht zurück auf die ursprüngliche Terminologie der Normalverteilung als „Fehler-Verteilung": Nehmen wir an, in der Produktion von Werkstücken spielen verschiedene Faktoren eine Rolle: Die Adjustierung der Maschine, die Konsistenz des zu verarbeitenden Materials, die Umgebungstemperatur etc. All diese Faktoren unterliegen irgendwelchen Verteilungen, die die Qualität des produzierten Werkstücks beeinflussen. In einer solchen Situation besagt der zentrale Grenzwertsatz, dass in der Summe die Abweichungen in der Qualität des Werkstücks, also dessen „Fehler", sich nivellieren und in der Tendenz normalverteilt sind.

Griffig formuliert können wir also sagen, dass letzten Endes alles normal verteilt ist, aber das letzte Ende ist weit weg, und bis dahin können wir auch in komplexen Konstellationen durchaus davon ausgehen, dass eine Summe von „vielen" Zufallsvariablen, die „nicht zu abhängig" sind und „in etwa die gleiche Größenordnung" haben, annähernd normalverteilt ist. Das ist bewusst salopp formuliert, aber wir denken, nur so werden wir der Essenz dieses fundamentalen Gesetzes in unserem Rahmen gerecht.

---

[48] Das bedeutet, dass die jeweiligen Zufallsvariablen alle der gleichen Verteilung folgen, aber diese Einschränkung könnte man tatsächlich sogar noch deutlich abschwächen.

Ausblick

„Statistiken" begegnen uns auf Schritt und Tritt, und wir gehen damit ganz selbstverständlich um. Das ist natürlich auch gut so, denn man sollte keinen allzu großen Respekt davor haben, erst recht keine Angst. Aber man sollte sich auch immer wieder vor Augen führen, dass jede Statistik auch einen Begriff von Wahrscheinlichkeit zugrunde legt und eine Einschätzung derselben vermitteln will, die nicht unbedingt objektiv ist. Dazu seien die Arbeiten des Nobelpreisträgers Kahnemann (s. Literaturverzeichnis) als Ausblick wärmstens empfohlen.

Aber auch vordergründiger sollte man sich stets bewusst sein, dass die Dinge oft komplexer sind, als sie auf den ersten Blick erscheinen und als manch eine Statistik es uns verkaufen will. Sehr leicht können hier Missverständnisse zustande kommen, und nicht selten sind sie auch gewollt. Das Buch „So lügt man mit Statistik" (s. Literaturverzeichnis) liefert dazu eine wahre Fundgrube an erhellenden Beispielen.

All das wollen wir hier nicht vertiefen, sondern lediglich dafür plädieren, jeder sogenannten Statistik mit einer gesunden Portion Skepsis zu begegnen. Dazu wollen wir die beiden Eingangszitate leicht abgewandelt zu einem abschließenden Rat vereinen:

Trau keiner Statistik, die du nicht selber verstehst,
denn dann ist sie wahrscheinlich falsch!

Analysis

Höhere Mathematik

7

Sie sollten Analysis studieren: Das ist die Sprache, die Gott spricht

Richard Feynman (1918–1988)

Übersicht

Wir werden hier nur einen Teilbereich der Analysis behandeln, allerdings den grundlegenden, nämlich die **Infinitesimalrechnung,** die auf **Newton** und **Leibniz** zurückgeht.

Bevor wir dazu kommen, werden wir zunächst ein paar grundsätzliche Überlegungen zur **Unendlichkeit** im Allgemeinen anstellen, und das führt uns implizit zu den **reellen Zahlen,** die tatsächlich der Boden sind, auf dem die Analysis steht, und die man ohne Übertreibung das „Weltkulturerbe der Mathematik" nennen darf. Sie zu verstehen, ist nicht einfach, aber wir werden versuchen, sie mithilfe von Zahlen-**Folgen** und -**Reihen** zu erklären, die – im Unendlichen – **konvergieren.** Anschliessend erläutern wir das bekannte **kartesische Koordinatensystem** und stellen darin einfache **Funktionen** dar, nämlich zunächst lineare, d. h. Geraden, aber dann auch „**Kurven**", und kommen über das **Tangentenproblem** zur **Ableitung,** bzw. dem **Differential** einer Funktion. Damit eng verbunden – wenn auch nicht offensichtlich – ist das **Integral** einer Funktion; und wie beides genau zusammenhängt, das behandelt der **Fundamentalsatz der Analysis.**

© Der/die Autor(en), exklusiv lizenziert an Springer Fachmedien Wiesbaden GmbH, ein Teil von Springer Nature 2025
R. Voggenauer und C. Weiss, *Allgemeinbildung Mathematik,*
https://doi.org/10.1007/978-3-658-48997-7_7

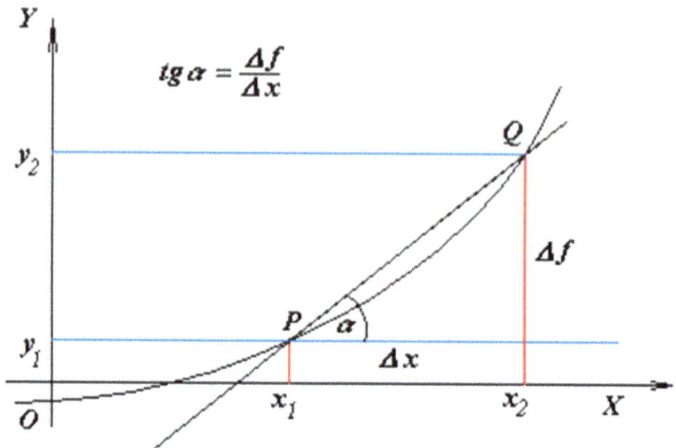

Unter **Analysis** versteht man oft die Ehrfurcht einflößende „höhere" Mathematik. Dieser Ausdruck ist natürlich nicht sehr vielsagend, und er ist auch nicht wirklich glücklich gewählt, denn er impliziert ja gerade, dass es auch eine „tiefere" – oder zumindest eine nicht so hohe – Mathematik gibt. Solche Einordnungen halten wir für fraglich. Der Begriff wurde an Hochschulen eingeführt, um diejenigen Bereiche der Mathematik abzugrenzen, die in der mathematischen Behandlung der Natur- und Ingenieurwissenschaften gebraucht werden, und das geht selbstverständlich über profanes Rechnen und die Elementarmathematik hinaus, deckt aber im Wesentlichen auch nur einen Teil der Analysis ab, nämlich die sogenannte *Infinitesimalrechnung*. Genau damit wollen wir uns hier befassen, denn dieses Gebiet in den Grundzügen zu verstehen, gehört unseres Erachtens unbedingt in den Kanon der mathematischen Allgemeinbildung, weil es das Werkzeug ist, dessen sich die Naturwissenschaften, allen voran die Physik, ganz wesentlich bedient. Vor diesem Hintergrund ist obiges Zitat des Physikers Feynman[2] zu verstehen, denn damit wies er angeblich einen religiös orientierten Studenten darauf hin, dass die Gesetze der Natur in der Sprache der Analysis geschrieben sind und in keiner anderen Sprache zu verstehen sind.

Mathematik und Sprache. Das ist ja manchmal so eine Sache, und die Mathematik agiert in der Wahl ihrer Terminologie manchmal nicht unbedingt glücklich, aber in diesem Fall ist der Name *Infinitesimalrechnung* gut gewählt, denn er beschreibt exakt, um was es geht, nämlich das Rechnen mit „in-finitesimalen" Größen, d. h. Größen „ohne Grenzen", unendliche Größen. Dabei denkt man unweigerlich an unendlich große Zahlen, und das ist auch nachvollziehbar, aber wesentlicher wird es hier um unendlich kleine Zahlen gehen, besser gesagt: um unendlich kleine Abstände zwischen Zahlen.

Die Anfänge dieses Kalküls liegen – wen wundert es? – im antiken Griechenland, denn schon Archimedes verwandte zumindest Techniken, die später zum Kern der Infinitesimalrechnung wurden, aber ihre Begründung als eigenständigen Zweig der Mathematik datiert man normalerweise auf das ausgehende 17. Jahrhundert und schreibt

---

[1] Frei zitiert nach H. Wouk: The language God talks (2010).

diese Leistung dem deutschen Gelehrten[2] Gottfried Leibniz und dem englischen Physiker Isaac Newton zu (s. Anhang). Dagegen ist sicher nichts einzuwenden, aber man muss ehrlicherweise anmerken, dass beide auf frühere Ansätze von Mathematiker-Kollegen zurückgreifen konnten. Speziell bei Fermat findet man schon sehr früh die grundlegenden Überlegungen zur Entwicklung der Infinitesimalrechnung, und aus diesen Quellen hat Leibniz erwiesenermaßen seine Inspirationen gezogen. Und von Newton weiss man, dass er Ideen von Johannes Kepler (1571–1630) nutzte, der zwar nur als Astronom bekannt ist, tatsächlich aber auch ein genialer Mathematiker war. Außerdem konnten beide, Leibniz und Newton, sich vermutlich auf Ergebnisse von Newtons Vorgänger an der Universität in Cambridge stützen, auf Arbeiten von Isaac Barrow (1630–1677).

Wie so oft im Leben, der Sieg hat viele Väter, und manchmal ist eine „Erfindung" ja auch ein Zufallsprodukt. Die griechische Mathematik war jedenfalls nicht sehr weit entfernt von der Entwicklung des Kalküls, d. h., wäre der alte Archimedes nicht der Mordlust eines römischen Soldaten zum Opfer gefallen, die Geschichte der Mathematik hätte vielleicht andere Verläufe genommen.

Aber: Es ist wie es ist, und die Analysis, wie sie heute an deutschen Schulen gelehrt wird, geht im Wesentlichen auf Leibniz und Newton zurück, aber neben diesen beiden haben – wie gesagt – viele andere Mathematiker zur Entwicklung dieses Zweiges beigetragen, und ein Name, der sich in diesem Zusammenhang besonders hervorhebt, ist der von René Descartes (1596–1650). Das Koordinatensystem, das wir heute so selbstverständlich auch außerhalb mathematischer Zwecke benutzen und „kartesisch" nennen, ist nach ihm benannt. Auch hier trägt die Namensgebung allerdings nicht 100-%-ig den historischen Tatsachen Rechnung, denn das Konzept der Koordinaten findet sich schon früher an anderen Stellen, z. B. bei Fermat, der 1636 einen Ansatz zur Lösung eines Problems lieferte, das man wie kein anderes mit der Analysis in Verbindung bringt, nämlich das „Tangentenproblem". Das werden wir im Verlauf des Kapitels auch vorstellen, und zwar inklusive der Fermat´schen Lösungsidee, nämlich der Konstruktion eines „Steigungsdreiecks". Genau darauf konnte einerseits Newton sich stützen, dessen Arbeiten um 1670 herum entstanden, aber zunächst nicht veröffentlicht wurden, und andererseits auch Leibniz, der seine Ansätze gut 10 Jahre später produzierte und sie dann auch kurz darauf publizierte, lange vor Newton. Ob er, Leibniz, von Newtons Ideen wusste, ist einer der berühmtesten Dispute unter Wissenschaftlern. Tatsächlich standen die beiden in Kontakt, sodass man es aus heutiger Sicht als wahrscheinlich ansehen würde, dass der Deutsche von den Ideen des Engländers wusste, aber damals herrschten andere Gepflogenheiten, und außerdem muss auch gesagt werden, dass sich die Ansätze der beiden inhaltlich durchaus unterschieden: Während Newton noch endliche Größen benutzte, die er als „fließend" beschrieb, betrachtete Leibniz schon unendlich kleine

---

[2]Leibniz war im „Hauptberuf" – wenn es so etwas damals gab – kein Mathematiker (s. Anhang).

infinitesimale, aber statische Abschnitte, und dieser letztere Ansatz hat sich schlussendlich auch durchgesetzt, denn nur dadurch wird die Verbindung zwischen Differential und Integral schlüssig hergestellt. Newton brauchte für seine physikalisch motivierten Arbeiten wesentlich nur das Differential, während Leibniz das Problem eher geometrisch anging und somit ganzheitlicher löste.

Aber damit greifen wir jetzt schon weit vor, und eigentlich sollten wir lieber noch einmal weit zurückgreifen auf ein uraltes Thema, nämlich das der **Unendlichkeit.**

Historisch betrachtet ist die „Unendlichkeit" der Namenspate der „Analysis", denn der Begriff setzte sich in der zweiten Hälfte des 18. Jahrhunderts durch, und zwar gestützt auf Leonhard Eulers (s. Anhang) Hauptwerk: „Introductio in analysin infinitorum" (1748), also in etwa „Untersuchungen des Unendlichen". Von daher ist es sicher nicht verkehrt, das Thema der Unendlichkeit an den Anfang jeder Beschäftigung mit der Analysis zu stellen.

Mit diesem Begriff haben die Menschen seit jeher ihre liebe Not, und das ist auch nicht weiter verwunderlich, denn nach wie vor ist alles, was uns umgibt, endlich. Die Tatsache, dass alle Kinder sich irgendwann fragen, was die größte Zahl ist, zeigt, dass wir intuitiv davon ausgehen, irgendwo muss doch Schluss sein. Unverständlich ist eigentlich nur die Tatsache, dass das Konzept der Ewigkeit, und das ist schließlich nichts anderes als unendliche Zeit, in religiösen Zusammenhängen oft zentral positioniert ist und kaum hinterfragt wird. Daher könnten wir es uns leicht machen und versuchen, mathematische Unendlichkeit einfach als Parallele zur zeitlichen Unendlichkeit zu konstruieren, aber wir glauben, das wird der Sache nicht gerecht, weil unsere physische Realität, einschließlich der Zeit – soweit wir es wissen – endlich ist. Das heißt allerdings, dass die mathematische Unendlichkeit eben nur im abstrakten Bereich existieren kann, und wir sind überzeugt, dass genau diese Unterscheidung zwischen physikalischer Welt und gedanklichen Strukturen zu allen Zeiten schwer zu verstehen war. Schon aus der Antike sind uns eine Reihe von Antinomien zu diesen Themen überliefert; die bekannteste ist wahrscheinlich die von Achill und der Schildkröte: Sie findet sich in Aristoteles´ Abhandlung zur Physik – bezeichnenderweise – und erzählt von einem Wettrennen zwischen dem sagenhaften Krieger Achill und einer Schildkröte. Beide laufen zur gleichen Zeit los, wobei letztere einen gewissen Vorsprung bekommt, und dadurch – so wird behauptet – könne der schnelle Achill die langsame Schildkröte niemals einholen, geschweige denn überholen. Das widerspricht offenbar jeder realen Erfahrung, aber das Argument der Gegenseite ist, dass Achill zu jedem Zeitpunkt immer erst die Hälfte[3] der Strecke zwischen ihm und der Schildkröte überwinden müsse. In dieser Zeit, so geht die Argumentation weiter, sei die Schildkröte aber wieder ein Stück vorgerückt; ergo könne sie rein logisch nie erreicht werden.

Dieses und ähnliche Paradoxien haben den Griechen offenbar viel Kopfzerbrechen bereitet, und schlussendlich konnten sie die damit verbundenen Widersprüche auch nicht

---

[3] Oder irgendeinen Teil der Strecke. Das ist unwesentlich.

aufklären. Das gelang erst 2000 Jahre später mithilfe der modernen Analysis, und wir werden weiter unten sehen wie genau, aber vorher wollen wir noch ein anderes antikes Problem in Erinnerung rufen, das wir im Rahmen der Mengenlehre angesprochen haben, nämlich die Frage der Anzahl Punkte auf einer Geraden bzw. einer Strecke. Die Griechen waren sich bewusst, dass eine Gerade unendlich viele Punkte enthält, aber wenn sie die Punkte der Diagonalen eines Quadrats betrachteten, dann konnten sie nicht entscheiden, ob die Diagonale mehr oder gleich viele Punkte enthält wie die Seite des Quadrats. Für beide Sichten hatten sie plausible Argumente, und diese widersprüchlichen Situationen in Arithmetik und Geometrie im Zusammenhang mit der Unendlichkeit haben in der Antike zu Verwirrung und Unverständnis geführt. Das hat dann auch die Philosophen auf den Plan der Mathematik gerufen, und im Falle des Beispiels von Achill und der Schildkröte argumentierte Aristoteles, dass die unendliche Teilung der Strecke, die Achill zu durchlaufen habe, nur potenziell und nicht tatsächlich vorgenommen würde, denn ansonsten müsse der Held dort jeweils anhalten. Das konnte seine Zeitgenossen zwar nicht wirklich überzeugen, aber man ließ es damit bewenden und legte das Problem erst einmal zur Seite.

Und dann geschah in der Sache lange nichts, denn nach Archimedes – oder spätestens mit dem Untergang der griechischen Kultur – wurde es in der mathematischen Welt generell etwas stiller, und das Problem der Unendlichkeit kam frühestens im späten Mittelalter zurück auf die Tagesordnung. Zu der Zeit fand man Paradoxien, die noch viel erstaunlicher waren als alles, was die Griechen uns hinterlassen hatten. Zum Beispiel fand man damals heraus, dass die unendliche Summe:

$$1 + \frac{1}{2} + \frac{1}{4} + \frac{1}{8} + \cdots$$

sich beliebig der Zahl 2 annähert, aber nie darüber hinauswächst. Tatsächlich wäre das im Prinzip die Summe der Strecken, die Achill zurücklegen müsste, um die Schildkröte einzuholen,[4] wenn diese 1 m Vorsprung hätte und der Krieger doppelt so schnell liefe wie das Tier.

Was den Griechen fehlte, um das zu verstehen, war der Begriff der Konvergenz bzw. des Grenzwerts, auf den wir später noch zu sprechen kommen, den wir aber hier schon an einem Beispiel illustrieren können, das leicht nachzuvollziehen ist:

Die Zahl 0,99999... schreiben wir auch als $0,\overline{9}$ und meinen damit eine unendliche Abfolge von „9en" hinter dem Dezimalkomma, was manche zu der Aussage verleitet, diese Zahl „gehe" gegen 1. Diese Formulierung ist zwar etwas unglücklich, denn eine Zahl geht nirgendwo hin, sondern sie steht fix da, wo wir sie hinstellen, aber in diesem Fall hat sie einen wahren Kern, denn diese Zahl ist (!) die Zahl 1.

---

[4] Wir nennen diese Summe die „geometrische Reihe" und sagen, sie konvergiert gegen 2, was man sich im Übrigen sehr leicht geometrisch klar machen kann, indem man ein Quadrat immer wieder halbiert.

Um das einzusehen, setzen wir nur $x = 0,\overline{9}$, d. h. $10x = 9,\overline{9}$

Damit ergibt sich direkt: $10x - x = 9$ und folglich ist $x = 1$.

Andererseits aber können wir x auch als unendliche Summe schreiben, nämlich:

$$0,9999\cdots = \frac{9}{10} + \frac{9}{100} + \frac{9}{1000} + \cdots$$

und diese Summe „geht" jetzt gegen 1, d. h., der Grenzwert dieser Reihe ist 1 und somit können wir die Zahl $0,\overline{9}$ tatsächlich mit der Zahl 1 identifizieren.

Damit zurück zu unserem Paradoxon: Achill müsste gedanklich unendlich viele Streckenabschnitte zurücklegen, bevor er die Schildkröte erreicht, und diese würden zwar immer kleiner werden, aber in der Summe – so der Trugschluss der Griechen – könnte die Gesamtstrecke nicht endlich sein. Genau das ist sie aber, denn wenn die Abschnitte selber unendlich (!) klein werden, dann kann – muss aber nicht – deren Summe endlich bleiben, und genau das ist der Fall, wenn wir von Konvergenz sprechen. Dieses Konzept kannten die Griechen nicht, und deswegen konnten sie theoretisch nicht nachvollziehen, was sie praktisch sahen, nämlich dass Achills Strecken gegen den Punkt konvergieren, in dem er die Schildkröte erreicht, d. h., der Grenzwert der Summe der Abschnitte ist (!) der Treffpunkt der beiden Wettläufer nach exakt 2 m, wie oben schon angedeutet.

Was die Menschen sich damals nicht vorstellen konnten, war also, dass eine Summe aus unendlich vielen Summanden endlich sein kann.[5] Das wollen wir den Griechen allerdings überhaupt nicht vorwerfen, denn in der beobachtbaren Natur gibt es solche Prozesse nicht, und wir glauben, dass das Phänomen unendlich vieler Summanden, die insgesamt nicht ins Unermessliche wachsen, sondern konvergieren, auch heute noch den meisten Menschen intuitiv fremd erscheint. Unser Weltbild ist – genau wie das der Griechen – atomistisch geprägt, d. h., wir gelangen immer irgendwann auf die atomare Ebene, auf kleinste denkbare Teilchen, die – anders als geistig konstruierte abstrakte Zahlen – unteilbar sind, und vor allem eins: abzählbar.

Man hätte die Griechen vielleicht fragen sollen, ob ein Eimer Sand, aus dem man immer wieder die Hälfte Sand entfernt, jemals leer wird. Trotzdem sie das mathematisch verneint hätten, hätten sie die physikalische, die materielle Grenze, nämlich das einzelne Sandkorn, vermutlich gesehen und mit diesem Paradoxon wahrscheinlich weniger Probleme gehabt als mit Achill und der Schildkröte, weil dort eben etwas Nicht-Materielles, eine Strecke oder die Zeit, geteilt wird und kein physisches Objekt. Als ein solches sahen sie – vermutlich unbewusst – auch eine Gerade, die sie sich zwar aus unendlich vielen,

---

[5]Vermutlich hat Archimedes dieses Wissen besessen, denn sein Ansatz zur Approximation des Kreises durch einbeschriebene Vielecke, wie wir es im Kapitel zur Geometrie gesehen haben, ist eine (Grenzwert-)Methode, die genau darauf beruht und nebenbei auch die grundlegenden Ideen der Analysis schon vorwegnimmt.

aber dennoch aus abzählbar vielen Punkten vorstellten; genau das ist eben nicht der Fall, und das führt uns jetzt zu einem weiteren Thema, das mit der Unendlichkeit eng verbunden ist und das die Rechnung mit infinitesimalen – nomen est omen – Größen erst ermöglicht, nämlich die sogenannten **reellen Zahlen.** Diese bilden die Basis der Überlegungen von Newton und Leibniz, aber dieses Fundament der Infinitesimalrechnung wurde tatsächlich erst nachträglich, nämlich Jahrzehnte später, durch andere Mathematiker gelegt. Ohne dieses Konstrukt würde der Analysis der Boden unter den Füssen entzogen werden, und wie dieser Boden bereitet wurde, bzw. was ihn bereitet, das wollen wir als nächstes in aller Kürze anschauen, und das sind die sogenannten **Folgen.**

Eine Folge ist zunächst – wie der Name sagt – eine Abfolge, eine Sequenz, im sprachlichen Sinne, eine geordnete Reihe von Zahlen, eine Aufzählung. Sie kann endlich sein, wie z. B.

$$1, \ 2, \ 3, \ 4$$

oder unendlich wie die Folge der Primzahlen:

$$2, \ 3, \ 5, \ 7, \ 11, \ \dots.$$

Für unsere Zwecke definieren wir eine Folge aber als eine unendliche (!) Aneinanderreihung nummerierter rationaler (!) Zahlen a_1, a_2, a_3, …, a_n, a_{n+1}, …, d. h., das n-te Glied der Folge ist die rationale Zahl a_n.

In dieser Aufzählung dürfen selbstverständlich einzelne Zahlen mehrfach auftreten; wichtig ist, dass die Reihenfolge festgelegt ist. Das unterscheidet sie von der Aufzählung der Elemente einer Menge, wo man doppelte Einträge gedanklich streichen kann und die Reihenfolge unerheblich ist. Bei einer Folge ist das nicht der Fall; die könnte man eher auffassen als ein unendliches Tupel (s. Kapitel „Mengenlehre"), und deswegen schreibt man die Liste der Folgenglieder auch oft in Klammern, d. h., die Folge der Fibonacci Zahlen könnte man als (1, 1, 2, 3, 5, 8, 13, …) schreiben.

Da man unendliche Folgen in Gänze nicht explizit hinschreiben kann, wäre es schön, wenn man ein Bildungsgesetz hätte, das für jedes einzelne Glied der Folge angibt, wie es gebildet werden soll; bei der Fibonacci-Folge z. B. ist das n-te Glied die Summe der beiden Vorgänger. Generell aber haben wir solch ein Gesetz leider nicht immer; die Folge der Primzahlen z. B. kennen wir ein gutes Stück weit, aber ab einer gewissen Stelle wissen wir nicht mehr, welches das nächste Folgenglied ist. In der Regel jedoch haben wir eine Berechnungsvorschrift, die definiert, wie das n-te Glied zu berechnen ist, z. B. als $\frac{1}{n}$, und in dem Fall wäre:

$$a_n = \frac{1}{n}, \ \text{für } n \geq 1$$

Ausgeschrieben ist das die sogenannte „harmonische" Folge:

$$\left(1, \frac{1}{2}, \frac{1}{3}, \frac{1}{4} \dots\right)$$

Der Ausdruck für a_n darf natürlich beliebig komplex sein, und evtl. kann man ihn gar nicht direkt berechnen, sondern nur indirekt unter Rückgriff, d. h. „rekursiv", auf andere, frühere, Folgenglieder, wie eben bei der erwähnten Folge der „Fibonacci Zahlen".

Zwei wichtige Klassen von Folgen, die direkt berechenbar sind, sind die arithmetischen und die geometrischen Folgen:

In einer arithmetischen Folge haben zwei benachbarte Glieder immer den gleichen absoluten Abstand, in einer geometrischen haben sie das gleiche Verhältnis, d. h., in einer arithmetischen Folge berechnet sich das jeweils nächste Glied durch Addition, in einer geometrischen durch Multiplikation einer Konstanten. Solche Folgen sind also durch Vorgabe eines Startwerts und dem entsprechenden Summanden bzw. Faktor vollständig bestimmt. Beispiele sind:

$$a_1 = 2 \text{ und } a_{n+1} = a_n + 3, \text{ für } n > 1$$

$$\text{also: } (2, \ 5, \ 8, \ 11, \ \ldots)$$

Oder:

$$a_1 = 2 \text{ und } a_n = 2^n, \text{ für } n > 1$$

$$\text{also } (2, \ 4, \ 8, \ 16, \ \ldots)$$

Diese beiden Folgen wachsen erkennbar ohne Grenzen, die letztere, die Folge der 2er Potenzen, sogar sehr schnell.[6] Demgegenüber würde die Folge der 1er Potenzen natürlich bei 1 stehen bleiben:

$$a_n = 1^n, \text{ für } n > 1$$

$$\text{also } (1, \ 1, \ 1, \ 1, \ \ldots)$$

aber jeder feste Wert, der auch nur ein „Epsilon"[7] größer ist, also $a_n = (1 + \varepsilon)^n$, liefert eine Folge, die zwar langsam, aber dennoch ins Unendliche wächst.

Addiert man allerdings zur 1 keinen konstanten Wert, sondern eine Zahl, die bei jedem Schritt selber immer kleiner wird, z. B. $\frac{1}{n}$, dann hat man also:

$$a_n = \left(1 + \frac{1}{n}\right)^n$$

Diese Folge wächst zwar auch immer weiter, aber sehr, sehr langsam und ihr Wachstum hat eine Grenze, einen „Grenzwert", um genau zu sein. Diesen zu bestimmen, und zwar

---

[6] Diese Folge liegt der Legende vom Reiskorn auf dem Schachbrett zugrunde (s. Kapitel „Algebra").

[7] Der griechische Buchstabe ε steht in der Mathematik meist für eine sehr, sehr kleine Zahl, d. h. eine, die beliebig nahe bei 0 ist. Umgangssprachlich sagt man dazu eher ein „Jota".

exakt zu bestimmen, ist nicht so einfach, was speziell in diesem Fall daran liegt, dass es sich dabei nicht um einen rationalen Wert handelt, nämlich um die sogenannte „Eulersche Zahl":

$$e = 2{,}718281\ldots$$

Die oben definierten Folgenglieder a_n werden also sukzessive grösser, überschreiten jedoch nie die mathematische Konstante e, sondern nähern sich dieser mit jeder neuen Berechnung eines Folgenglieds an, und zwar beliebig nah.

Für dieses Verhalten benutzen wir den Begriff der **Konvergenz,** d. h., wir sagen, die Folge a_n konvergiert gegen e, in Zeichen:

$$\lim_{n \to \infty} \left(1 + \frac{1}{n}\right)^n = e$$

Diese Zahl ist neben der Kreiszahl π eine der berühmtesten – wenn der Ausdruck erlaubt ist – Konstanten der Mathematik. Ihre Benennung zu Ehren von Euler entspricht nicht unbedingt der historischen Wahrheit, denn das erste Mal deutete sie sich schon in den Logarithmus-Berechnungen von Napier an (s. Kapitel „Algebra") und bei Bernoulli trat sie etwas später leibhaftig in Erscheinung als der Wert, der den Zinseszins begrenzt: Eine Geldeinheit, die nicht zu diskreten Zinszeitpunkten, sondern in stetiger Zeit, also unendlich oft, verzinst wird, wächst exakt auf e Einheiten an[8].

Zu einer Berühmtheit wurde sie aber erst durch die Arbeiten von Leonhard Euler (s. Anhang), und wir können hier unmöglich auf die Gründe dafür eingehen, sondern nur festhalten, dass sie in vielen Anwendungen in fast allen Bereichen der Mathematik immer wieder auftaucht, so z. B. – wie gesehen – in der Dichte der Normalverteilung und wie wir zum Schluss noch sehen werden, kommt sie auch in der angeblich schönsten Formel der Mathematik vor.

So wie speziell die Berechnung von e nicht ganz trivial ist, so ist auch im Allgemeinen die Ermittlung eines Grenzwertes nicht einfach. Schon die Frage, ob eine Folge überhaupt konvergiert, ist nicht pauschal zu beantworten. Dafür hat man gewisse Kriterien entwickelt, aber selbst wenn man weiss, dass Konvergenz vorliegt, ist der nächste Schritt, eben die Berechnung des Grenzwertes, in der Regel kein Selbstgänger, und das wollen wir auch nicht weiter vertiefen, sondern uns auf einfache Fälle beschränken. Dazu gehört z. B. die oben erwähnte harmonische Folge $(1, \frac{1}{2}, \frac{1}{3}, \frac{1}{4}\ldots)$, deren Folgenglieder sich erkennbar immer mehr der Null annähern, diesen Wert jedoch nie erreichen und ihn insbesondere auch nie unterschreiten, d. h., diese Folge konvergiert zweifellos gegen 0 und wird deswegen auch „Nullfolge" genannt.[9] Genauso kann man nun aber auch Folgen definieren, die gegen andere Werte konvergieren, auch gegen

---

[8] https://www.euler-2007.ch/doc/B12.pdf

[9] Bei Konvergenz gegen 0 spricht man auch von „verschwinden", was allerdings eine unglückliche Wortwahl ist.

solche, von denen wir a priori wissen, dass sie nicht rational sind, also in unserem bisherigen Zahlenbereich gar nicht existieren, wie z. B. die Quadratwurzel aus 2. Im Kapitel „Mengenlehre und Logik" haben wir dargestellt, dass wir die Zahl, die wir als $\sqrt{2}$ schreiben, nicht als Quotient ganzer Zahlen ausdrücken können, aber wir werden nun sehen, dass wir uns solchen Zahlen, die außerhalb von $\mathbb{Q}$ liegen, durch Folgen beliebig weit annähern, sie approximieren können. Als Beispiel wollen wir dies für $\sqrt{2}$ zeigen, d. h., wir konstruieren eine Folge, die gegen diesen Wert konvergiert.

Das Prinzip dazu erinnert an „Raten und Rechnen": Wir betrachten zunächst die Gleichung $x = \frac{2}{x}$ für x > 0. Eine Lösung dieser Gleichung erfüllt offenbar $x^2 = 2$, d. h. $x = \sqrt{2}$. Wählt man nun einen ersten Testwert x_0, den wir in die Gleichung einsetzen, und mittelt diesen dann mit dem Ergebnis dieses ersten Rechenschritts, also mit $2/x_0$, dann erhält man $\frac{1}{2}\,(x_0 + 2/x_0)$. Diesen Wert benutzen wir als zweiten Testwert x_1, und wiederholen den Prozess aus Einsetzen und Mitteln, oder aus „Raten und Rechnen", d. h., wir bilden eine Folge der Gestalt:

$$x_{n+1} = \frac{1}{2}\left(x_n + \frac{2}{x_n}\right)$$

Mit einem Startwert, der in der Nähe der erwarteten Lösung liegt, z. B. $x_0 = 1$, liefert diese Folge nach einer Handvoll Schritten eine brauchbare Näherung für $\sqrt{2}$.

In analoger Weise kann man solche Folgen für beliebige spezielle Wurzeln konstruieren, die für nicht allzu große Zahlen sehr schnell konvergieren; und ganz allgemein lassen sich mit diesem Prinzip der Approximation von Werten durch Folgen rationaler Zahlen die gesamten reellen Zahlen aufbauen.

Reihen

Eine Reihe ist nichts anderes als eine unendliche (!) Summe, deren Summanden eine unendliche Folge bilden, d. h., eine Reihe summiert die Glieder einer Folge auf. Zum Beispiel liefert die harmonische Folge die entsprechende „harmonische Reihe":

$$1 + \frac{1}{2} + \frac{1}{3} + \frac{1}{4} + \cdots + \frac{1}{n} + \ldots$$

Weil man hier nacheinander Additionen durchführt, kann man eine Reihe selber aber auch wieder als Folge auffassen, in der das n-te Folgenglied gerade die Summe ist, die man nach der n-ten Addition erreicht hat; in obigem Beispiel hätten wir also die Folge:

$$a_n = 1 + \frac{1}{2} + \frac{1}{3} + \frac{1}{4} + \cdots + \frac{1}{n}$$

mit den Folgengliedern: $1, \frac{3}{2}, 1\frac{5}{6}, 2\frac{1}{12}, 2\frac{17}{60}, \ldots$.

die genau wie die ursprünglichen Folgenglieder rationale Zahlen sind.

Anders als die harmonische Folge konvergiert die harmonische Reihe nicht – wir sagen: sie divergiert – d. h., die Summe der Kehrwerte der natürlichen Zahlen wächst ohne Grenze, wenn auch sehr langsam. Schränkt man die Folge ein auf die Kehrwerte der Primzahlen, dann divergiert auch diese, und erst wenn man im Nenner zu den Quadratzahlen übergeht, dann konvergiert die Reihe[10], d. h., die Summe $\sum_{n=1}^{\infty} \frac{1}{n^2}$ existiert.

Ihre Berechnung war lange als das „Basler Problem" ungelöst, das erst durch Euler gelöst wurde, indem er zeigte, dass der Grenzwert $\frac{\pi^2}{6}$ ist, also überraschenderweise die Kreiszahl enthält.

Auch die Zahl e, die wir oben als Grenzwert einer Folge dargestellt haben, kann man alternativ als Reihe angeben. Die Summe:

$$1 + \frac{1}{1!} + \frac{1}{2!} + \frac{1}{3!} + \cdots + \frac{1}{n!}$$

konvergiert nämlich gegen die Euler´sche Zahl.

Reihen eignen sich allgemein sehr für weitere Beschäftigungen, denn darin findet man viele überraschende Erkenntnisse. So ist z. B. intuitiv sicher überhaupt nicht klar, dass Umordnungen der Summanden hier einen erheblichen Einfluss auf die Summe haben. Bei endlichen Summen ist das natürlich nicht der Fall, denn nach dem Kommutativgesetz ist die Reihenfolge der Summanden irrelevant. Im Unendlichen jedoch ist vieles anders, und da sind Reihen ein schönes Beispiel für ein komplettes Versagen unserer Anschauung, denn man kann unter Umständen erreichen, dass eine konvergente Reihe nach Umordnung gegen einen anderen Wert konvergiert, oder sogar, dass sie plötzlich gar nicht mehr konvergiert, sondern divergiert.

Interessant, und das auch historisch, ist die sogenannte „Grandi"-Summe,[11] in der immer nur abwechselnd 1 und −1 addiert werden – das allerdings unendlich oft. Man kann – und hat – trefflich darüber gestritten, ob diese Summe den Wert 0, 1 oder gar ½ annimmt. Das hat seinerzeit (etwa 1700) sogar die Theologen auf den Plan gerufen, aber wer ein wenig darüber nachdenkt, kommt darauf, dass die Summe bzw. der Grenzwert nicht existiert.

In der Analysis sind Folgen und Reihen von zentraler Bedeutung, weil sie das (!) Hilfsmittel sind, um andere Werte anzunähern, und die wichtigste Situation, in der diese Qualität zum Tragen kommt, ist die Approximation und damit die Erzeugung der

---

[10] In diesem Sinne liegen also die Primzahlen „dichter" in den natürlichen Zahlen als die Quadratzahlen.

[11] https://www.spektrum.de/kolumne/grandi-summe-die-einfachste-summe-der-welt/2183460

sogenannten **„reelle Zahlen"**. Leider ist der Begriff an sich nicht selbsterklärend, eigentlich sogar etwas irreführend, denn er vermittelt ja zweierlei: Erstens, dass es sich dabei um „Zahlen" handelt, und zweitens, dass sie „reell" sind. Beides ist im mathematischen Sinne natürlich korrekt, aber es entspricht nicht direkt unserem intuitiven Zahlenverständnis, wonach Zahlen zur Messung der Realität dienen. Das tun sie selbstverständlich auch, aber durch die Analysis löst sich der Zahlbegriff, speziell bei den reellen Zahlen, von seinen physikalischen, oder besser: geometrischen, Wurzeln. Das ist sicher nicht einfach zu verstehen, und nachdem wir gesehen haben, wie schwer die Menschheit sich mit Zahlen tut, die nicht mehr direkt der Realität entsprechen, z. B. bei den negativen Zahlen, kann man sich vorstellen, welch gewaltiger Schritt die Einführung der reellen Zahlen gewesen sein muss, denn die sind weit weg von den natürlichen Zahlen und unserem Sprachgebrauch folgend alles andere als „reell". Der Begriff ist allerdings gut gewählt, denn unter der denkbaren Alternative „reale" Zahlen würden wir uns eher etwas Gegenständliches vorstellen, etwas „Realistisches", das im physischen Sinne existiert. Mit „reell" verbinden wir demgegenüber eher etwas, das im ideellen Sinne gegeben ist, und die Zahlen, um die es hier gehen wird, sind in genau diesem ideellen Sinne zu verstehen, also eher „reell" als „real".[12]

Der andere Aspekt ist der, dass man mit dem Begriff eindeutig Zahlen meint, die tatsächlich existieren, und die alles an Zahlen umfassen, was wir bis hierher kennengelernt haben. Das waren zunächst die natürlichen Zahlen, die angeblich der „liebe Gott" gemacht hat, und deren Konzept intuitiv sehr schlüssig ist. Von da aus haben wir die ganzen Zahlen, einschließlich der Null, konstruiert, was wesentlich durch die Beschränkung der Operation „Subtraktion" ausgelöst war: Um die überall auszuführen, brauchten wir die negativen Zahlen, die in unserer Anschauung schon eine kleine Grenze überschreiten. Folglich war deren Konzeption seinerzeit vielen Zeitgenossen nicht einleuchtend, ja sogar suspekt – und teilweise haben wir auch heute damit noch Probleme, denkt man z. B. an „Minus mal Minus gibt Plus".

Der vorläufig letzte Schritt in der Schaffung der Zahlenwelt war dann die Einführung der rationalen Zahlen als „Brüche", also als Verhältnisse von ganzen Zahlen, diesmal initiiert, um Beschränkungen bei der Division zu überbrücken. Mit diesem Konstrukt an sich, dem Teilen von physischen Dingen oder auch dem Unterteilen von immateriellen Gebilden, haben wir weniger Probleme, denn dieser Akt hat eine klare, realistische Entsprechung. Problematisch werden die rationalen Zahlen erst, wenn man sich gewisse Konsequenzen daraus klar macht: Während wir zwischen zwei benachbarten ganzen Zahlen einfach eine Lücke sehen, wo „Nichts" ist, wissen wir, dass sich zwischen zwei

---

[12] Das mag allerdings eine deutsche Unterscheidung sein, denn im Englischen spricht man nur von „real numbers", und außerdem ist die deutsche Terminologie nicht sehr konsistent, denn bei den komplexen Zahlen, die wir später ganz kurz streifen werden, spricht man wieder vom „Realteil" und meint damit eine reelle Zahl.

rationalen Zahlen viele weitere Zahlen befinden. Wenn wir uns dann aber mithilfe simpler Bruchrechnung klarmachen, dass zwischen zwei beliebigen (!) rationalen Zahlen, ganz gleich wie nah sie beieinander liegen, unendlich (!) viele andere rationale Zahlen angesiedelt sind, dann kann diese Erkenntnis bei dem ein oder anderen durchaus ein gewisses Störgefühl hervorrufen. Damit sind die rationalen Zahlen nämlich „dichter" gepackt als alles, was wir uns in der realen Welt vorstellen können, d. h., sie allein überfordern eigentlich schon unser atomistisches Weltbild. Und als wenn das noch nicht genug wäre, müssen wir trotzdem feststellen, dass es in $\mathbb{Q}$ immer noch sehr viele „Lücken" gibt, z. B. an der Stelle, wo man die Zahl erwarten würde, deren Quadrat 2 ergibt.

Jetzt könnte man sich natürlich auf den Standpunkt stellen, solche Lücken, also alles nicht-rationale als „irrational" zu verwerfen und nicht als richtige „Zahlen" zu akzeptieren,[13] d. h., wir würden sie schlichtweg ignorieren. Diese einfache Lösung wäre allerdings sehr unbefriedigend, weil sie ja schon geometrischen Gegebenheiten widersprechen würde, denn wir können diese Lücken mit Zirkel und Lineal exakt konstruieren;[14] und deswegen sollten wir auch algebraische, sprich rechnerische Werte, also Zahlen dafür haben. Genau das überstieg die Fähigkeiten der antiken Mathematik.

Zwar konnten schon die Babylonier spezielle nicht-rationale Zahlen wie die Quadratwurzel aus 2 näherungsweise bestimmen, und Archimedes hatte – wie gesagt – allgemein den richtigen Weg zur Berechnung solcher Werte eingeschlagen, aber erst im 19. Jahrhundert sollten diese „neuen" Zahlen das Licht der mathematischen Welt erblicken. Das im Detail zu verstehen, geht inhaltlich weit über den Rahmen der Allgemeinbildung hinaus,[15] allerdings sind die Grundzüge leicht nachvollziehbar, denn wir stehen wieder vor einer ähnlichen Situation wie bei den vorangegangenen Erweiterungen der Zahlenbereiche: Eine Rechenoperation, hier jetzt das Wurzelziehen, zeigt uns Beschränkungen unseres Zahlenmaterials auf, in dem Sinne, dass einfache Gleichungen wie $x^2 = 2$ in $\mathbb{Q}$ keine Lösung haben. Um diese Grenze zu überwinden, erweitern wir unseren Zahlenbereich, und das tun wir nicht, indem wir neue Zahlen wie Kaninchen aus dem Hut zaubern, sondern wie gehabt durch die Konstruktion neuer Werte aus bestehendem Material. So, wie wir die ganzen Zahlen unmittelbar aus den natürlichen abgeleitet haben, nämlich durch eine Spiegelung, und rationale Zahlen durch eine Operation, die Division, aus den ganzen Zahlen erzeugt haben, so konstruieren wir nun weitere Zahlen unter Rückgriff auf die rationalen Zahlen; und dieser Rückgriff besteht nun darin, unendliche Summen rationaler Zahlen zu bilden. Diese hatten wir Reihen genannt, und das ist schlussendlich nichts anderes als eine Ausweitung des alt-bekannten Näherungsverfahrens, das schon Archimedes bei der Approximation von π angewendet hatte. Er brach die Summierung

---

[13] Der schon erwähnte Leopold Kronecker (s. Kapitel „Zahlen") war genau dieser Ansicht.

[14] Man kann sogar jede Wurzel einer natürlichen Zahl anschaulich geometrisch konstruieren, und zwar mittels der „Wurzelspirale": https://de.wikipedia.org/wiki/Wurzelschnecke

[15] Außerdem sind die rationalen Zahlen – realistisch betrachtet – alles, was wir jemals brauchen werden.

aus praktischen Gründen nach der Berechnung des 96-Ecks ab, denn um theoretisch weiter zu rechnen, fehlte ihm die Grundlage. Die aber haben wir heute und können solche Rechenschritte ins Unendliche – ad infinitum – fortführen, indem wir zum Grenzwert übergehen, der uns – wie oben dargestellt – die endliche Summe unendlich vieler rationaler Zahlen liefert – vorausgesetzt die Summe konvergiert.

Genau dieser Übergang, diese Grenzwertbetrachtung, fehlte den Griechen noch. Das mag hier vielleicht als kleiner Schritt erscheinen, tatsächlich aber war es ein Quantensprung in der Geschichte der Mathematik, wenn nicht der gesamten Wissenschaft.

Griechische „Zahlen"

Als Zahlen galten den Griechen nur die natürlichen Zahlen, genauer: Die natürlichen Zahlen ab 2. Die 1 hatte die Funktion einer Basis oder einer Einheit, aus der sich alle anderen Zahlen durch fortwährende Addition ergaben. Die Null oder negative Zahlen kannten die Griechen nicht, und eine wie auch immer geartete Bruchrechnung kommt in Euklids „Elementen" nicht vor. Trotzdem er- und berechneten sie intensiv „Verhältnisse", z. B. von Strecken, und sie waren lange der Ansicht, dass sich alle Vorkommnisse in der Natur letztlich durch Zahlenverhältnisse darstellen lassen. Genau das drückte der Wahlspruch der Pythagoreer aus: „Alles ist Zahl", und konkret hieß das, dass es für alle Dinge ein „gemeinsames Maß" geben müsse, eine Art Einheit, aus der sich alles entwickeln ließe. Zu zwei beliebigen Strecken z. B. müsse es eine gemeinsame Größe geben, aus der sich beide Strecken als Vielfache dieser Größe ergäben.[16] Das würde aber bedeuten, dass es in der Natur nur rationale Verhältnisse gibt. Man erkennt unschwer, dass eine solche Vorstellung über ideelle Dinge auf einer grundlegenden atomistischen Weltsicht beruht, und kann sich dann vielleicht vorstellen, vor welche Probleme die Griechen sich gestellt sahen, als dieser Glaube erschüttert wurde. Sie mussten nämlich irgendwann erkennen, dass es durchaus geometrische Verhältnisse gab, die kein gemeinsames Maß hatten und deswegen „inkommensurabel" waren, wie z. B. die simple Diagonale des Einheitsquadrats oder der „goldene Schnitt" (s. Kapitel „Geometrie").

Es gibt Stimmen, die behaupten, diese Erkenntnis sei für die Pythagoreer traumatisch gewesen und hätte die gesamte antike Mathematik in eine existenzielle Krise gestürzt, ja, dass man sogar denjenigen,[17] der dieses Wissen der Welt verraten habe, im Meer ertränkt habe. All das ist vermutlich Unsinn. Stattdessen wissen wir gesichert, dass die Griechen um die Existenz von Zahlen wussten, die wir heute als „irrational" bezeichnen, aber sie hatten eben – noch – keine eigene Theorie dazu.

---

[16] Solche Strecken hießen dann „kommensurabel", d. h. gemeinsam messbar.

[17] Der Ärmste soll Hippasos von Metapont (ca. 500–450 v.Chr.) gewesen sein.

Die Zahlen, um die man durch diese Approximationen $\mathbb{Q}$ erweitern konnte, wurden dann tatsächlich „irrational" genannt. Die Terminologie mag verwundern, aber sie hat natürlich nichts mit „Unvernunft" zu tun, sondern, damit, dass diese „Zahlen" nicht in die Struktur der Division bis dahin bekannter ganzer Zahlen fallen, also nicht als Verhältnis („Ratio") ganzer Zahlen ausgedrückt werden können. Das bedeutet aber auch, dass sie nicht abschließend angegeben oder ausgeschrieben werden können, sondern sie werden immer nur „approximiert" dargestellt. Eine irrationale Zahl kann man durch Summenbildung beliebig weit annähern, indem man immer neue Nachkommastellen errechnet; komplett wird man sie nie kennen, denn ihre Dezimalbruchentwicklung reißt nicht ab und sie ist auch nicht periodisch, d. h., wir kennen nicht alle Nachkommastellen der Wurzel aus 2, zum Beispiel. Wenn wir also eine irrationale Zahl, wie z. B. oder e oder π hinschreiben, dann ist das nur ein Symbol für eine Zahl, die wir in ihrer vollen Pracht und Entwicklung nie sehen werden, und immer, wenn wir praktisch damit rechnen, rechnen wir nicht mit der wahren Zahl, sondern mit einer, die für die jeweilige Anwendung hinreichend genau ist, d. h., jeder Rechner rechnet mit einer irgendwo abgeschnittenen, gerundeten, Zahl.[18]

Umgekehrt ist es mitunter nicht trivial zu entscheiden, ob eine gegebene Zahl irrational ist oder nicht, aber wir wissen immerhin, dass es unendlich viele davon gibt, d. h., innerhalb der Menge der rationalen Zahlen $\mathbb{Q}$, die wir ja eh schon als sehr viel dichter auffassen als alles, was wir in der Realität kennen, gibt es unendlich viele „Lücken", die mit irrationalen Zahlen aufgefüllt werden. Für diese Menge hat man jedoch kein eigenes Kürzel wie $\mathbb{N}$ oder $\mathbb{Q}$ eingeführt,[19] sondern man betrachtet die **Menge der rationalen Zahlen $\mathbb{Q}$ ergänzt um diese irrationalen Elemente als die „reellen Zahlen"** und schreibt dafür $\mathbb{R}$, d. h., $\mathbb{R} \setminus \mathbb{Q}$ (gelesen „R ohne Q") wäre gerade die Menge der irrationalen Zahlen, und es erübrigt sich wohl zu sagen, dass diese Menge nicht abzählbar ist.[20]

> **Axiomatische Definition der reellen Zahlen**
> Historisch wurden die reellen Zahlen von Karl Weierstrass (1815–1897) so eingeführt, wie wir es hier im Prinzip gezeigt haben, nämlich mithilfe von unendlichen Summen (positiver) rationaler Zahlen. Damit war die sukzessive Erweiterung bestehender Zahlenbereiche erst einmal abgeschlossen: Man hatte

---

[18] Das aber ist kein Alleinstellungsmerkmal der irrationalen Zahlen, sondern auch viele rationale Zahlen haben nicht abbrechende, dafür aber periodische Entwicklungen wie z. B. $1/3 = 0{,}33333\ldots$.

[19] Manchmal sieht man dafür ein „I mit Doppelstrich" ($\mathbb{I}$) aber das ist nicht Standard.

[20] Dies ist im Wesentlichen auf eine Klasse von Zahlen zurückzuführen, die innerhalb der irrationalen Zahlen eine Sonderstellung einnehmen, nämlich die sog. „transzendenten" Zahlen. Diese zeichnen sich dadurch aus, dass es kein Polynom mit rationalen Koeffizienten gibt, das sie als Nullstelle hätte. Tatsächlich sind fast alle, d. h. alle bis auf endlich viele, reellen Zahlen transzendent; die bekanntesten Vertreter sind Pi und e.

Abb. 7.1 Zahlenmengen

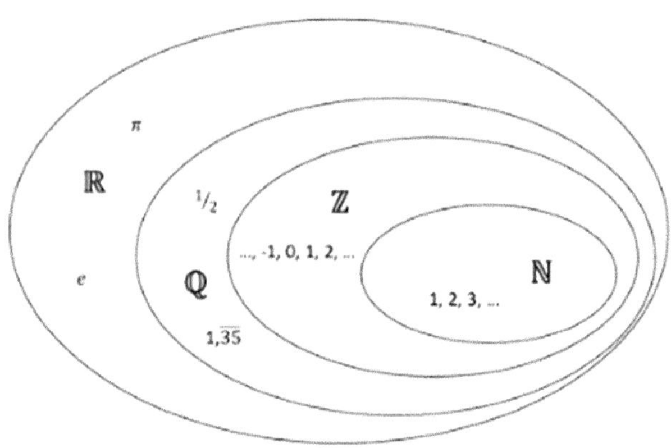

ausgehend von den natürlichen und den ganzen Zahlen, und dann mittels Summen von Brüchen derselben die sogenannten reellen Zahlen tatsächlich „konstruiert", d. h., dieser Zugang liefert uns eine sehr konkrete Vorstellung davon, was reelle, speziell irrationale, Zahlen sind. Selbstverständlich zeigt das auch, wie der eine Bereich aus dem anderen hervorgeht und welche Menge welche Teil- oder Obermenge hat (s. Abb. 7.1).

Nach Weierstrass haben andere Mathematiker, u. a. Dedekind[21] (1831–1916) und Cantor, noch weitere Konstruktionsmethoden vorgeschlagen, die aber natürlich alle zum gleichen Ergebnis führen. Demgegenüber verwendet man heute allerdings als Basis der reellen Zahlen deren „axiomatische" Definition; eine Herangehensweise, von der wir in der Mengenlehre und der Wahrscheinlichkeitstheorie schon gehört haben. Unter diesem Konzept ist immer eine Loslösung von der konkreten Vorstellung dessen gemeint, was ein Begriff „ist" oder darstellt. Stattdessen zählen allein die Eigenschaften des zu definierenden Objekts.

Axiomatisch definiert muss man also nicht mehr wissen, was eine Menge oder eine Wahrscheinlichkeit ist, sondern nur noch, welche Eigenschaften sie haben soll (!). Diese werden als Axiome formuliert, und jedes „Ding", das diese Eigenschaften hat, gilt dann als Vertreter dieser Objektklasse.

Ähnlich dem Schachspiel: Dort muss man ja auch nicht wirklich wissen, was ein Springer ist, sondern nur, wie er zieht. Die Regel dafür wäre dann ein Axiom, und jede Figur, die so zieht, sehen wir als Springer an – natürlich unter gleichzeitiger Beachtung anderer Regeln bzw. Axiome. Diese werden aber ohne Rücksicht auf irgendeinen „Wahrheitsgehalt" festgelegt. Der Rösselsprung z. B. ist alles andere als logisch „wahr", sondern eine Konvention, die allgemein akzeptiert ist,

---

[21] Die sog. „Dedekind´schen Schnitte" werden oft als Standardkonstruktion der reellen Zahlen angesehen; s. z. B. Rautenberg: Elementare Grundlagen der Analysis, Berlin, 2005.

und anstelle eines „Pferdchens" könnte man dazu genauso gut auch einen Bierkrug benutzen.

Was zählt, ist also nicht das Was, sondern das Wie, und das muss nicht mehr so unmittelbar einleuchtend sein, wie die Axiome es im ursprünglichen Sinne bei Euklid waren. Die moderne Axiomatik löst sich von der ontologischen Bedeutung und emanzipiert sich vom klassischen Verständnis, d. h., die Frage nach der Wahrheit der Axiome, die die „Alten" noch unterstellt haben und die offensichtlich war, stellt sich nicht mehr.

Die reellen Zahlen werden durch ein gutes Dutzend „moderner" Axiome definiert, die diese Menge über ihre Eigenschaften charakterisiert[22]. Zusammen mit der Bedeutung der reellen Zahlen an sich kann man dieses Axiomensystem als das **„Weltkulturerbe der Mathematik"** ansehen.

Wir nähern uns nun langsam dem, womit man die Analysis hauptsächlich in Verbindung bringt, und das sind wahrscheinlich „Kurven", die wir in sogenannten **Koordinatensystemen** graphisch, sprich zeichnerisch, darstellen und deren Eigenschaften wir dann algebraisch, sprich rechnerisch, analysieren können. Die Voraussetzung für diese „Kurvendiskussionen" – wie man die Analysen auch nennt – sind letztendlich Systeme zur eindeutigen Bezeichnung von geometrischen Orten oder Lagen; und genau das ist uns tatsächlich in ganz anderen Zusammenhängen sehr bekannt und geläufig.

Auf einem Schachbrett z. B. ist jedes der 64 Felder eindeutig durch eine Kombination aus einem Buchstaben von a bis h und einer Zahl zwischen 1 und 8 eindeutig gekennzeichnet, auf Landkarten wird jedem Ort, jedem Flecken, eindeutig sein Längen- und Breitengrad zugewiesen und in Städten wie New York oder Mannheim findet man Adressen im Wesentlichen über die Angabe nummerierter Straßenkreuzungen.

All das sind letztlich Koordinatensysteme, d. h., Systeme, in denen einzelne Punkte mittels Zahlen- oder auch Buchstabenkombinationen, den sogenannten Koordinaten, bezeichnet werden, und zwar eindeutig. Am Zahlenstrahl und der Zahlengeraden machen wir genau das in nur einer Dimension: Jeder Punkt wird durch eine Zahl festgelegt, die nicht nur eine Bezifferung ist, sondern auch etwas über dessen Lage aussagt, nämlich über seinen Abstand vom Ursprung des Systems, dem Nullpunkt („0"), d. h., der Wert, der einem Punkt P zugewiesen ist, ist nicht willkürlich gewählt, sondern entspricht der Länge der Strecke $\overline{OP}$.

Wenn man nun zwei Zahlengeraden kombiniert, dann kann man dasselbe auch für zwei Dimensionen, also in einer Ebene, erreichen, mit dem Unterschied, dass dann jedem Punkt P zwei Zahlen zugeordnet werden, die den Projektionen des Punktes P auf die jeweiligen Zahlengeraden entsprechen.

---

[22] Vgl.: J. Pöschel: Etwas Analysis, Springer, 2014.

Genau das macht ein sogenanntes **kartesisches Koordinatensystem:** Es spannt eine
Ebene auf, die wesentlich durch zwei Zahlengeraden erzeugt wird, die senkrecht aufeinander stehen und die wir die Achsen des Systems nennen. Für die Horizontale hat
sich die Bezeichnung „x-Achse" eingebürgert, für die Senkrechte „y-Achse", und ihren
Schnittpunkt nennen wir den Ursprung des Koordinatensystems. Der hat die Koordinaten
(0, 0) und von diesem ausgehend kann jeder Punkt P in der Ebene eindeutig durch ein
Tupel (x, y) beschrieben werden, von dem die erste Zahl seine waagerechte x-Koordinate
und die zweite die senkrechte y-Koordinate ist, d. h., diese beiden Werte geben die kür-
zesten, sprich senkrechten, Abstände des Punktes von den jeweiligen Achsen an. Mit
dem Satz von Pythagoras, kann man dann aus den Koordinaten eines Punktes P = (x, y)
direkt dessen Abstand vom Ursprung berechnen, nämlich:

$$\overline{0P} = \sqrt{x^2 + y^2}$$

Abb. 7.2 zeigt beispielhaft ein kartesisches Koordinatensystem[23] wie wir es aus der
Schule kennen:

Der Namenszusatz „kartesisch" leitet sich von René Descartes ab, obwohl der sicher nicht dessen „Erfinder" war. Schon in der Antike gab es Ansätze, den Raum bzw.
die Ebene durch Koordinaten darzustellen, aber er, Descartes, hat die wesentliche Anwendung des Systems entdeckt, nämlich die analytische, sprich zahlenbasierte, Behandlung geometrischer Figuren. Das System erlaubt nämlich nicht nur die Orts-Be-
schreibung einzelner Punkte, sondern dadurch, dass man darin ganze Strecken und Linien durch Gleichungen beschreiben kann, wie wir weiter unten sehen werden, wird die
algebraische Analyse geometrischer Objekte möglich. Das war der Anfang dessen, was
wir **analytische Geometrie** nennen. Die hatte es vor Descartes so nicht gegeben, und
genau die hat der Verwendung des kartesischen Koordinatensystems auch für andere
Zwecke zum Durchbruch verholfen.[24]

Einer dieser Zwecke, eigentlich der Wesentliche, ist die graphische Darstellung von
Funktionen als sogenannte „Graphen", umgangssprachlich auch „Kurven", in einem
Koordinatensystem.

Zur Erinnerung: Im Kapitel Mengenlehre hatten wir eine Funktion, nennen wir sie
f, als spezielle Abbildung aus einer gewissen Definitionsmenge D in eine sogenannte
Wertemenge W definiert, d. h., Elemente von D werden unter f auf Elemente von W ab-
gebildet, und zwar eindeutig. Im Folgenden wollen wir unter solchen Mengen D und
W immer Teilmengen der reellen Zahlen verstehen, und diese werden wir dann auf den
Achsen des Koordinatensystems wiederfinden; in Zeichen:

---

[23] Eine Alternative, die aber für uns irrelevant ist, wären sog. Polarkoordinaten, die jeden Punkt
durch seinen Abstand zum Ursprung und den Winkel bestimmen, den seine Verbindungsgerade
zum Ursprung und die x-Achse aufspannen.

[24] Das kartesische Koordinatensystem ist damit ein sehr gutes Beispiel für Dinge, die uns heute absolut selbstverständlich erscheinen, die aber für unsere Kulturgeschichte entscheidend waren.

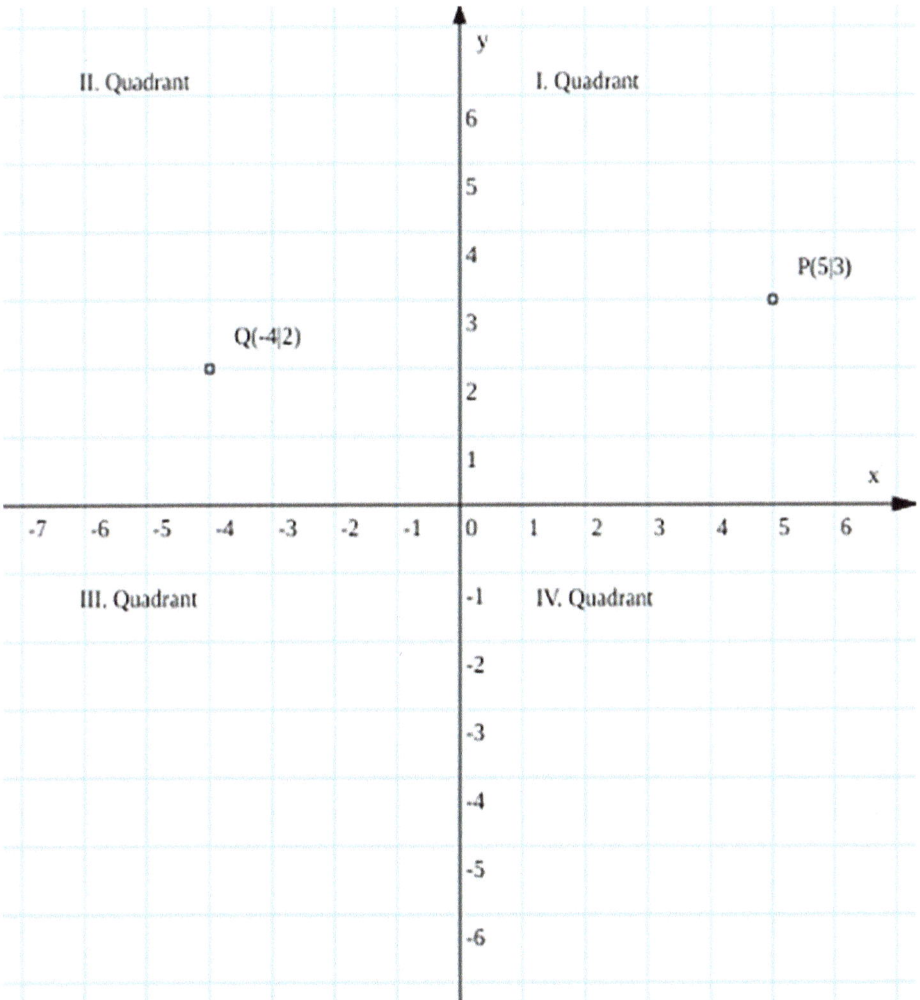

Abb. 7.2 Kartesisches Koordinatensystem

$$f : D \to W; x \mapsto f(x), \text{ mit } D, W \subset \mathbb{R}$$

Diese Angabe ist noch sehr allgemein. Was uns für eine konkrete Darstellung des Graphen von f noch fehlt, ist der genaue funktionale (!) Zusammenhang zwischen x und f(x). Das werden wir später nachholen, indem wir eine Gleichung angeben, die den Term f(x) in Abhängigkeit von der Variablen x ausdrückt. Für den Moment jedoch stellen wir uns vor, dass die Funktion f vollständig repräsentiert wird durch die Menge aller Tupel (x, f(x)), die eine Teilmenge des kartesischen (!) Produkts von DxW ist. Diese Menge kann man auszugsweise, also für einige Beispielwerte, als Tabelle mit Werten von x und f(x) darstellen, oder graphisch in einem Koordinatensystem, in dem die Variable x die x-Achse durchläuft und die resultierenden Werte f(x) auf der y-Achse als entsprechende y-Werte abgetragen werden. Dann ist der so entstehende Graph von f letztendlich die geometrische Darstellung von Zahlenpaaren, die in einer von f vorgegebenen und rechnerisch dargestellten eindeutigen Beziehung stehen; mit anderen Worten: Die „Kurve" ist die graphische Darstellung einer Gleichung.

Eine der einfachsten Funktionen ist die, die einen linearen Zusammenhang zwischen zwei Größen ausdrückt. Deren allgemeine Form lautet:

$$f(x) = mx + b, \text{ mit Konstanten } m \text{ und } b$$

Mit der Wahl von z. B. m = ½ und b = 1, bekommen wir also die konkrete Funktion:

$$f(x) = \frac{1}{2}x + 1$$

Setzt man hier sukzessiv einige Werte für x ein und berechnet dann f(x), dann kann man damit leicht eine Tabelle von Funktionswerten aufstellen, z. B. für die drei Werte:

x	0	1	2
f(x)	1	3/2	2

Die so gewonnenen Zahlenpaare lassen sich dann direkt in das Koordinatensystem übertragen und stellen sich dort – wie der Begriff „linear" es erwarten lässt – als Gerade dar;[25] s. Abb. 7.3:

In dieser Darstellung nennt man b den Achsenabschnitt, denn bei b = 1 schneidet der Graph die senkrechte y-Achse; da, wo er die x-Achse schneidet, nämlich bei x = −2, sprechen wir von der „Nullstelle", denn dort ist der Funktionswert 0.

Für das Folgende richten wir unsere Aufmerksamkeit nun auf die „Steigung" der Geraden. Darunter verstehen wir intuitiv hoffentlich alle das Gleiche, aber um es allgemein und mathematisch zu formulieren, betrachten wir das sogenannte „Steigungsdreieck": der Geraden; s. Abb. 7.4:

Dieses Dreieck wird grundsätzlich so gebildet, dass ein Abschnitt der Geraden die Hypotenuse eines Dreiecks wird, dessen Katheten parallel zu den Achsen verlaufen. In der Zeichnung haben wir willkürlich ein exemplarisches Dreieck eingezeichnet, aber man kann leicht ablesen,[26] dass in allen solchen Dreiecken die Verhältnisse der Kathetenlängen gleich bleiben, d. h., als Quotient der senkrechten und horizontalen Seitenlängen

---

[25] Im Fall b = 0 beschreibt die Funktion also ein proportionales Verhältnis zwischen x und y mit dem Proportionalitätsfaktor m.

[26] Das ergibt sich aus dem zweiten Strahlensatz, und selbstverständlich könnte man es auch aus dem Funktionsterm berechnen.

Abb. 7.3   Lineare Funktion

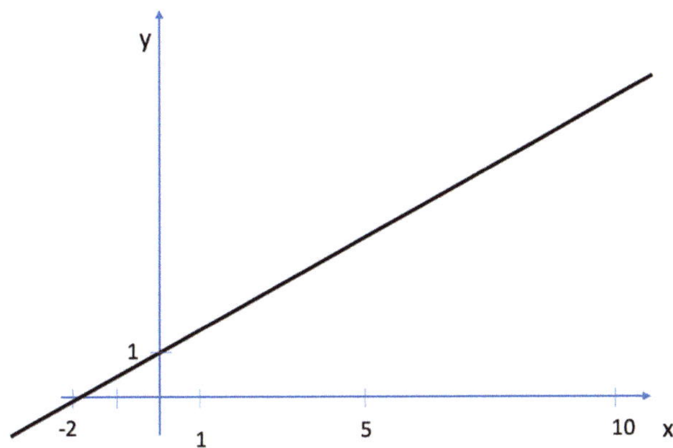

Abb. 7.4   Steigungsdreieck

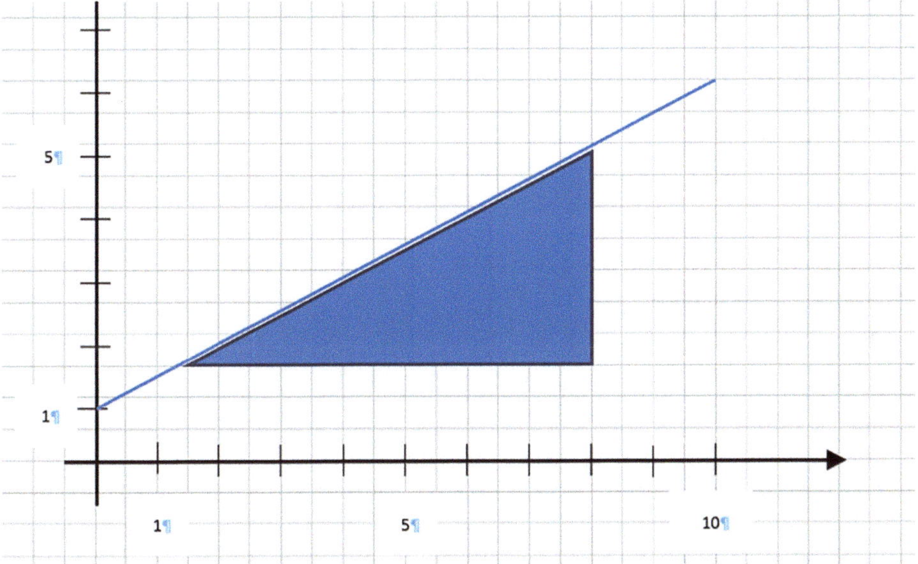

der Dreiecke ergibt sich im konkreten Beispiel immer ½ und im allgemeinen Fall gerade der Wert m.

Zusammengefasst also interpretieren wir in der allgemeinen linearen Funktionsgleichung $f(x) = mx + b$ den Parameter m als die „Steigung" der Geraden und den Wert b als den „Achsenabschnitt" auf der y-Achse.

Betrachten wir als nächstes einen quadratischen Zusammenhang zwischen x und f(x). Der Klassiker dafür ist die sogenannte **Standard-Parabel,** definiert durch:

$$f(x) = x^2$$

Abb. 7.5 Normalparabel

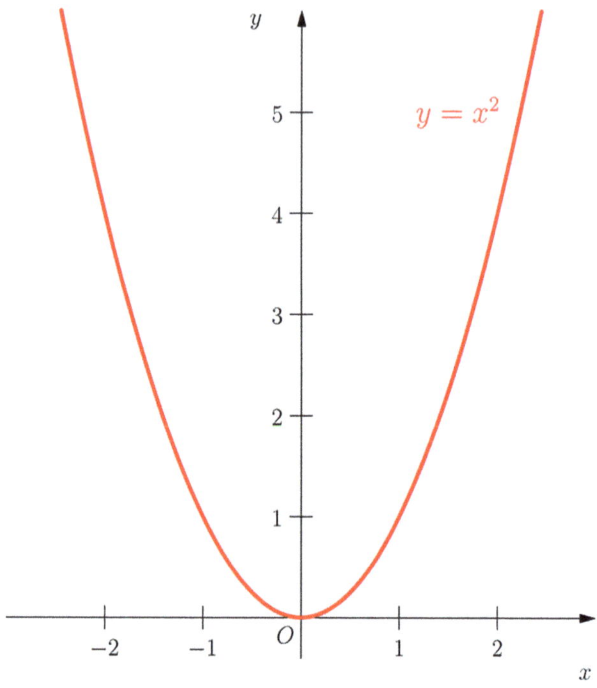

Das ist eine nach oben geöffnete Figur (Abb. 7.5) mit einem Scheitelpunkt im Ursprung des Koordinatensystems:

Parabel

Der Begriff der Parabel wurde schon 200 v. Chr. von den Griechen eingeführt und leitet sich eigentlich direkt aus deren Wort für „Gleichnis"[27] ab; er geht allerdings zurück auf das griechische Wort für „Werfen", denn in der Realität beschreibt ein schräg nach oben geworfener Ball in etwa eine Parabelbahn, genauso wie ein hüpfender Ball oder meist der Wasserstrahl in einem Springbrunnen.

In der Mathematik ist die Parabel einer der 4 Kegelschnitte,[28] die allesamt „quadratische" Kurven sind, d. h., sie können als algebraische Gleichung vom Grad 2 (s. Kapitel „Algebra") geschrieben werden.

Die Standard-Parabel ist ein Spezialfall der allgemeinen Parabel, die drei konstante Parameter a, b und c zulässt, nämlich:

---

[27] Dem entspricht der Begriff als literarische Gattung.

[28] Das sind die Gebilde, die entstehen, wenn eine Ebene einen Doppelkegel, ähnlich einer Sanduhr, schneidet, nämlich Ellipse, Hyperbel, Kreis und eben die Parabel.

$$f(x) = ax^2 + bx + c$$

Diesen Term kann man allerdings auch in der Form

$$f(x) = a(x + q)^2 + r$$

schreiben, was lediglich eine alternative, aber äquivalente Parametrisierung ist, denn wie man leicht nachrechnet, entspricht sie mit b = 2aq und c = aq^2 + r exakt der ersten Form. Der Vorteil der zweiten Darstellung ist der, dass man daran Lage und Form der Parabel direkt ablesen kann:

Das Vorzeichen von a gibt nämlich an, ob sie nach oben (+) oder unten (–) geöffnet ist, der Betrag von a sagt etwas über ihre „Steilheit" aus und im Punkt (–q, r) liegt ihr Scheitelpunkt.

Nehmen wir an, wir wollten auch für die Kurve, die die Parabel beschreibt, eine „Steigung" berechnen, wie wir es bei der linearen Funktion getan haben[29], dann stellt man zunächst zweierlei fest:

1. Anders als bei der Geraden ist die Steigung der Parabel nicht überall gleich. Im Scheitelpunkt ist die Kurve nämlich ganz flach, d. h., die Steigung ist 0, aber je weiter man nach außen geht, desto steiler verläuft sie.
2. Die Kurve ist gekrümmt, d. h., wir können hier nicht einfach ein Steigungsdreieck anlegen, wie wir es vorhin getan haben.

Das wirft also die Frage auf, wie man die Steigung einer gekrümmten Kurve messen kann oder soll. Darauf hat es historisch durchaus sehr verschiedene Lösungsansätze gegeben, und der, der sich letztendlich durchgesetzt hat, sah vor, unter der Steigung in einem beliebigen Punkt der Parabel die Steigung der Tangente an den Graphen in just diesem Punkt zu verstehen. Wir denken, diese Idee ist intuitiv auch nachvollziehbar, denn eine solche Tangente wäre dann eine lineare Funktion, deren Steigung direkt ablesbar wäre. Andererseits aber ist deren Konstruktion nicht ohne Weiteres direkt ersichtlich, und genau das ist das berühmte *Tangentenproblem,* das Leibniz sich vorgenommen hatte, und das ihn schließlich zur Infinitesimalrechnung führte. Die Lösung dieses Problems mündete in die Definition der **Ableitung einer Funktion,** und das ist das Herzstück der sogenannten **Differentialrechnung.**

Versuchen wir also, die (!) Tangente an den Graphen der Standardparabel z. B. im Punkt P (1, 1) zu konstruieren (s. Abb. 7.6).

---

[29]Wir unterstellen dabei, dass es Sinn macht, bei solchen Kurven überhaupt von einer Steigung zu sprechen.

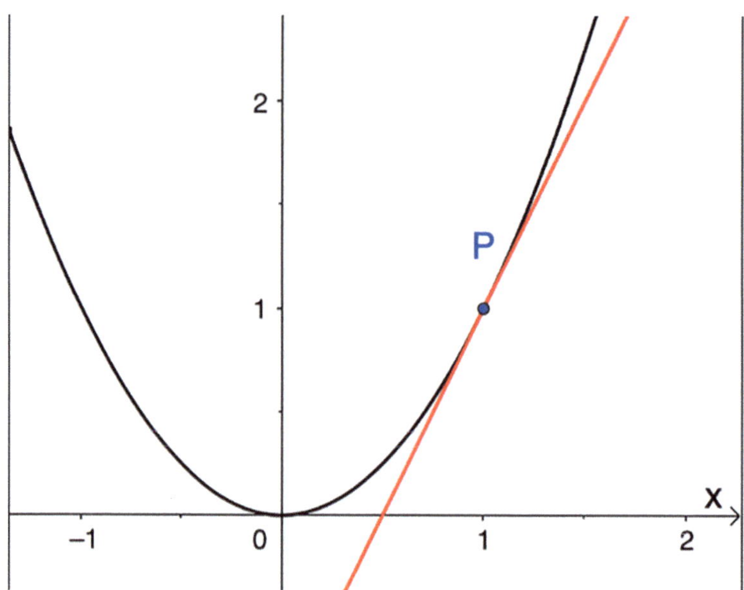

Abb. 7.6 Tangente an Parabel

Das ist offensichtlich nicht direkt möglich, zumindest nicht exakt, und deswegen versuchen wir, uns der Tangente anzunähern, bzw. sie in einem Näherungsverfahren zu konstruieren:

Wie wählen zunächst einen Punkt x´ auf der x-Achse, der „etwas links"[30] von 1 liegt und bestimmen zu diesem den Funktionswert f(x´), also $x´^2$, sodass wir auf der Parabel den Punkt $R = (x´, x´^2)$ haben. Durch diesen und den Punkt $P = (1, 1)$ können wir nun leicht eine Gerade ziehen, die gleichzeitig eine Art Sekante durch die Kurve ist (s. Abb. 7.7) und die evtl. schon an die Hypotenuse eines Steigungsdreiecks erinnert; zumindest in diesem Fall, wenn x´ nah genug bei 1 liegt.

Je nachdem nämlich, wie nah x´ und 1 beieinander liegen, ist die Steigung dieser Sekante schon ähnlich der der Tangente, bzw. je näher x´ an 1 liegt, desto stärker nähert sich die Sekante der Tangente an. Stellt man sich also nun vor, dass x´ sich auf der x-Achse in Richtung der 1 bewegt, dann wandert dadurch natürlich auch f(x´), und insgesamt wandert in diesem Prozess der resultierende Punkt R auf der Kurve in Richtung des Punktes P. Letzterer wirkt während dieser Verschiebung wie ein Fixpunkt, oder besser: wie ein Drehpunkt der Sekante. Im Grenzfall erreicht x´ den Wert 1, wodurch R und P zusammenfallen wie ein Knoten, der sich zuzieht; und dann wird die Sekante zur Tangente.

---

[30] Wie weit links und warum überhaupt links und nicht rechts, tut nichts zur Sache.

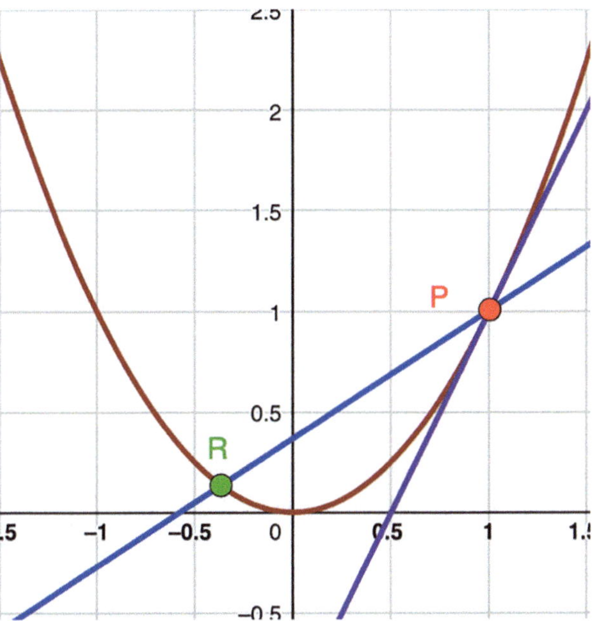

Abb. 7.7 Tangentenkonstruktion

Soweit der geometrisch anschauliche Prozess. Den kann man nun analytisch rechnerisch umsetzen, indem man eine Folge x_n konstruiert, die sich beliebig dem Wert 1 annähert, und von deren Folgengliedern man die entsprechenden Funktionswerte $f(x_n)$ bestimmt. Dadurch entsteht auf der Kurve eine Folge von Punkten $R_n = (x_n, f(x_n))$, die sich dem Punkt P beliebig annähert und für jede Sekante durch ein R_n und P können wir die Steigung bestimmen als:

$$m_n = \frac{f(1) - f(x_n)}{1 - x_n}$$

Das ist ein Term, dessen Zähler und Nenner durch die gewählte Konstruktion gegen 0 gehen, also infinitesimal klein werden. Setzt man hier den Funktionsterm für f ein und benutzt die dritte binomische Formel, dann wird:

$$m_n = \frac{1 - x_n^2}{1 - x_n} = \frac{(1 + x_n) \cdot (1 - x_n)}{1 - x_n} = 1 + x_n$$

Der gesamte Quotient ist also leicht zu berechnen, und weil x_n gegen 1 strebt, konvergiert m_n gegen 2, was schließlich – für diesen Fall – die Steigung der gesuchten Tangente ist.

Dieser Prozess ist also ein Grenzwertprozess, den man tatsächlich bei praktisch allen Kurven da anwenden kann, wo sie „glatt" genug sind, um Tangenten zu bestimmen und deren Steigungen zu berechnen.[31] Genau so hat Leibniz das zu seiner Zeit berühmte „Tangentenproblem" gelöst: Im Prinzip also durch die Berechnung von Quotienten beliebig kleiner, infinitesimal kleiner Beträge, die sich im Koordinatensystem als Strecken darstellen. Gerade damit hatten viele seiner Zeitgenossen ihre liebe Not, denn auch wenn das rechnerisch alles nachvollziehbar war, so fehlte doch die geometrische Anschauung unendlich kleiner Strecken, und damals wie heute hatte die physikalische Vorstellung deutlichen Vorrang vor abstrakten Konzepten.[32] In diesem Punkt hatte Newton die Nase vorn, denn in seinem Ansatz, genannt „Method of fluxions", werden die entsprechenden Werte als „fließende Größen" beschrieben. Das konnte man sich intuitiv eher vorstellen als eine unendliche Folge klar abgegrenzter Strecken, deren Beträge zahlenmäßig gegen einen Grenzwert konvergieren. Von daher war das physikalisch motivierte Konzept Newtons, der ja schließlich auch Physiker war, anschaulicher als das von Leibniz, bei dem die mathematische Motivation im Vordergrund stand. Im Ergebnis laufen beide Ansätze natürlich auf das Gleiche hinaus, nämlich die Auswertung eines Quotienten, bei dem im Zähler und im Nenner Differenzen stehen, Differenzen aus Werten einer Funktion und Differenzen der entsprechenden Variablen. Da man für Differenzen, auch sprachlich, oft den Begriff „Delta" benutzt, abgekürzt mit dem griechischen Buchstaben Δ, schreibt man den Quotienten abgekürzt als $\frac{\Delta f}{\Delta x}$, bzw. meist $\frac{df}{dx}$, gelesen als „df nach dx".

Diesen Prozess der Tangentenbestimmung kann man unter bestimmten Voraussetzungen, die wir hier nicht vertiefen wollen, prinzipiell in jedem Punkt der Definitionsmenge von f durchführen, und dadurch entsteht eine neue Funktion, die für jeden Wert $x \in D$ angibt, welche Steigung der Graph von f im Punkt (x, f(x)) hat, falls der entsprechende Grenzwert dort existiert. Diese Funktion nennen wir die „Ableitung" oder das „Differential" der Funktion f und bezeichnen sie mit f′.

Das Schöne ist nun, dass wir die Funktion f′ in den allermeisten Fällen direkt aus der Funktionsgleichung von f „ableiten" können, d. h., wir müssen nicht für jeden möglichen Wert $x \in D$ den Grenzwert des entsprechenden Differentials auswerten, sondern können auf eine Reihe von Ableitungsregeln zurückgreifen, die wir hier nicht im Einzelnen behandeln – geschweige denn herleiten – werden, aber die einfachste und wichtigste ist die für Funktionen der Form:

$$f(x) = x^n \text{ mit } x \in \mathbb{R}, n \in \mathbb{N}$$

Deren Ableitung berechnet sich nämlich sehr einfach als:

$$f'(x) = n \cdot x^{n-1}$$

---

[31] Natürlich gibt es viele Fälle, in denen die Berechnung nicht so glatt läuft, aber das ist hier unwesentlich.

[32] Die Überbewertung der Geometrie vor der Abstraktion wurde schließlich von Hilbert (1862–1943) durchbrochen, aber sie hält sich auch heute noch.

Abb. 7.8 Integral einer
Funktion

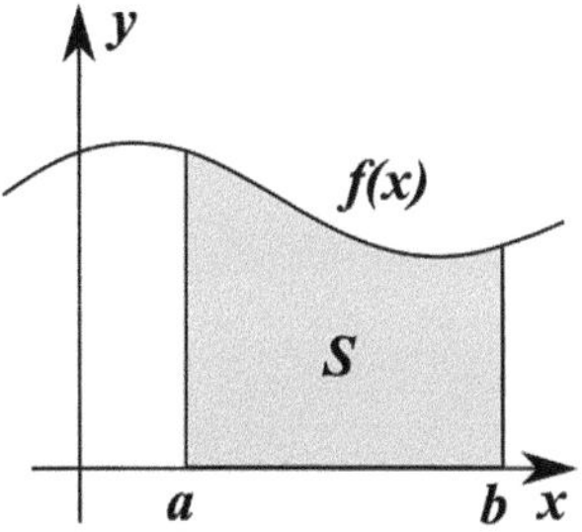

Zudem kann man Summen solcher Funktionen summandenweise ableiten[33], d. h., für die
einfache lineare Funktion $f(x) = mx + b$ ergibt sich $f'(x) = m$, also gerade die Steigung
der Geraden. Die ist natürlich überall gleich, und folglich ist die Ableitung unabhängig
von x.

Für die Parabel $f(x) = x^2$ haben wir $f'(x) = 2x$, d. h., im Scheitelpunkt (0, 0)
errechnen wir für die Steigung $f'(0) = 0$ und an der Stelle 1 – wie vorhin schon abgeleitet – 2.

Aus der Schule kennt man den Begriff der „Kurvendiskussion", in dessen Verlauf
Kurven nach allerhand Kriterien auf ihre Eigenschaften hin untersucht, sprich diskutiert,
werden; die Differentiation ist dabei sicher der zentrale Kalkül, aber daneben ist die andere wichtige Anwendung der Infinitesimalrechnung die Berechnung von Flächen, speziell die, die der Graph einer Funktion und die x-Achse einschließen. Dieser Kalkül heißt
Integralrechnung, und erstaunlicherweise ist er in einem gewissen Sinne gerade die
Umkehrung der Differentialrechnung.

Um sie zu motivieren, schauen wir uns zunächst einen Ausschnitt aus einem unspezi-
fizierten Graphen an wie in Abb. 7.8 dargestellt.

Man stelle sich vor, darin soll die grau gefärbte Fläche unter der Kurve berechnet
werden.

Da die Begrenzung der Fläche nicht überall gerade ist, versagen in dem Fall natürlich
unsere bekannten geometrischen Formeln. Ein ähnliches Problem hatten wir aber auch in
der Berechnung der Kreisfläche, und das hat Archimedes zumindest ansatzweise dadurch
gelöst, dass er die Kreisfläche mit Teilflächen so abgedeckt hat, dass im Nebeneffekt die
Kreislinie durch viele kleine Teilstrecken angenähert und letztlich auch begradigt wird.
Dafür hatte er speziell Vielecke aus einander ähnlichen Dreiecken benutzt, die er einzeln
berechnen konnte und deren Summe sich der gesamten Fläche des Kreises annäherten;[34]
wie gesehen hatte er auf diesem Weg mit dem 96-Eck einen erstaunlich guten Wert für π
berechnet.

---

[33]Vorsicht: Das Analoge gilt nicht für Produkte oder Quotienten von Funktionen.
[34]Dieses Vorgehen nannte sich „Exhaustionsmethode".

Abb. 7.9 Geometrische
Konstruktion des Integrals, 1

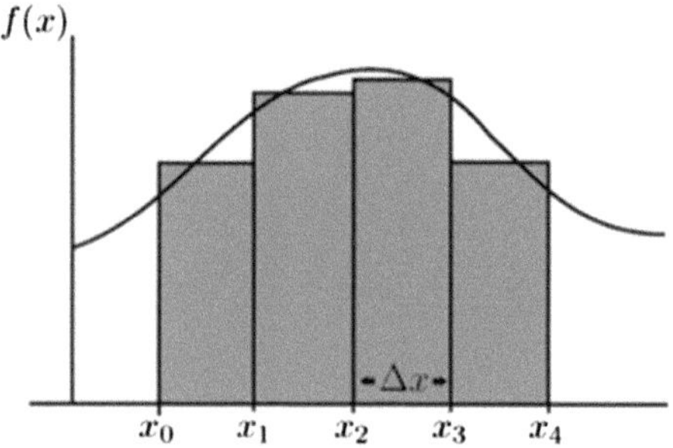

Abb. 7.10 Geometrische
Konstruktion des Integrals, 2

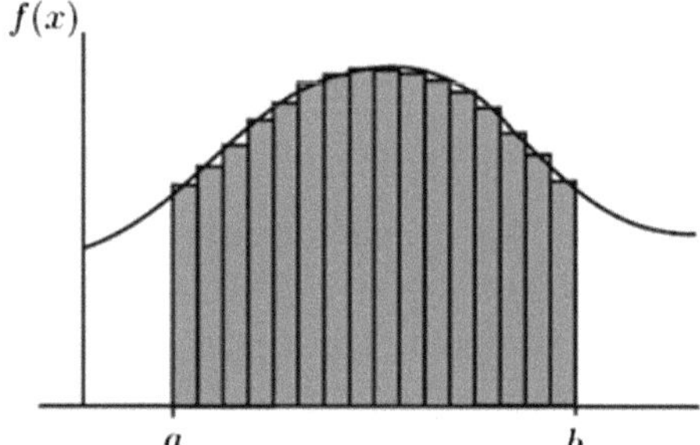

Genau dieses Prinzip werden wir auch hier anwenden. Zwar haben wir es im Allgemeinen mit Flächen zu tun, die weniger regelmäßig sind als eine Kreisscheibe, aber immerhin bestehen deren Ränder aus Kurven, die sich funktional berechnen lassen, und dadurch können wir besagte Flächen durch berechenbare Rechtecke abdecken.

Wie in den Abb. 7.9 und 7.10 dargestellt, können wir dann die Feinheit der Unterteilung und die Annäherung an die Kurve dadurch verbessern, dass wir die Grundseiten der Rechtecke kleiner werden lassen bzw. gegen den Grenzwert 0 gehen lassen.

Die Abb. 7.11 zeigt, wie diese Abdeckung konstruiert werden kann:

Zunächst unterteilen wir das Intervall $[a, b]$ in n gleichlange – äquidistante – Strecken der Länge d, d. h. $d = \frac{b-a}{n}$. Über jeder dieser Strecken errichten wir dann ein Rechteck, dessen linke obere Ecke auf dem Graphen liegt, d. h., die Grundseiten all dieser Rechtecke sind jeweils identisch d, aber ihre Höhen y_i (s. Skizze) sind im Allgemeinen verschieden und entsprechen gerade den Funktionswerten am Anfang der jeweiligen Teilstrecke.

Somit erzeugen wir n Rechtecke mit Grundseiten d und Höhen $y_i = f(a + (i - 1)d)$, für $i = 1, \ldots, n$, und für deren Flächen A_i gilt offenbar:

$$A_i = d \cdot y_i \text{ bzw.:}$$

$$A_i = d \cdot f(a + (i - 1)d)$$

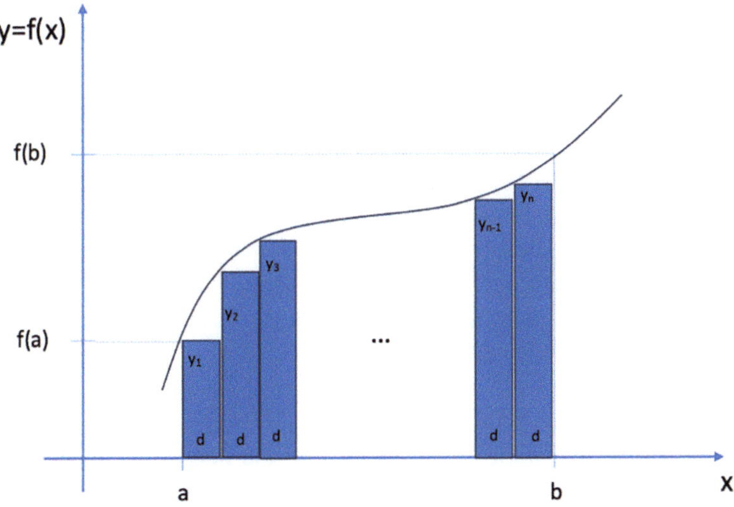

Abb. 7.11 Geometrische Konstruktion des Integrals, 3

Ganz analog zum archimedischen Vorgehen decken diese n Flächen die gesuchte Fläche annähernd ab und der Ausdruck:

$$\sum_{i=1}^{n} A_i = \sum_{i=1}^{n} f(a + (i-1)d) \cdot d$$

approximiert mit wachsendem n die Fläche unter dem Graphen, d. h., die Approximation wird umso besser, je größer n, denn damit wird d kleiner und die Unterteilung feiner. Mit anderen Worten: Mit n gegen unendlich konvergiert die Summe der Flächen gegen die gesuchte Fläche[35] unter dem Graphen und diesen Ausdruck nennen wir dann das **Integral**[36] **der Funktion** über dem Intervall [a, b] und schreiben es als:

$$\int_{a}^{b} f(x)dx$$

Was heißt „integrieren"?
Im Sprachgebrauch verstehen wir unter „Integration" eigentlich „Anpassung", und etwas integrieren heißt, es in eine bestehende Struktur „einfügen". Genau das ist

---

[35] Genau dieser Übergang zu einem Grenzwert in der Flächenberechnung war der Schritt, der Archimedes noch gefehlt hatte.

[36] Streng genommen muss man zwischen geometrischer Fläche und rechnerischem Integral unterscheiden, aber das übergehen wir für unsere Zwecke.

es ja auch, was wir hier tun: Die Rechtecke werden sukzessive an die Kurve angepasst, indem ihre Grundseiten gleichmäßig kleiner werden. Wir sprechen also zwar von der Integration der Kurve oder der Funktion, tatsächlich aber werden die Rechtecke in den Kurvenverlauf „integriert".

Die Schreibweise des Integrals stammt von Leibniz, und er hat sie erkennbar aus den Zeichen für die Summe der Flächen, also aus $\sum_a^b f(x)d$ abgeleitet, d. h., das Integralzeichen ist die Abwandlung des Summenzeichens („Sigma") mit den jeweiligen Begrenzungen, die Funktionswerte stehen für die vertikalen Strecken und der Ausdruck „dx" steht wie beim Differential für die Differenzen auf der x-Achse, also die horizontalen Strecken.

Nun wird und darf man erwarten, dass es auch für die Integration allgemeine Rechenregeln gibt, und dass nicht jedes Integral händisch ausgewertet werden muss.

Genau dafür sorgt der sogenannte **Fundamentalsatz der Analysis,** der die beiden Kalküle der Infinitesimalrechnung, also die Differential- und die Integralrechnung miteinander verbindet und aussagt, dass das eine in gewissem Sinne die Umkehrung des anderen ist, genauer: Das Integral einer Funktion berechnet sich[37] direkt aus einer Funktion, deren Ableitung sie ist; in Formeln:

Wenn F´(x) = f(x) auf dem Intervall $[a, b]$, dann gilt:

$$\int_a^b f(x)dx = F(b) - F(a)$$

Dass das so ist, ist alles andere als offensichtlich, und warum es so ist, kann man sich klar machen, wenn man die physikalischen Hintergründe der beiden Kalküle betrachtet. Darauf wollen wir hier verzichten, denn für uns ist nur wichtig festzuhalten, dass demnach die Integration einer Funktion f im Wesentlichen daraus besteht, eine Funktion F zu bestimmen, deren Ableitung sie ist, für die also gilt F´ = f. Eine solche Funktion nennen wir eine[38] „Stammfunktion" von f, und suggerieren damit, dass die eine Funktion von der anderen abstammt. Im Englischen spricht man tatsächlich auch vom „Derivativ", wenn man die Ableitung meint, und von daher kann man also eine Reihe von Funktionen, in der sich die jeweils nächste aus der Ableitung der vorhergehenden bildet, als eine Art Generationenfolge von Funktionen ansehen.

Selbstverständlich gibt es nun nicht zuletzt deswegen eine Menge von konkreten Integrationsregeln und -methoden, mit denen man Stammfunktionen bestimmen kann, aber es ist durchaus auch so, dass viele Funktionen keine angebbare Stammfunktion

---

[37] Natürlich braucht es ein paar wenige aber wichtige Voraussetzungen; im Wesentlichen muss f auf [a, b] stetig sein.

[38] Bis auf eine additive Konstante ist diese Stammfunktion eindeutig bestimmt.

haben. Deswegen kann man sie natürlich trotzdem integrieren im Sinne der Flächen-Bestimmung, allerdings dann nur mit numerischen Verfahren und unter Rückgriff auf die Geometrie, d. h. auf die Berechnung von Rechtecken.

Ausblick

Wenn wir von der „höheren" Mathematik aus noch einen Ausblick wagen, dann kann der nur weit über die Grenzen der Allgemeinbildung hinausgehen. Von daher wollen wir das kurz halten und nur einen Fingerzeig geben in Richtung einer nächsten Erweiterung des Zahlenbereichs.

Wir hatten gesehen, dass in den reellen Zahlen alle Quadratzahlen positiv sind, d. h., für ein $c < 0$ hat die Gleichung $x^2 = c$ in $\mathbb{R}$ keine Lösung. Um diese Restriktion aufzuheben, definieren wir eine Zahl i, für die gilt $i^2 = -1$ bzw. $i = \sqrt{-1}$.

Damit lassen sich dann formell Wurzeln aus negativen Zahlen ziehen, denn für jedes $a > 0$ ist:

$$\sqrt{-a} = \sqrt{(-1) \cdot a} = \sqrt{-1} \cdot \sqrt{a} = i \cdot \sqrt{a}$$

Die Zahl i heißt „imaginäre Einheit" und wird mit dieser Definition zum erzeugenden Element – wenn man so will – einer neuen Klasse von Zahlen, den sogenannten „komplexen Zahlen", deren Menge wir mit $\mathbb{C}$ bezeichnen. Konkret verstehen wir darunter nun Zahlen der Form $z = a + bi$, mit $a, b \in \mathbb{R}$, d. h., offensichtlich, nämlich mit b=0, sind die reellen Zahlen eine Teilmenge von $\mathbb{C}$; und das gilt dann auch für alle anderen Zahlenbereiche, die wir bis hierher behandelt haben.

Schließlich: Die imaginäre Einheit i ist Teil der Formel, die viele für die schönste – sicher nicht die wichtigste – Formel der Mathematik halten, nämlich die „Eulersche Identität":[39] $e^{i\pi} = -1$.

In der Form: $e^{i\pi} + 1 = 0$

entfaltet sie ihre gesamte Schönheit, denn dann vereint sie die vielleicht wichtigsten Zahlen der Mathematik – wenn es so etwas geben kann – in einer Formel, nämlich e, i, π und die neutralen Elemente 1 und 0.

Was sie allerdings bedeutet, das liegt ein gutes Stück weit jenseits des Horizonts unseres Ausblicks, und wir stellen es den Leser*innen nun frei, selber zu erforschen, ob und wie es hinter dem Horizont weitergeht.

---

[39] Von dieser kann man sagen, dass sie der „schönste" Beitrag eines Schweizers zur Mathematik ist (vgl. unsere Bemerkungen zum „Gesetz der großen Zahlen" im Kapitel zur Stochastik).

Nachwort und Anhang

Da steh ich nun, ich armer Tor, und bin so klug als wie zuvor
J. W. von Goethe (1749–1832)

Wer uns bis hierher gefolgt ist, ist wahrscheinlich nicht „schlauer" geworden, weder im faustischen noch im schulischen Sinne, denn weder durch noch nach dieser Lektüre wird einem das Abitur in Mathematik geschenkt. Wir hoffen jedoch, dass von dem hier Gesagten mehr haften bleibt als von 10 Jahren Unterricht, und das hielten wir für Grundsteine einer soliden Allgemeinbildung in Mathematik; nicht mehr, nicht weniger. Ohne die obligatorischen Übungseinheiten für gewisse Rechen-Techniken wollten wir ein Basislager schaffen für eine ganz private mathematische Alphabetisierungs-Kampagne – wenn man so will.

Was wir auf dem Weg hierher passiert haben, ist mehr als die mathematische Folklore, sondern es sind aus unserer Sicht einige der Meilensteine der Mathematik. Wenn wir sie nochmals Revue passieren lassen, dann haben wir als erstes sicher Euklids **Elemente** zu nennen, die wir explizit nicht nur auf die Geometrie verengen dürfen, denn auf diesem Werk beruht auch heute noch die gesamte mathematische Methodik.

Zweitens würden wir das **Stellenwertsystem,** inklusive der Einführung der **Null** als Ziffer anführen. Dadurch wurden Zahlen zu einer universellen Welt-Sprache, die heute auf der ganzen Welt benutzt wird und die uns das Rechnen erst ermöglicht hat.

Ohne diese „Sprache" wäre die rechenintensive **Statistik** nicht denkbar, und die hat unser modernes Leben so fest im Griff, dass wir die Entwicklung der **Wahrscheinlichkeitsrechnung** als den dritten entscheidenden Schritt in der Geschichte der Mathematik ansehen.

Etwa zeitgleich dazu fand die Verheiratung der klassischen Geometrie mit dem modernen Rechnen statt, und das sehen wir als die vierte grosse Entdeckung an, denn dadurch etablierten sich die **analytische Geometrie** und die **Infinitesimalrechnung,** ohne die viele Entwicklungen in anderen Wissenschaften, speziell in der Naturwissenschaft, kaum vorstellbar wären.

R. Voggenauer und C. Weiss, *Allgemeinbildung Mathematik,*
https://doi.org/10.1007/978-3-658-48997-7

Aber diese Entdeckungen brachten auch uralte Probleme zurück auf die Tagesordnung, nämlich Fragen der **Unendlichkeit**, die uns zu den **reellen Zahlen** und zur **Mengenlehre** führten, uns aber auch ganz neue Herausforderungen – um nicht Krisen zu sagen – bescherten. Diese konnten mithilfe der **Logik**, der vielleicht ältesten mathematischen Disziplin, gemeistert werden, und hier schließt sich mit einer Entwicklung, die knapp 100 Jahre gedauert hat, ein Kreis, den wir von der Antike in die Moderne schlagen können, und den wir insgesamt als den fünften und vorläufig letzten Meilenstein der Mathematik ansehen. Vielleicht ist er auch der (!) letzte, denn damit zog die Mathematik sich schließlich auch ihre eigenen Grenzen, nämlich in Form des **Gödel´schen Unvollständigkeitssatzes**.

Das sind im Schnelldurchlauf die aus unserer Sicht wichtigsten Errungenschaften der Mathematik, ihre großen Entdeckungen. Nur die wollten wir hier abdecken, nicht die vielen kleinen Erfindungen, denn wir denken, der Zugang zur Mathematik sollte eher einer Expedition ähneln als einem Tüfteln im stillen Kämmerlein, eher der Entdeckung neuer Seepassagen, als der Erfindung technischer Apparate.

Aber selbstverständlich wird es zu dieser Frage abweichende, auch gänzlich konträre Auffassungen geben. Der Mensch neigt ja dazu, anderer Meinung zu sein, und so wird jeder selber und für sich entscheiden, ob und in wie weit das hier Behandelte ein besseres Verständnis der Mathematik erzeugt.

Der Einleitung hatten wir ein Zitat von Friedrich Nietzsche (Abb. A.1) vorangestellt, nach dem die Mathematik ein Mittel der Menschenkenntnis sei. Das verwundert, denn Nietzsches schlechte Schulleistungen in diesem Fach hätten ihn fast das Abitur gekostet, d. h., er wäre ein besseres Beispiel für ein Genie ohne mathematischen Verstand als Goethe und Einstein. Bei ihm allerdings sind wir sicher, dass er sich damit nicht gebrüstet hat, denn die Bedeutung der Mathematik als Wissenschaft hat er mit diesem Zitat gewürdigt und sich im Übrigen deren „Strenge" in der Erkenntnisgewinnung auch für andere Wissenschaften gewünscht – bis hin zur Erkenntnis des Menschen; und das könnte ja vielleicht der Sinn jeglicher Allgemeinbildung sein.

Abb. A.1 Friedrich Nietzsche

A.1 Große Mathematiker

Große Mathematiker gab es viele, sehr viele. Die Frage, wer der oder die Größten waren, ist unmöglich zu beantworten, denn es gibt kein Maß, an dem man sie messen könnte; und wahrscheinlich ist es auch nicht nötig. Sinnvoller und einfacher zu beantworten ist die Frage, welche Mathematiker den größten Einfluss auf die Entwicklung der Mathematik hatten, und daran wollen wir uns eher orientieren, aber auch das ist immer noch schwer zu messen und die Antworten werden entsprechend subjektiv bleiben. Wenn man jedoch nicht nur die Namen einiger bedeutender Mathematiker nennen möchte, sondern auch im Sinne einer Allgemeinbildung zumindest grob deren Hintergründe und Beiträge verstehen möchte, dann wird die Menge derer, die infrage kommen, schon etwas überschaubarer.

Wir bleiben also dem Geist des Buches treu, wenn wir aus der gesamten Historie nur 7 Mathematiker herauspicken, von denen wir meinen, dass man nicht nur ihre Namen kennen sollte, sondern auch ein wenig von dem verstehen sollte, wozu sie beigetragen haben. Diese Auswahl ist und bleibt selbstverständlich unsere individuelle Sicht, und viele mathematische gebildete Menschen würden wahrscheinlich eine andere – unter Umständen sehr viel längere – Liste zusammenstellen. Wir haben aber keinen Zweifel daran, dass denen, die wir auf unsere Liste setzen, kaum jemand den Rang eines der wichtigsten Mathematiker absprechen wird, denn sie alle haben unbestritten Fundamente gelegt, auf denen Generationen anderer Vertreter dieser Zunft aufgebaut haben.

Außerdem decken „unsere" 7 alle Gebiete ab, die wir in diesem Buch behandelt haben, und darunter lassen sich zunächst 3 „Paare" identifizieren, die zwar nicht unbedingt zusammengearbeitet haben, aber sie stammen aus der gleichen Epoche und haben – vielleicht gerade deswegen – auch an ähnlichen Themen gearbeitet. Der siebte im Bunde schließlich steht vielleicht etwas isoliert da, aber er repräsentiert dafür eine ganze Klasse von Mathematikern der Moderne.

I.) In der Antike ragen zwei Namen ganz weit aus der Menge der Mathematiker hervor, nämlich **Euklid und Archimedes.** Gegenüber diesen beiden verblasst sogar der allgegenwärtige Pythagoras, dessen Berühmtheit im Wesentlichen auf eben jenem Satz beruht, der seinen Namen trägt.

Euklid und Archimedes werden in der Regel als Inbegriff der „alten Griechen" bezeichnet. Diese Bezeichnung ist allerdings irreführend, denn Archimedes war waschechter „Sizilianer" und Euklid zugewanderter „Ägypter". Das heutige Sizilien war zu Archimedes Zeiten zwar Teil des griechischen Reiches, aber das heutige griechische Festland hat er vermutlich nie betreten. **Euklid** (s. Abb. A.2) hingegen stammte höchstwahrscheinlich aus Athen, gelebt aber hat er die meiste Zeit im heutigen Nord-Ägypten. Auch das war seinerzeit Teil des Reiches von Alexander dem Großen (ca. 356–323 v. Chr.), der dort die nach ihm benannte Stadt Alexandria gegründet hatte. Die entwickelte sich rasch zu einem Zentrum der hellenistischen Kultur und beherbergte die wohl bedeutendste Bibliothek der antiken Welt. Genau dort forschte und lehrte Euklid um 300 v. Chr., und das ist fast schon alles, was wir sicher über seine Person wissen.

Umso mehr aber wissen wir über sein Werk, die „Elemente". Das steht praktisch synonym für seine Person, und man kann es getrost als die „Bibel der Mathematik" bezeichnen, denn es hatte einen ähnlichen Einfluss auf die wissenschaftliche Kultur nach ihm. Euklid fasste darin das gesamte mathematische Wissen seiner Zeit zusammen, unter anderem die Arithmetik und die Zahlentheorie, aber vor allem die Geometrie. Dabei glänzt das Werk weniger wegen der ur-eigensten Beiträge von Euklid selbst, denn die meisten Inhalte stammten gar nicht von ihm selbst, sondern basierten auf Erkenntnissen aus mindestens drei Jahrhunderten vor ihm. Vielmehr beruht die immense Wirkung des Buches auf seinen systematischen Darstellungen und den streng logischen Ableitungen von Sätzen aus Axiomen und Definitionen. Diese Herangehensweise sollte in der

Abb. A.2 Euklid

Geschichte der Mathematik stilprägend werden, und sie begründete die bis heute gültigen Anforderungen an eine mathematisch-logische Beweisführung.

Die „Elemente" gelangten Jahrhunderte später durch die Araber nach Spanien und verbreiteten sich von dort aus in ganz Europa. Ende des 15. Jahrhunderts waren sie das Standardwerk für jede Beschäftigung mit der Mathematik und in der Folge wurde Euklids Werk für Generationen von Mathematikern sogar zum Lehrbuch, obwohl es dazu ursprünglich weder gedacht noch geeignet war. Das unterstreicht die bekannte Legende, wonach Euklid dem damaligen Pharao gesagt habe, es gäbe keinen „Königsweg" zur Geometrie – will sagen, auch für einen König gibt es keine Abkürzung zu mathematischer Weisheit; der Weg dorthin führe nur über das Studium der „Elemente".

Archimedes (Abb. A.3) gilt vielen als der bedeutendste Mathematiker der Geschichte. Viele seiner Schriften sind überliefert und bezeugen seine für die damalige Zeit bahnbrechenden Leistungen in der Mathematik und der Physik. Über sein Leben allerdings weiß man relativ wenig. Immerhin lassen sich seine Lebensdaten einigermaßen eingrenzen, nämlich auf etwa 287 bis 212 v. Chr., d. h., er war etwa 50 Jahre jünger als Euklid und stammte – wie gesagt – aus dem heutigen Sizilien, genauer aus Syrakus, wo er auch die meiste Zeit gelebt haben muss. Allerdings hat er sicher mindestens eine Reise nach Alexandria unternommen, denn mit dortigen Mathematikern stand er in regem Austausch. Seine Beiträge zur Mathematik finden sich in vielen Briefen an „Kollegen" in Ägypten, aber auch in etwa einem Dutzend Büchern, die inhaltlich enorm vielfältig und gemessen an den Standards seiner Zeit überwältigend sind. Ähnlich wie bei Euklid wurde auch sein Werk erst 1.000 Jahre nach seinem Tod, d. h. ab dem 9. Jahrhundert, systematisch zusammengetragen. Er hatte sich zentral mit der Berechnung von Flächeninhalten und Volumina von Körpern, inklusive Oberflächen von Kugeln und anderer Rotationskörper befasst. Damit direkt zusammenhängend und auf das Engste mit seinem Namen verbunden ist die Berechnung der „Kreiszahl" Pi, die er mittels eines Näherungsverfahrens bis auf drei gültige Nachkommastellen angeben konnte; für seine Zeit und seine Mittel war das eine fantastische Genauigkeit.

Abb. A.3 Archimedes

Daneben tat er sich auch mit technischen Erfindungen hervor, die sowohl zivil als auch militärisch zum Einsatz kamen: Schrauben, Seilzüge, Zahnräder, Wurfmaschinen und Brennspiegel gehen auf seine Konstruktionen zurück. Und natürlich lieferte er fundamentale Beiträge zur Physik, u. a. die Hebelgesetze. Sein Hinweis, man müsse nur einen Punkt im All haben, um die Welt „aus den Angeln" zu heben, ist zum Sprichwort geworden, genauso wie sein „Heureka" – übersetzt: „Ich hab´s gefunden" oder „Ich habe verstanden". Das soll er nackt durch die Straßen laufend ausgerufen haben, nachdem er im Bad festgestellt hatte, dass der Auftrieb eines Körpers in einer Flüssigkeit proportional zu dessen Volumen ist. Die bekannteste Legende über ihn ist aber wahrscheinlich leider die über seinen Tod: Den römischen Soldaten, der ihn ermordete, soll er vorher freundlich gebeten haben, „seine Kreise nicht zu stören".

II.) Nach der Antike war es lange verhältnismäßig still in der Mathematik. Erst Ende des 17. Jahrhunderts taten sich wieder zwei Forscher hervor, die die Wissenschaft entscheidend voranbringen sollten, nämlich **Newton und Leibniz.** Beide waren praktisch gleich alt, der Engländer war nur drei Jahre jünger als der Deutsche, und beide kann man wahrscheinlich als die letzten Universalgenies ansehen.

Was sie verbindet, ist die Entdeckung der Infinitesimalrechnung bzw. eigentlich des Verfahrens, das zur Entwicklung dieses Kalküls geführt hat. Dabei ging Newton von der physikalischen Fragestellung der „Momentangeschwindigkeit" aus, während Leibniz das mathematische „Tangentenproblem" lösen wollte. Das waren zwar zwei verschiedene Probleme, aber sie konnten sich auf die gleiche Art und Weise lösen lassen. Wer dabei welchen Beitrag geleistet hat, war jahrzehntelang Gegenstand massiver Auseinandersetzungen, die wir hier nicht vertiefen oder bewerten wollen. Fest scheint zu stehen, dass Newton zwar als Erster die grundlegenden Ideen hatte, Leibniz aber war mit der Veröffentlichung seiner Arbeiten deutlich schneller, und Jahre später warf die englische Seite ihm vor, er habe sich Arbeiten Newtons auf unlauteren Wegen angeeignet. Diese Kontroverse bildet als sogenannter „Prioritätsstreit" sogar ein eigenes – unrühmliches – Kapitel der Wissenschaftsgeschichte[1]. Dabei hätte schon damals allein die Tatsache, dass beide zu etwa der gleichen Zeit am gleichen Thema arbeiteten, nahegelegt, dass die Ideen dazu schon in der Luft lagen. Tatsächlich nämlich hatten französische Mathematiker, allen voran Fermat, schon vorher mit sehr ähnlichen Ansätzen experimentiert – um es vorsichtig zu sagen – und das war sowohl Newton als auch Leibniz bekannt. Trotzdem: Als Entdecker der Infinitesimalrechnung gelten sie beide gleichermaßen, und ihren Ruhm wollen wir wegen dieses unsäglichen Streits nicht schmälern.

Isaac Newton (Abb. A.4) muss man in erster Linie als Physiker und Mathematiker ansehen, aber ähnlich Archimedes geht seine Bedeutung weit über einzelne Gebiete hinaus; er ist sicher einer der bedeutendsten Wissenschaftler der Geschichte.

---

[1]Heute geht man mehrheitlich davon aus, dass Leibniz unabhängig von Newtons Ansätzen seine eigenen Ideen entwickelt hat.

Abb. A.4 Isaac Newton

Geboren 1643 in der Grafschaft Lincolnshire im Osten Englands studierte er zunächst Rechtswissenschaften, wandte sich aber bald den Naturwissenschaften zu und kam über diese zur Mathematik. Schon mit Mitte 20 wurde er Inhaber des Lehrstuhls für Mathematik an der Universität von Cambridge, und später berief man ihn in das Präsidentenamt der altehrwürdigen Royal Society, wo er sich zusätzlich mit Politik und Geschichte, aber auch mit Theologie und sogar mit Alchemie befasste. Nach außen hin war er sehr erfolgreich und wurde schließlich sogar in den Adelsstand erhoben. Sein Leben allerdings war geprägt von ständigen, teils heftigen Auseinandersetzungen mit Zeitgenossen, auch mit anderen Wissenschaftlern, was ihn gesundheitlich des Öfteren in Mitleidenschaft zog. Er starb für seine Zeit hochbetagt, angesehen und vermögend 1727 in London.

Sein Hauptwerk „Philosophia Naturalis Principiae Mathematica" erschien 1687 und ist eines der bedeutendsten Werke der naturwissenschaftlichen Forschung, speziell der Physik, denn darin formuliert er das Gravitationsgesetz und die grundlegenden Bewegungsgesetze, was jahrhundertelang das Fundament der klassischen Mechanik lieferte. Seine Ansätze einer Infinitesimalrechnung, die er Fluxionsrechnung nannte, finden sich jedoch nicht vollständig in diesem Standardwerk, sondern wurden abschließend erst Anfang des 18. Jahrhunderts veröffentlicht, 20 Jahre nach Leibniz. Entwickelt hatte er seine Ideen nach eigenen Angaben allerdings schon Mitte der 60er Jahre des 17. Jahrhunderts, nämlich als er sich wegen des Ausbruchs der Pest aus London zurückziehen musste und sich zwei Jahre lang in seinem Heimatdorf isolierte. In diese Zeit verlegte er selber auch die bekannte Legende, nach der er einst unter einem Baum lag, während just dort ein Apfel herunterfiel und er sich fragte, warum die Dinge mehr oder weniger „senkrecht" zu Boden, also auf die Erde fallen, der Mond und die Sterne jedoch nicht. So jedenfalls hat er es wohl seinem späteren Biographen erzählt, aber hier darf man sicher die üblichen Motive der Legendenbildung unterstellen, denn einigen religiös orientierten Zeitgenossen diente die Geschichte natürlich als Anspielung auf den paradiesischen „Baum der Erkenntnis", und eher profan geprägtem Lehrpersonal als Gedächtnisanker für das Newton´sche Gravitationsgesetz.

Abb. A.5 Gottfried W. Leibniz

Zu **Gottfried Wilhelm Leibniz** (Abb. A.5) gibt es leider keine Legenden. Er war ein Wegbereiter der Aufklärung, mit einem ähnlich weiten Betätigungsfeld wie sein späterer Rivale Newton.

Geboren 1646 in Leipzig beginnt er zunächst das Studium der Rechtswissenschaften, wendet sich jedoch bald vielen anderen Fächern zu und versucht danach, eine politische Laufbahn einzuschlagen. Er macht an vielen Fürstenhöfen des damaligen Deutschlands seine Aufwartung und bietet dort seine Dienste an. Schließlich landet er als Bibliothekar am Hofe in Hannover, wo er diverse technische Erfindungen macht. Z. B. entwickelt er eine Rechenmaschine und eine Entwässerungsanlage für Bergwerke, was eindrücklich die Bandbreite seiner Interessen und Fähigkeiten aufzeigt. Ebenso hat er in dieser Funktion Gelegenheit, Reisen ins europäische Ausland zu unternehmen. U. a. bereist er London und stellt dort der Royal Society seine Rechenmaschine vor.

Zentrales wissenschaftliches Betätigungsfeld ist bei ihm allerdings die Theologie und die Philosophie, und erst nachgelagert die Mathematik. Seine wesentliche Veröffentlichung ist tatsächlich eben eine aus dem theologischen Umfeld und seine mathematische Veröffentlichung der Infinitesimalrechnung aus dem Jahre 1684 findet sich „nur" in einer Zeitschrift. Ansonsten verlief seine akademische Laufbahn sehr bescheiden; zwar war er der erste Präsident der königlich-preußischen Akademie, aber Zeit seines Lebens bekleidete er nie ein Professorenamt, und die jahrzehntelangen Streitereien mit Newton, die zunächst persönlich, dann aber auch in weiteren gelehrten Kreisen und schließlich auch auf nationaler Ebene[2] geführt worden waren, hatten ihm arg zugesetzt. Er starb 1716 als „gebrochener" Mann, dessen Bedeutung für die Wissenschaft seinen Zeitgenossen nicht bewusst war.

---

[2]Es ist nicht ganz von der Hand zu weisen, dass die englischen Mathematiker sich durch diesen Streit von ihren kontinentalen Kollegen isolierten und dadurch in der Folge ein wenig ins Hintertreffen gerieten.

Abb. A.6 Leonhard Euler

III.) Nur wenige Jahrzehnte nach Leibniz und Newton wurde die mathematische Welt beherrscht von **Euler und Gauß.** 70 Jahre trennen die beiden großen Vollblut-Mathematiker, die auf fast allen Gebieten der heutigen Mathematik wesentliche Beiträge geliefert haben. Wenn Analogien zu anderen Bereichen erlaubt sind, dann kann man sie mit Goethe und Schiller oder Beethoven und Mozart vergleichen, aber persönlich getroffen haben sie sich nie. Von daher mag es künstlich wirken, sie in einem Atemzug zu nennen, aber sie sind gemeinsam die zentralen Figuren der Entwicklungen der Mathematik im 18. und dem frühen 19. Jahrhundert.

Leonhard Euler (Abb. A.6), geboren 1707 in Basel, verbrachte die meiste Zeit seines Lebens außerhalb der Schweiz: Er lehrte zunächst in St. Petersburg und dann in Berlin, jeweils an den königlichen Akademien der Wissenschaften, und kehrte schließlich wieder nach Russland zurück. Von zu Hause aus war er zunächst für eine theologische Laufbahn vorgesehen, und er blieb Zeit seines Lebens ein überzeugter und bibeltreuer Christ. Schon früh wechselte er jedoch zur Mathematik und zur Physik und befasste sich auch mit sehr praktischen Problemen, z. B. dem Schiffsbau.

Im Alter von 20 Jahren übersiedelte er zum ersten Mal nach St. Petersburg, um dort eine Professur für Physik anzunehmen. In dieser Zeit trieb er allerdings im Wesentlichen schon seine mathematischen Forschungen massiv voran, und mit Mitte 30 wechselte er nach Berlin an die preußische Akademie, an der auch Leibniz tätig gewesen war. Dort hatte er allerdings einen eher schweren Stand, sodass er nach einigen Jahren wieder nach St. Petersburg zog, wo er 1783 starb.

Euler gilt als einer der produktivsten Mathematiker überhaupt. Jenseits jeder Legendenbildung sagt man mit Fug und Recht, dass er mehr schrieb – und vor allem schneller – als andere lesen konnten. Mehr als die Hälfte seines Werkes verfasste er in seiner zweiten Petersburger Phase, die nur etwas mehr als 10 Jahre betrug. Dieses Pensum ist umso erstaunlicher, als er in dieser Zeit schleichend sein Augenlicht komplett verlor.

Insgesamt hat er uns knapp 1.000 Veröffentlichungen hinterlassen, die meisten zu Themen aus der Analysis, aber auch in Geometrie, Algebra und Zahlentheorie war er zu Hause. Viele Notationen, die er einführte, benutzen wir noch heute. Nach ihm ist – natürlich – die „Eulersche Zahl" e benannt, und die sogenannte „Euler-Identität" gilt vielen als die „schönste" Formel der Mathematik.

Kommt die Rede auf **Carl Friedrich Gauß** (Abb. A.7), so hört man schnell die Geschichte, dass er als Grundschüler die Zahlen von 1 bis 100 in kürzester Zeit aufaddierte und seinem Lehrer die korrekte Antwort 5.050 einfach aufs Pult legte. Der hatte gehofft, seine Schüler mit dieser Aufgabe über Stunden zu beschäftigen, aber der kleine Carl Friedrich machte ihm da förmlich einen Strich durch die Rechnung. Das scheint durchaus keine Legende zu sein, denn Gauß´ Rechenkünste bis ins hohe Greisenalter hinein gelten als legendär und gesichert gleichermaßen.

Geboren 1777 in Braunschweig und früh als mathematisch hochbegabt eingestuft, studierte er zunächst Philologie und Physik, interessierte sich jedoch auch rege für Literatur und Musik, und er soll ein passabler Sänger gewesen sein. Als 18-Jähriger erregte er in der Fachwelt erhebliche Aufmerksamkeit, indem er ein 2.000 Jahre altes geometrisches Problem mit algebraischen Mitteln lösen konnte, nämlich die Konstruierbarkeit des regelmäßigen 17-Ecks mit Zirkel und Lineal. Danach hat er sich fast nur noch auf die Mathematik fokussiert, und mit 30 Jahren war er Professor für Mathematik in Göttingen. Dort amtete er u. a. als Verwalter der Pensionskasse und schuf Grundlagen zur Versicherungsmathematik. Zu seinen ernsten mathematischen Ergebnissen ist aber zu allererst der „Fundamentalsatz der Algebra" zu nennen, den er in seiner Doktorarbeit bewies. Darüber hinaus waren auch seine Arbeiten in der Zahlentheorie wegweisend – die Primzahlverteilung z. B. geht auf ihn zurück – aber die Allgemeinheit verbindet seinen Namen am ehesten mit seinen Beiträgen zur Statistik: Die Methode der kleinsten Quadrate, ohne die die Regressionsrechnung nicht denkbar ist, ist seine Erfindung, und damit zusammenhängend hat er durch sein praktisches Interesse an Berechnungen auf

Abb. A.7 Carl F. Gauß

großen Datenmengen vielfältige Beiträge zur Entwicklung der Stochastik liefern können. Dass die Normalverteilung nach ihm benannt ist, weist ihn schließlich als den Begründer der modernen Statistik aus, und als solcher landete sein Konterfei zusammen mit seiner „Glockenkurve" seinerzeit auf dem 10-Mark Schein.

Parallel zu all dem tat er sich jedoch auch in vielen praktischen Dingen hervor: Er war als Landvermesser tätig, befasste sich mit Astronomie und der aufkommenden Telegrafie und war auch als Spekulant erfolgreich: Mit Aktien der damals jungen Eisenbahnunternehmen sammelte er privat ein Vermögen an. Als er 1855 in Göttingen starb, galt er als der „Fürst der Mathematiker".

IV.) Last, but not least wollen wir der Liste noch einen Namen hinzufügen, über den man vermutlich am meisten streiten könnte, nämlich **Georg Cantor**.

Der Grund für unsere Wahl ist ganz einfach das Echo, das seine Arbeiten in der Mathematik seiner Zeit ausgelöst haben. Cantor hat Mitte des 19. Jahrhunderts eine Entwicklung angestoßen, in deren Verlauf sich andere Mathematiker bzw. Logiker neu positioniert haben, um die moderne Mathematik entscheidend zu prägen. Diese alle aufzuzählen und zu würdigen, würde hier und im Rahmen einer Allgemeinbildung zu weit führen, sodass wir Cantor kurzerhand als Stellvertreter, als Repräsentant einer Klasse von Mathematikern wählen, die ausgehend von der naiven Mengenlehre eine Grundlagenkrise der Mathematik überwinden konnten, indem sie das Fundament der Mathematik neu aufgebaut haben[3]. Cantor selber hat in dem Zusammenhang die Mengenlehre nicht zu dem gemacht, was sie heute ist, aber er hat den Anstoß dazu gegeben und den Spott einiger seine Kollegen dafür ertragen müssen; und am Ende hat er es gar mit seiner Gesundheit bezahlt.

Georg Cantor (Abb. A.8) entstammte einer wohlhabenden und sehr protestantisch geprägten Familie. 1845 in St. Petersburg geboren, wuchs er in Frankfurt auf und studierte Mathematik in Zürich und Berlin. Er befasste sich früh mit Zahlentheorie und widmete sich Fragen der Unendlichkeit bzw. Konzepten zur Behandlung unendlicher Mengen. Diese Beschäftigung – so könnte man unterstellen – war vielleicht auch durch seine religiöse bzw. theologische Prägung und weniger durch mathematische Fragen begründet, denn die von der Religion ganz selbstverständlich verwendete Ewigkeit der Zeit hat ja durchaus Analogien zur mathematischen Unendlichkeit von Mengen.

Als er in den 1870er Jahren die naive Mengenlehre entwickelte, wurde er dafür von vielen seiner Kollegen, allen voran Leopold Kronecker, heftig kritisiert und sogar angefeindet. Das setzte ihm so sehr zu, dass er zeitweise in Depressionen verfiel und sich ganz aus der Mathematik zurückzog, um sich stattdessen mit literaturhistorischen Fragen zu befassen. Er machte sich sogar einen Namen durch seine Beteiligung an der ewigen

---

[3]Wenn man unbedingt wollte, könnte man an dieser Stelle am ehesten David Hilbert in die Liste aufnehmen.

Abb. A.8 Georg Cantor

Frage, wer der „wahre" Autor der Werke eines gewissen William Shakespeare sei. Da auch dieser Bereich eine Quelle für emotional geführte Kontroversen ohne akademische Tiefe war – und ist – wurde sein Gesundheitszustand kaum besser. Erst ab den 1890er Jahren wurden seine mengentheoretischen Ansätze anerkannt und dann auch konsequent weiterentwickelt, u. a. von Russell. Cantor hatte eine Krise ausgelöst, an deren Lösung sich schlussendlich Heerscharen von Mathematikern beteiligten, die ihn im späteren Verlauf für seine Anstöße auch entsprechend würdigten; für Cantor selbst kam das jedoch zu spät: Er starb 1918 in Halle a.d. Saale.

A.2 Personenverzeichnis

Personen, die in den jeweiligen Kapiteln erwähnt oder behandelt werden.

Achill	5, 7
Archimedes	3, 4, 6, 7, Anh.
Aristoteles	4, 5, 7
Barrow, Isaac	7
Bayes, Thomas	6
Beckenbauer, Franz	5
Beethoven, Ludwig v.	Vorw.
Bernoulli, Jakob	6, 7
Bolzano, Bernard	5
Bretschneider, Carl	4
Bürgi, Jost	3
Cantor, Georg	5, Anh.
Cardano, Gerolamo	3
Cohen, Paul	5
Churchill, Winston	6
Dedekind, Richard	7
Descartes, René	5, 6, 7
Dürer, Albrecht	2
Einstein, Albert	Vorw.
Epimenides	5
Eratosthenes	2, 4
Euklid	2, 4, 7, Anh.
Euler, Leonhard	2, 7, Anh.
Fermat, Pierre de	2, 6, 7
Feynman, Richard	7

A.3 Formeln

Hierbei handelt es sich um eine Zusammenstellung der wichtigsten Formeln und Darstellungen, die wir in diesem Buch angesprochen haben, und keinesfalls um eine Liste der wichtigsten Sätze oder Formeln der Mathematik im Allgemeinen.

1. Zahlen

$\mathbb{N} := \{1, 2, 3, 4, \dots\}$ ist die Menge der „natürlichen" Zahlen.

$\mathbb{Z} := \{\dots, -3, -2, -1, 0, 1, 2, 3, \dots\}$ ist die Menge der „ganzen" Zahlen.

$\mathbb{Q} := \left\{ \frac{a}{b} \mid a, b \in \mathbb{Z} \wedge b \neq 0 \right\}$ ist die Menge der „rationalen" Zahlen.

$\mathbb{R}$ bezeichnet die Menge der „reellen" Zahlen.

2/3. Arithmetik und Algebra

Für $a, b, c \in \mathbb{R}$ und $m, n \in \mathbb{N}$ gilt:

Kommutativgesetze: $a + b = b + a$ und: $a \cdot b = b \cdot a$

Distributivgesetz: $a \cdot (b + c) = a \cdot b + a \cdot c$

Bruchrechenregeln:

Für $b, d \neq 0$ gilt:

$$\frac{a}{b} + \frac{c}{d} = \frac{ad + bc}{bd}$$

$$\frac{a}{b} \cdot \frac{c}{d} = \frac{ac}{bd}$$

$$\frac{a}{b} \div \frac{c}{d} = \frac{a}{b} \cdot \frac{d}{c} = \frac{ad}{bc}$$

© Der/die Herausgeber bzw. der/die Autor(en), exklusiv lizenziert an Springer Fachmedien Wiesbaden GmbH, ein Teil von Springer Nature 2025
R. Voggenauer und C. Weiss, *Allgemeinbildung Mathematik,*
https://doi.org/10.1007/978-3-658-48997-7

Potenzgesetze:

$$a^n = a \cdot a \cdot a \cdot \dots \cdot a \ (\text{n Faktoren})$$

$$a^1 = a$$

$$a^0 = 1 \text{ für } a \neq 0$$

$$a^{-n} = \frac{1}{a^n}$$

$$a^m \cdot a^n = a^{m+n}$$

$$\frac{a^m}{a^n} = a^{m-n}$$

$$a^n \cdot b^n = (a \cdot b)^n$$

$$(a^m)^n = a^{m \cdot n}$$

$$a^{\frac{1}{n}} = \sqrt[n]{a}; \text{ für } a \geq 0$$

Binomische Formeln:

1. $(a+b)^2 = a^2 + 2ab + b^2$

2. $(a-b)^2 = a^2 - 2ab + b^2$

3. $(a+b) \cdot (a-b) = a^2 - b^2$

„Mitternachtsformel":

Für $x \in \mathbb{R}$ hat die Gleichung: $x^2 + ax + b = 0$ für $a^2 \geq 2b$ die Lösungen:

$$x_{1/2} = p \pm \sqrt{p^2 - b} \text{ mit } p := -\frac{a}{2}$$

Logarithmus:

Für $a, b > 0$ und $b \neq 1$ gilt:

$$x = log_b a \iff b^x = a$$

Dann gilt für $u, v > 0$:

$$log_b(u \cdot v) = log_b u + log_b v$$

$$log_b(u^n) = n \cdot log_b u$$

Prozentrechnung:
Mit „Prozentwert" W, „Grundwert" G und „Prozentsatz" $p, d.h. p\% = \frac{p}{100}$ gilt:

$$W = \frac{G \cdot p}{100}$$

4. Geometrie

Strahlensätze (Abb. A.9)

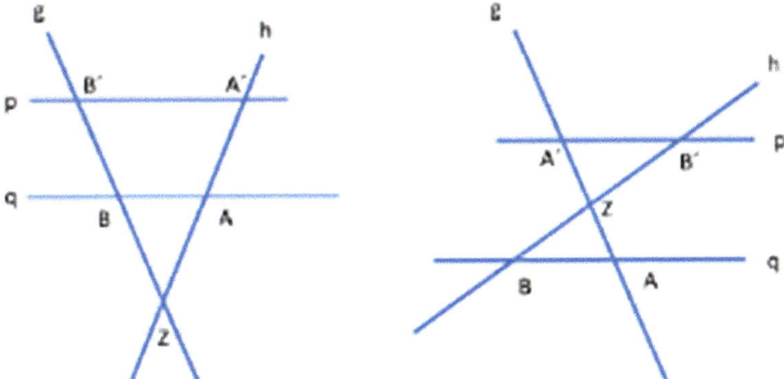

Abb. A.9 Strahlensätze

1. $\dfrac{|ZA|}{|ZA'|} = \dfrac{|ZB|}{|ZB'|}$ *und* $: \dfrac{|ZA|}{|AA'|} = \dfrac{|ZB|}{|BB'|}$ *und* $: \dfrac{|AA'|}{|ZA'|} = \dfrac{|BB'|}{|ZB'|}$

2. $\dfrac{|AB|}{|A'B'|} = \dfrac{|ZA|}{|ZA'|} = \dfrac{|ZB|}{|ZB'|}$

Goldener Schnitt (Abb. A.10*):*

Abb. A.10 Goldener Schnitt

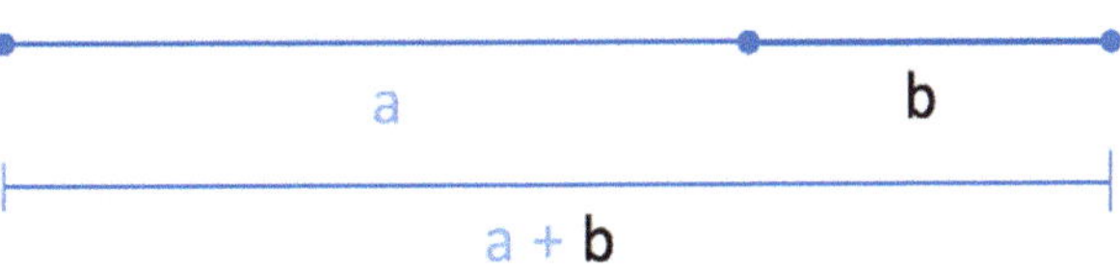

Wenn eine Strecke c so in Teilstrecken a und b geteilt wird, dass $\frac{c}{a} = \frac{a}{b}$ ist, dann ist:

$$a = \frac{c}{2} \cdot (\sqrt{5} - 1) \text{ und}$$

$$\frac{a}{b} = \frac{1}{2}\left(\sqrt{5} + 1\right) =: \phi \approx 1{,}61$$

Abb. A.11 Rechteck

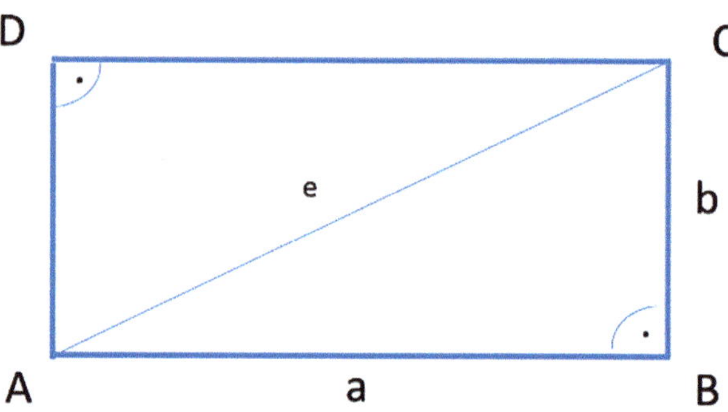

Abb. A.12 Dreieck

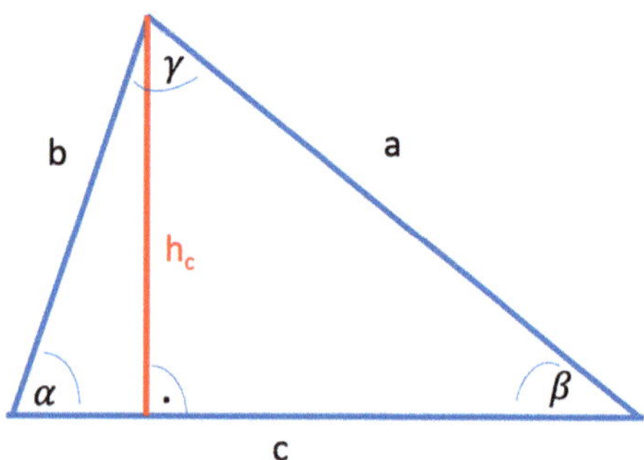

Rechteck (Abb. A.11):

Umfang $U = 2(a + b)$

Fläche $F = ab$

Diagonale $d = \sqrt{a^2 + b^2}$

Dreieck (Abb. A.12)

Winkelsumme $\alpha + \beta + \gamma = 180$

Fläche $F = \frac{1}{2}ch_c = \frac{1}{2}ah_a = \frac{1}{2}bh_b$

Pythagoras

In einem rechtwinkligen Dreieck mit den Seiten a und b sowie der Hypotenuse c gilt:

$$a^2 + b^2 = c^2$$

Dreiecksungleichung:

Für alle Zahlen $a, b \in \mathbb{R}$ gilt: $|a + b| \leq |a| + |b|$

Kreis (Abb. A.13)

Umfang $U = \pi d = 2\pi r$

Fläche $F = \pi r^2$

Abb. A.13 Kreis mit Radius und Durchmesser

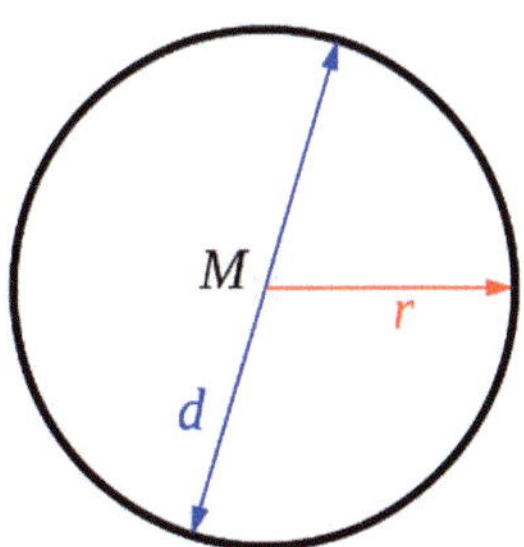

Volumen einiger 3-dimensionaler Körper

Quader	$V = abc$
Zylinder	$V = h\pi r^2$
Pyramide	$V = G \cdot h/3$
Kegel	$V = \frac{1}{3}Gh = \frac{1}{3}\pi r^2$
Kugel	$V = \frac{4}{3}\pi r^3$

5. Mengenlehre/Logik

De Morgan'sche Regeln

Für Mengen A und B sowie deren Komplemente A^C bzw. B^C gilt:

$$(A \cup B)^C = A^C \cap B^C$$

$$(A \cap B)^C = A^C \cup B^C$$

Für Aussagen P und Q sowie deren Negationen $\neg P$ bzw. $\neg Q$ gilt:

$$\neg(P \wedge Q) \iff \neg P \vee \neg Q$$

$$\neg(P \vee Q) \iff \neg P \wedge \neg Q$$

6. Stochastik

Arithmetisches Mittel

Das arithmetische Mittel der Stichprobenwerte $x_1, x_2, x_3, \ldots, x_n \in \mathbb{R}$ ist definiert als:

$$\overline{x} := \frac{1}{n} \cdot (x_1 + x_2 + \cdots + x_n)$$

Empirische Varianz und Standardabweichung

Für $x_1, x_2, x_3, \ldots, x_n \in \mathbb{R}$ und deren arithmetisches Mittel $\overline{x}$ wie oben ist die empirische Varianz definiert als:

$$\overline{s}^2 := \frac{1}{n} \cdot ((x_1 - \overline{x})^2 + (x_2 - \overline{x})^2 + \cdots + (x_n - \overline{x})^2)$$

und deren Wurzel heißt die empirische Standardabweichung der Stichprobe.

Klassische Wahrscheinlichkeitsregeln
Für Ereignisse $A, B \subset \Omega$ gilt:

$$0 \leq P(A) \leq 1$$

$$P(\Omega) = 1 \text{ und } P(\varnothing) = 0$$

$$P(\overline{A}) = 1 - P(A)$$

Additionssatz

$$P(A \cup B) = P(A) + P(B) - P(A \cap B)$$

Bedingte Wahrscheinlichkeit

$$P(A|B) = \frac{P(A \cap B)}{P(B)}$$

Multiplikationssatz

$$P(A \cap B) = P(A) \cdot P(B|A)$$

Insbesondere:$P(A \cap B) = P(A) \cdot P(B)$ falls: A und B unabhängig
Alle anderen bedingten Wahrscheinlichkeiten ergeben sich aus Abb. A.14:
Satz von Bayes:

$$P(A|B) = \frac{P(A)}{P(B)} \cdot P(B|A)$$

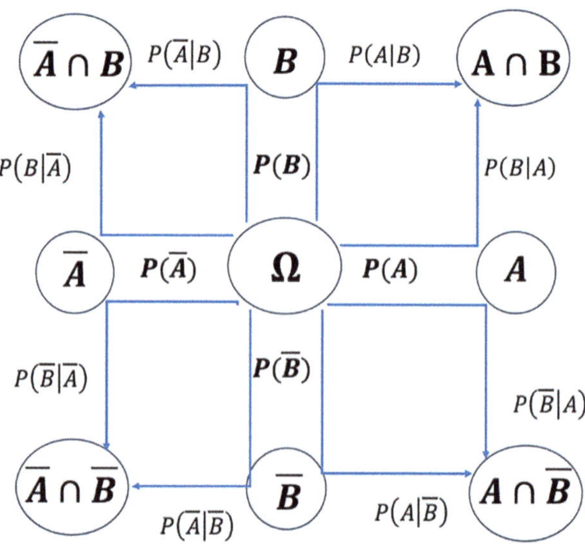

Abb. A.14 Bedingte Wahrscheinlichkeiten

Erwartungswert:

Ist X eine diskrete Zufallsvariable, die die Werte $x_1, x_2, x_3, \ldots, x_n \in \mathbb{R}$ jeweils mit den Wahrscheinlichkeiten $P(X = x_i) = p_i$ annimmt, dann heißt:

$$E(X) := x_1 p_1 + x_2 p_2 + x_3 p_3 + \cdots + x_n p_n$$

der Erwartungswert von X.

Varianz und Standardabweichung:

Ist X eine diskrete Zufallsvariable wie oben mit Erwartungswert $m = E(X)$, dann heißt:

$$V(X) := (x_1 - m)^2 p_1 + (x_2 - m)^2 p_2 + (x_3 - m)^2 p_3 + \cdots + (x_n - m)^2 p_n$$

die Varianz von X und deren Wurzel

$$S(X) := \sqrt{V(X)}$$

die Standardabweichung von X.

Standardnormalverteilung:

Verteilungsfunktion: $\Phi(x) := P(X \leq x) = \int_{-\infty}^{x} \varphi(t) dt$

mit der Dichte: $\varphi(x) := \frac{1}{\sqrt{2\pi}} e^{-\frac{1}{2}x^2}$ („Gauß'sche Glockenkurve")

7.Analysis

Die Eulersche Zahl e:

Sei $E(n) := 1 + \frac{1}{1!} + \frac{1}{2!} + \frac{1}{3!} + \frac{1}{4!} + \cdots + \frac{1}{n!}$

Dann gilt: $\lim\limits_{n \to \infty} E(n) = e$

Differential- und Integralrechnung:

Differential $f'(a) := \lim\limits_{h \to 0} \frac{f(a+h) - f(a)}{h}$

Linearität $(f + g)' = f' + g'$ und $(cf)' = cf'$

Produkt $(fg)' = f'g + fg'$

Polynom $(x^n)' = nx^{n-1}$, für $n \in \mathbb{N}$

Integration $\int_a^b f(x) dx = F(b) - F(a)$ mit $F'(x) = f(x)$ auf $[a, b]$

A.4 Literatur

Bücher, die lesenswert sind – es gibt viele andere

Vorwort

- Dietrich Schwanitz: Bildung, Goldmann, 1999
- Hans M. Enzensberger: Zugbrücke außer Betrieb, FAZ, 1998
- Albrecht Beutelspacher: Kleines Mathematikum, München, 2010

Kap. 1: Zahlen

- Detlef Gronau: Vorl. zur frühen Geschichte der Mathematik, Graz, 2009
- Norbert Froese: Pythagoras & Co, 2023
- Georges Ifrah: Universalgeschichte der Zahlen, Paris, 1981

Kap. 2, 3: Arithmetik, Algebra

- Simon Singh: Fermats letzter Satz, Hanser, 1997
- Louis Locher-Ernst: Arithmetik und Algebra, Zürich, 1945
- Lothar Kusch: Mathematik 1, Cornelsen, 2013

Kap. 4: Geometrie

- Norbert Froese: Euklid und die Elemente, www.swisseduc.ch, 2007
- Marthaler, Jakob, Schudel: Geometrie, hep, 2014
- Scheid, Schwarz: Elemente der Geometrie, Springer, 2006

Kap. 5: Mengenlehre/Logik

- Erich Kamke: Mengenlehre, Berlin, 1969
- Franz von Kutschera: Elementare Logik, Springer, 1967
- Maria Hasse: Grundbegriffe der Mengenlehre und Logik, Vieweg, 1989

© Der/die Herausgeber bzw. der/die Autor(en), exklusiv lizenziert an Springer
Fachmedien Wiesbaden GmbH, ein Teil von Springer Nature 2025
R. Voggenauer und C. Weiss, *Allgemeinbildung Mathematik,*
https://doi.org/10.1007/978-3-658-48997-7

Kap. 6: Stochastik

- Bauer, Gigerenzer, Krämer, Schüller: Grüne fahren SUV, …, Campus, 2022
- Walter Krämer: So lügt man mit Statistik, Campus, 2015
- David Spiegelhalter: Die Kunst der Statistik, Redline, 2020
- Boris Gnedenko: Lehrbuch Wahrscheinlichkeitsrechnung, de Gruyter, 2022
- Lukas Meier: Wahrscheinlichkeitsrechnung und Statistik, Springer 2020
- Daniel Kahnemann: Prospect theory: An analysis of decision under risk, 1979

Kap. 7: Analysis

- Jürgen Pöschel: Etwas Analysis, Springer, 2014
- Wolfgang Watzlawek: Lehrbuch Analysis, de Gruyter, 2007
- Mark Ryan: Analysis für Dummies, Wiley, 2016

A.5 Bildnachweise

Hier listen wir das gesamte Bild-Material auf, das aus fremden Quellen stammt.

Vorwort

a. **Einstein**

https://en.wikipedia.org/wiki/Albert_Einstein_in_popular_culture

Arthur Sasse creator QS:P170,Q19599569 – International News Service (https://commons.wikimedia.org/wiki/File:Albert_Einstein_sticks_his_tongue.jpg), „Albert Einstein sticks his tongue", als gemeinfrei gekennzeichnet, Details auf Wikimedia Commons: https://commons.wikimedia.org/wiki/Template:PD-US

b. **Shakespeare** (1)

https://de.wikipedia.org/wiki/William_Shakespeare

William Shakespeare (https://commons.wikimedia.org/wiki/File:First_Folio_(cropped).jpg), „First Folio (cropped)", als gemeinfrei gekennzeichnet, Details auf Wikimedia Commons: https://commons.wikimedia.org/wiki/Template:PD-old

c. **Goethe** (2)

https://de.wikipedia.org/wiki/Johann_Wolfgang_von_Goethe

Joseph Karl Stieler creator QS:P170,Q467658 (https://commons.wikimedia.org/wiki/File:Goethe_(Stieler_1828).jpg), „Goethe (Stieler 1828)", als gemeinfrei gekennzeichnet, Details auf Wikimedia Commons: https://commons.wikimedia.org/wiki/Template:PD-old

d. **Pythagoras** (3)

https://de.wikipedia.org/wiki/Pythagoras

The original uploader was Galilea at German Wikipedia. (https://commons.wikimedia.org/wiki/File:Kapitolinischer_Pythagoras_adjusted.jpg), „Kapitolinischer Pythagoras adjusted", https://creativecommons.org/licenses/by-sa/3.0/legalcode

Kap. 1: Zahlen

a. **Kronecker** (1.1)

https://de.wikipedia.org/wiki/Leopold_Kronecker
Uploaded by User:SuperGirl (https://commons.wikimedia.org/wiki/File:Leopold_Kronecker.jpg), „Leopold Kronecker", als gemeinfrei gekennzeichnet, Details auf Wikimedia Commons: https://commons.wikimedia.org/wiki/Template:PD-old

b. **Gebetskette** (1.2)

https://de.wikipedia.org/wiki/Misbaha
Frank C. Müller (https://commons.wikimedia.org/wiki/File:Tespih_(fcm).jpg), https://creativecommons.org/licenses/by-sa/4.0/legalcode

c. **Ishango Knochen** (1.3)

https://en.wikipedia.org/wiki/Ishango_bone
Joeykentin (https://commons.wikimedia.org/wiki/File:Ishango_bone_(cropped).jpg), https://creativecommons.org/licenses/by-sa/4.0/legalcode

d. **Karte Mesopotamien** (1.4)

https://de.wikipedia.org/wiki/Mesopotamien
NordNordWest (https://commons.wikimedia.org/wiki/File:Karte_Mesopotamien.png), „Karte Mesopotamien", https://creativecommons.org/licenses/by/3.0/legalcode

Kap. 2: Arithmetik

a. **Magisches Quadrat** (2.2)

https://de.wikipedia.org/wiki/Magisches_Dürer-Quadrat
Albrecht Dürer creator QS:P170,Q5580 (https://commons.wikimedia.org/wiki/File:Albrecht_Dürer_-_Melencolia_I_(detail).jpg), „Albrecht Dürer – Melencolia I (detail)", als gemeinfrei gekennzeichnet, Details auf Wikimedia Commons: https://commons.wikimedia.org/wiki/Template:PD-old

b. **Abakus** (2.3)

https://de.wikipedia.org/wiki/Abakus_%28Rechenhilfsmittel%29
Razumhak (https://commons.wikimedia.org/wiki/File:Абак.jpg), „Абак", https://creativecommons.org/licenses/by-sa/3.0/legalcode

c. **Sieb des Eratosthenes** (2.8)

https://de.wikipedia.org/wiki/Sieb_des_Eratosthenes
SKopp (https://commons.wikimedia.org/wiki/File:Animation_schnell_-_Sieb_des_Eratosthenes.gif), „Animation schnell – Sieb des Eratosthenes", https://creativecommons.org/licenses/by-sa/3.0/legalcode

Kap. 3: Algebra

a. **Logarithmentafel** (3.11)

https://de.wikipedia.org/wiki/Logarithmentafel
Konrad-Wittwer-Verlag (https://commons.wikimedia.org/wiki/File:Logarithmen.png), „Logarithmen", als gemeinfrei gekennzeichnet, Details auf Wikimedia Commons: https://commons.wikimedia.org/wiki/Template:PD-text

Kap. 4: Geometrie

a. **Titelseite „Elemente"** (4.1)

https://en.wikipedia.org/wiki/Euclid%27s_Elements
Charles Thomas-Stanford (https://commons.wikimedia.org/wiki/File:Title_page_of_Sir_
Henry_Billingsley's_first_English_version_of_Euclid's_Elements,_1570_(560x900).
jpg), „Title page of Sir Henry Billingsley's first English version of Euclid's Elements,
1570 (560x900)", als gemeinfrei gekennzeichnet, Details auf Wikimedia Commons:
https://commons.wikimedia.org/wiki/Template:PD-old

b. **Apollo von Belvedere** (4.10)

https://de.wikipedia.org/wiki/Goldener_Schnitt_in_der_Kunst
Wknight94 (Foto) und FriedeWie Friederike Wiegand (Raster) (https://commons.wi-
kimedia.org/wiki/File:Apollon_und_goldener_Schnitt.png), „Apollon und goldener
Schnitt", https://creativecommons.org/licenses/by/3.0/legalcode

c. **Goldener Schnitt in Fragment** (4.11)

https://en.wikipedia.org/wiki/Euclid%27s_Elements
Euclid (https://commons.wikimedia.org/wiki/File:P._Oxy._I_29.jpg), „P. Oxy. I 29",
als gemeinfrei gekennzeichnet, Details auf Wikimedia Commons: https://commons.
wikimedia.org/wiki/Template:PD-old

d. **Parthenon** (4.13)

https://de.wikipedia.org/wiki/Goldener_Schnitt_in_der_Kunst
George E. Koronaios (Foto) und FriedeWie Friederike Wiegand (Raster) (https://com-
mons.wikimedia.org/wiki/File:Parthenon_und_goldener_Schnitt.png), „Parthenon und
goldener Schnitt", https://creativecommons.org/licenses/by/3.0/legalcode

e. **Drudenfuss** (4.15)

https://de.wikipedia.org/wiki/Pentagramm
ineligible (https://commons.wikimedia.org/wiki/File:Pentagram.svg), „Pentagram",
als gemeinfrei gekennzeichnet, Details auf Wikimedia Commons: https://commons.
wikimedia.org/wiki/Template:PD-shape

f. **Verkehrsschild** (4.17)

https://de.wikipedia.org/wiki/Bildtafel_der_Verkehrszeichen_in_der_Bundes-
republik_...
first sign: Andreas 06; new datas: Mediatus (https://commons.wikimedia.org/wiki/
File:Zeichen_205_-_Vorfahrt_gewähren!_StVO_1970.svg), „Zeichen 205 – Vorfahrt
gewähren! StVO 1970", als gemeinfrei gekennzeichnet, Details auf Wikimedia Commons: https://commons.wikimedia.org/wiki/Template:PD-GermanGov

g. **Sonne** (4.18)

https://de.wikipedia.org/wiki/Stern
NASA/SDO (AIA) (https://commons.wikimedia.org/wiki/File:The_Sun_by_the_Atmo-
spheric_Imaging_Assembly_of_NASA's_Solar_Dynamics_Observatory_-_20100819.
jpg), „The Sun by the Atmospheric Imaging Assembly of NASA's Solar Dynamics
Observatory – 20100819", als gemeinfrei gekennzeichnet, Details auf Wikimedia Commons: https://commons.wikimedia.org/wiki/Template:PD-US

h. **Raute** (4.23)

https://de.m.wikipedia.org/wiki/Datei:Flag_of_Bavaria_%28lozengy%29.svg
diese Datei: Jwnabd (https://commons.wikimedia.org/wiki/File:Flag_of_Bavaria_(lozengy).svg), „Flag of Bavaria (lozengy)", https://creativecommons.org/licenses/by-sa/3.0/legalcode

i. **Dreiecke, gleichseitig und gleichschenklig** (4.25 und 4.26)

https://de.wikipedia.org/wiki/Dreieck
MartinThoma (https://commons.wikimedia.org/wiki/File:Equilateral-triangle-tikz.svg), „Equilateral-triangle-tikz", https://creativecommons.org/licenses/by/3.0/legalcode
MartinThoma (https://commons.wikimedia.org/wiki/File:Isosceles-triangle-tikz.svg), „Isosceles-triangle-tikz", https://creativecommons.org/licenses/by/3.0/legalcode

j. **Chinesischer Beweis Pythagoras** (4.32)

https://de.wikipedia.org/wiki/Zhoubi_suanjing
unbekannt, in China vor 2000 Jahren (https://de.wikipedia.org/wiki/Datei:Hsuan_thu_Diagramm.gif), „Hsuan thu Diagramm"

k. **Kreis mit Durchmesser** (4.34)

https://de.wikipedia.org/wiki/Kreis
Original: Ævar Arnfjörð Bjarmason Vector: Sven (https://commons.wikimedia.org/wiki/File:Kreis.svg), „Kreis", als gemeinfrei gekennzeichnet, Details auf Wikimedia Commons: https://commons.wikimedia.org/wiki/Template:PD-ineligible

l. **Thaleskreis** (4.36)

Erstellt mit GeoGebra: https://www.geogebra.org

m. **Dreieck mit Umkreis** (4.37)

https://de.wikipedia.org/wiki/Umkreis
Kmhkmh (https://commons.wikimedia.org/wiki/File:Umkreismittelpunkt.svg), https://creativecommons.org/licenses/by/4.0/legalcode

n. **Dreieck mit Inkreis** (4.38)

https://de.wikipedia.org/wiki/Inkreis
MartinThoma (https://commons.wikimedia.org/wiki/File:Triangle-inscribed-circle.svg), „Triangle-inscribed-circle", https://creativecommons.org/publicdomain/zero/1.0/legalcode

o. **Kreis mit Tangente, Sekante, Passante** (4.39)

https://de.wikipedia.org/wiki/Kreis
Curtis Newton (https://commons.wikimedia.org/wiki/File:SekTangPass.svg), „SekTangPass", als gemeinfrei gekennzeichnet, Details auf Wikimedia Commons: https://commons.wikimedia.org/wiki/Template:PD-shape

p. **Archimedische Approximation („Exhaustion") der Kreisfläche** (4.40)

https://link.springer.com/chapter/10.1007/978-3-662-60449-6_2
Genehmigung liegt vor

q. **Ellipsen, inkl. Konstruktion** (4.41 und 4.42)

https://de.wikipedia.org/wiki/Ellipse

Petrus3743 (https://commons.wikimedia.org/wiki/File:01-Ellipse-vertikal.svg), https://creativecommons.org/licenses/by-sa/4.0/legalcode

Ag2gaeh (https://commons.wikimedia.org/wiki/File:Elliko-g.svg), https://creativecommons.org/licenses/by-sa/4.0/legalcode

r. **Quader** (4.43)

https://de.wikipedia.org/wiki/Quader

Klaus-Dieter Keller (https://commons.wikimedia.org/wiki/File:Cuboid_abcd.svg), „Cuboid abcd", https://creativecommons.org/licenses/by-sa/3.0/legalcode

s. **Zylinder** (4.44)

https://de.wikipedia.org/wiki/Zylinder_%28Geometrie%29

Ag2gaeh (https://commons.wikimedia.org/wiki/File:Zylinder-senkr-kreis-hr-s.svg), https://creativecommons.org/licenses/by-sa/4.0/legalcode

t. **Kegel** (4.45)

https://de.wikipedia.org/wiki/Kegel_%28Geometrie%29

Oldracoon (https://commons.wikimedia.org/wiki/File:Gerader_Kreiskegel.svg), „Gerader Kreiskegel", als gemeinfrei gekennzeichnet, Details auf Wikimedia Commons: https://commons.wikimedia.org/wiki/Template:PD-self

Kap. 5: Mengenlehre/Logik

–

Kap. 6: Stochastik

a. **Pascal** (6.1)

https://de.wikipedia.org/wiki/Blaise_Pascal

English: unknown; a copy of the painting of François II Quesnel, which was made for Gérard Edelinck in 1691. (https://commons.wikimedia.org/wiki/File:Pascal_Blaise.jpeg), „Pascal Blaise", als gemeinfrei gekennzeichnet, Details auf Wikimedia Commons: https://commons.wikimedia.org/wiki/Template:PD-old

b. **Fermat** (6.2)

https://de.wikipedia.org/wiki/Pierre_de_Fermat

Unknown authorUnknown author (https://commons.wikimedia.org/wiki/File:Pierre_de_Fermat.jpg), „Pierre de Fermat", als gemeinfrei gekennzeichnet, Details auf Wikimedia Commons: https://commons.wikimedia.org/wiki/Template:PD-old

c. **Gesetz der großen Zahlen** (6.5)

https://de.wikipedia.org/wiki/Gesetz_der_großen_Zahlen

Jörg Groß (https://commons.wikimedia.org/wiki/File:Law-of-large-numbers.png), „Law-of-large-numbers", https://creativecommons.org/licenses/by-sa/3.0/legalcode

d. **Normalverteilung** (6.9)

https://de.m.wikipedia.org/wiki/Datei:Gauss_dichtefunktion.svg
StefanPohl   (https://commons.wikimedia.org/wiki/File:Gauss_dichtefunktion.svg),
„Gauss dichtefunktion", https://creativecommons.org/publicdomain/zero/1.0/legalcode

e. **Verteilung Körpergrößen** (6.10)

https://de.wikipedia.org/wiki/Körpergröße
IchBinEuerHeld, statista.org, SOEP (https://commons.wikimedia.org/wiki/File:Körper-
größe.png), „Körpergröße"

Kap. 7: Analysis

a. **Bild Funktion** (7.0)

https://commons.wikimedia.org/wiki/File:Difference_quotient-chart.png
The original uploader was WojciechSwiderski at Polish Wikipedia. (https://commons.
wikimedia.org/wiki/File:Difference_quotient-chart.png), „Difference quotient-chart",
als gemeinfrei gekennzeichnet, Details auf Wikimedia Commons: https://commons.
wikimedia.org/wiki/Template:PD-ineligible

b. **Koordinatensystem** (7.2)

https://de.wikipedia.org/wiki/Kartesisches_Koordinatensystem
TimWolla (https://commons.wikimedia.org/wiki/File:Kartesisches_system.svg), „Kartesisches system", als gemeinfrei gekennzeichnet, Details auf Wikimedia Commons:
https://commons.wikimedia.org/wiki/Template:PD-user

c. **Parabel** (7.5)

https://de.wikipedia.org/wiki/Quadratische_Funktion
Lennart   Kudling   (https://commons.wikimedia.org/wiki/File:Parabola2.svg),   „Para-
bola2", als gemeinfrei gekennzeichnet, Details auf Wikimedia Commons: https://
commons.wikimedia.org/wiki/Template:PD-user

d. **Tangente an Parabel** (7.6)

Erstellt mit GeoGebra: https://www.geogebra.org

e. **Sekante durch Parabel** (7.7)

Erstellt mit GeoGebra: https://www.geogebra.org

f. **Integral als Fläche** (7.8)

https://de.wikipedia.org/wiki/Fläche_unter_der_Kurve
4C   (https://commons.wikimedia.org/wiki/File:Integral_as_region_under_curve.svg),
„Integral as region under curve", https://creativecommons.org/licenses/by-sa/3.0/
legalcode

g. **Riemann Integrale** (7.9 und 7.10)

https://commons.wikimedia.org/wiki/File:Riemann_Integration_3.png
anonym (https://commons.wikimedia.org/wiki/File:Riemann_Integration_3.png), „Riemann Integration 3", https://creativecommons.org/licenses/by-sa/3.0/legalcode

https://commons.wikimedia.org/wiki/File:Riemann_Integration_5.png
anonym (https://commons.wikimedia.org/wiki/File:Riemann_Integration_5.png), „Riemann Integration 5", https://creativecommons.org/licenses/by-sa/3.0/legalcode

Anhang

a. **Nietzsche**(A.1)

https://bar.wikipedia.org/wiki/Friedrich_Nietzsche Gustav-Adolf Schultze (d. 1897) (https://commons.wikimedia.org/wiki/File:Nietzsche1882.jpg), „Nietzsche1882", als gemeinfrei gekennzeichnet, Details auf Wikimedia Commons: https://commons.wikimedia.org/wiki/Template:PD-old

b. **Euklid**(A.2)

https://de.wikipedia.org/wiki/Euklid   Photograph taken by Mark A. Wilson (Wilson44691, Department of Geology, The College of Wooster). [1] (https://commons.wikimedia.org/wiki/File:EuclidStatueOxford.jpg), „EuclidStatueOxford", als gemeinfrei gekennzeichnet, Details auf Wikimedia Commons: https://commons.wikimedia.org/wiki/Template:PD-self

c. **Archimedes**(A.3)

https://de.wikipedia.org/wiki/Archimedes Domenico Fetti artist QS:P170,Q551695 (https://commons.wikimedia.org/wiki/File:Retrato_de_un_erudito_(¿Arquímedes?),_por_Domenico_Fetti.jpg), „Retrato de un erudito (¿Arquímedes?), por Domenico Fetti", als gemeinfrei gekennzeichnet, Details auf Wikimedia Commons: https://commons.wikimedia.org/wiki/Template:PD-old

d. **Newton**(A.4)

https://de.wikipedia.org/wiki/Isaac_Newton
Godfrey Kneller artist QS:P170,Q65317 (https://commons.wikimedia.org/wiki/File:Sir_Isaac_Newton_by_Sir_Godfrey_Kneller,_Bt.jpg), „Sir Isaac Newton by Sir Godfrey Kneller, Bt", als gemeinfrei gekennzeichnet, Details auf Wikimedia Commons: https://commons.wikimedia.org/wiki/Template:PD-old

e. **Leibniz**(A.5)

https://de.wikipedia.org/wiki/Gottfried_Wilhelm_Leibniz
Christoph Bernhard Francke creator QS:P170,Q13417700 (https://commons.wikimedia.org/wiki/File:Christoph_Bernhard_Francke_-_Bildnis_des_Philosophen_Leibniz_(ca._1695).jpg), „Christoph Bernhard Francke – Bildnis des Philosophen Leibniz (ca. 1695)", als gemeinfrei gekennzeichnet, Details auf Wikimedia Commons: https://commons.wikimedia.org/wiki/Template:PD-old

f. **Euler**(A.6)

https://de.wikipedia.org/wiki/Leonhard_Euler   Jakob Emanuel Handmann artist QS:P170,Q360438   (https://commons.wikimedia.org/wiki/File:Leonhard_Euler_2. jpg), „Leonhard Euler 2", als gemeinfrei gekennzeichnet, Details auf Wikimedia Commons: https://commons.wikimedia.org/wiki/Template:PD-old

g. **Gauß**(A.7)

https://de.wikipedia.org/wiki/Carl_Friedrich_Gauß

Gottlieb Biermann artist QS:P170,Q19284307 After Christian Albrecht Jensen artist QS:P170,Q4233718,P1877,Q21055   (https://commons.wikimedia.org/wiki/File:Carl_ Friedrich_Gauss.jpg), „Carl Friedrich Gauss", als gemeinfrei gekennzeichnet, Details auf Wikimedia Commons: https://commons.wikimedia.org/wiki/Template:PD-old

h. **Cantor**(A.8)   https://de.wikipedia.org/wiki/Georg_Cantor Unknown author (https:// commons.wikimedia.org/wiki/File:Georg_Cantor_(Porträt).jpg), „Georg Cantor (Porträt)", als gemeinfrei gekennzeichnet, Details auf Wikimedia Commons: https://commons.wikimedia.org/wiki/Template:PD-old